国家出版基金项目
NATIONAL PUBLICATION FOUNDATION

国家出版基金资助项目

绩效预算与政府治理创新

科技财政绩效与创新驱动战略

许正中　王德花　等著

中国财政经济出版社

图书在版编目（CIP）数据

科技财政绩效与创新驱动战略/许正中等著. —北京：中国财政经济出版社，2014.12

（绩效预算与政府治理创新）

国家出版基金资助项目

ISBN 978-7-5095-5691-7

Ⅰ.①科… Ⅱ.①许… Ⅲ.①科学研究事业-财政支出-研究-中国 Ⅳ.①G322②F812.45

中国版本图书馆CIP数据核字（2014）第226838号

责任编辑：马 真　　　　责任校对：胡永立

封面设计：邹海东　　　　版式设计：董生平

中国财政经济出版社 出版

URL：http：//www.cfeph.cn

E-mail：cfeph@cfeph.cn

社址：北京市海淀区阜成路甲28号 邮政编码：100142

营销中心电话：88190406 北京财经书店电话：64033436 84041336

北京京华虎彩印刷有限公司印刷 各地新华书店经销

787×1092毫米 16开 26.25印张 360 000字

2014年12月第1版 2014年12月北京第1次印刷

定价：54.00元

ISBN 978-7-5095-5691-7/F·4596

（图书出现印装问题，本社负责调换）

质量投诉电话：010-88190744

打击盗版举报热线：010-88190492，QQ：634579818

《绩效预算与政府治理创新》编委会

总 序

随着知识经济和信息技术爆炸式的突飞猛进，人类进入了“快进叠加”的新时代，“云物大智”（云计算、物联网、大数据、智慧工程）所引发的技术革命方兴未艾，下一代卫星互联网又紧紧相逼，使得国与国之间的物理疆界形同虚设。国与国、企业与企业、人与人之间均面临着全球角力，尤其是3D打印技术等新技术的发明，使得大规模统一型号的生产线产品生产彻底改变为个性化的多维度需求的定制，它所带来的“一切皆为服务”的理念将会陆续引爆思维革新、道德精进、管理革命和社会变迁等一系列重大变革。在这一切变革中，至关重要的是政府的战略定位和功能的正向演进。特别是，在知识资本和人力资本超高速流动的全球化背景下，世界快速进入协同创新发展轨道，政府作为改革的统筹者和领跑者，起着全面深化改革的“主推手”作用，因此培育政府治理能力成为社会进步的首选。

培育政府治理能力的关键是政府自我的正确定位，即要建立有限政府而非全能政府，形成职能边界清晰的政府、市场、社会公众、企业多方参与“共治”的“现代国家治理体系”。政府的职能在于提供公共服务，而不是直接参与市场经营。培育政府治理能力、转变政府职能是中国政府的一场自我革命，更是有效推进全面改革、扩大市场与社会的创新性自主发展空间、真正完成现代国家治理“结构性重组”的关键环节。

中国当前正处于社会多元复合转型的关键时期，不仅要获取最大的改革红利，更要创造和释放制度红利。中国要连续逾越“中等收入陷阱”、“西班牙幻影”、“高等收入陷阱”以及“塔西佗陷阱”，平稳实现中国的现代化，首先需要理论创新，作为现代社会治理、国家治理和政府治理的基核的财政理论需要全面创新，作为财政理论支柱的现代预算理论也需要全面创新，作为一个长期在国家智库工作的财政理论研究者则责无旁贷。

完善社会治理架构的目的是不断推动技术革命，引爆产业革命，催生新的文明形态，获取经济社会发展红利。经济社会发展红利主要来自两个方面：一方面是创新红利。创新就是基于未来对现存技术，产业和管理的形态的创造性破坏，在“云物大智”网联的“快进叠加”时代，创意、创新、创业、创造、创富的五创联动、非线性突破成为常态，使得新技术井喷式爆发，新创意不断涌现和新产业聚变式或裂变式突破皆成为可能。可以说，在21世纪的竞争是创新速度和创新质量的较量，创新红利是最大的红利。另一方面是制度红利，在现代社会，制度不仅是各种游戏规则的总和，也日益成为一个强大的产业。先发国家无不不断创新着制度，不断激发人的潜能和平衡人与人、种群与种群、区域与区域、企业与企业乃至国家与国家的经贸安全和政治关系，基于产权和人权所形成的各类经济和社会游戏规则，成为现代文明最重要的发明。

现代国家治理架构是国家能力充分发挥的前提。纵观历史发展，工业革命以来，国家治理架构可分为税收国家、自产国家和租金国家。税收国家是指其财政收入主要来自私人部门缴纳的税收，自产国家是指其财政收入主要来源于国有企业上缴的利润和其他类国有资产的收入，租金国家是指其财政收入主要依靠国家垄断的自然资源出口而获取租金收入的国家。20世纪80年代以来，随着市场化改革的推进，中国开始从“自产国家”向“税收国家”转型。在这个转型中，国家与社会关系开始被重构，纳税人意识开始形成和发展，财政民主的要求开始出现并且越来越强烈，要求国家治理做出回应，作为财政制度中关键一环的预算制度成为谋一轴而驱全局的改革主要抓手。政府治理能力是一个“牵一发而动全身”的关键领域，是未来一个时期全面深化改革、推进国家治理现代化的关键领域与环节，不仅与公众生活和利益密切相关，更涉及国家的可持续健康发展。培育政府治理能力，转变政府职能，不仅要改革创新、外拓开放，更要打破社会僵滞状态，而最关键的就是要找准解决问题的突破口——财政预算。财政预算是现代国家赖以正常运行的决定性力量。从“租金国家”到“自产国家”再到“税收国家”，其间国民的生活观及文化内涵，乃至于心理习惯、伦理行为等社会架构均须不断变革。

随着形势发展变化，现行财政预算制度已经不完全适应完善国家治理的客观要求，不完全适应转变经济发展方式、促进经济社会可持续健康发展的现实需要。新一轮预算制度改革是一场关系国家治理体系和治理能力现代化的深刻变革，是立足全局、着眼长远的制度创新。建立现代绩效预算制度不仅是国家治理现代化的目标，也是国家治理现代化的重要标志和重要支柱。构建绩效预算制度和方法，深化预算制度改革，推进依法理财是着眼长远机制的系统性重构。尤其需要指出的是，提升中国的财政制度绩效，不仅要关注国内，更应该关注中国财政参与现代国际治理的功效，财政已经是现代外交的主战场和重要的政治筹码，对此问题没有战略布局，国家的制度性损失将会是难以承受的。

财政是政府进行宏观调控的重要工具，也是释放制度红利的“总阀门”，更是国家治理的基础和重要支柱。财中有政，政中有财，决策财政，决不仅仅在决定财政的收支数字，数字之中有政策，有政治，有协同。以往的改革主要涉及“财”，那么现在我们的改革已经步入深水区，“政”是绕不过去了。作为经济调节的“有形之手”，政府利用财政工具保障宏观经济的健康运行，使微观经济活动逐渐符合国家宏观经济发展目标。财政是政府治理现代化的枢机、国家治理现代化的基础和重要支柱、社会治理的交集轴。可以说，财政现代化的成功就是国家现代化的成功。

从表面上看，财政预算是政府关于未来某个时期（通常为一年期、三年期或五年期）的收支计划，是一个技术问题，或者有的学者认为是一个让人乏味的会计问题，但在现代市场经济和民主政治中，它是社会治理、国家治理和政府治理的基核，是权利市场与经济市场的耦合器，是社会各阶层和各利益集团协同治理的总契约，其本质是最大的政治问题。财政预算关乎国家治理大事，毫不夸张地说，一个国家的治理能力的高低，很大程度上取决于国家的预算能力。官僚集团、利益集团往往通过一些结构性的计划来保证对自己有利的预算支出，把政治角力变成一场又一场的预算博弈，甚至不断地改变制度架构和程序过程来强化他们的利益，进而也推动了预算结构的复杂性。

在预算中，任何有效的变化都必然会改变预算过程的结果，这些与经济结构调整、政治过程和社会运行轨道息息相关，作为财政管理内核和最新形态的绩效预算，是财政革命的急先锋。绩效预算决不仅仅是单纯的技术内涵，更涉及多方面极其复杂的经济政治社会范畴。因此，中国如何在“云物大智”时代实现蛙跳，需要“顶层设计，系统集成”，必须大力推进财政预算制度改革，以财政的内核——绩效预算为抓手培育现代政府治理能力，坚持“以人为本”的执政理论，支持包容性增长，实现公共财政、政府治理、社会治理和文化精进“多层多方联动”，助推中国平稳现代化。

1997年我到国家行政学院工作，位卑不敢忘忧国，积极投身于中国的智库建设和政策理论研究之中，在完成中央、行政学院和财政部交办的各项任务之余，在财政领域重点围绕绩效预算与政府治理创新两大核心主题，对理论和战略框架问题进行了大胆探索。在国家出版基金的资助下，在国家行政学院和财政部、科技部、国务院机关事务管理局等部门领导的支持下，组建研究团队紧贴国家战略需求开展研究，本着理论前瞻、国际比对、现实判断、历史的理论勇气和标准、发现战略机遇、达成多方共识、形成政策决策、推动各项改革的精神和原则，以科学严谨、求真务实的态度，甘于奉献财政理论尤其是绩效预算理论与政府治理创新的研究。

能力建设是21世纪的核心，财政制度改革和预算管理创新的基核就是要“五位一体，多维联动”地提升政府治理能力。中国要驾驭全球化发展新浪潮，把握政治生态环境变迁，顺应技术经济社会发展趋势，化解内部管理“体制冲突”，助推社会现代化成功转型，亟需从政府政治能力、管理能力、法制能力、服务能力、合作能力“五位一体”建设入手，围绕制度、经济、货币、地缘政治、科技、军事、文化、外交等八个维度，全面而深入地剖析现代政府治理能力的内涵以及目标，明确五种核心能力之间相互作用、相互协同的关系，科学合理定位政府治理能力的关键要素和关键切入点，勾勒现代政府治理能力建设的战略路径，促进财政制度改革，加快绩效预算进程，全面加强政府治理能力建设。可以说，提高打造政府治理能力是今后中国政府改革面临的重大现实问题，而从“五位一体”入手，以八个维度为核心全面培育政府治理能力，既拔高了理论界研究高度，又能把政府治理能力建设推向新水平。由我同中国党政干部论坛副主编、中央党校史世鹏教授等研究人员将这些研究成果集结成册，撰写了《21世纪政府治理能力创新研究》一书。

现代社会是一个有序活力社会。毋庸置疑，政府、市场与社会是控制与影响社会最强大的三股力量，政府是整个社会资源配置的主导机制，市场是资源配置的基础机制，社会是资源配置的平衡器，而绩效预算作为一种制度安排，是政府、市场、社会的耦合点，是维护社会秩序的核心和关键环节，因此，加大绩效预算改革力度有利于促进有序社会建设。中国要理顺市场经济机制，促进社会主体互动，大力助推国家治理创新，亟需准确把握有序社会的内涵及其根源，明确社会根本性，建设完善“阳光财政”，加快绩效预算改革步伐，构建社会普遍服务，聚合政府公信力，催化产业创新升级，实现公共服务均等化，提升政府治理绩效。这就要求我们不断创新绩效预算工具，开展绩效评估，健全政策评估方法，提升机构治理效率。可以说，有序社会的构建对于促进社会正向演进，激发社会发展活力具有重要作用，而从政府、市场与社会关系演化中聚焦绩效预算改革，对于一个有民主意识、有责任感、有能力、高效率、透明的政府，无论是对经济发展还是对整个社会进步都是不可或缺的。因此，将这些研究探索集结成册，撰写了《绩效预算与构建有序社会》一书。

政府生产力是衡量政府有效运行的基础，而绩效预算是政府生产力的枢机。中国要紧跟世界发展趋势，打造有限的透明政府，亟需把握政府生产力理论，构建系统的动态提升政府生产力的运行机制和管理框架，同时探寻绩效预算基本支出决策的方法和执行效果评价的方法和模型。可以说，政府生产力的提高将有效提高国家的核心竞争力，活化多元社会组织，促进多元主体协同共治，促进社会文明升级，是国家治理的关键。对此，如何以绩效预算为抓手全面提升中国政府生产力就显得极为重要。于是我将这些研究凝练成《绩效预算与政府生产力》一书。

随着全球化不断升级，当前国际竞争已经从军事、货币、人才竞争转向制度竞争。规则设计成为创造和获取制度红利、全球红利与重构国家核心竞争力的核心和关键。中国要想大力提升政府能力，无缝对接全球化、现代化进程，实现大繁荣、大发展，为构筑世界一流强国奠定坚实基础，唯有打造高绩效政府。高绩效政府以责任政府、激励政府、掌舵政府、服务政府为核心，关注管理领域，与市场、社会共同协调经济社会发展。政府运行经费有效管理是构建透明高效政府的必然选择。在全球融合的趋势下，中国势必要将优化政府行政成本摆在重要战略地位，亟需从绩效预算视角强化政府成本控制，创新经费管理理念，依托信息物联网高科技技术，加快机关运行经费管理制度重构，实现帕累托式改进。这对于完善责任匹配机制，提升经费管理质量，提高资产运行效率，降低政府运行经费等具有不可比拟的重大作用。由我会同赵峰涛率领的团队将这些研究成果表现为《绩效预算与政府成本控制》一书。

现代管理技术和方法在社会各行业中的广泛应用对现代企业和公共部门的管理也起到积极的促进作用。工具和技术的创新是现代管理创新的关键。对于绩效预算来说，科技进步和管理工具的发展促进了绩效预算制度的变革。中国要想大力促进绩效预算发展，亟需认识当前绩效预算研究不足之处，创新绩效预算的工具与方法。这就需要明确财政职能，剖析绩效预算理论，引用决策与评价理论，揭示绩效预算管理工具创新意义，在基于平衡计分卡、绩效棱柱以及全面标杆管理，对绩效预算进行全过程衡量并实施绩效预算战略管理，同时基于数据包络分析以及全要素生产率，评估绩效预算的静态效率与动态效率。针对当前绩效预算理论研究来说，这有利于奠定绩效预算分析工具基础，衍生新的绩效预算管理工具，明确绩效预算决策过程，制定绩效预算决策原则，分配绩效预算决策权限，建立绩效预算决策体系，实施正确绩效预算决策，为绩效预算提供智力支持。由李尽法将这些研究成果集结成《绩效预算管理工具创新》一书。

经济发展方式转变、产业结构优化升级和新兴产业的兴起促使财政预算改革和财政管理模式转变，为将工程方法引入绩效预算理论提供了有利契机。可以说，经济主体内在需求的变化、财政预算理论的发展、现代科学技术的进步共同作用催生财政工程的产生。如何通过财政工程来加大绩效预算创新呢？这就需要准确把握财政工程内涵，运用耗散平衡理论、云计算等理论，创新财政理论方向，构建“云”财政理论，揭示管理复杂特征，创新财政工程与绩效预算理论。财政工程与绩效预算理论研究能够为财政建设提供坚实的思想支持，同时提供解决财政问题的元工具、元方法和元模型，有利于人员利用“工程化”的思想，运用数学方法和模型，以“平台”开发理念为借鉴，开发一系列创新性的财政管理工具、模型，提出科学的解决方案，提高财政预算效率，最终提高财政的运行效率。由我和财政部赵新国博士等研究人员将这一开拓性成果表现为《财政工程理论与绩效预算创新》一书。

教育是现代社会最重要的基础，人力资本是现代社会最重要的资本。预算是现代社会最重要的杠杆，如何用预算杠杆夯实教育基础，开发人力资本就显得极其重要了。特别是，加强教育财政资金绩效管理，有利于提高教育财政投入绩效。目前，在财政改革稳步推进的形势下，研究探索提高教育财政绩效预算的新措施、新方法，正是进一步深化教育改革的重要内容之一。中国亟需科学定位教育本质，顶层设计教育财政绩效管理体系，确立以结果为导向的教育财政拨款理念，再造教育财政绩效管理流程，重塑教育财政投入的监测与评估，按照公共财政“效率优先、兼顾公平”的重要原则，强化教育财政绩效管理，避免经费短缺与经费浪费并存的现象，确保相对有限的教育财政投入并运用在最需要的地方。这对于提升教育管理水平，实现教育流程整合，凸显社会公平正义具有重要意义。由我同南开大学邢天添副教授等研究人员将这些探索集结为《教育财政绩效与人力资本战略》一书。

技术催生着产业，创新着管理，改变着社会，不断让文明降生。特别是，随着知识经济时代的来临与技术的超加速发展，科学技术被摆在了国家优先发展的重要战略地位。将科学技术源源不断地、大规模地转化为现实生产力，更成为提升国家竞争力的核心和关键。科技财政支出是支撑科技创新发展的重要基础，因此如何运用绩效预算来实施创新驱动发展就显得极其重要了。中国要积极发挥科学技术功能，借助技术知识扩散，构筑多元开放平台，提高财政支出绩效，大力支持基础研究，推进科技重点攻关，培育创新复合资本，引领科技发展方向，提升科技创新能力，占领科技战略高地。这对于导入科技支出绩效管理体系，完善科技机构与人才评估模式，提高科技活动绩效，释放创新创业活力，提升科技财政支出绩效，完善科技财政绩效预算管理，提高科技财政管理透明度，加快科技成果转化为现实生产力具有重大作用。由我同科技部的王德花研究员等研究人员将这些研究发现撰写成《科技财政绩效与创新驱动战略》一书。

消除贫困是人类永远难以达到的目标，尤其是消除绝对贫困。财政能力的建设提升与减贫绩效间存在正向关系，一方面财政作为政府减贫的主导力量实现了巨大的减贫绩效；另一方面减贫的深入推进要求不断提升财政能力。如何运用财政绩效缩小贫困面呢？基于本国国情，要深入剖析致贫根源，梳理贫困理论模型，明晰减贫战略目标，培育提升财政能力，采取多元模式扶贫，构筑普遍服务体系，辅助政府全面推进实施点状突破战略，大力推进减贫进程。这对于系统集成资源优势，构建财政减贫框架，制定财政服务行动纲领，实现政策协同多方联体，综合提升国家减贫能力，彻底走出贫困泥淖具有极其重要的作用。由我会同财政部苑广睿司长等研究人员将这些研究成果撰写成《财政扶贫绩效与脱贫致富战略》一书。

绩效预算为政府效能提高夯实基础，是锻造提升政府生产力的利器，在提高国家竞争力中占据重要地位，因此世界各国纷纷进行预算改革，并积累了丰富的经验。国际绩效预算改革与实践丰富多彩，他山之石，可以攻玉。中国亟需解密美国、英国、澳大利亚等先发国家绩效预算改革路径，总结绩效预算思想基础，把握绩效预算改革逻辑方向，网联绩效预算改革理论支撑，透视政府绩效预算评估体系，检视绩效预算评估技术，强化绩效预算运行抓手。这对于立足中国国情，借鉴国际实践经验，明确绩效预算未来方向，优化绩效预算制度设计，完善绩效预算配套政策措施，引领绩效预算改革，支撑中国深化改革，促进经济社会可持续发展具有极其重要的作用。由笔者会同湖南省财政厅厅长郑建新博士等研究人员将这些研究成果集成《国际绩效预算改革与实践》一书。

从财政资金分配视角看，政府提升国家竞争力的过程就是通过预算方式的不断改进，提高财政支出效果，为本国的企业和公民提供高质量的公共服务，进而为他们创造良好竞争环境的过程。预算作为政府配置资源的重要工具，直接影响到财政支出的效果和公共服务的质量，进而影响国家的核心竞争力。当然，打铁还需自身硬，借鉴也为增内功，因此，特色化、个性化的绩效预算改革模式至关重要。面对复杂的国际国内环境，中国亟需立足国情，循证绩效预算管理基础，剖析绩效预算管理内容与优势，明晰绩效预算思想沿革路径，定位绩效预算制度潜在效用所在，找准绩效预算管理最本质的核心力，最终设计出有中国特色的绩效预算改革模式，促进国家经济社会可持续健康发展。这对于有效提高中国政府治理能力，使政府具有更高的、足可与私营机构媲美的运转效率和质量，使公共服务更能体现公正有效，据此获得足够的合法性具有重要意义。由我和财政部夏先德副司长等研究人员将这些研究发现编写为《中国绩效预算模式设计研究》一书。

实施全面规范、公开透明的现代财政预算制度是财政改革的重要方向。本丛书研究首次尝试运用财政工程的思想，将财政管理理论工程化，探索了绩效预算理论与实践，分析了绩效预算与政府治理能力、政府生产力、政府协同治理、行政成本的互动关系，试图指出21

世纪中国政府治理能力、政府生产力建设及优化行政成本的基本方向。同时，在政府、市场与社会关系上，还构建一种政府协同治理新型模式，对现代中国政府治理和财政预算创新进行了大胆探索。由于时间短、任务重，有许多理论问题仍在探索之中，不足之处还希望同仁多加批评指正。

许正中

于北京古崖居

2014年8月27日

目 录

第一章
推动科学技术创新
引领中国跨越发展

21 世纪，知识经济时代来临与技术超速发展，科技被摆在了优先发展的重要战略地位。将科学技术源源不断地、大规模地转化为现实生产力，成为提升国家竞争力的核心和关键。科技渗透到现代经济、社会、文化、公共治理等诸多方面，深刻影响着人们的生产方式、生活方式和思维方式。优化财政科技支出，提升科技成果转化效率，成为捕捉新一轮战略机遇与构筑世界一流强国的必然选择。创新财政科技支出管理模式，强化政府引导作用，成为加快产业创新速度，攀升产业链、价值链、知识链高端的重要抓手。

第一节　发挥科学技术功能　锻造经济发展引擎

第三次科学革命和第四次技术革命的混合到来，使技术、技能和创意成为经济社会发展的新动力，为后发国家赶超先发国家提供了历史新契机。科技耦合知识经济内在规律，将技术内化于人力资本，成为经济发展的主角，引领云物大智时代的开发性成长和持续性繁荣；科技优化产业结构升级，加快产业替代速度和职业替代速度，壮大中产阶级，优化社会结构，稳定社会发展；科技进步激发文化创新，突破农业文明枷锁，凝聚改革力量，向知识社会转型；科技提供公共治理创新工具，规制财政科技支出，提升科技绩效，驱动中国全面发展。

一、科技加速经济进步，构筑发展核心动力

纵观历史，人类社会主要经历了以土地为生产要素的农业社会、以资本为主导的工业社会，正全速进入以“科技和创意”为主导的知识社会。伴随着社会形态的进步，全球的科技浪潮经过了蒸汽机技术、电气化技术、信息化技术的冲击，正迎来以纳米技术为核心，生物技术和信息技术等先导性技术和产业的高度融合、交叉、全方位渗透为特点的第四波浪潮。把握科技发展趋势，加快科技成果转化为现实生产力，提升经济发展速度，形成国家核心竞争力，驱动中国突破国际分工产业链、价值链、知识链低端，引领创新、创业、创意繁荣发展，构筑国家发展核心动力。

（一）科技发展创造“弯道超车”契机

四次科技革命浪潮不仅推动人类从农业社会向工业社会、知识社会转型，而且为后发国家赶超先发国家提供了重要的历史机遇。中国目前正处于前所未有的转型期，如果能够成功切换经济增长动力，汲取历史经验，把握新一轮科技革命，往往能够“弯道超车”，实现后发追赶，塑造核心竞争力，为建设成为世界一流强国铺就道路。

1. 蒸汽革命改变人类生存观。1712 年纽可门发明了第一台蒸汽机，使热能转变成为机械能。瓦特经过进一步的改造，分别于 1765 年和 1782 年首创单动式蒸汽机、双动式蒸汽机，驱动机器直接进行生产，推动纺织、采矿、冶炼、机械加工等工业的迅猛发展以及交通运输工具的蒸汽

动力化，使人类进入了“蒸汽时代”。

技术革命引发工业革命。工业革命是生产方法、设备和产业结构在质和量上双飞跃过程。这种飞跃是以新技术的转移为生长点展开的，并且以政治条件、和平稳定环境、市场竞争、工业基础和文化知识条件为支撑。19 世纪 20 年代，逐步具备这些条件的美国、法国、德国等国，成为第一批新承接技术转移的国家，并在 19 世纪 60～70 年代基本上完成了第一次工业革命。第一次技术革命表明，后发国家抓住了技术革命机遇，推动了工业的大发展与大繁荣。

2. 电气革命激发人类发展观。以电机为主要支撑的电力技术的广泛应用为标志的第二次技术革命产生于 19 世纪 70 年代。19 世纪 80 年代，人类解决了远距离输电问题。19 世纪末，通过建立大功率的发电厂，电能得到普遍的应用，与电相关的产品，如电灯、电报、电话、收音机等相继诞生。至此，人类跨进了以电用于动力、照明、通讯生产的“电气时代”，社会生产又产生了一次巨大飞跃。诸如，德国以军火生产带动重工业优先发展，大力引进英、法、美的先进技术，密切理论与实验和科学与技术的结合，使其科技和工业增长速度超过英、法而仅次于美国，位居第二位。美国非常重视科学技术的发明和应用，大量引进外资，大量引进英、德重工业和电气技术、技术人员和技工，派留学生到英、德学习。由此可见，第二次技术革命浪潮，推动后发国家转弱为强。

3. 信息技术拓展人类世界观。第三次技术革命产生于 20 世纪 40 年代的美国。计算机、晶体管和集成电路的发明，以及软件系统的完善，使信息技术得到了迅猛发展。信息技术不仅给人类带来了生产自动化、科学实验自动化、信息自动化，还使生产效率成百上千倍的增长，开辟了用机器人代替人类脑力劳动的新时代；不仅改变着生产方式、生活方式和思维方式，而且改变社会结构，国家关系都发生了深刻变化①。

4. 纳米时代引发世界重新洗牌。随着知识经济来临，纳米技术、信

① 王静：“世界三次科技革命”，《山东经济战略研究》2000 年第 8 期。

息技术、生物技术（认知科学）成为21世纪的先导技术。科学与技术逐渐融为一体，并以科学、合理、综合、高效地利用现有资源，同时开发尚未利用的或可再生资源取代已近耗竭的稀缺自然资源为指导思想，形成科技革命的第四波浪潮。技术资本、人力资本和金融资本高度渗透融合形成社会复合资本，成为推动社会发展的重要要素。

纳米技术将引领新的技术突破浪潮，为产业创新发展和大国核心竞争力重构提供重新洗牌的新契机。后发国家以先导产业为突破口和起跳器，捕捉全球科技浪潮的制高点，建立科技、创意驱动下的新一轮科技革命的社会普遍服务平台：以人文普遍服务使得全体人民共享文明成果，谨防拉美陷阱；以产业普遍服务激发和维持持续创新能力，谨防西班牙幻影；以信息知识普遍服务建立知识扩散、信息共享机制，谨防日韩困境、数字鸿沟和知识鸿沟的出现。中国通过加强自主创新能力，实现创意与科技的融合，缩小与先发国家的技术鸿沟和创意鸿沟，实现传统社会向现代社会、工业经济向知识经济的双跨越。

（二）科技成果转化决定经济发展速度

科技是经济增长的发动机，是提高综合国力的主要驱动力。加快科技成果转化为现实生产力，是有效捕捉“弯道超车”的重要机遇。促进科技成果转化、加速科技成果产业化，已成为各国关注的重点问题。面对全球创新发展潮流，促进科技与经济紧密结合，成为科技创新的重大战略任务。

新时期，经济和社会发展需要依靠科学技术，科技成果能否转化为现实生产力已成为衡量一个国家和地区科技发展水平的重要标志。先发国家的科技成果转化率是80%，而中国仅为25%，真正实现产业化的不足5%。虽然科技投入和科技成果数量近年持续快速增长，但科技成果转化率和产业化率仍然严重偏低。大量科技成果被“束之高阁”，难以形成生产力，严重阻碍产业创新速度。

因此，只有加强技术转移能力，才能有效提高科技成果转化率。科技成果转化是从知识形态到现实生产力的技术转移与物化的过程。现在科学与技术的界限日益模糊，研究开发与生产越来越一体化。科技直接与知识经济内在要素耦合，以技术、技能、创意为引领，加快经济社会的发展。科技不仅是第一生产力，也是推动社会结构变革的根本性力量。完善技术转移能力，必须遵循市场机制，创新科技、产业、金融和税收政策工具，激励科研人员推动科技成果转化。充分发挥科技在经济发展方式转变和经济结构调整中的支撑引领作用，以此实现由追随型发展模式向内生型发展模式转型。

推动知识经济发展，在于优化科技资源配置。通过完善资源配置方式，建立绩效优先、鼓励创新、竞争向上、协同发展、创新增值的资源分配机制和评价机制，使资源向创新能力强、创新效率高的科技队伍、创新团队和科研机构集聚，加快技术创新和科技成果转化和产业化进程。

二、科技优化社会结构，稳定持续发展之基

新技术革命和经济全球化以前所未有的速度、广度和深度影响着世界各国的政治、经济和社会，促使各国的社会结构发生深刻的转型和变迁。科技是社会结构变迁的主动力，即科技加快产业替代速度和职业替代速度，形成知识分子等社会阶层，壮大社会中间阶层，优化社会结构。与此同时，科技加快城市化集聚发展，改变经济地理空间结构，形成以城市为中心的载体，加速社会融合，稳定社会发展之基。

（一）科技是社会结构变革的动力

科技推动产业结构的升级，变革社会阶层，推动社会转型升级。科技革命对社会结构的影响是多方面的，其中最突出、最具有决定意义的就是对社会阶层结构的影响。农业社会以农业为主导产业，以农民为社会主体；工业社会以工业为主导产业，以产业工人为社会主体；知识社会以信息产业为主导产业，以独立的个人为社会主体，壮大中产阶级。科技进步推动社会结构不断变革。

科学技术、知识逐渐取代以往的土地、劳动、资本等，成为经济增

长中最重要的因素。知识成为第一位的生产要素，使智力开发、知识创新、技术创新和体制创新成为最主要的资源形势。丹尼尔·贝尔指出，经济重心由制造业向服务业的转移是从工业经济向知识经济转变的结构变化①。立足科技发展，实现社会结构动态调整，稳定社会发展基础。

（二）科技加速城市化

传统农村是封闭静态的固化社会，抑制人发展。城市是动态流动的创新社会，激发人的行为。科技革命推动企业从农业区位向劳动力、资本、技术区位转型，加快人口向城市集中，推动城市壮大，形成以城市为中心的社会结构，承载经济社会发展动力。比如说，科技进步极大推动了德国城市化进程，19 世纪中叶到 20 世纪初，德国的科技取得了巨大进步和发展。德国经济上的崛起，特别是工业的振兴，主要是靠科技进步的力量。科学技术转变为生产力，促进生产迅速增长。德国很多城市由原来的单一的文化城市、驻防城市或港口城市，变为集工业、商业、贸易为一身的多功能城市，加快了全面城市化的步伐。美国以电磁技术为基础的通讯事业的蓬勃兴起以及以汽车、航空工业为标志的交通运输业的革命，极大地促进了美国工业的发展，改变了美国的工业布局和人口分布，加速了美国城市化的进程。在此过程中，许多大中城市既是工业基地，又是商业金融中心和政治文化中心，现代化城市体系和功能日趋完善。1920 年，美国城市化水平为 51%，1950 年美国城市化水平已经达到 64%，全美城市化进程基本完成②。

技术发展是与城市化进程互相推进的。一方面，技术发展提升和改善城市经济的产业结构，促使主导产业构成城市新的经济增长点；另一方面，城市化促进了技术发展所需的要素资源的聚集和流动，促进了人才的聚集，促进了信息和知识的获取和扩散，加快了创新速度，提升城市化发展内涵。

科技创新及技术发展对交通、能源、信息、通讯的不断渗透，使城

① ［美］丹尼尔·贝尔：《后工业社会的来临》，新华出版社 1997 年版，第 115 页。

② 熊永根：《城市发展中的科技动力》，贵州人民出版社 2003 年版，第 89－91 页。

市的地理位置相对改变，城市的可及性或通达性得以改善，城市的吸引力和辐射力增强，城市可资利用的资源相应增加，使城市区位利益因此而提升，强化城市的聚集功能；新技术的采用，导致城市资源的利用效率的提高和利用能力的增强，同时由于信息技术、通讯网络使得社会经济活动进一步摆脱了空间限制，人流和物流在数量上的节约使得城市中心可以更大限度地容纳、吸收社会经济活动，进一步提高城市的承载能力[①]，实现内涵式发展。

三、科技激励文化精进，凝聚改革开放力量

科技和文化之间相互作用，密不可分。一方面，科技作为一种文化形态，推动人类的思维方式、生产方式和生活方式变革；另一方面，文化创新推动科技深化发展，稳定社会基础，凝聚改革力量，驱动中国创新发展。

（一）文化创新是支撑科技创新的不竭动力

科学技术不仅是强大的生产力源泉，同时也是促进思想解放的伟大精神武器。爱因斯坦指出，“科学对于人类事务的影响有两种方式。第一种方式是，科学直接地、并且在更大程度上间接地生产出完全改变了人类生活的工具；第二种方式是教育性质的——作用于心灵。”[②] 科学技术的发展对人类文明的最大影响是逐渐推动农业社会的统一范式文化向多元裂解的知识社会文化转型。多元文化结构的建立无疑解放了人类的思想，释放了人类的创新激情，为科技创新提供不竭动力。

世界科技史表明，越是科技创新活跃的地方，越容易形成工业化的广阔舞台，成为世界科技中心。例如，18 世纪以来，世界科技中心和工业中心从英国转到德国，再到美国，表面上是地理位置的更替，实质是科技创新能力由弱向强的转移，是有利于创新的体制和文化相互作用的

① 金雪军等：“城市化与高新技术产业发展的关系研究”，《中国软科学》2003 年第 7 期。

② 爱因斯坦：《爱因斯坦文集》（第 3 卷），商务印书馆 1976 年版，第 135 页。

结果。

英国是工业革命的发源地。17 世纪 ~18 世纪，那里有较为宽松的宗教背景，为牛顿等科学家在科学探索中提出有创见的理论提供了合适的气候和土壤，其先进的市场意识、商贸手段也为蒸汽机等技术发明和产业化创造了有利条件。在相当长的一段时间里，英国是世界科学中心和产业发展中心，是 19 世纪世界最强的工业国。后来，由于绝大多数科学探索封闭在皇家学会的团体里，造成学术与生产相脱节，英国的科学及工业技术逐渐丧失了早期的领先优势。

德国在 19 世纪的崛起，在于它将大学专业教学和专业研究室结合起来，促使大批的青年人才直接参与科学前沿的探索活动。这种新型模式催生了现代大学和研究开发机构，为科研和创新营造了良好的文化环境，开辟了培养创新人才的先河。1875 年左右，世界科技中心由英国转移到了德国，1895 年前后，德国的经济总量超过了英国。

“二战”后至今，尽管不断受到来自工业化国家的挑战，但美国仍在主要技术领域保持领先地位。但是，美国科技和经济发展也是通过创新后来居上的。其根本原因在于以市场机制为基础，不断营造和优化有利于创新的良好文化氛围。竞争意识、冒险精神、创业胆识、宽容失败是其文化的积极方向。美国较早实现了规模化生产和科学管理，较早地将研究开发机构纳入企业的核心部门，较早地运用“专利制度是给天才之火浇上利益之油”的理念建立了较为完善的知识产权制度。在美国，大学和开放式研究机构使科技与经济、政治、社会发展密切相关。

日本自明治维新以后在东方文化的基础上引入近代科学技术和西方文化，虽曾引起两种文化的激烈冲突，但它终于通过科学技术与文化的互动，一方面完成了对外来科学技术的消化和吸收，另一方面完成了对传统文化的改造和重建，从而实现了科学技术与文化的整合，使科技和文化得到了发展，创造了战后日本的“经济奇迹”。后发国家赶超先发国家的经验表明，科技发展是根本动力，而文化环境是一个潜在的、深层次、至关重要的因素[①]。

（二）科技创新是推动改革的主导力量

科技是奠定和谐社会的重要基础。科技文化在构建和谐社会中的重要作用，不仅表现在促进经济发展上，同时也表现在改善社会的组织管理、运作关系及机制上，更是凝聚改革力量、推动创新发展的动力源泉。

构建和谐社会要以国民素质的全面提高为基础。科技文化素质是国民素质的一个重要方面，国民的科技文化素质是现代化的命脉之所系，即科学技术在全民族的普及程度，特别是各级领导干部的科学技术知识水平，决定着中国现代化进程。科技文化包括科技知识、科技思想、科技教育与传播、科技体制、科技法规和科技道德及科学精神等。科技文化素质是指国民通过学习、实践的积累而获得的科学技术知识容量，以及由此进一步形成的知识体系和智力结构。各国发展历程表明，伴随科技革命而产生的理性、规范、批判、创新、效率、公平、宽容、协作等思想观念，是推进各国工业化变革的主要文化因素。科技体制对科技文化有重要的导向作用。科技体制包括科技组织结构、科技经费管理制度、成果鉴定管理制度、科技人才制度等。受到人们思想、观念的影响。未来社会是能力社会。科技将技术、技能内化与人本身，提升个人能力，拓宽个人发展空间，实现个人能力与社会职位匹配，激发个人发展的动力，凝聚改革的力量，推动经济社会发展。

四、科技创新公共治理，驱动中国跨越发展

科技创新公共治理，是公共治理理论与实践在科技社会活动中的延伸。它以化解科技、经济、社会中的冲突和矛盾为手段，以提升科技的经济、社会功效为导向，结合科技、经济、社会的特殊性，突破科技经济化、社会化的价值困境、制度困境，提高科技发展质量，为构建和谐

① 王金洲：“中国科技发展的文化思考”，《石油科技论坛》2004 年第 1 期。

社会提供坚实的治理环境。

（一）市场化治理，突破科技社会化的经济困境

科技的市场化治理，是把科技社会化过程中的各种行为与体制运行构建在完善的市场运作平台上，通过市场“无形的手”发挥科技资源配置基础性作用，有效利用科技资源，提高资源的利用率与经济效益，使整个社会能够达到资源配置的帕累托最优状态。科技社会化的主体主要有科学家及其团队、科研机构、政府、企业、受益者等，科技主体的市场意识程度决定科技成果向生产力、经济效益转化的规模、速度。市场化治理就是要充分调动科技社会化主体的市场意识，使其科学地遵循市场规律，推动科技社会效益的实现。与此同时，提高科技社会化程度，必须构建清晰的科技企业产权制度、科技知识产权制度。明晰的产权制度是科技社会化主体具有独立自主的经济权力的基础，是科技社会化主体依据市场信息变化而迅速作出反应的动力，它在利益上迫使科技社会化主体、企业要不断减少生产成本，提高对资源的利用率。科技社会化的经济效益的保障及最终评判标准还关系到利益分配问题，为构建公平合理的科技社会化的法律制度起到重要的推动作用。法制化是市场化治理的本真要求，科技社会化的法律制度的构建与运行，有效保护市场主体权利与主体之间的交易自由、安全，防范利益分配的失衡，并通过惩罚机制来减少破坏市场准则的机会主义行为，影响市场主体的行为选择，降低科技社会化成本，从而规范与协调市场利益关系，提升科技社会化的经济效益，促进市场经济和谐运行①。

（二）多元化治理，突破科技社会化的主体困境

科技社会化的多元治理，就是要在公共治理理论指导下，协调科技社会化中各个主体的利益需要，增强主体之间的对话，均衡利益分配，减少社会冲突与矛盾，构建有利于个体、企业、市场、社会、政府等各个主体在内的多元的、多样性的共同利益体。其中，非政府组织在公共

① 周家荣等：“科技社会化、公共治理与社会和谐”，《未来与发展》2008年第4期。

事务治理中扮演着重要的角色，它们在介于市场经济与公共部门之间的“社会经济”领域内积极活动并且依靠自身资源参与治理共同关切的社会事务。多元化治理转变了传统公共管理中的主体之间单纯依靠权力或者经济利益为维系纽带的状态，构建了合作伙伴关系以及协商、谈判和互惠的交易机制，并最终推动公共管理朝着自主自治的网络化方向发展。在科技社会化的网络治理体系中，参与公共治理的各方主体为了获得他人或组织的支持就必须放弃自己的部分权利。对于个人、企业、非政府组织来说，放弃的是部分经济自主权；对于政府而言，放弃的则是自己的部分强制权。坚持市场为主体，是企业与社会群体、个体、公共组织基于利益共同体所形成的互信、互享、互动、多元的利益格局，可以实现多赢发展。

（三）分权化治理，突破科技社会化的制度困境

治理模式与社会主导的政治制度密切相关。分权化治理是现代网络社会、公民社会的内在要求，也是社会不同利益集团、政策团体以及社会个体与执政党、政府博弈的结果。分权治理是对科技层级制管理的重大超越，它从传统的以市场为中心的模式转向以更精致更成熟的市场为中心的模式；从单纯以经济利益为中心的模式转向以人为本的模式；从层级管理转向合同管理；从单纯的部门供应转向社会公共资助；从“命令与控制”的管理方式转向网络合作模式。通过这些转向，科技社会化的分权治理旨意在于不仅要把科技社会化所需的资金支持纳入社会化运作途径中，需要突破单纯的以政府为主导或以企业利益为主导来决定科技发展方向的管理模式，并通过科技社会化运行体系的分权与制约，减少权力冲突，提高权力运行的绩效，规避权力异化，缓和因权力异化带来的社会矛盾与冲突，推进科技社会化良性运行，使科技真正发挥其功能作用。

第二节 提高财政支出绩效 再造预算管理流程

财政科技支出是支撑科技创新发展的重要基础。传统财政科技投入模式，重投入，轻产出，导致科技研究与市场的割裂与相互之间的封闭，导致财政科技投入的重复、沉淀和死寂。先发国家的新公共管理推动科技财政支出绩效管理进程，重塑财政科技支出流程，强化财政支出后评价，实现权责利匹配，提升科技绩效。中国要借鉴先发国家经验，导入科技支出绩效管理体系，提升科技财政支出绩效，加快科技成果转化为现实生产力，捕捉新兴战略机遇，支撑大国战略。

一、把握财政支出现状，抓住新一轮改革机遇

科技功能的发挥要以财政科技资金为基础，这是由于财政科技支出通过黏合科技转移链条，实现技术从科研院所向企业传递，加速科技成果产业化进程。把握科技财政支出现状，以此识别深化科技发展的战略机遇，加快推动财政科技支出改革，加快中国现代化进程。

（一）当前财政科技投入管理体系的特征

中国的科技管理体系是高度集中的计划管理体系，政府集中掌握着对科技活动的管理权和科研资源的配置权，体系内部的各行为主体之间的关系主要为行政隶属关系或准行政隶属关系。因此，财政科技投入主要以行政单位为依托，通过政府科技行政管理机构所设立的各级各类“计划”、“工程”和“专项”等渠道，将资金投入给具有行政隶属关系的科技活动实施主体。另外，以学术规则进行财政科技投入的基金会所掌握的资金比例相当低。国家财政对科技的投入范围包括基础研究、应

用研究和发展研究以及科技人才培养、科技成果转化、知识产权保护、科研环境建设等科技活动及相关生产活动领域，其具体的投入体制有立项拨款制和事业拨款制。

（二）现行财政科技投入体制在投入对象方面的局限

财政科技投入体制曾经对中国科技发展发挥了重要的历史性作用。然而，随着市场经济体制的逐步完善，中国加入 WTO 以来，国内外市场一体化程度的提高，形成于计划经济体制下的财政科技投入体制也暴露出诸多局限，其中突出的一个问题就是财政科技投入在投入对象的选择上存在着严重的局限。

中国的财政科技资金主要由政府部门掌控和配置，而以基金会掌控和配置的资金比例极低。这主要是由于大部分科技管理部门对于科技资源的配置方式仍沿用包含许多行政运作规则的资金配置管理模式。以国家科技部和国家自然科学基金委员会（以下简称基金委）公布的数据为例，2011 年国家财政科技拨款总额为 3828.02 亿元。其中，基金委获得的财政拨款总额为 140.4 亿元，仅占国家财政科技拨款的 3%①。另外，财政科技资金绝大部分通过行政系统划拨到科技行政管理部门。因此，依据学术规则、评审原则和运行机制配置财政科技资金的机构，本来有助于促进财政科技投入对象的多元化，然而由于其所掌控的资源比例非常低，难以有效地优化财政科技资源的配置水平。

由于财政科技投入渠道的行政地位，从而导致政府部门在投入对象的选择上，主要面向与政府有直接管辖关系的科研院所、高等院校，而那些没有行政隶属关系的机构和个人，往往在财政科技投入对象的选择视野之外。这样一方面导致投入对象主要限于隶属于政府的“官办”的机构；另一方面，行政运作规则对财政科技资源的配置也不可避免地产生干扰。其后果之一就是：科研活动要获得国家财政资助必须要有行政单位为依托，只有官办机构系统内部的科研人员才有机会获得财政资助，

① 数据来源：根据《中国统计年鉴 2012》与《中国科技统计年鉴 2012》整理。

官办机构系统以外有研究创新能力者则难以得到资助。同时，官办机构系统内部的科研人员也必须具有高学历、资历、职称才具有项目申报资格，才有可能获得财政资助。由此可见，具有研究创新能力的非官办机构和个人，在这种资金配置体制中，基本上是被忽视的。而财政科技投入对象的局限性，又进一步影响了中国财政科技资金配置水平的提高。近年来，随着中国财政科技投入的逐年增长，由于财政科技投入对象的局限性而影响科技投入的绩效问题已经显得越来越凸显。比如，官办的科技系统内，过多的行政干预超过了学术规则对财政科技投入资金的配置，而财政科技投入对象就主要局限于官办系统内部，进而导致财政科技投入的科研机会的不平等问题，社会创新资源，特别是那些有科技创新能力的人力资源难以得到有效的利用。

财政科技投入应该提供市场无法有效提供的科研成果以及建设科研基础条件等。但是，在中国目前的科技管理体制下，其财政科技投入绝大多数投给隶属于行政系统的官办机构，这是造成财政科技资金产出率低下的一个重要的原因。因此，优化科技资源的配置、提高投入产出率的行之有效的途径之一，就是在政府直接生产的同时，加大由非政府机构和个体生产而由政府采购的成果的比例，实现科技资源在全国范围内的优化配置。

（三）财政科技投入力度不够

中国科技投入从2002年开始有了较大的增长，达到了国民经济总值的1.1%～1.3%，这一比例在后发国家中虽然已经位于前列，但是与世界平均水平1.6%相比还是有很大差距。根据国际上科技投入与产出的统计计算，一个国家的科技投入低于国民经济总值1.5%的时候，国家的科技进步将主要体现在改进已有技术上，自主创新的技术将很少。

首先，总量情况表明中国财政科技投入虽不断增加，但投入总量仍然不足。中国《科技进步法》中明确规定，财政科技支出增长幅度要高于同期财政经常性收入的增长幅度。但在实际执行中，科技经费预算增长往往很被动，财政收入超收部分没有相应比例用于科技支出，因此达不到《科技进步法》的要求，其所造成的结果就是财政科技投入的增长低于同期财政收入的增长。从政府研发投入来看，中国与先发国家也有很大距离。2012年，中国约为美国的1/20、日本的1/9、德国的1/4。由于中国政府投入相对不足，社会资金进入科技领域也未找到合适的契入点，导致中国全社会研发费用总体规模较小，占GDP比例也偏低。总体来看，中国的政府科技投入规模尚未形成稳定增长机制。由于各种原因，财政科技拨款占财政支出的比重没有提高，而且出现了下降趋势；政府主体的投入增长"滞后"于发展需要，并且还存在地方财政科技支出比重低，中央财政科技支出比重下降的问题。

其次，从人均科技投入经费的比较来看，中国差距明显。美国以人均730美元高居榜首，反映出该国对科技投入的重视和经济实力的雄厚，而瑞典、日本紧随其后，大大高于其他国家。这表明美日两国能长期在国际经济竞争，特别是高技术竞争中占据绝对优势地位是有着坚实基础的。然而，中国的人均科技投入经费仅为58美元，不足美国的8%，也仅是韩国的15%①。这虽然与中国人口众多有莫大的关系，但是最主要的原因还是中国对科技投入力度的不足以及中国经济基础的相对薄弱。

根据国情，中国已经制定了到2020年国民经济在2000年基础上再翻两番的计划，而要达到这个目标，科技创新将扮演重要角色。但是，从目前科技研发的现状来看，形势不容乐观。据有关资料显示，自1985年中国实施专利法以来，中国企业发明专利累计申请量约为2.2万件，而外国企业申请了14万件，是国内申请量的6.4倍。在目前近5万件中国授权的发明专利中，国外公司占了60%。外国人在华发明专利申请量和授权量分别占总数的1/2和2/3。特别是，在信息、生物、医药等产业领域的核心专利上，中国缺乏核心技术②。

利用科技创新带动经济发展，从中赚取高附加值已经是先发国家的潮流，因此先发国家科技研发经费的投入都达到了国民经济比重2.2%

① 张森森："中国自主创新之路：三大难题亟待破冰"，《经济参考报》2005年9月12日。
② 浦树柔："中国专利遭遇'十面埋伏'"，《中国工商》2000年第10期。

以上，不仅如此，在未来数年，他们还将进一步加大科技投入。如印度实施了科技投入倍增计划。根据日本等成功赶超西方先发国家的经验，科技的超前发展是必不可少，也是最为有效的措施与世界上主要国家纷纷加大科技投入局势相比，中国科技投入还是处于严重不足状况。

（四）财政科技投入结构不合理

按当前建立公共财政框架体系及实现科技赶超目标新形势的要求，中国财政科技经费投向存在的主要问题有：投向基础研究的经费比例偏低，与中国要加强原创性创新、增强自主知识产权和提高竞争力的科技发展目标不相适应；投入分散，集成度不高，“短、小、散、低”的状况仍较普遍。

1. 国家科技计划中的重大科研项目层次偏低，且科技计划与行业科研分工不清晰。国家科技计划应是解决有关国计民生、社会发展、国防安全的重大科技问题，应立足全民、全国、全军角度，高瞻远瞩地决策和计划，但目前基本上是由科技部门确定。

2. 科研经费管理改革后，仍然存在多头、分散管理状况，且中间流失大。以中央为例，科研及其经费管理有军口、民口之分。其中，民口本身又呈多头管理的状况，仅中央级管理科研专项经费的主管部门就有多个。另外，中央级科研机构也是按部门、行业设置，至今未解决重复、交叉等问题，地方情况也大体如是。这种多头、分散管理的状况，直接导致财政部门难以对财政科技投入进行总体调控：一是财政部门与发改委在财政科技投入安排上不易统筹协调；二是受内部职责分工制约，财政部门本身也缺乏对科技投入的统筹安排；三是难以保证各科技专项经费的衔接协调。

3. 财政科技投入中用于基础研究的比例明显偏低。基础研究和重大科技创新之间是直接对应的关系，任何国家都不可能在缺少基础研究经费和人才的情况下，频频获得重大科技创新。基础研究属于典型的公共产品范畴，其资金应主要由政府提供。但是，据有关资料显示，在中国政府投入中，基础研究投入的只占5%，而美国、日本等先发国家的比例则在15%以上，特别是与该比重最高的瑞士相比，还不及后者的1/5，即使与印度1990年的水平相比，也仅有其1/3略强。从其他国家的情况来看，各国的这一比重相差不大，除美国、日本外，其他先发国家的该比重都在20%以上①。这种差异可能意味着其他先发国家比美国、日本更重视基础研究，但由于美日研发经费投入基数十分巨大，即使基础研究相对比重略低，但其绝对值仍然远高于其他国家。捷克、韩国、印度三国虽然经济发展程度较先发国家有一定差距，但在基础研究上的投入比重也很可观。

由此可见，中国的这一比重偏低是不争的事实。这反映了中国长期以来在科研方面急功近利、忽视基础研究的短视政策。这一政策难以改变的根本原因，是计划经济形成的“科技攻关”模式。因此，即使在很贫穷的年代，中国也可以拼全国之力搞出“两弹一星”。这种不顾血本拼出来的技术却难以产生商业价值，这是因为商业是讲成本、讲价格的。对此，虽然中国当前的应用研究经费比重处于中下等水平，但实验发展经费的比重则排在第一位，比依靠“科技立国”发展起来的日本、韩国还要高。未来科技发展的思路转向“技术要面向经济建设主战场”的战略方向，引领财政科技支出方向，加快科技发展。

（五）财政科技投入效果低下

据统计，中国的科技成果转化率不足10%，90%以上的科技成果都被束之高阁。在科技投入本身就不足的情况下，科研成果的转化率低效，造成财政科技支出的严重浪费。科技管理体制中的多头管理导致研究项目立项的重复，国有资产的封闭造成科研单位重复购置大量的仪器，以及资产的闲置造成了很大的浪费。据有关资料显示，中分辨率成像光谱仪（Moderate Resolution Imaging Spectroradiometer，简称MODIS）系统是一种卫星对地观测传感器，每套造价100万美元。这样的系统中国只要有1或2套就足以满足全国的科研需要。在英国、法国、德国就各有1

① 颜永廷、张卫平：“中国基础研究经费投入政策建议”，《科技管理研究》2010年第11期。

套，而中国现在却已有14套，仅在北京地区就有8套。由于相互封闭，数据不能共享，许多科研院所还要继续上马新建，如果不加以制止，5年内会再建80套。中国大型仪器设备总量利用率不到25%[①]。因此，对于动用公款购买的大型科研设备一定要采取全国统一审核制度，不是绝对必要不允许重复引进，对已经引进的大型设备，引进者要开放使用，提高设备的使用效率，推动科技发展。

由于中国缺乏科技成果绩效评价机制，导致国有资产的重复投资与资产的闲置。虽然科研项目管理普遍推行了国际通用的“基金制”、“课题制”管理方式，但对科技投入的绩效评价并不十分重视。从科技产出的指标看，中国专利、论文和重大科技成果等的数量和质量并不令人满意，并且科技成果转化率也比较低。其重要原因有中国高水平的科技人才缺乏科研项目评审，“近亲繁殖”现象不同程度存在，国际同行评议至今未予采用，课题成果验收流于形式，财政科技投入使用绩效考评机制尚未建立，重投入、轻管理、重立项、轻成果管理的现象仍普遍存在。中国科研咨询、评价等中介机构严重缺乏，也是科研立项质量不高、绩效评价难以全面开展的一个重要原因。

因此，为减少科技资源浪费，必须对科研经费从立项、研究到最后结项全过程采取透明化管理，减少因为管理不善造成的漏洞，确保经费使用得当，营造公正、公平的科研环境，鼓励科技人员热心工作。保证科技投入使用的公开透明，制定相关的法律是很有必要的，应建立一套科学规范的绩效考评制度：在项目设立之初，就确定项目的绩效目标；项目执行过程中，进行中期评估；项目结束后，进行结果评估；财政部门据此作出拨款、缓拨或停拨的决定，其结果也同时作为今后立项、确定预算及改进管理的重要依据。

---

① 唐仁华等：“对促进科技资源共享问题的几点思考”，《科技创业月刊》2005年第7期。

二、再造财政支出流程，全面提升科技绩效

财政科技支出流程再造是有效提升财政科技资金使用效率的重要机制。改革财政科技支出流程的关键在于构建绩效预算体系，强化效益观念，匹配权责利，推动科技创新发展。

（一）导入绩效管理体系

绩效预算由绩、效、预算三个要素构成。绩是指财政支出所要达到的目标。效是指用具体指标评估完成目标的情况和取得的成绩。预算是指财政或预算单位为这一支出目标提供的拨款额或其他资金。全面实现绩效预算 是解决目前诸多问题的重要途径。所以，开展绩效预算，引入目标管理、全面质量管理、成本核算、结果导入等现代管理手段，使部门预算编制、预算执行进度、预算调整紧紧围绕绩效展开，最终优化有限资源，提高资金使用效率，促进廉政建设，这也符合绩效预算这一新型预算管理模式的两个特征：即绩效预算是一种产出导向型的预算；是以政府绩效为依据，编制预算、评价预算的一种预算管理模式①。

绩效预算的推广不仅是预算方法的改变，更是整个公共管理理念的一次革命。随着知识经济的兴起，各国对科研项目经费的投入均呈现不同程度的增加，如何通过改革预算管理提高科研投入的产出效率是一个很现实的问题，实施科研项目绩效预算管理是有效的尝试。绩效预算把市场经济的基本理念融入公共管理之中，有效降低了政府提供公共品的成本，提高了财政支出的效率。绩效预算是指政府部门按照其职能进行预算，将政府预算建立在可衡量的绩效基础上，是一种“产出式”预算管理方式。绩效预算管理是事前、事中、事后的全过程管理，要做到事前制定计划，事中进行绩效考核、追踪问效，事后对项目进行回顾，充分利用绩效评价的结果。绩效预算管理贯穿科技成果转化的整个过程。

① 杨阜旻：“农业科研单位全面实现绩效预算的思考”，《中国渔业经济》2012 年第 6 期。

首先，申请研究项目阶段。制定绩效预算计划，明确管理内容。绩效计划包括：绩效目标，绩效考核的定量标准、评价方法，确定管理者的权限和责任。将科研绩效计划上报给科研项目绩效管理部门进行审查，确定项目可行之后，贯彻执行。

其次，项目评价阶段。为实现预算计划的目标，项目主管部门和财务部门一起对项目预算进行绩效考核，依据绩效考核的指标衡量项目实施情况，指标包括定性和定量指标。考核结果编写成书面考核报告，进行横向和纵向的比较，以此改善预算项目绩效。

最后，实施项目后评价，完善绩效评价体系。建立预算项目后评价体系，考察科研机构是否采取了绩效评价的政策措施，深化科技发展。对预算项目执行情况及进展情况进行回顾。在后评价过程中，总结项目经验及教训，为完善科研项目管理提供重要支撑。绩效考核报告的结果可以作为以后科研项目预算支出安排的依据，为项目管理者提供更多的预算安排参考，改进科研项目的预算管理①。根据后评价结果，匹配权利责任，确立下期科技经费，提升科技经费使用效率。

（二）绩效改革重点

绩效预算有利于提升科技财政支出绩效，优化科技资源配置，加快科技发展。从现实情况来看，绩效预算管理仍存在改革难题。因此，明确改革重点，进一步革除传统预算管理中的制度性问题和程序性弊端，探索建立面向“结果”的科研项目绩效预算模式，成为新一轮绩效改革的重点。

首先，采用分权分责模式进行预算总量和进度安排。考虑到中国国家级科研项目预算少则 3 级，多则 6 级、7 级的管理现状，财政部门、科技管理部门、科研项目责任主管部门和科研项目依托单位应改革预算编制、申报、评审、批复等程序，借鉴同级分权、分级授权、权责对等、程序规范的原则，结合已经实行的行业科研业务费、科研单位运行费和科研费的新型模式，将科研项目获得的总预算进行分类、分权，进行总

① 孙达男、宋良荣：“科研项目绩效预算管理探讨”，《商业时代》2007 年第 6 期。

量控制下的机动调控。从而打破现有科研项目预算内在结构的简单和人为限制，改变当前科研项目预算管理中出现的年初等拨款、年底突击花钱的现象，形成科研项目预算服从科研项目实施需要的机制。同时，也可解决科研项目预算管理与责任或依托单位之间“两张皮”的现象。

其次，落实科研项目预算绩效激励机制。从科技经济学的角度分析国家级科研项目的绩效，主要是通过直接计量或专业评估的方式计量科研项目产出成果能够实现的经济效益，以衡量国家级科研项目使用公共财政资金的合理性和科学性。但是，考虑到国家级科研项目自身的公益性、实施的长期性、绩效的外溢性和回报科研项目人员的复杂性，在科研项目实施过程中和结题验收时，应在现有专业检查、同行评议的基础上，聘请科研项目所在行业、领域的指向性用户代表和具有相关评估资质的社会中介机构进行联合评审。在技术专家打分的基础上，由指向性用户代表、社会中介机构按照真实的科研项目成本，利用成本收益法或未来现值收益法，通过调整追加预算方式，予以阶段性或一次性的奖励，以形成充分调动科研项目人员积极性的良性机制。

再次，引入国家级科研项目后补助机制。突出财政支出效率，对国家级科研项目管理思想和方式进行重新设计，改变传统的强调过程管理、辅之以绩效考评的方式，实施以绩效目标考核与验收为重点、辅之以过程管理的模式。例如，设备购置、材料（含试剂）、测试化验加工、燃料动力、差旅、会议、国际合作与交流等费用，不再进行所谓对照预算的固化管理，而应根据业务实际需要和科研项目周期，授权科研项目负责人进行自主调控。同时，按照绩效预算整体管理的设计目的，在目前已经安排的行业科研费、科研单位基本科研费和基本运行费等预算架构下，将国家级科研项目预算与项目承担单位的预算情况挂钩，待科研项目结果通过评审验收后，按照市场机制进行财政后补助。

最后，进一步规范国家级科研项目绩效预算信息披露。目前国家级科研项目的立项基本上采取了公开发布指南进行招投标的形式，但是按照绩效预算将预算的控制、管理和计划三职能融于一体，对面向结果的全流程管理行为进行再造的原则，国家级科研项目预算应在引入社会中介机构审计的基础上，进一步加大对其决算信息的公开披露程度。信息披露中应包括对公共财政资金收支的总量配比程度、到位率、及时性、支出结构的合理性和科学性的综合绩效评价①。

（三）加快绩效预算改革

加快绩效预算改革的关键在于转变观念，以法律的制度固化改革，同时推进配套方案，完善评估体系，推动绩效预算改革进程。

1. 绩效预算管理改革势在必行。中国在投入控制型预算模式下，财政科技支出表现出低效率，甚至无效益、浪费等问题，催生绩效预算改革动力。提高财政科技支出效能，提升公众满意度已经成为中国政府改革的主要目标。随着公共管理理论不断创新，目标管理、全面质量管理、成本核算、结果导向管理等现代工具手段被深入引用，加快财政科技支出预算的编制、执行、调整紧紧围绕绩效而展开，进一步提高效率、效果和透明度，加快科技发展。

2. 转变观念，加强立法。绩效预算是建立在重视绩效文化的基础之上，当政府文化以控制为中心向以绩效为中心转移，绩效预算才能真正发挥作用。在中国存在着“官本位”思想，政府组织及其行政人员始终处于一种无压力、无责任的松散状态。在一个“官本位”的社会环境中，权力的行使既没有相应的制衡措施，也没有外在有效的监督，各级政府部门将精力用于运用各种手段对有限的财政资源进行争夺。因此，转变政府观念，把关注点转移到如何更好地提供公共服务，科学合理高效地安排、编制和执行预算上来是当务之急。推行绩效预算要同落实科学发展观、树立“情为民所系、利为民所谋、权为民所用”联系起来，强化依法治国，通过修改《预算法》，制定《政府行政绩效法规》，建立切实推行绩效预算的政治人文环境。

3. 完善绩效预算的配套改革。从先发国家推行绩效管理的实践经验

① 顾全：“国家级科研项目绩效预算管理研究”，《中国财政》2011年第16期。

来看，绩效预算的实行有很多限制条件：一是公共资产管理要到位，使政府能够准确掌握公共资源的占有、使用情况，并能对投入进行严格的监督和控制；二是要赋予部门充分的自主权和灵活性；三是要具备一定的制度基础，比如，实现现金管理全部在国库、细化国库管理，实行权责发生制政府会计制度，形成完善的问责机制等；四是要有完善的实施方式。因此，中国在实施绩效预算改革中要建立健全配套政策。首先，建立以产出与结果为导向的政府绩效预算模式，转变传统的以投入为重点的预算管理模式，构建以预算产出和结果为衡量标准与指导方向的预算绩效管理模式。其次，将权责发生制引入绩效预算。权责发生制的引入为探寻合理的预算拨款规模，制定科学的绩效规划，调整未来绩效目标等工作发挥了不可替代的基础性作用。再次，政府层级扁平化。减少代理链条，增强公民作为委托人对预算的监督，从根本上遏制公共政策执行过程中的“漏斗效应”，减少政策性浪费，简化绩效考评指标。最后，增强预算的透明度。坚持对预算内容的公开，即把人大最终通过的、不涉及重大国家机密的预算草案通过各种途径向社会公布，同时坚持对预算执行情况审计报告的公开，并把审计结果的处理情况向社会公布，增强公民的知情权，强化公民对预算监督的责任和义务。这也是真正落实绩效管理的最后保障。

4. 成立专司政府绩效管理与评估的机构。在组织上要予以重视，成立专司政府绩效管理与评估的机构，以组织部门为核心，以财政、审计部门为两翼的评价体系，领导由组织部长兼任，成员从国务院下属各部委抽调组成，分部委进行一对一的管理和评估，先试点，后推广，在建立各部委、各行业评估标准和评价体系的基础上，将绩效预算与各行政部门的项目负责人的升迁相挂钩，切实形成现行“官本位”体制下的绩效预算的推行动力。

三、依托财政科技支出，加速形成现实生产力

财政科技支出嵌入技术转移环节，创新科技财政支出形式，充分发

挥财政资金效益，助力科技发展，推动科技成果转化为现实生产力，加快产业创新速度。

（一）科技支出引导

政府引导基金又称创业引导基金，是由政府出资，并吸引有关地方政府、金融、投资机构和社会资本，不以营利为目的，以股权或债权等方式投资于创业风险投资机构或新设创业风险投资基金，以支持创业企业发展的专项资金。政府引导基金通过引导创业投资行为，支持初创期科技型中小企业的创业和技术创新。政府引导基金的宗旨是，发挥财政资金杠杆放大效应，增加创业投资资本供给，克服单纯通过市场配置创业投资资本的市场失灵问题。

政府引导基金是政府培育战略性新兴产业的重要途径，通过发挥政府资金的杠杆作用，吸引各类社会资本、民间资本和境外资本，放大政府对战略性新兴产业投资机构的导向效应和对企业发展的支持效应。同时，由于社会资本偏好于变现迅速、流动性好的资本市场，造成投资于中小企业资本供给不足，而政府资金扶持中小企业的方式仍以补助和贴息为主，引导基金的建立可以实现政府资金循环使用，提高资金使用效率，解决社会资本投资不足问题。

从政府引导基金支持战略性新兴产业运作模式来看，参股基金、融资担保是两种最通行、最适宜的运作模式，跟进投资、风险补助和投资保障可作为辅助运作模式。这是因为跟进投资是一种“直接投资”方式，在实际操作中引导基金管理人容易产生投资冲动，偏离引导基金运作原则。风险补助和投资保障由于是引导基金纯粹支出，只能实现对创业投资事业的一次性支持，所以也不是理想的引导基金运作模式。而参股基金模式可实现引导基金持续经营，是目前引导基金主要运作模式，随着中国信用体系的健全，融资担保模式也会逐渐成为引导基金支持战略性新兴产业发展的常见模式。

（二）政府购买

政府购买服务是政府提供公共服务的创新模式，也是深入开展行政体制改革和提高政府公共服务水平的重要的实现机制。政府购买科技成果转化服务是推进高技术服务业发展、促进科技成果转化为现实生产力、深化科技经济结合的重要手段。通过政府购买，能够较为有效地弥补市场失灵，提供必须的科技成果转化服务。一方面，政府购买科技成果转化服务，能够提供足够的信誉担保，消除各方顾虑，满足科技成果出让和受让方的成果转化需求，实现科技成果的经济社会价值。同时，激发创新主体的科技创新积极性，产生更多的科技成果和转化需求，从而进一步活跃技术交易市场。另一方面，政府购买科技成果转化服务，能够为科技成果转化服务机构提供发展机会、资金和政策支持。随着市场环境的好转和机会的增多，将会激发专业服务机构的从业积极性和信心，促使更多机构加入到提供科技成果转化服务的行列，提升科技成果转化效果，实现科技与经济的紧密结合，支撑经济社会的发展。

中国技术创新体系的结构性缺失突出表现在技术转移薄弱、科技成果转化主体及服务机构功能不完善等方面。必须通过发展科技成果转化服务来促进技术转移，进而完善技术创新体系、支撑创新型国家建设。政府购买技术转移服务可以通过政府的财政投入支持、调节和引导技术转移活动，有效弥补技术创新体系的结构性缺失。由于政府应该始终在市场发挥决定性作用的前提下起到有益的补充作用，政府购买科技成果转化服务也必须有所侧重和选择。根据中国技术转移所面临的国内外新形势，以及政府购买科技成果转化服务的现实需求，确定以下四个着力点：

第一，在专业性强、风险性大的服务领域购买科技成果转化服务。《国务院办公厅关于加快发展高技术服务业的指导意见》指出，“大力发展专业化、市场化的科技成果转化服务”，“鼓励建立具备技术咨询评估、成果推介、融资担保等多种功能的技术转移服务机构”，“鼓励社会资本投资设立新型转化实体，发展包括创业投资、创业辅导、市场开拓等多种业务的综合性科技成果转化服务”，“提升科技企业孵化器、生产力促进中心和大学科技园等机构的服务能力，推动市场化运营。”这些服务领域大都专业性强、风险性大，应作为政府购买科技成果转化服务的重点。通过政府购买服务，促进科技成果转化服务机构的创新与发展，进而完善科技中介体系及科技成果转化服务体系。

第二，在技术创新体系的薄弱环节，购买和提供科技成果转化服务。针对技术创新链条薄弱的特点，将高校及科研院所科技成果的市场推介服务、技术中试孵化业态的培养和服务供给、促进企业承接技术能力提升的相关服务、技术转移人才培训与培养、技术转移法律体系的完善及科技文化建设等作为政府购买科技成果转化服务的主要内容，围绕完善技术创新体系的需求提供政府公共服务。

第三，针对政府资金支持所产生的科技成果的转化需求购买服务。政府财政资金支持所产生的科技成果的转化关系到财政科技资金的投入产出效果、政府相关政策措施的实施绩效以及国有资产的保值增值等问题，也关系到科技对中国经济社会的支撑能力的发挥，甚至是国家的技术安全问题。必须保证政府资金支持产生的科技成果在国内落地转化的优先权，同时政府需要对这些科技成果的流向做到心中有数。因此，政府通过购买科技成果转化服务的方式，有针对性地促进这些技术成果转化，并全面掌控和把握这些技术成果的转化情况。

第四，应对国际技术转移的经营化趋势购买科技成果转化服务。一是政府通过成立专项基金，购买关系国家战略和安全的关键技术和产业共性技术等。同时，政府出面组织建立相应的技术经营机构，促进其服务于上述领域的技术在国内集成与成果转化；二是通过政府购买国内现有技术经营机构的科技成果转化服务，扶持本国技术经营机构发展壮大，增强其与国际机构的竞争和抗衡能力，并支持其跨国购买技术并进行技术集成、转化等经营活动[①]。

① 毕娟："政府购买科技成果转化服务的现实需求及着力点"，《城市管理与科学》2013 年第 1 期。

四、强化科技财政支出，有效构筑大国战略

财政科技支出通过加快科技产业化进程，提升产业创新速度，抢占国际产业链、价值链、知识链高端，引领经济社会持续跃升，支撑大国发展。

（一）先发国家科技支出支撑科技发展

20世纪后20年，世界科技迅猛发展，国际科技竞争日趋激烈，各国研究开发投入迅速增长。各国采取种种措施，促使本国研发投入保持增长；一些科技比较落后的国家和经济发达的小国在增加研发投入方面更是不遗余力。研发投入的来源以政府预算和产业界投资为主，两项合计一般占90%，甚至更高，其他还包括风险投资、非政府的基金会等。主要有：

第一，向基础研究倾斜。基础研究是科技创新的源泉，没有强大的基础研究作支撑，应用研究和开发研究就像无源之水、无本之木。各国重视基础研究，基础研究经费占研发投入的比重至少能达到10%～20%。由于基础研究属于典型的公共产品，其资金应主要由政府提供。因此，各国政府研发投入中都有较大比例用于基础研究工作。

第二，加强科研基础设施建设。各国都充分认识到科技基础设施对研发工作的重要作用，有了世界级的研究设施才有可能出现世界级的研究成果和科技人才，才能吸引和留住优秀科技人才。美国的研究设施比较精良，但仍在加大投入。日本政府近年来通过国会特别拨款以及补助预算等，大规模地投资改善国立研究机构的设施、实验条件。

第三，重视并加大对信息技术、生命科学和纳米科技等高新技术的投入。信息通信技术是当前最关键的技术，在21世纪上半叶仍将起主导作用，美、日、欧盟等都纷纷加大投入，几乎所有先发国家及众多后发国家都先后出台了类似“电子欧洲”的社会信息化计划。21世纪，生命科学将对人民健康、财富创造和环境质量产生重大影响，人类基因组工

作图谱发表后，生命科学进入了“后基因组”时代，许多国家都计划增加对生命科学的资源投入。纳米科技是未来的启动技术，据预测，20年以后，其对社会的影响将抵得上整个20世纪技术所带来的社会变革。

第四，扶持农业科技。从经济角度上来看，农业是一个弱势产业，不是一个理想的支持和保护对象。但农业关系到国计民生，因此各国政府纷纷加大农业科研投入，促进农业发展。据联合国粮农组织统计，20世纪80年代中期，世界各国农业科研经费占农业总产值的平均比重约为1%，其中，先发国家为2%，后发国家为0.5%～0.6%。政府不但直接投入，而且采取一些政策措施鼓励社会投资。如美国的农业科研投入，国家投入只占1/4～1/3，其余是社会投入。

第五，制定评估体制。世界各国大都制定了严格的科技评价制度和科技评估指标体系，组织专家或独立科技评估机构对研发预算进行评估和评价，鼓励公开竞争，把资金有效运用到重点项目和领域，减少重复和浪费。美国白宫科技政策办公室和预算局把“强调同行评议”作为确定研发预算的主要基本原则之一。英国政府1992年开始对科研经费分配制度进行改革，比如对大学中的研究机构，通过制定评价指标和同行评议进行排名，作为95%经费分配的主要依据。英国在内阁办公室设有科技评价办公室，政府各部门也有评价机构，评价内容涉及经费投入前、中、后各阶段，方式以同行专家评议为主，在评价重大科技计划项目时，大多聘请独立的专业评估单位进行评估。韩国的特点是对使用政府研究开发经费的国家研究开发计划进行调查、分析、评价，内容包括取得的成果、计划目标设定的恰当性、推进战略的妥当性等。韩国对研究课题主要评价研究成果、政府支援的妥当性、是否重复等，并根据结果调整下一年度预算安排。

各国不同时期的发展重点不同，制定的科技政策也不相同，但都很注意适应国际形势，突出国家特点和优势。美国建国后至“二战”前主要发展农业技术；“二战”爆发后，美国政府将国家技术政策转向战争动员，对国防科研投入巨资；冷战过后，重点从军事转向经济；20世纪

90年代，又把目光瞄向了生命科学和信息科学；9·11事件发生后，国家安全成为第一优先领域。韩国经历了四个阶段，20世纪60年代目标是促进企业引进外国技术；70~80年代，推行引进为主、自主开发为辅；20世纪90年代起，引进与自主开发并重；金融危机后，改为建立和完善适应新形势发展需要的国家科技创新体制。

（二）财政科技支出，助力大国崛起

财政科技支出加速区域经济跃升。现代经济竞争的关键是科学技术的竞争，明确政府科技支出的目的属性，促进科技成果的扩散。对于一个国家而言，科技竞争的本质是与其他国家展开竞争，在世界范围内获得科技领先优势和竞争能力，这为一个国家的发展奠定了基础，从而为本国内的区域发展创造了基础。因此，一是中央政府建立健全全国的科技计划协调机制，包括科技投入制度的协调，以期改变科技资源配置的地区间无序竞争和分散重复的局面；二是财政科技支出要投向区域科技创新体系建设，把突出区域特色及加强区域之间的联系作为制度设计和政策制定的出发点，以此带动区域经济的发展；三是建立和强化技术在地方转移的机制，带动地方的创新能力；四是地方政府的科技支出应对科技活动及创新进行分类支持，引导资源配置，提高科技支出的产出效果；五是各地区应实施差别化的科技发展战略，突出各地区的重点和特色领域，这样可有效地约束地方政府间科技支出的无序低效竞争。科技支出应以支持企业技术创新为基点，提升区域经济竞争力。

第三节　优化政府支撑作用
促进科技正向演进

新时期，制度成为国际竞争的核心，科技的发展更是离不开政府的制度支撑，制度设计成为引导科技发展的重要动力。在完善科技制度的

过程中，创新政府治理体系，通过信息共享和知识扩散实现制度创新，成为政府发挥作用的关键。

一、引导科技发展方向，加速科技全面进步

政府作用就是把握方向并提供制度支撑。科技项目的选择要把握前瞻性原则与特殊需要原则，优先安排农业、能源、交通、原材料等薄弱环节的新技术开发，以及电子信息、生物工程、新材料技术等高技术的转移及应用。特别是，技术投入能力相对不足的后发国家更需要在相对集中的领域进行持续的支持，在科技规划中明确专门的措施以保证对优先发展领域和关键技术的支持。

首先，进入知识经济时代，新技术的更迭成为经济周期变化的主要原因，基础研究的重要性因此凸显出来。为此，后发国家普遍加强了基础研究，日益重视对知识产权的保护。与基础研究相适应的重大技术均是一些共性技术。这是一些对各种产业有很强的渗透性，并不特定于某一产业的技术。这种具有多技术集成和多学科渗透的特点的共性技术，对未来产业发展起着决定性作用，因而也可称为战略技术、基础技术或未来源泉技术。20 世纪 90 年代以前，当时新技术革命还处于酝酿过程中，政府依据发展优先产业的需要制定不同的科技政策，科技强国正在从原来的对特定产业技术支持调整为以共性技术为重点支持对象，把目标瞄准既与国情相适应，又具有前瞻性的基础技术领域。一些相继进入自主创新阶段的后发国家更是重视对基础技术的研究。韩国完成《科学技术革新五年计划》，21 世纪初拥有主导经济发展的信息通信、汽车、机械、生命工学、新材料等战略核心领域的独创性技术革新能力，并在上述领域进入五大技术强国行列。

其次，无论是过去一向采取自由经济式的、不干预市场运作的国家，还是强调由政府干预和营造环境的国家，都加强了政府干预力度。如许多国家的总统亲任国家科学技术委员会的主席。特别是，历来偏向采取

自由经济式的、不干预市场运作的产业科技政策的美国政府也加强了政府干预。如传统的美国国家科学基金会是以资助个人研究者作为资助基础性研究的主要手段，但是为了加强原始性科技创新，充分调动和整合科技资源，现在美国采取“集成式创新活动”的模式，由政府集成各种力量，加强对具有战略意义的科技项目“集成”攻关。

与之相应，后发国家为了在短期内使科技“发威”，更是加大了政府干预力度。比如说，20 世纪 90 年代中期以来，韩国十分重视政府科技规划，先后制定了一系列具有导向意义的科技规划。同时，韩国还提高和扩大了科技主管部门的地位和权限，并且通过国家打破原有研究主体间、技术部门间、地区间、国家间的研究界限，推行总体的研究开发。

二、创新政府治理体系，完善科技管理机制

随着全球化的发展，世界正在形成新的竞争格局，科技创新成为重要的核心竞争力，三次科学革命和两次技术革命证明，社会经济的发展是由科技创新推动的，并已经成为推动人类发展和进步的重要途径。在发展科技创新的过程中，政府治理起着至关重要的作用。作为一项系统性工程，科技创新需要政府、企业、科研院所、金融体系等多元主体的融合互动，而这些资源的有效配置与集合就要依赖政府的治理。

中国政府治理科技创新尚处于起步阶段。1992 年，中国确立了建设社会主义市场经济体制的目标和任务，但不论是在观念和认识上，还是在制度与政策上，从计划经济向市场经济转变都是一个长期、艰巨的任务。因此，一方面要注意到建设社会主义市场经济的目标本身为这一时期科技政策的调整和变革提供了新的空间；另一方面也要充分注意到这一时期与第二阶段之间仍然具有较强的历史连续性。比如，在这一时期的科技政策仍然要着力解决“科学技术是第一生产力的思想尚未得到全面落实；在体制、机制以及思想观念等方面还存在许多阻碍科技与经济

结合的不利因素”等问题[①]。1995年，中共中央、国务院提出“科教兴国”战略，明确到2000年的目标是初步建立适应社会主义市场经济体制和科技自身发展规律的科技体制；到2010年要使基本建立的新型科技体制更加巩固和完善，实现科技与经济的有机结合。这一时期科技政策的重心更加转向促进科技与经济、社会之间的相互联系和相互结合。这一方面体现在1992年之后制度变迁的内容开始较多地关注经济体制、政治体制、科技体制和科技体制的改革之间的协同和配套问题；另一方面反映在科技政策的出台机构上，以国家体改委、财政部、国家经贸委，国家科委、国家教委、国家国有资产管理局等部门联合发布的科技政策明显增多。这一时期科技政策的一个突出变化是从市场经济的内在要求出发，从国际竞争的现实需要出发，把科技工作与提高国家和企业创新能力，把科技政策与创新政策结合在一起。

1999年，中共中央、国务院发布《关于加强技术创新，发展高科技，实现产业化的决定》，确定要以改革为动力，深化经济体制、科技体制、科技体制的配套改革，推进国家创新体系建设，为高新技术成果商品化、产业化提供有效的体制保障。进入21世纪，面向全面建设小康社会的发展目标，中国开始制定新世纪第一个，也是在市场经济条件下的第一个中长期科学技术发展规划——《国家中长期科学技术发展规划纲要（2006～2020）》（下称《纲要》），并作出了《关于实施科技规划纲要 增强自主创新能力的决定》。《纲要》以增强自主创新能力为主线，以建设创新型国家为奋斗目标，明确了“自主创新、重点跨越、支撑发展、引领未来”的新时期科技发展的指导方针，并对中国未来15年科学和技术发展作出了全面规划与部署，是当前和未来十余年指导中国科学和技术发展的纲领性文件。

《纲要》还指出了目前科技体制和科技政策中存在的问题，一是企业尚未真正成为技术创新的主体，自主创新能力不强；二是各方面科技

---

① 国家科学技术委员会：《中国科学技术政策指南（科学技术白皮书第7号）》，科学技术文献出版社1998年版，第17页。

力量自成体系、分散重复，整体运行效率不高，社会公益领域科技创新能力尤其薄弱；三是科技宏观管理各自为政，科技资源配置方式、评价制度等不能适应科技发展新形势和政府职能转变的要求；四是激励优秀人才、鼓励创新创业的机制还不完善。

因此，为解决这些深层次的体制与机制问题：一是要深化科技体制改革。其指导思想是：以服务国家目标和调动广大科技人员的积极性和创造性为出发点，以促进全社会科技资源高效配置和综合集成为重点，以建立企业为主体、产学研结合的技术创新体系为突破口，全面推进中国特色国家创新体系建设，大幅度提高国家自主创新能力；二是要制定和完善更加有效的政策与措施，确立科技政策作为国家公共政策的基础地位，按照有利于促进科技创新、增强自主创新能力的目标，形成国家科技政策与经济政策协调互动的政策体系。

三、打造国家创新体系，形成创新引领社会

由于科技在未来社会中的地位和重要性日益增长，世界各国都将科技发展放在国家战略的重要位置上，并大大强化了政府干预科技的能力。美国成立了与国家经济委员会和国家安全委员会相提并论的国家科学技术委员会，并且为推动“公共部门与私营部门”的合作，克林顿政府还成立了总统科学技术顾问委员会，并制定了一系列振兴美国工业技术的新政策。如对企业从事技术开发的投资给予永久性的新政策；英国重新设立了科学部长，并在内阁中设立了首相首席科技顾问斯图尔任主任的科学技术办公室，结束了半个世纪以来内阁中一直没有科技大臣的历史，同时英国下议院也设立了科学技术特别委员会；澳大利亚成立了总理科学理事会，还设立了首席科学家办公室和科技协调委员会；比利时设立了科学政策大臣；泰国成立了科学技术发展委员会；波兰也设立了总统科学委员会；韩国在科技处之上又成立了总统亲自主持的“技术振兴审议会”，每季度召开一次会议，审定重大政策和方针；日本和欧共体国家

也都大大加强了政府对科技的领导作用。

这些先发国家的经验表明，科技进步与创新离不开必要的制度条件，创新是一个系统化的行为，而制度等因素在创新过程中发挥着极为重要的作用。特别是，制度变迁是知识进步的原因，而知识进步也会对制度变迁起着推动作用。另外，战略规划的核心是“预见性”，基础是“优先领域”。

当前，中国的科技管理体制正处在从过去指令性计划体制向指导性市场体制转轨的过程中，因此应充分重视、借鉴成熟的市场经济国家重视政府研发资金投入对科技事业发展的引导作用这一经验，建立健全政府、企业、个人、外资多元化投资体系，主动地进行科技投入，最终建立一种以科学技术知识的生产、扩散和应用为核心的经济发展体制，以更快、更大规模地将科学技术知识融入未来经济社会发展之中。

首先，技术进步的驱动力既要来自于需求拉动，也要来自于供给推动，应实现政策向供求整合战略的转移。为此，经济模式必须从资本驱动型向技术、知识驱动型转变；从传统工业化向新型工业化转型；从资源消耗型向节约资源型转型；从环境污染型、生态破坏型向环境友好型、生态保护型转型。诚如世界银行所建议的：中国必须放弃资源密集型的发展方式，迅速转向以服务和知识为基础的发展方式。这些要求决定了科学技术必须具有促进经济转型、产业升级、结构调整、提高竞争力等多方面的功能和作用；制定中长期科学和技术发展规划必须对创新系统的复杂性有更深的认识和更高的处理水平，即在科技规划的过程中贯彻总体性思维，既要关注创新系统组织整合的伟大意义（包容了整体性思维），又要关注创新系统的不完全整合现象和机制。

其次，区域科技发展是国家科技发展的支撑和延伸。为体现国家战略的区域特色和发展要求，区域在制定科技规划的过程中要充分考虑到本地区科技、经济、社会发展的实际，重点要在体制、机制和环境建设上大胆探索、不断创新、形成区域特色（避免区域技术发展的低水平同构，形成良性发展的创新链和科研生态）。要积极适应国家战略布局，实现各区域科技的整合发展，在对区域科技能力分布状况和特征论证的基础上提出未来15~20年区域科技发展的总体思路、指导方针和切实可行的战略目标，最终优选出能够大幅度增强区域竞争力的重大科技发展任务和优先发展领域（关键技术项目），特别要抓紧对事关区域科技发展的关键性、全局性问题的细化研究，力争突破制约区域科技发展的“瓶颈”，探索实现区域科技跨越式发展的新思路、新方法、新手段。

最后，加快创新体系建设已经成为制定科技发展中长期规划的一项重大课题。中长期科技发展规划的系统构建有赖于明晰的规划管理体制，同时要动员和引导全社会各方面的力量投入科技发展中去，促进创新资源的合理配置和高效利用。在发展过程中出现的种种问题（社会利益失衡、环境污染、生态破坏等）日益严重的情况下，更长时期内的经济社会发展要以协调与和谐为目标，着重强调市场协调、优势互补，最终才能促进区域科技资源的自由流动和共享，进一步扩展区域优势和特色，推进区域科技、经济、社会与环境的持续协调发展。

总之，完善适应社会主义市场经济体制和科学技术自身发展规律的区域创新体系是保障科技规划得以实施与优化的关键；此外还要研究确定中长期科技发展总目标及阶段性目标，加强对规划的实施进行实时监测和评估，提升创新资源与科技预算的配置效率，才能促使规划在时间、空间以及结构三个维度上设定的目标得以实现。

四、实施科技国际合作，汲取知识溢出红利

科技的进步离不开知识的推动，而知识汲取需要全世界的共同努力，因此国际交流与合作必然成为实现科技创新的重要环节。中国已经明确把资源共享作为实现科技进步的重要落脚点。知识的创造、传播、扩散、应用，对创建国家创新体系有着重要作用，是社会经济发展永不枯竭的动力。因此，通过国际合作实现知识的共享和扩散是国家发展的战略选择。

随着科技的不断进步，知识共享的内容和途径需要深入明确。首先，知识作为重要的战略资源，已经成为推动社会进步的重要手段。特别是，知识与技术的创新是推动社会发展的动力，关系到世界各国国家竞争力的提高和全球科技水平的进步。纵观先发国家的成功经验，都是将知识作为国家发展的重要战略资源。中国也已经将提高全民文化素质、实现科教兴国作为国家发展的基本战略，认识到实现知识共享的重要战略意义。

其次，知识扩散与共享必然需要信息的采集、分析和加工，获取知识并理解运用是将知识转化为生产力的关键步骤。随着信息时代的来临，物联网、云计算、大数据、智慧工程等都已成为信息科技的重要手段，信息技术由简单到复杂的集成整合满足了人们获取知识的需要，提高了利用知识的能力，现代科技手段有效促进了知识的共享与扩散。随着信息产业的发展，大规模的产业化已经成为实现共享的重要基础。信息知识和服务已经成为科技长期发展的支柱。

最后，建设知识服务体系是实现国际交流与合作的渠道。中国目前的信息服务业还处于起步阶段，与国外先发国家相比还存在很大差距。先发国家在信息技术创新、信息资源种类、业务投资渠道等方面都具有较大优势，而中国则存在资源共享性差、产业结构不合理、产业化不明显、行业标准不明确等问题，严重阻碍了科技的进步与发展。吸取国外先进经验，与国际深入交流与合作已经成为中国当前的迫切需求。

在实现国际交流与合作进程中，中国重点是促进国内外科技企业、产学研机构、科技工业园区、经济特区的双向联系、合作与渗透，积极利用与各建交国、国际科技经济合作组织签订的科技、经济合作协定，加强对外科技经济合作与交往，在引进外资过程中，逐步把外资引向建立科技工业园区与科技企业，以及促进科技研究开发、传统企业技术改造、科技成果转化与推广等领域，鼓励现有三资产业发展科技产业，鼓励国外产学研机构在中国独办或与中国产学研机构合办各类研究机构、试验基地、科技企业或科技园区，鼓励国外、境外投资者通过独资、合资或联办等方式在中国设立研究开发基金、产业发展基金或风险投资公司，国家要尽快在这方面制定一些优惠政策和具体措施。要鼓励和吸引中国滞留国外的科技人才或华裔华侨投资者带技术、带资金回国兴办各类科技经济园区或科技企业。

第四节　顶层设计战略路线　构筑国家核心能力

锻造科技能力，赶超先发国家，是后发国家取得进一步发展的必然选择。绩效预算体系能够提升财政对科技投入的绩效，加快科技成果产业化，提升产业创新速度，保障国家经济安全，引领科技全面发展，支撑中国跨越发展。

一、导入财政支出绩效，提升科技发展效率

绩效预算强调支出的后评价和权责利的匹配，增强财政支出的责任意识，提升财政支出绩效。将财政科技支出流程导入科技投入绩效预算管理体系，能够完善科技管理体制，打通科技转化链条，加速科技成果的产业化发展。

（一）国际经验借鉴

借鉴先发国家财政科技投入的经验，加快改革中国财政科技投入思路，助力科技迅速发展。

1. 加大投入绝对量。先发国家都非常重视科技投入。美国对科学技术投入非常重视，并出台了一系列正确且有效的科技政策。美国政府利用其雄厚的国家财力，不断加大研发的财政预算投入，大力推动国家的科技进步。1970 年，美国联邦政府在研发方面的投入仅为 149 亿美元；

2004年达到了1227亿美元；2007年为1372亿美元；2008年，为了执行“美国竞争力计划”，美国联邦政府研发预算资助总额高达1427亿美元；2011年，美国联邦政府研发预算高达1475亿美元，继续保持增长。在研发资助预算的结构方面，美国政府研发预算包括基础研究、应用研究、试验发展、设施装备研究四个主体部分。其中，试验发展研究资助增长迅速，总体呈现逐年加速递增的态势，这是研发活动中增长最快的部分。

1994年，日本提出由“科技立国”向“科技创新立国”的转变；1995年制定了“科学技术基本法”，提出了建设“强大日本”的七项战略；2001年提出新的“科学技术基本计划”，将生命科学、信息通信、环境、纳米技术定为研究开发的四个战略重点领域。除此之外，日本在2001年还提出要成为世界一流知识产权国家的目标，并提出要使大学成为知识产权的源头、产生知识财产的人才科技、企业的知识产权战略、支持知识产权的专利行政、保护以及形成知识产权司法体系等方面的100条建议。特别是，日本新的10年计划充分体现了日本企图依靠科技成为世界老大的决心，即要实现知识产权立国，要在经济上和学术上成为世界第一①。为此，日本重点加大了科技投入，并将创新投入及科技成果的有效利用视为使日本经济回到长期稳定增长之路的一个重要先决条件。其中，研发支出继续得到政府和私营部门的高度重视：第一期科技基本计划（1996～2000年）的政府研发预算为17万亿日元；第二期科技基本计划（2001～2005年）达24万亿日元，增加41%；第三期基本计划（2006～2010年）基本上继承了第二期基本计划的理念，同时进一步将其细化为6个大目标和12个中目标；近年来，日本全国研发支出一直占国内生产总值的3%左右，稳居几个主要先发国家之首。

2. 注重科技产业转化。先发国家在加大科技投入的同时，非常注重科技成果的及时转化。以德国为例，德国科研与生产紧密结合，以生产促进科研。从1873年开始，德国的科学研究开始与重工业挂钩。国内的

① 马可：“日本科技政策的历史沿革”，《科技信息》2010年第27期。

科研机构、大学研究所和企业实验室都非常重视技术的研究。当煤焦油成为工业隐患时，德国在柏林大学成立了煤焦油研究中心，集中了德国最优秀的科学家和工程师进行研制；19世纪是德国铁路建设的高潮时期，德国需要大量的钢铁，但是由于冶金技术的落后，无法熔炼洛林的磷铁矿，德国企业家又集中科研力量去改造冶金技术。德国引进、消化和革新技术快。德国资源也不很充足，只能从技术中去寻找国家兴盛的手段。特别是，德国企业主十分注意科技情报，并对新技术、新发明很敏感，一旦国外有了新的发明和创造，只要是德国需要的，德国企业主就会不惜一切代价，甚至派出工业间谍把情报搞到手，动作之快令人吃惊。例如，1856年英国人柏琴偶然发现品红染料，当各国科学家还在惊愕疑惑之时，德国工业界巨头就已经开始生产了。可以说，德国的许多技术都是从引进开始，然后加以改造提高，这使得德国各项引进技术水平都超过了母国。特别是，德国在赶超英、法的过程中，科学技术起了极其重要的作用，它对德国整个社会发生了深刻的影响。国家利用发达的科技加速了工业化的完成，使得政治、经济、文化、思想意识等方面不得不进行适应性的变化调整，加速了德国现代化进程。

（二）绩效预算管理框架

绩效预算管理模式区别于传统预算管理模式的核心，是将市场机制和竞争机制引入部门预算管理，使部门预算的编制、执行、调整紧紧围绕绩效而展开。

1. 确立年度绩效计划。年度绩效计划通常在编制年度预算时根据部门的战略目标确立，详细阐述部门在特定年度内拟提供的公共服务数量和水平。包括以结果为导向的绩效目标，实现绩效目标需开展的详细活动和需动用的资源，衡量绩效目标的具体指标以及按照正常条件能够达到的绩效标准等，如新西兰的绩效声明报告，美国的年度绩效计划等。年度绩效计划通常需提交给内阁或者国会通过，以作为将来对该部门或项目进行绩效评价的依据。

2. 提交绩效报告。为跟踪部门年度绩效计划的进展情况，一般要求部门管理者定期或者不定期提交绩效报告，通过绩效指标详细描述绩效目标的完成程度。除少数国家（如澳大利亚、新西兰等）需提交月报和年中报告外，其他国家都仅需在预算年度结束后提交年度绩效报告。类似于上市公司的财务报告，为保证其合法、真实和准确性，部门绩效报告一般也要经过独立机构进行审计。

3. 进行绩效评价。虽然绩效报告一般会对年度绩效计划和实际完成绩效进行比较，并对部门绩效目标实现情况作出判断，但是，由于绩效报告由部门自己提供，很难保证评价结果的客观公正性，需由独立于部门的外部机构进行评价。如新西兰，绩效评价工作由财政部、国库部、审计署等部门完成。引人注目的是，公民取向的绩效观被越来越多的国家所采纳，特别是在英、美等国。

4. 反馈绩效评价结果。目前实行绩效预算改革的国家主要有两种模式：一种是绩效评价与预算分配之间没有非常直接的联系，如美国、荷兰、澳大利亚等，这些国家主要以加强管理、提高效率为目的进行绩效评价；另一种是绩效评价与预算分配之间有一种非常直接的联系，绩效评价的好坏直接影响到拨款的多少，如新西兰、新加坡等。

（三）绩效预算流程

目前，世界各国实行绩效预算的流程大体分为以下几个步骤：根据总战略制定各部门发展战略—各部门年度计划—年度绩效计划指标—年度终了时对实际绩效进行评估—根据绩效完成情况调整下年度预算。

首先，绩效评价准备阶段。（1）确定评价对象。绩效评价对象由各级财政部门、主管部门和单位根据绩效评价工作重点以及预算管理要求确定。对确定的评价对象，主管部门和单位在向财政部门编报年度预算时，提出评价对象的预期绩效目标，经财政部门审核后，批复下达；如遇特殊情况需对绩效目标作出调整的，则及时报财政部门审定。（2）下达评价通知。在具体实施绩效评价工作前，组织实施绩效评价的财政部门、主管部门应下达评价通知。主要包括评价目的、内容、任务评价指标和标准、实施步骤等有关要求。（3）成立评价工作组。评价对象确定后，组织实施绩效评价的财政部门、主管部门和单位应由内部相关专业人员或聘请专家（专家可在绩效评价专家库中选取）成立评价工作组。同时也可以委托具有相应资质的社会中介机构独立进行评价。

其次，绩效评价实施阶段。(1) 收集绩效评价相关资料。预算部门（单位）按评价工作组要求提交相关资料。被评价部门（单位）对所提供资料的真实性、准确性和完整性负责。(2) 审查核实材料。评价工作组对被评价部门（单位）提交的相关资料进行审核。绩效评价的形式包括现场评价和非现场评价，评价工作组根据具体情况采取不同的评价形式。(3) 综合分析并形成评价结论。评价工作组在现场和非现场评价的基础上，运用相关评价方法对绩效情况进行综合性评价。

最后，绩效评价报告阶段。(1) 撰写报告。评价工作组按照规范的文本格式和要求撰写评价报告。评价报告要做到依据充分、内容完整、数据准确、分析透彻、逻辑清晰、措施和建议切实可行。(2) 提交报告。评价工作组在规定时间内向组织实施评价的财政部门、主管部门提交评价报告，并对评价结果负责。(3) 结果反馈。评价工作组的评价报告经组织实施的财政部门、主管部门审查后，将评价结果通知被评价部门（单位）。(4) 归档存查。评价工作结束后，组织实施评价的财政部门、主管部门和单位应及时将评价报告等资料归档存查。

（四）构建绩效评价结果应用制度

绩效评价结果应用工作是及时加强财政支出管理、增强资金绩效理念、提高财政资金使用效益的重要手段，也是开展财政支出绩效评价工作的最终目的。建立一套与预算安排相结合、与绩效奖励相结合、与反馈整改相结合、与信息公开相结合、与绩效考评相结合的多渠道应用评价结果的有效机制，对合理配置公共资源、优化财政支出结构具有十分重要的意义。

1. 建立评价结果与预算安排相结合的机制。根据绩效评价的结果，可以对预算项目进行分级、分值的排序，将项目绩效分为“优秀、良好、合格、不合格”四个档次，作为编制财政支出绩效的重要参考依据。

首先，对评价结果为“优秀”档次的单位（部门），在安排财政资金时从优考虑。一是对连续性项目，财政部门在安排单位（部门）下一年度该项目资金时给予优先考虑；二是对分期实施的建设项目，财政部门在安排后续资金时予以充分保障；三是对一次性安排的项目，财政部门在安排该项目单位（部门）的其他项目时给予必要的资金倾斜。

其次，对评价结果为“良好”档次的单位（部门），在项目单位（部门）对绩效评价报告提出存在的问题进行整改后，按从宽的原则编制财政支出预算、安排财政资金。

再次，对评价结果为“合格”档次的单位（部门），其资金使用绩效方面存在较多问题，在要求其纠正存在问题的同时，安排该项目单位（部门）财政资金时可从紧考虑。根据其整改情况，从紧安排下一年度项目资金，并在编制财政支出预算、安排资金时，从紧考虑。

最后，对于评价结果为“不合格”档次的单位（部门），将按以下规定处理：属于实施过程绩效评价的项目，整改期间暂停项目单位（部门）已安排资金的拨付或支付，未按规定要求落实整改的，暂停该项目的实施；属完成结果绩效评价的项目，在安排该单位（部门）新增项目资金时，从严考虑，并加强对项目前期论证和综合分析，以确保项目资金使用的安全有效。

此外，对于不按规定申报绩效目标、不组织进行绩效自评或不配合主管部门和财政部门进行绩效评价，阻碍评价工作正常进行的单位，视为不合格，财政部门对其项目资金从严审核、拨付或不予安排资金。

2. 建立评价结果与绩效奖励相结合的机制。对绩效突出的项目进行奖励，通过奖励引导项目进一步规范财政资金的使用，提高财政资金的效益。

一是利用财政投资评审资金奖励。对于实施前通过财政投资评审的项目，在项目完成后进行绩效评价。评价结果为优秀的，将审减资金全额奖励项目单位，用于项目的后期维护；评价结果为良好的，将审减资金的80%部分奖励项目单位，用于项目的后期维护；评价结果为合格的，将审减资金的50%部分奖励项目单位，用于项目后期维护；评价结果为不合格的，不予奖励。

二是利用连续性项目的切块资金奖励。在每年安排的连续性项目中切出5%～10%的项目资金进行绩效奖励。对项目实施绩效评价后，将绩效评价的得分按区县进行排序，得出绩效成绩最好的前三名进行奖励，第一名奖励切块绩效资金额的50%，第二名30%，第三名20%。奖励资金用途不变，申报审批程序不变。

3. 建立评价结果与反馈整改相结合的机制。评价结果及时反馈项目单位，对存在的问题提出整改意见，限时进行整改，以进一步规范财政资金的管理，提高资金使用绩效和财务管理水平。

评价组织机构在评价工作结束后，根据评价报告对被评价单位下达“绩效评价结果意见书”通报评价结果，指出评价单位在资金使用、管理和业务工作中存在的问题与不足，并提出相应的建议和意见。被评价单位根据“绩效评价结果意见书”的内容进行相应的整改后，在一定期限内将反馈意见和整改结果以“绩效评价结果整改书”的形式书面反馈给评价组织机构。根据被评价单位的“绩效评价结果整改书”，评价组织机构再组织进行“回头望”，切实将整改措施落到实处。

4. 建立评价结果与信息公开相结合的机制。对评价结果实行报告制度、通报制度和公开制度，及时向政府相关部门报告，为政府决策提供强有力的依据；将评价结果在一定范围内公开，接受社会监督。

一是报告制度。将每年项目的评价结果及时汇总总结并以书面形式向相关部门报告。对于一些重大评价项目，应当及时报告。

二是通报制度。每年对部门和单位绩效评价情况在一定范围内进行通报，绩效评价工作成果优异的单位和个人予以表彰，绩效评价工作差的单位和个人予以通报批评。

三是公开制度。对于社会关注度高、影响力大的民生项目的支出绩效情况，通过新闻媒介等形式向社会公开，接受社会公众的监督。

5. 建立评价结果与绩效考核相结合的机制。对评价结果的应用实行考核制度，将绩效评价结果应用作为考核的一项重要内容纳入预算绩效管理的年度考核中，主要将绩效评价结果在预算管理、反馈整改、信息公开等方面进行量化考核。建立评价结果与绩效考核相结合的机制，促进对绩效评价结果的应用。

二、推动产业持续升级，保障国家经济安全

20世纪90年代世界先发国家纷纷推出了大型高科技计划。如美国有高性能计算机与通信计划、尖端技术开发计划、生物技术计划等；日本推出了亚洲新阳光计划、先进技术探索性研究计划等；加拿大实施了关键技术支持计划、绿色计划；韩国提出了高科技研究与开发计划（G－7）和发展核能的中长期计划；欧共体也在其第四个《科学技术发展总体规划》中确定了15个专项计划。这些大型的高科技计划，成为新科技革命的强大活力，使高技术的竞争进入更加白热化的阶段。

历史经验表明，经济危机往往孕育着新的科技革命。正是科技上的重大突破和创新，推动经济结构的重大调整，提供新的增长引擎，使经济重新恢复并提升到更高的水平。谁能在科技创新方面占据优势，谁就能够掌握发展的主动权，率先复苏并走向繁荣。诸如，1857年的世界经济危机，是第一次波及全球的生产过剩危机。这次危机引发了电气革命，推动人类社会从蒸汽时代进入电气时代。内燃机和电动机逐步取代蒸汽机，创造了电力与电器、汽车、石油化工等一大批新兴产业，同时大幅提升了机械、冶金等产业的发展水平，工业文明成为世界发展的主流；1929年的世界经济危机，是20世纪最为严重的全球经济危机。这场危机引发了电子革命，推动人类社会从电气时代进入电子时代。电子产业迅猛发展，带动了一批高技术产业崛起，推进了传统产业的升级换代，世界产业结构发生了重大变化，全球化、知识化、信息化、网络化的新时代逐步到来，有别于以往工业革命的新型人类文明形态正在形成过程中。

为此，面对当前国际金融危机，各国正在进行抢占科技制高点的竞

赛，全球将进入空前的创新密集和产业振兴时代。如美国提出将研发的投入提高到GDP的3%这一历史最高水平，力图在新能源、基础科学、干细胞研究和航天等领域取得突破；英国从高新科技特别是生物制药等方面，加强产业竞争的优势；日本重点开发能源和环境技术；俄罗斯提出开发纳米和核能技术。

实践经验也表明，科学选择战略性新兴产业非常关键。选对了就能跨越发展，选错了将会贻误时机。战略性新兴产业必须掌握关键核心技术，具有市场需求前景，具备资源能耗低、带动系数大、就业机会多、综合效益好的特征。

目前，中国经济运行中的最大困难就是外部需求急剧减少，而且将来在相当长的时间里也很难恢复到危机之前的水平。在这种情况下，一部分产业就暴露出产能过剩问题，而且其中一些产业没有掌握核心和关键技术。面对这种情况，我们必须重视发展战略性新兴产业，同时要在最有基础、最有条件的领域突破核心和关键技术。选择战略性新兴产业的科学依据是什么？最重要的有三条：一是产品要有稳定并有发展前景的市场需求；二是要有良好的经济技术效益；三是要能带动一批产业的兴起。在产业发展方向上，要重点从以下几个方向进行投入：

首先，重视新能源开发。世界各国都高度重视新能源产业发展，正在加快推进以绿色和低碳技术为标志的能源革命。为此，中国在调整能源结构、提高能源资源利用效率、应对气候变化方面，将继续作出积极努力。新能源发展要突出清洁能源和可再生能源，包括水电、核电、风力发电、太阳能发电、沼气发电，以及地热利用、煤的洁净利用等。要加强宏观规划和配套设施建设，推动清洁能源和可再生能源有序发展。同时，要采取更强有力的措施，突破关键技术，提高能源利用效率和优化能源消费结构。例如，新能源汽车已成为全球汽车工业发展方向，世界主要国家为保障能源安全，都在加快新能源汽车研发和市场开拓的步伐。中国经过近十年的自主研发和示范运行，在这个领域与世界先进水平的差距大大缩小。当前，中国最紧迫的任务是，通过技术经济、市场需求和经济效益三个方面的充分论证，尽快确定技术路线和市场推进措施，推动新能源汽车工业的跨越发展。

其次，发展新材料产业。新材料产业发展对中国能否成为世界制造强国至关重要。目前，中国许多基础原材料以及工业产品的产量位居世界前列，但是高性能的材料、核心部件和重大装备严重依赖于进口，关键技术受制于人，“中国制造”总体水平处在国际产业链低端。无论是推进大飞机、高速列车、电动汽车等重点工程，还是发展电子信息、节能环保等重要产业，都面临着一系列关键材料技术突破问题。为此，中国必须加快微电子、光电子材料和器件、新型功能材料、高性能结构材料、纳米材料和器件等领域的科技攻关，尽快形成具有世界先进水平的新材料与智能绿色制造体系。

第三，促进生物技术开发。21 世纪是生命科学大发展的世纪，生物科技发展将显著提高农业和人口健康水平。一是中国人的吃饭问题必须靠自己来解决，根本要靠科技。科学家建议超前部署分子设计育种，大规模挖掘动植物种质中蕴藏的优异基因资源。这样，中国利用 10 年左右的时间就可能实现小麦、水稻等主要农作物和猪、牛、羊等主要牲畜优良品种的显著改良；二是健康科技、生物医药事关民生大计。中国是一个发展中的人口大国，加快这个领域创新和发展具有特殊重要意义。要把生命科学前沿、高新技术手段与传统医学优势结合起来，研发适应多发性疾病和新发传染病防治要求的创新药物，突破应用面广、需求量大的基本医疗器械关键核心技术，形成以创新药物研发和先进医疗设备制造为龙头的医药研发产业链，大幅度提升生物医药产业的国际竞争力。目前，世界主要先发国家的干细胞研究发展势头强劲。干细胞研究促进了再生医学的发展，这是继药物治疗、手术治疗之后的又一场医疗革命。中国要力争在干细胞研究的更多领域取得领先地位，同时要高度重视、切实防范干细胞研究引发的伦理问题。

第四，加速信息网络技术开发。信息网络产业是世界经济复苏的重要驱动力。全球互联网正在向下一代升级，传感网和物联网方兴未艾。

“智慧地球”简单说来就是物联网与互联网的结合，就是传感网在基础设施和服务领域的广泛应用。中国要着力突破传感网、物联网的关键技术，及早部署后IP时代相关技术研发，使信息网络产业成为推动产业升级、迈向信息社会的“发动机”。

第五，提高空间、海洋以及地下挖掘技术。空间、海洋和地球深部是人类远远没有进行有效开发利用的巨大资源宝库，是关系可持续发展和国家安全的战略领域。中国要实施好“载人航天计划”和“嫦娥计划”，有效进入并和平利用空间。特别是，中国是一个海洋大国，海洋资源开发和海洋产业发展是“蓝色聚宝盆”。国际上正兴起海岸带可持续发展研究，我们要切实加强这方面的工作。

总而言之，中国必须目光远大，把握机遇，在这场竞争中努力实现跨越式发展，缩小与先发国家在经济和科技方面的差距。

三、塑造新型文化环境，加速创新创业创意

一个良好的创新文化环境是创新型社会构建与存在的基础。因为创新不仅是个人行为，同时也是一种社会活动，创新活动的繁荣在很大程度上取决于是否具备有利的创新环境。社会整体对于创新的支持态度，提供机会与资源的状况，都会影响人们的创新决策与表现。从社会生态学的角度来看，创新环境是创新家及其创新与创新活动滋生的土壤和源泉，创新环境越优化，同等条件下创新成功的几率也就越大；从资源依存论的角度来看，创新需要人、财、物等资源，而这些资源供给的品质和数量，以及获取的难易程度，都与创新环境直接密切相关。

创新环境中要体现社会的创新关怀。创新来自社会、服务社会。所以，应该在社会上形成一种尊重创新、支持创新的人文关怀的氛围。把创新文化作为发展先进文化的重要手段，让创新文化成为创新环境建设的核心。通过创新文化形成鼓励个人冒险和鼓励发扬团队合作的创新精神。因此，创新环境不能单靠市场自然生成，需要以政府为主导的社会

各组织有意识地塑造和建设。特别是，政策工具是达到发展和治理目标的重要途径和手段。政府通过建立包括财税政策、金融政策、社会政策在内的多种创新政策，可以有效地促进和鼓励创新，形成创新金融资本。

创新政策就是政府所制定的鼓励小企业创立、成长的政策和支持措施，包含两层含义：一是激励更多的人创建企业，提高初创企业的存活率；二是营造更好的创新环境，为新企业创造更好的成长机会等。创新政策能否成功，主要取决于其目标和手段能否为其目标群体所理解和接受。创新政策是以支持创新过程为核心，同时通过改善文化、制度等环境因素，并运用政策工具来培育创新家、创新企业乃至新兴产业的政策，达到优化创新环境，完善创新政策，培育创新文化、创新精神和创新金融资本的目的。

实践检验表明，当前西方科技先发国家所取得的成就，与其说是由于他们加强了科技的投资，还不如说是由于他们实施了制度方面的创新，是其创新社会成本不断积累的结果。这些国家科技创新体系的一个重要因素，就是加强了政府对科技的行政领导。如韩国建立了科学技术部、国家科学技术委员会、总统科技顾问委员会和国家科技促进扩大会议等国家级科技领导和协调机构；另一个重要因素是在科技领域创造了许多新的行政、经济和法律。

对此，中国要积极借鉴这些国家的成功经验，采取有效措施来构建创新文化环境培育社会创新能力。

专栏 1－1　　　　重视创新文化建设

2009 年 6 月 24 日下午，解放军信息工程大学卢良志教授在盐田区图书馆主持市民文化大讲堂，开讲主题为《重视创新文化建设，提升社会创新能力》的讲座，以历史与现实相结合，事例与论点相结合，深入浅出地讲述了创新、文化、创新文化建设与建设创新型国家的关系。

> 卢良志教授首先从创新概念入手，分析了创新概念在20世纪由技术创新到社会创新的发展演化。接着他从科技史发展中的创新事例入手，提出了创新需要崇尚科学的文化支持，需要宽容豁达的人文关怀。
>
> 他说，以前我们把科技落后的原因归结为“穷”，经费不足、设备落后，是情有可原的。但改革开放30年后，中国经济积累雄厚，科技创新投入逐年增多，实验仪器与设备、项目经费投入等基本可以满足科技创新的需要，中国科技创新的硬件条件已经不比国外的条件差，但在核心技术、原创性的发明、自主创新的品牌上，却难以与中国目前的硬实力相匹配。为什么呢？症结要从文化环境上找病根。
>
> 他提出，把中国建设成创新型国家，必须重视创新文化建设，特别是通过以制度创新推动创新文化的发展。在人们现有的生产和生活环境条件下，通过创设新的、更能有效激励人们行为的制度、规范体系来实现社会的持续发展和变革的创新。
>
> 资料来源：刘静：“重视创新文化建设，提升社会创新能力”，《深圳特区报》2009年6月25日。

高技术创新是一种高投入、高风险、高效益的复杂活动。进行这种活动不仅要求具备人力资源和资金及市场需求等条件，而且要求具备良好的政治经济、文化和社会环境。先发国家基于促进经济增长和提高国际竞争力的需要，利用法律、行政、财政和金融手段为技术创新创造良好的环境。

1. 把研究与开发高技术部门作为优先发展的领域。西欧国家在20世纪70年代前曾实行支持衰退工业的政策，而后转向支持研发活动，改善教育和培训，传播市场信息以及发展高新技术产业。法国在1982～1985年和1986～1988年期间颁布的科技法规，都把科学研究、技术创新和发展确定为国家的优先领域。英国新科技政策以具有市场潜力大的研究领域为重点。法国政府在支持高速铁路及电子工业发展方面，德国、英国、意大利政府在支持航空、宇航工业方面取得了成功。西欧国家共同开展的一些项目，如信息技术战略计划、先进通讯研究计划、尤里卡计划以及空中客车，均有进展。政府确定重点研究领域及选择重点产业，是日本发展经济和提高国际竞争力的基本经验。日本通产省拟定了本世纪末最有希望的技术清单，向企业提供信息，帮助企业预测新技术潜在市场需求的增长情况。克林顿政府采取旨在美国建立信息高速公路的举措。不管是由私人企业开展的项目，还是主要由政府开展的项目，先发国家提出明确的战略发展目标及为实现这一目标所采取的措施，均有利于其技术的创新与发展。

2. 坚持反垄断、保护竞争。市场经济和竞争构成了先发国家技术创新的强大动力，这是一种优胜劣汰机制。美国通用电气公司对在 20 世纪下半叶出现的电子计算机革命熟视无睹，以后虽急起直追，但终于错过了机会。工业先发国家颁布反垄断法，保护竞争。如美国早在 1890 年颁布的《谢尔曼反托拉斯法》中规定，任何联合组织不得操纵该产品市场 25% 以上份额，垄断贸易或联合阴谋限定贸易均为非法。但是，在当今科技飞速发展条件下，工业先发国家又允许或默认企业之间的联合，不按反垄断法追究。因为，联合能够解决发展所需要的资金问题，还可以分散风险。在工业先发国家，企业进行对外经济活动时的联合也被允许或默认。如日本各行各业都建立类似卡特尔式的输出组合。1984 年美国合作研究法案的颁布，表明美国官方反托拉斯立场的重大转变。这一法案规定了司法部和联邦贸易委员会审核联合企业正式登记的途径，已登记的联合企业只负责成功诉讼引起的单一和实际损失，而未登记的联合企业负责的损失要大得多。

3. 保护知识产权，促进和鼓励发明创造及其有序的扩散。在科技时代，知识产权是一种财产权，又称为智力成果权，只有予以保护，才能维护所有人的正当权益，鼓励发明创造和有序的扩散。工业先发国家都有健全的法规保护知识产权，如专利法、商标法、著作权法、反对不正当竞争法，这非常有利于技术创新和技术扩散。尤其是完善的专利制度能够传播技术信息，促进技术转让，对技术持有人和接受方都是有利的。

4. 创造宽松的金融环境。在工业先发国家研发融资方面，政府财政支出成为重要来源。如1989年政府在研发支出中所占比例，北美高达48.2%，欧共体为40.7%，日本为1.86%。先发国家政府不仅给大企业融资，还为中小企业的技术创新融资。如美国1982年颁布《小企业技术创新法案》，规定各部门将1%的预算费用用于资助小企业的技术创新。工业先发国家政府除了对研发直接融资外，还对研发及支柱产业的发展提供各种税收优惠，降低投资成本，刺激投资。

5. 发展和普及教育。人力资本代替金钱和物质成为新的重要的战略资源。人力资本是靠发达的教育制度培养的，工业先发国家的教育大部分是由政府出资经办的。

6. 实行有利于技术创新和发展支柱产业的外贸政策。战后初期，日本政府曾实行严格的贸易保护政策以配合其产业的调整，后来虽然逐步实行贸易自由化，但通产省在奠定研发增长基础、改善基础设施、增加人力资源，以及信息交流方面仍起着协调和支持作用，间接提高了日本产品的国际竞争力。其他工业先发国家也利用特定工业的关税、限额及同外国政府签订有序的销售协定、反倾销及严格的原产地要求，配合国内产业的发展。

四、提升科技创新速度，支撑国家跨越发展

邓小平同志指出，科学技术是第一生产力。特别在科技发展日新月异、经济增长方式由粗放型向集约型转变的情况下，科技进步更成为经济增长的主要推动力和决定性制约因素。科学技术在国家经济增长当中具有至关重要的作用。一国科技发达程度和国际竞争力的强弱取决于产生与利用科技的能力，工业先发国家所以具有发达的科技，是因为它从前产生和利用科技能力强。正如19世纪德国经济学家李斯特所指出的那

样：财富的生产能力比之财富本身，不晓得重要多少倍，它不但可以使已有的和已经增加的财富获得保障，而且可以使已经消失的财富得到补偿。在产业革命初期，先发国家依靠工人自身积累的经验从事发明创造。而在当代，技术的研究与开发形成了技术创新的基本形式和来源。

（一）科技进步促进经济增长方式的转变

科技进步是经济增长方式转变的先导，是经济增长方式转变的动力源，为经济增长方式的转变创造条件，对经济增长及其增长方式的转变具有乘数作用。

1. 科技进步是经济增长方式转变的先导。粗放经营的本质特征在于低水平技术的重复生产，而集约经营的本质特征在于依靠科技进步实现投入要素综合利用率的提高，使产出趋向于最大化。亦即只有科技进步才有可能实现从依靠劳动力和生产资料投入进行低水平重复生产的粗放经营到主要依靠科技进步、提高生产要素产出率的集约经营的转变。从历史来看，科技作为人类器官的延长，它不但提高人类的认识和改造自然的能力，也推动人类对资源的加工不断向纵深方向发展，以小投入换取高产出，实现人类的经济原则。很显然，只有现代化生产技术装备和生物工程技术的产生，才会使农业机械化、电气化和优质高效、低耗的农业集约化经营出现；只有在几次技术革命发生之后，现代工业的机械化、专业化、自动化、低投入、高产出的集约化发展才成为现实。

2. 科技进步是经济增长方式转变的动力源。没有科技进步，企业的生产经营只能依靠劳动力和资本的追加投入来维持低效率的产出，难以满足人们日益增长的物质和文化的需要。而实际情形并非如此，因为科技的进步推动了经济的巨大发展。科技作为经济增长方式转变的主要表现如下：一是促使经济结构向合理化、高级化发展，提高宏观经济效益，推动经济发展。二是更好地使经济活动主体实现规模经济，把企业引上集约化经营轨道。三是提高生产要素的产出率，减少生产成本，实现集约增长。一方面科技进步使生产技术不断更新，提高生产自动化和专业化程度，从而提高投入要素的利用率，降低产品成木，并增加产品总量，提高产品性能，企业因此实现集约化经营。另一方面，由于科技进步，管理技术亦随之提高，从而实现经济资源的优化配置，提高经济资源的综合利用率，扩大投入产出比率。

3. 科技进步为经济增长方式的转变创造条件。科技进步为经济增长方式的转变创造条件，表现在多个方面：一是科技进步为经济增长方式的转变提供物质基础。科技进步推动了人类生产和生存能力的极大提高，创造出日益丰富的物质财富，在相同资源拥有量的前提下创造更多更好的经济效益，同时淘汰那些陈旧的生产技术和生产方式，开辟新技术新产业；二是科技进步可以突破经济增长方式转变过程中的各种阻力和困难。

4. 科技进步对经济增长及其增长方式的转变具有乘数作用。由于科技进步与经济增长存在交互使用，科技成果被应用后实现经济的扩散，这种扩散带来的是经济的增长，而经济增长又将反过来影响科技研究和开发，这样科技进步便在科技与经济的互动过程得以扩张，对经济增长及其增长方式的转变过程带来数倍的影响作用，从而使经济增长及其增长方式的转变加速，类似于其他投入要素的乘数效应。从科技进步的角度看，科技发展过程具有自我繁殖性和加速性，使得科技进步呈几何级数发展。

（二）科技进步促进产业结构升级与优化

科技进步对产业结构变动的诸多影响中，科技进步推动新兴主导产业的形成，改变产业结构，从而带动整个经济的协调和持续增长是最为重要的。科技进步最先影响的是直接应用科技创新的部门，并使之成为主导产业。由科技进步推动而形成的主导产业部门，通过前向、后向联系，带动了一系列关联产业的发展，从而带动了整个国民经济的持续增长。这种产业结构的关联性变化主要以原产业内部的结构变化及各新兴产业部门的出现等形式表现出来。以科技革命为基础的主导产业部门的彻底更替，使产业结构发生深刻变革，导致了经济持续增长速度的剧烈变动。

产业结构优化实质上是产业间生产要素配置的优化。科技进步能够影响生产函数，提高其他诸生产要素的边际生产力，能够对其他要素产生替代效应，即能够以相同的诸要素投入量，生产出比以前更多、更好的产品。具体来说，如果技术不变，由于生产要素报酬递减规律的存在，只有在一定限度内，增加生产要素的投入才能带来单位要素产出效益的提高，一旦超出这一限度，不仅单位要素的贡献会大大降低，总产量也会呈下降趋势。然而，科技进步通过对生产要素的改善而使生产力提高，增加了投入要素的产出量，就能在一定程度上抵消收益递减规律的影响，从而增加产出总量。科技进步改变了产业间生产要素流动的格局，促进了产业结构的合理化。

总而言之，科学技术已成为经济增长的主要推动力和决定性因素。特别是在经济增长方式的转变过程中，技术进步更起着决定性作用。

第二章 发挥科技功能作用 加速经济社会变革

21 世纪，知识经济与“云物大智”时代的来临，科技发展呈现出新特征，深刻改变着经济发展的内在动力。发挥政府职能，成为捕捉新一轮战略机遇，打造世界一流强国的重要支撑。从现代科技发展规律中，识别政府改革机遇，塑造精明强干政府，导入公共治理体系，转变政府职能，全面提升生产效率、转变管理模式、优化思维方式，推动产业发展、经济持续跃升与凝聚社会变迁动力。围绕中国全球化、现代化发展战略，加快布局创新型经济、创业型经济和创意型经济，引领未来发展方向，全面提升中国产业创新速度，加速经济社会变革，推动中国跨越式发展。

第一节 瞄准科技功能定位 引领经济社会发展

科技功能在于将科学技术转化为现实生产力，提升生产效率，改变产业发展模式，加快产业替代速度；转变政府、科研、经济、社会等管理方式，实现农业社会向工业社会、知识社会的双跨越；改变思维方式，从直观思维、机械思维向辩证思维、系统思维转变，深化知识经济发展动力；优化社会结构，凝聚社会变革力量，加速社会变迁。深刻把握科技功能定位，发挥科技作用，加快经济社会持续发展。

一、科技提升生产效率，改变产业发展模式

人类文明的每一次重大进步都与科学技术的革命性突破密切相关。科技发展推动了生产工具的变革，提升生产效率，改变产业形态，加速经济社会发展。蒸汽革命、电气革命、信息革命产生新型生产工具，带动产业结构的不断优化升级，驱动人类文明从农业社会向工业社会、信息社会的双跨越。

（一）科技推动产业发展模式变革

新一轮科技革命，加快了产业的衍生和裂解，并且渗透和融合到经济社会的各个部门，改变着生产方式、组织形式，推动经济社会的立体跃升。

一是科技影响产业发展模式。知识文明时代，个性化创造和全球化规模生产服务有机结合成为主要的生产方式。20 世纪 90 年代以来，信息技术和网络技术的广泛应用，推动规模化大生产方式向全球制造、柔性制造、绿色智能制造、网络制造发展，计算和网络能力的跨越式提升、新的以信息和知识为基础的服务业和文化创意产业的快速发展，为个性化创造提供了广阔的发展空间，随时、随地、随心地创造和应用知识产品成为可能。以人的知识创造为中心的生产服务与工业文明时代以机器为基础的全球规模化生产相结合，将创造新的生产方式。学科交叉融合，科学技术、人文管理相互融合，作为生产力关键核心要素的知识、技术、人才跨国流动和转移转化的速率加快，合作更趋紧密多样，竞争愈加激烈，科技创新突破与新的产业革命将导致知识文明时代社会生产与发展

方式的根本性变革①。

二是科技推动国际竞争格局的改善。信息技术的进步，使国际竞争从军事、货币、经济战争向科技、制度战争转变。科技进步已经成为产业国际竞争力的关键和核心因素。科技进步一方面促进产业分工，实现专业化生产，提高劳动生产率，降低产品成本；另一方面，推动产业升级，产业链、价值链、知识链的跃升，增强国际竞争力，加快后发国家赶超先发国家。

（二）科技驱动产业结构升级

科技进步可被分为纵向移动、横向分离和全方位移动三种状态，对产业结构的影响不同。纵向移动的科技进步，刺激原有产业发展壮大，实现高水平的产业结构或者新的产业结构。横向分离的科技进步，造就独立的新技术或新技术群以及新兴产业，使产业结构发生变化。全方位移动的科技进步，强烈影响着某个时期的产业结构的状态，往往造就产业结构的大转换②。

知识经济时代的来临，高新技术产业成为经济发展的支柱。高新技术对产业结构优化的作用在于两个方面。一是通过发展高新技术产业，实现产业结构的转换与升级；二是高新技术对传统产业的改造，促进传统产业的发展，由目前的“先导性产业”发展成为“主导性产业”，从根本上改变整个社会的经济结构。高新技术产业成为主导性产业，发挥其增长优势、技术进步优势、制度创新优势和结构关联优势，引起其他部门的联动发展，从而推动产业结构的转换和升级。同时，由于高新技术具有极高的渗透性，渗透到其他产业并对其他产业进行重组和改造，从而使产业素质发生质的变化。对传统产业而言，高新技术的创新与发展，不仅可以促进产品的升级代换，而且可以促进产品深加工，从而拉

① 路甬祥：“发挥科技支撑引领作用和加快产业结构调整和发展方式转变”，《国家行政学院学报》2011 年第 3 期。

② 谭黎阳：“论科技进步对产业结构变迁的作用”，《产业经济研究》2002 年第 1 期。

长传统产业的产业链，在更大程度上推动传统产业发展①。

传统产业是高新技术产业的基础，两者相互依存。依托高新技术改造传统产业，加强高新技术对传统产业的辐射和渗透作用，通过高新技术来装备和改造生产工具、劳动对象和工艺流程，有效提高产业的综合竞争力。高新技术改造传统产业包括两个方面。一是用高新技术来改造和提升传统产业，包括运用自动控制技术改造生产设备、运用信息技术改造传统工艺；运用新材料、新能源、新技术改造传统产品；运用信息技术改造传统的管理方法，加快传统产业升级。二是将电子商务、互联网络迁移到传统产业，提升产业的价值链，改变传统产业的物质流、价值流、信息流的运作形态，装备传统产业。实现高新技术产业与传统产业的共轭发展，驱动经济的全面进步。

（三）设计科技发展路径

新一轮科技革命有利于提高自主创新能力，着力突破产业关键核心技术，加快产业结构优化升级，培育战略性新兴产业，提高产业的国际竞争力，支持发展方式的转变。面向未来，集中力量突破战略性的科学问题与关键核心技术，抢占长远发展和未来产业竞争的制高点，实现中国经济社会的持续发展。

首先，构筑产业升级动力。在经济发展过程中，不同产业的增长速度和所处生命周期的阶段各不相同，有些产业衰退（渐渐退出市场），有些产业发展壮大（逐渐占领或主导市场）。不同产业间此消彼长的“自然演化”过程，构成了产业结构变迁的主要内容，其中最直接的体现就是主导产业的更迭。科技进步历程表明，产业的技术创新活动越活跃，对创新成果的吸收和融合能力越强，创造能力越强，创新成果的商业化、产业化速度越快，适应市场需求的能力越强，这个产业的发展速度就快，规模就大，影响就广泛。高科技产业具有较强的关联性和波及效果，引发新一轮的产业变革甚至产业革命，推动产业结构突变——实现

① 吴学军：“大力发展高新技术是产业结构调整的战略选择”，《经济师》2002年第6期。

产业结构的根本性调整和升级。

其次，突破关键领域技术。从经济大国走向经济强国，从制造大国走向“智造”强国，建设创新型国家，实现社会主义现代化和构建世界一流头号强国，必须提高自主创新能力，着力突破产业关键核心技术，加快产业结构优化升级，培育战略性新兴产业，提高产业的国际竞争力，支持发展方式的转变。新能源产业技术领域、新材料产业技术领域、信息产业技术领域和生物产业技术领域，是优先发展的战略性先导产业。

再次，网联全球资源。不断拓展全球视野和战略眼光，加强国际交流合作，坚持独立自主、合作共赢，共创共享全球科技资源，培育具有强大创新能力和国际品牌的跨国企业。前瞻部署开放合作的基础前沿研究基地，引进人才与智力，培育国际一流水平的创新团队，提升中国科学和技术的原创能力、集成创新能力和引进消化吸收再创新能力，大幅降低对国外技术的依赖程度，在全球科技竞争合作中赢得优势和主动权。

最后，构建国家创新体系。创新、创业、创意取代消费、投资、出口成为经济发展的三大驱动力。知识经济时代将知识内化于个人能力，推动创新、创业与创意发展。构建国家创新体系，首先，坚持以人为主体，激发个人积极性，拓展个人发展空间；其次，转变政府职能，打造有效政府、责任政府、服务政府、激励政府，支撑科技功能发挥；最后，制度改革，固化科技发展成果。深化改革，优化资源配置。明确和保障创新主体的职责和权益，推动企业成为科技创新的主体，打通产业链条，实现科技向现实生产力的转化，塑造创新型社会，加快经济社会发展。

二、科技转变管理模式，推动经济持续跃升

21 世纪，制度设计摆在重要的战略地位。在全球化框架下，制度认同打破国家间的物理疆界，实现全球融合。科技发展深刻影响着科技管理制度以及经济管理模式，在把握科技发展规律的基础上，识别科技对经济社会管理模式的影响，变革科技的组织方式、管理模式，推动经济

社会跨越发展。

（一）科技管理变革动力

经济与科技密不可分，要求科技管理体制与经济发展模式相适应。传统发展模式依靠投资拉动，导致人均GDP水平相对较低，消费需求相对稳定。与此相对应，传统产业部门的发展前景比较明朗，新兴产业部门的崛起比较清晰，从而产业政策导向也比较清楚。与投资推动型的发展相适应，科技管理体制机制也带有其明显的特征。知识经济时代的来临，中国面临工业化、信息化艰巨任务，发展战略上需要实现完全工业化的同时，完成信息化进程，以信息化装备工业化，实施运河战略，创新驱动中国经济发展模式转型。创新驱动型发展模式推动科技管理体制、机制转变。

在投资推动型经济中，资本要素起主导作用，经济发展对科技创新的要求相对较低。产业政策主要采取一些个别的措施鼓励科技创新和产业部门的创意。当进入创新驱动发展阶段，科技资源成为主要的投入，并开始起主导作用，经济发展对科技创新的依赖性明显提高，要求创新科技管理体制、机制，培育与发展全社会创新体系，充分调动各方面科技资源和挖掘科技资源潜力。

投资推动型的经济发展，主要依托的是比较优势。这种比较优势与产业发展紧密联系在一起，成为产业发展的主要法宝。科技发展比较单一和缓慢，科技创新与产业发展之间尚未形成全面的密切联系。尽管在科技宏观管理中也鼓励一些研究项目，选择与推介一些示范项目，但并没有形成全社会创新的管理理念及其模式。进入创新驱动发展阶段，更多依托于竞争优势。因此，新型科技管理体制机制要有助于促进持续创新。

投资推动型经济发展突出了产业政策，特别是产业扶植政策的重要性，并使科技政策更多地依附于产业扶植政策之中。因此，科技宏观管理及其科技政策实施带有较明显的部门与行业的倾斜性，具有较大的政策倾斜与重点扶植的特征。进入创新驱动发展阶段，产业政策将更加趋于宏观导向性与指导性，重点在于鼓励产业体系的技术创新，寻求新型生产方式。这就要求科技管理体制机制要覆盖全社会和整个产业体系，着力于构建科技公共平台，从各个方面为不同类型企业的技术创新提供服务①。

在资本密集型产业中，技术进步主要体现在物化于资本品中的技术含量及其更新改造上。科技宏观管理的重点在于提升技术装备水平，其科技推进主要结合在大项目投资上，以项目投资来带动科技进步。进入创新驱动阶段，技术进步进一步泛化，不仅要提升技术装备水平、改善原材料及开发新产品，而且还要大力发展新兴产业部门，提高整个产业体系的技术含量水平。科技管理体制机制创新与产业升级的有机结合，管理的重点移到了技术进步。

当先进的技术装备大部分靠“引进”时，其技术进步主要是通过接受国外技术扩散来实现的。科技宏观管理的侧重点在于吸收国外技术扩散效应，推进模仿创新活动，并且与引进项目的工作结合在一起的。进入创新驱动发展阶段，虽然还需要引进国外先进技术，但要在模仿创新的基础上逐步发展自主创新。要求科技管理体制、机制有利于促进吸引人才的组织结构的形成，具有吸引与聚集高端科技要素的能力，形成吸引人才和技能的有效机制。

（二）科技组织方式创新

随着高科技时代的到来，以及企业在国家创新体系中主体地位的明确，传统科技管理体制在一定程度上已很难满足国家重大需求的科技攻关。科学、社会问题的综合性，要求科学研究活动的组织向协同化、集成化、以服务社会经济目标为导向的方向发展。高水平科研人才是科研活动组织的基本要素。科学发展的前沿、交叉、综合性，使得科学研究组织团队化，成为科学研究活动开展的经常状态。“科研团队”将成为当代科技创新活动中具有特定含义的组织形式，成为科技创新活动的基

① 周振华：“论科技管理体制、机制变革的内生性要求”，《社会科学》2005 年第 2 期。

本组织单元。

科学发展史表明，从以个人为主体向以大规模研发团队为核心转型是科学研究现代化的重要标志。科技分工专业化程度决定着捕捉科技发展战略机遇的能力。新时期，信息技术的发展，推动物质生产和信息生产相分离，深刻影响着科技分工与科技组织方式变革。借鉴先发国家经验，改革科技组织方式，推动科技深化发展，成为后发国家的必然选择。

技术发展史表明，分工协作的形式是由技术活动本身的特点决定的，经济管理体制必须适应技术发展的要求。现代科技研究活动要求实现大规模协同研究，中国在现有科技管理体制框架下，将科研项目分割、承包，以个人为主进行独立研究，缺乏统一性、协调性，不利于协同创新。

创新科研活动组织模式的关键在于促进科学研究的发展。结合科学研究的两大使命——探索未知领域、满足社会需求，对科研组织模式进行设定，使科研组织模式符合以下基本原则：既加强学科积累、促进系统集成，又能够灵活跟踪学科前沿，快速响应国家需求，从而提高原始创新能力。借鉴先发国家经验并结合中国国情，形成以科研团队为基本单元、科研基地平台为实体组织、科研项目为纽带的网格式科研组织模式。

对于科研团队的规划坚持顶层设计和优势方向兼顾的原则。顶层设计是指根据学科发展或社会经济发展的需求，由上级主管部门或科研院校有效整合或者组建团队；优势方向兼顾是指在长期合作基础上自然形成，有相对集中的研究方向和较好的研究基础，已取得较好成果的科研群体经过整合形成科研团队。在科研组织模式中，科研项目以科研团队为活动基本单元，科研基地为平台依托，这样科研项目的完成将会拥有良好的科研基础，从而实现科研项目完成的高质、高效化。科研基地平台在科研组织中将担任科学研究、科研成果孵化器，重大科研任务的承担者、前沿学科探索者、学术网络建立组织者的角色①。

① 何洁等："中国科研组织发展建议"，《中国高校科技》2013 年第 7 期。

三、科技影响思维方式，深化知识经济发展

在全球范围内兴起的以智力革命、知识革命和信息革命为特征的新科技革命，不仅引起社会、经济、政治、文化、教育等一系列变革，也引起了思维方式的重大变革。系统思维、科学思维和战略思维成为现代主要的思维方式。

（一）科技推动思维系统化

思维系统化包括思维客体的系统化、思维主体的系统化和思维方法的系统化。

首先，思维客体的系统化。随着现代科学技术的发展，一系列新对象、新领域、新课题涌入人们的思维活动领域，构成了全新的思维客体。随着系统论、控制论和信息论的产生和发展，被传统学科分割为不同的对象又重新有机贯穿起来，出现了一系列横断科学、交叉科学、综合科学等新兴科学，它们成为认识的新领域。新兴课题的出现，以及科技与经济、社会的关系越来越密切，促进科技、经济、社会协调发展，已成为重要的思维客体。

其次，思维主体的系统化。思维主体从个体走向群体。由于现代科学技术的高度发展，科学研究、精神创造活动越来越社会化，单纯以科学家、思想家、艺术家个人为主体的思维形式，难以适应时代的需要。虽然科学研究、精神创造活动仍需要以个人劳动为基础，但个人必须融入研究团队，同学术界保持紧密的联系，实现协同创新。随着认识客体的复杂化和人类认识的深化，作为认识主体的人的局限性越来越显现出来，如记忆力、思维速度有限，生理状态、精神因素的局限等。因此，将机器纳入认识主体的范围，已是时代的要求。

最后，思维方法的系统化。许多新的思维方法，如系统方法、信息方法、控制方法、择优法、结构功能法、模型化方法等，新的科学方法越来越多地运用于思维领域，为科学研究提供了新思路、新途径，为人

类科学认知提供了强有力的手段。新的科学方法形成了现代化的操作体系。在新科技革命中兴起的系统工程等方法，解决许多大规模的复杂系统问题。它们提出了一套分析复杂系统、寻找使系统达到最优目标的程序，为分析系统、确定目标、建立数学模型，使系统优化等提供了有规则的操作步骤和操作体系①。

（二）科技思维特征

在新科技革命中，系统思维把分析与综合、有序与无序、结构与功能有机地结合起来。

第一，分析与综合的有机结合。系统思维突破了以往分析方法的局限性，在考察对象时，不是先把对象分割成许多部分，然后再机械地相加，也不是先分析后综合，从部分求整体，而是一开始就着眼于整体，并从整体与部分、整体与环境的相互制约、相互作用、相互影响中，揭示和把握系统的本质特征和运动规律。系统思维还突破了直观综合方法的局限性，在考察对象时，不仅着眼于整体，而且非常注重对事物内部各要素的结构分析，并通过这种分析来揭示不同结构的事物所具有的特定功能。在系统思维中，分析与综合是有机地结合在一起的，分析是综合指导下的分析，综合是分析基础上的综合，分析与综合相互联系并相互影响。因此，系统思维是分析与综合的统一。

第二，有序与无序的有机结合。系统思维强调系统内部的要素、要素间相互联系的方式及系统与周围环境的联系都处于不断变化之中，由此使系统不断地从无序走向有序，又从有序走向新的无序，再到新的有序。有序是指系统内部各要素相互联系、相互作用使整个系统处于平衡、稳定状态；无序则是指系统在与周围环境发生相互作用时，其内部各要素受到的干扰超过系统内部各要素维持系统稳定状态的作用力时，系统的稳定结构受到破坏，处于不稳定状态。系统思维在考察对象时，一方面把对象放在与周围环境的联系中进行考察，研究系统对象与周围环境

① 陈喜乐："新科技革命与思维方式变革"，《厦门大学学报（哲社版）》1993 年第 4 期。

不断地进行物质、能量和信息的交换中，如何使系统由无序走向有序；另一方面又把对象放在自身存在和演化过程中进行考察，研究系统对象在其产生、发展、变化中，如何使系统由无序走向有序。系统思维从系统与要素、系统与环境的相互作用中，把有序与无序有机地结合起来。

第三，结构与功能的有机结合。最优化是系统思维所要达到的目标，也是它区别于传统方法的一个重要特征。为了使系统达到最优，不仅需要系统的各要素在量和质上的优化，更重要的是要系统的结构优化。只有最佳的结构，系统的最佳功能才能得以确定。系统思维从系统的最优化出发把系统的功能和结构有机地结合起来。

专栏 2－1　三次科技革命促进思维方式变革

第一次科技革命发生在18世纪60年代至19世纪上半叶，以牛顿经典力学的理论广泛应用为先导，以纺织技术的改进为开端，以蒸汽机的发明为标志，以机器技术为主导技术，主要运用范围有机器加工、蒸汽动力，随之产生了金属冶炼业、机器制造业、交通运输业。第一次科技革命是科技发展真正意义上的肇始，影响深远，极大地提高了生产力，使资本主义制度得以巩固与广泛建立；社会结构发生了重大变革，社会日益分裂为两大对立阶级，世界格局发生变化，东方从属于西方。经过第一次科技革命，主体思维方式将目光转向西方英国，思维方式对象以英国为中心。第一次科技革命发生在资本主义世界，以雄辩的事实向世人做了精彩的证明，从而影响了主体思维方式，思维主体一时间认为当时的资本主义制度是优越的。牛顿的经典力学成为第一次科技革命的理论基础，经典力学理论思维方式不仅影响人们思想，而且建构了后来的机械论思维方式，即牛顿力学催生的机械论思维方式打破并颠覆宗教神学的陈腐思想观念，坚定了人们科技理性信仰。牛顿时代是科学知识的第一次大综合时代，该时代的人们长期以来认为牛顿的经典力学可以解释世界的一切，并认为其是改造世界的最佳思维工具。第二次科技革命也叫电力革命，发生在19世纪70年代至19世纪末或20世纪初。以法拉第—麦克斯韦电磁理论的建立为前导，以发电机的发明为开端，以电力的发明及广泛应用为标志，产生了电力工业、汽车制造业、造船业，影响的深度和广度超过第一次科技革命，使生产力迅猛发展，导致垄断资本主义形成，国家机构开始和垄断组织结合。人们有了更先进的生产工具，思维方式趋向客观世界。此次科技革命产生先进的科技成果，拓展了思维方式的深度和广度，促使近代的机械思维方式向相对论和量子力学产生与发展所形成的思维方式过度演变。第三次科技革命也叫新的科技革命，发生在20世纪四五十年代至今。以爱因斯坦相对论为理论基础，以原子能、电子计算机、航天工程、生物技术等领域取得重大突破为主要标志，随之而产生相应的新兴产业部门，推动了社会生产力的空前发展，引起了世界经济结构和社会生活结构的变化，促使思维方式指向宏观世界和微观世界、现实世界和虚拟世界，适应科技发展新要求。

资料来源：孙庆杰："科技发展促进思维方式变革"，《改革开放》，2011年第16期。

四、优化科学社会功能，构筑社会变迁动力

科学的社会功能在于推动社会的不断进步。自从近代科学在17世纪诞生以来，在人类社会和人们的生活中就愈来愈发挥着不可或缺的积极作用。贝尔纳指出："科学的功能便是普遍造福于人类。科学既是人类智慧最高贵的成果，又是最有希望的物质福利的源泉"。恩格斯指出："科学是在历史上起推动作用的、革命的力量"。研究科学与社会的关系，已成为当代重大的问题。

(一) 科学的社会功能

科学具有物质功能和精神功能两大社会功能。科学的物质功能是以科学的衍生物或副产品技术为中介而实现的。自从19世纪后期以来，尤其是在20世纪和当代，科学变成强大的潜在生产力，并通过技术转化为直接的生产力，成为推动物质生产的主导和加速社会物质文明进步的决定性力量。科学的物质功能大大地提高了人们的生活水平，改善了人们的生活质量，使科学在近代获得了独立自主的地位，促使了经济和社会的同步发展。在现代，科学的物质功能促使了科学对国防、国家安全、国家利益、综合国力、国际合作和外交等方面发挥重要作用。科学的精神功能是批判的功能。萨顿指出："科学最宝贵的价值是一种崭新的思想意识，是人类精神文明中最宝贵的一部分。科学不仅是改变物质世界最强大的力量，而且是改变精神世界最强大的力量，事实上它是如此强大而有力，以致成为革命性的力量。随着对世界和自身认识的不断深化，我们的世界观也在改变。我们达到的高度越高，我们的眼界也就越宽广。它无疑是人类经验中所出现的一种最重大的改变；文明史应该以此为焦点"。培根认为，"科学也主宰社会和个人的精神生活，使之达到理想的境界。"他把科学看作是区别文明人和野蛮人的标志，指出科学能够破除迷信和愚昧，是信仰和道德的基础，有助于塑造和完善人性。这种观念一直延续到现代。

(二) 科学优化社会结构

科学发展推动科研人员从独立个体向公职人员转变，形成了新的阶层，成为中产阶层的组成部分，激发社会变革；科学推动产业结构的升级，加快产业更替速度和职业替代速度，促进产业工人向中产阶层迈进；科学推动制度文明变革，塑造社会变革的力量。

首先，科学技术提高劳动者素质。劳动者是生产力中最革命的因素，对劳动者进行科学技术的教育和培训，才能使劳动者的劳动技能显著提高。科学技术人员是劳动者的重要组成部分。知识经济时代，经济发展依赖于技术、技能和创意。科学技术内化于个人能力，拓展个人发展空间，激发个人积极性、创造性。

其次，科学技术优化产业结构。产业结构是指社会生产领域中各个生产部门之间质的关联方式和量的比例关系。布局是否合理，各个组成部分的发展规模和发展速度是否协调，直接影响到我们的物质文明进步。科学技术的迅速发展，对产业结构的影响表现为：一是从发展以满足人们物质需求为主要内容的农业和工业为主的阶段，转化为满足精神需求为主要内容的劳务部门和信息产业发展为主的阶段。二是从劳动密集型和资金密集型产业向技术密集型和知识密集型产业发展。科技发展加快产业替代速度和职业更新速度，个人通过在职业之间的横向转移和纵向升级过程，实现个人的发展，壮大中产阶层的力量。

再次，科技进步推动思想观念的现代化，即科学化和民主化。现代化大生产是“智力型”的生产方式。智力在形成产品价值中所占的比重越来越大，要求人们改变旧观念，趋向重视科技和教育、重视知识和人才。科技改变着传统的道德观念，开阔人们的眼界，启迪思想，促进高尚道德品质的培养和形成。

最后，科学技术推动制度发展。一是科学技术为先进制度的产生创造了基础条件。二是制度的巩固和发展必须依靠科学技术的进步。因为制度，都要以物质技术条件为基础。依靠科学技术，大力发展生产力，全面实现经济社会现代化，推动制度的不断进步。

（三）发挥科学功能的措施

科学的社会功能推动社会多元复合转型，发挥科学的社会功能，普及科学知识，发扬科学精神和弘扬科学理性，推动经济社会的全面进步。

1. 普及科学知识，提高全民族的科学文化素质。提高全民族的科学文化素质是精神文明建设的一个根本任务，也是构建世界一流强国的根本保证。从战略高度重视科普工作，在全社会，尤其是青少年中间大力普及自然科学知识、哲学社会科学知识，特别是辩证唯物主义和历史唯物主义知识，支撑社会发展。

2. 发扬科学精神，加强社会主义思想道德建设。思想道德集中体现着精神文明建设的性质和方向，科学文化对思想道德的发展起着重要的促进作用。因此，加强社会主义精神文明建设，必须思想、道德、教育、科学、文化一起抓，把思想道德建设同弘扬科学精神结合起来，通过弘扬科学精神来提高全民族的思想道德素质。

3. 弘扬科学理性，树立科学的世界观、人生观、价值观。加强精神文明建设，要特别重视研究和概括现代科学发展中的最新成果，用科学知识、科学思想、科学精神和科学方法充实、丰富和发展马克思主义的科学体系。建设有中国特色社会主义的共同理想和信念，都是建立在科学的基础之上的。因此，弘扬科学精神，必须要树立正确的世界观、人生观和价值观。

第二节　把握科技发展规律
强化政府支持力度

科学技术越来越成为各国发展的关键因素，而经济社会发展中的一些重大科技问题，已不单纯是自然科学与技术问题。这些问题的解决超出了自然科学技术能力的范围，必须综合运用自然科学、技术手段和人文社会科学研究协同解决。世界各国政府都在认真思考和积极部署新的科技发展战略，调整科技政策，高度关注科学技术发展趋势，重视对科技的投入。充分发挥政府的主导作用，加快建设和完善国家创新体系，支撑科技快速发展，实现中国跨越发展。

一、审视科技发展规律，识别改革创新机遇

近代科技发展规律呈现出运输革命、动力革命、信息革命的演进逻辑。随着科技的超加速发展，现代科技发展呈现出非线性、团聚式突破

的特征。

（一）科技发展规律

纵观科技发展史，主要有六个方面孕育着新科技革命的重大突破口：一是基本科学问题，包括宇宙演化、物质结构、生命起源与进化、意识本质等；二是能源与资源领域，包括化石能源清洁、高效利用，先进可再生能源开发等；三是信息网络领域，包括宽带、无线、智能网络继续快速发展，超级计算、虚拟现实、网络制造与网络增值服务突飞猛进等；四是先进材料和制造领域，包括先进材料和制造的全球化、绿色化、智能化程度加速发展，制造过程的清洁、高效、环境友好水平不断提升等；五是农业领域，包括生物多样性演化过程及其机理，高效抗逆、生态农业育种科学基础与方法，营养、土壤、水、光、温与植物相互作用的机理和控制方法等一些基本问题的突破；六是人口健康领域，包括疾病早期预测诊断与干预、干细胞与再生医学等。以上任何一个领域的突破性原始创新，都会为新科学体系的建立打开空间，引发新的科学革命；任何一个领域的重大技术突破，都可能引发新的产业革命，为世界经济增长注入新的活力，引发新的社会变革，加速现代化和可持续发展进程①。

（二）科技发展特征

当今科技发展呈现出新的特征。科技创新速度加快，科技呈现群体突破，学科交叉融合，科技与经济文化联系紧密，国际合作日益频繁。

科技创新、转化和产业化的速度不断加快，原始科学创新、关键技术创新和系统集成的作用日益突出。今天，人类基因组织、超导、纳米材料等本属于基础研究的成果，有的早在研究阶段就申请了专利，很多科学研究的成果迅速转化为产品，走进人们的生活；原始科学创新、关键技术创新和系统集成的作用日益突出，竞争已前移到原始创新阶段，原始创新能力、关键技术创新和系统集成能力已经成为国家间科技竞争的核心，成为决定国际产业分工地位和全球经济格局的基础条件。

① 李玉梅：“把握新科技革命机遇，助力美丽中国梦——中国科学院院长白春礼答本报记者问”，《学习时报》，2013 年 5 月 27 日。

科技发展呈现出群体突破的态势。尽管当代科技的构成不同、功能各异，但是它们都基于不同层次的理论与方法，相互联系，彼此渗透交叉，促使整个科技群体构成了协同发展的复杂体系。这种发展趋势正是因为客观世界本身就是统一的复杂体系，科技在向微观和宏观层面深入的同时，也越来越关注复杂系统的研究。而对社会系统、经济系统、生态系统、网络系统的研究，将对经济、社会、人与自然的协调发展和科技进步本身产生重大影响。

学科交叉融合加快，新兴学科不断涌现。20世纪以来，特别是"二战"以后，科技发展的跨学科性日益明显，现在的一些举世瞩目的重大科学问题，几乎都是跨学科问题；科学和技术的融合成为当今科技发展的重要特征，许多学科之间的边界将变得更加模糊，未来重大创新更多地出现在学科交叉领域，学科之间、科学与技术之间的相互融合、相互作用和相互转化更加迅速，逐步形成统一的科学技术体系。

科技与经济、社会、教育、文化的关系日益紧密。现在的一些经济社会发展中的重大科技问题，已不单纯是自然科学与技术问题。比如温室效应、臭氧层破坏、资源环境、艾滋病等流行性疾病的预防和控制与治疗、如何实现人与自然和谐发展、如何实现经济社会全面协调可持续发展等，这些问题不仅涉及自然科学的认知和技术支撑，同时涉及经济、政治、法律、社会发展、文化和教育等。这些问题的解决超出了自然科学技术能力的范围，必须综合运用自然科学、技术手段和人文社会科学研究协同解决①。

（三）改革机遇

现代科技发展特征为科技发展提供新的历史机遇，以构建国家创新体系与开展国际合作为契机，塑造创新文化，推动国家创新发展，汲取知识溢出红利，加快科技成果转化为现实生产力。

科学没有国界，技术的发展也必须着眼于全球竞争与合作，在经济

① 严冰："世界科技发展的新趋势与中国的对策——访全国人大常委会副委员长、中国科学院院长路甬祥"，《今日中国论坛》，2005年第1期。

全球化时代，任何一个国家都不能长期独享一项科学技术成果，也不可能独自封闭发展并保持科技先进水平。随着经济全球化的迅速发展，人们面临的许多问题也越来越显示出明显的全球特征，如全球环境问题、食品安全、生物多样性保护和传染病的防治，以及反恐、维护世界和平与稳定、保障国家安全等问题，都需要全球的交流与合作。

推进国家创新体系建设，提高科技创新能力，促进产业竞争力的全面提升。充分发挥政府的主导作用、国立研究机构与研究性大学的骨干作用、市场的基础作用和企业技术创新的主体作用，加快推进建设和完善国家创新体系。以提高国家创新体系单元和系统的创新能力为核心，制定正确的发展战略，构建政策与制度规范，创造公平竞争环境，建立科学高效的宏观决策与调控机制，完善科技评价制度和资源配置制度，提高中国的创新能力和创新效益；在多数领域继续引进先进技术，加强引进技术的消化吸收，尽快实现引进技术的本土化，在具备条件的重要产业或产业发展的关键阶段，加强关键技术创新和系统集成，实现跨越式发展，在少数关系国计民生和国家安全的关键领域和若干科技发展前沿，大力加强自主创新能力，占领对国家发展至关重要的科技与产业制高点；尽快建立健全有利于科技成果转化和产业化的机制，密切产学研之间的结合，加速科技成果的转化，完善市场环境，依靠技术创新实现企业的发展和产业竞争力的提升。

二、明晰政府支撑作用，全面逾越科技鸿沟

政府引导科技投入就是政府借助财政手段、政策手段、行政管理手段（包括科技计划手段）、国际贸易手段及法律手段等重新整合社会稀缺科技创新资源，建立和健全社会所有行为主体科技投入需求扩大的环境和条件体系的行为和模式。它既是衡量一个国家或地区政府高新技术产业化促进能力的重要指标，又是政府制度创新水平的重要指示器。

（一）先发国家的政府支撑科技发展经验

首先，自20世纪80年代特别是90年代以来，先发国家和一些新兴

国家在研发上的投入都有大幅度的增加。从 R&D 与 GNP 之比来看，先发国家在 20 世纪 90 年代以来，该比例呈上升趋势，并逐步向 2.5% ~ 3.4% 的方向发展。日本的这一比例，在 1965 ~ 1989 年长达 25 年的时期内，一直高于 2.45%，近年来由 2.7% 提高到 2.96%。美国近年曾一度超过了 3%，实际执行中，一般在 2.796% ~ 3% 之间，德国为 2.56% ~ 2.796%，法国为 2.42%，英国为 2.08%，新兴工业化国家（地区）一般都在 1.5% ~ 2% 左右。

其次，当前各先发国家更加注重创新系统各主体之间的相互关系，重视知识的生产、转移和应用之间的协调。就美国来说，从 20 世纪 80 年代初起，美国政府开始采取措施减少反托拉斯法对企业进行合作研发的影响，为科研项目的联合研究创造有利条件。为更有效地利用科技资源，自 1980 年以来，先后公布了 8 个有关促进军民、联邦与州政府、国内和国外科研资源相互交流的法案。美国同时也非常重视科研成果向现实生产力的转化，为加速科研与现实生产力的更快结合，颁布了一系列的优惠政策并提供许多相应的服务，如税收减免政策、资金支持、技术咨询、人员培训等等。

最后，先发国家现愈加重视政府在科研方面的作用，政府开始介入知识生产、应用传播的全过程。自 20 世纪 80 年代开始，先发国家认识到，仅仅依靠企业进行技术创新是不够的，政府必须从总体上对科学技术知识的生产、扩散及其应用进行规划和指导，亲自参与到科技创新中去。为了适应国际竞争的新形势，各国政府纷纷放弃仲裁者的角色，积极参与到提高本国国际竞争力的浪潮中来，加大了对技术开发和基础研究的投入力度，并在完善软环境方面不断地下工夫，努力构建适合新的技术经济条件的基础设施，同时加强国际间的技术交流与合作，强化研发活动的国际协调①。

① 黎贵才、周东杰：“科技政策的国际借鉴——论中国科技发展战略中的政府行为”，《中央财经大学学报》，2002 年第 1 期。

（二）政府发挥作用范围

政府、市场、社会都是科技资源配置的主体，对于不同类型的科技资源，资源配置主体存在失灵的状况。需要实现资源配置方式的相互配合，推动科技的发展与进步。

政府介入科技活动要立足于科技进步和社会发展的宏观全局需要，根据财政能力和科技主体的能力，有选择、有侧重、有限度地进行，并且对这部分活动的组织管理，不能采取单一的高度集权的直接管理模式，根据效益原则和具体领域的固有特点而选择灵活多样的模式。同时，政府对科技的干预以确保科技内在的自主性为限制和前提，要维护各类科技主体的活力①。在政府对科技活动进行干预之前，首先应明确自己的行为职责，然后才能明确政府应在多大程度和范围上干预国家的科技行为。任何一个国家或社会的资源总是有限的。政府科技行为的目的就是要充分发挥有限的科技资源效用，以最大限度地提升和发展本国科技能力。因此，有效分配科技资源、保证科技资源流通渠道畅通、促进本国科技发展就成为了政府科技行为的职责。

（三）完善政府在科技发展中的职能

市场在配置战略性科技资源存在失灵，因此发挥政府的作用，集中优势资源，率先在先导产业实现突围，攀升国际产业链、价值链、知识链高端，推动经济社会发展。

首先，积极完善科技创新政策。营造良好的政策环境是政府在区域创新中的主要职责。当前，政府制定科技经济政策的立足点应放在鼓励、引导和支持企业成为自主创新的主体上，放在有效整合和优化配置各类科技资源上，放在营造有利于知识创新、技术创新的环境上。对企业开展技术研发、信息化应用、引进消化吸收再创新等实施减免税收、贴息贷款、专项资金等财政税收激励政策和金融扶持政策，加快培育技术创新的主体。增加对基础研究、应用基础研究的投入，改善科技基础设施

① 许庆瑞、陈劲：“组合技术创新的理论模式与实证研究”，《科研管理》，1997 年第 3 期。

建设条件，鼓励源头创新。扩大创新政策的覆盖面，制定鼓励民营及中小型科技企业创新创业活动的针对性政策，解决这类企业普遍存在的资金短缺、技术落后、人才匮乏和信息闭塞等问题，加强对知识产权的保护，深入实施技术标准战略，维护各类创新主体的利益。实施政府优先采购政策，依靠政府采购引导社会投资规模和方向，降低创新企业进入新兴技术及产业领域的风险。创新科技人才政策，形成有力的人才保障体系等。还要加强经济政策、科技政策的协调，提高政策的配套性，不断健全科技创新的政策法规体系。

其次，推进科技行政管理体制创新。深化科技管理体制改革的关键是加快政府职能转变，加强重大科技政策制定、科技计划实施和重要科技基础设施建设的统筹协调，健全科技资源社会共享机制，提高政府动员和整合科技资源的能力。要切实转变管理方式，变直接管理为间接管理，变“行政—控制型管理”为“规则—服务型管理”，为市场机制发挥作用提供更大的空间。改革科技计划管理体制，实行计划、项目、资金三分离管理模式以及科技项目和科研课题的招投标制度，在公平、公开、公正的基础上，择优支持重大招标课题，加强科技计划的衔接、配套和集成，充分发挥科技计划整体效应。创新政府科技投入管理体制，整合各类科技专项资金，避免条块分割、多头管理。把科技投入作为公共战略性投资，稳定增加财政科技投入，重点支持市场机制不能有效解决的基础研究、前沿技术研究和社会公益研究，以及国家和地区发展所需的重大科技攻关项目和高新技术产业化项目，积极发展健全政策性融资体系，形成政府引导型的良性投入机制。建立科学、公正、公平的创新评价体系，健全对各类科技创新活动和创新机构的成果的绩效考评、监督、问责机制，引导创新方向和创新资源的优化配置，使有限的科技投入创造更大价值。改革成果鉴定和科技奖励办法，强化市场机制的激励和导向作用。将知识产权管理纳入科技管理全过程，充分利用知识产权制度提高科技创新水平。

最后，不断完善公共科技服务职能。强化公共服务职能是政府改革的方向，在科技方面，就是为各类科技创新活动和机构提供所需的公共物品和公共服务，加大对孵化器、公共科技基础条件平台、区域性技术服务机构等创新平台和载体的扶持，形成政府扶持平台、平台服务企业、企业自主创新的有效机制。组织开展事关区域内重要支柱产业发展的原创性技术、共性技术及战略性关键技术的研发、应用和推广，加强对重要技术标准制定的指导协调，提高标准化机构的管理和服务水平。由政府出面组织科技成果交易市场，建立跨地区、跨行业、跨所有制的不同企业之间的技术交流与合资、合作平台，加快技术创新成果的扩散。进一步完善开发区及各类园区的功能，积极发展园区服务业，推动创新经济的集聚发展。充分利用现代信息技术手段，建设科技成果数据库、专利数据库等数字科技平台，促进科技数据与文献资源的共享，构建网络创新资源环境，面向社会提供服务。要努力提高为各类创新人才服务的水平，改进服务方式，完善服务措施。各类科技计划都要坚持以人为本，采取项目、基地、人才一体化等形式，以更好的条件、更好的机制、更好的环境，构筑创新型人才平台①。

专栏 2－2　世界各国政府加大政府支撑科技发展作用

美国是世界的科技超级大国，在基础科学和诸多技术领域领先世界。在科学技术成为国家竞争力核心的今天，为了确保综合竞争优势，近几十年，历届美国政府都极为重视科技发展，制定新的科技政策，加大对科技的投入，出台科技计划，重点扶持航空航天科技、信息科技、生命科学和生物技术、纳米科技、能源科技和环境科技的发展；提出了诸如国际空间站计划，21 世纪信息技术计划和网络与信息技术研究发展计划，人类基因组计划和植物基因组计划，国家纳米计划，国家能源计划、气候变化研究计划和国家气候变化

① 杜向东："政府在科技创新体系中的作用"，《辽宁日报》，2006 年 6 月 21 日。

技术计划等，并正在出台相应的国家计划，促进纳米科技、生物科技、信息科技与认知科学之间的融合；“9·11”之后，美国借助反恐，加大了对有关国家安全和国防科技的投入，2004年美国联邦政府的研发投入已达1227亿美元；美国政府还相继出台了一系列支持民用工业技术创新的重大计划，用于鼓励、促进美国企业的技术创新，保持产业优势。

日本将科技创新立为国策。1995年，日本政府明确提出“科学技术创新立国”战略，力争由一个技术追赶型国家转变为科技领先的国家。进入21世纪之后，日本在科技领域出台了一系列重大举措，加大科技投入，加快科技体制改革步伐。2001年，日本政府设立综合科学技术会议，作为日本首相的科技咨询机构和国家科技政策的最高决策机构；同年，日本为了提高科技创新能力和创新效益，将89个国立科研机构合并重组成为59个拥有较大自主权的独立行政法人机构，实行民营化管理；同年，日本还启动了科学技术基本计划，确定政府未来五年的科技投入将增至约2400亿美元，以期使日本成为能创造知识、灵活运用知识并为世界做出贡献的国家，成为有国际竞争能力可持续发展的国家；提出了21世纪初重点发展的科技领域，即生命科学、信息通信、环境科学、纳米材料、能源、制造技术、社会基础设施，以及以宇宙和海洋为主的前沿研究领域；同时，日本政府还强化了科技领域的竞争机制，加大对科技基础设施的投入，并出台相应的政策，培养和吸引国内外优秀人才进入科技领域。

欧盟力图建成世界上最具竞争力的知识经济组织。在统一货币和市场之后，欧盟各成员国一致认为，为了协调和促进科技合作，最大限度地提高各成员国科研产出率，发挥其潜力，欧盟应有统一的科学研究与技术开发政策；2002年11月，欧盟正式启动第六框架研究计划，整合欧洲的科研力量，确定信息科技、纳米科技、航空航天科技、食品安全科技、资源环境科技为优先领域，支持跨地区、跨领域的研发活动，特别是联合企业的研发活动，建设欧洲研究区，加强科技基础设施建设，鼓励人力资源建设和人才流动；2003年3月，欧盟委员会决定，加大对科技的投入，至2010年，欧盟的年科研经费总额将从目前的占GDP的1.7%提高到3%。

俄罗斯力图重振科技大国雄风。进入新世纪，俄罗斯政府认识到，基础研究、最重要的应用研究与开发是国家经济增长的基础，是决定国家国际地位的重要因素。2002年，俄罗斯政府制定“俄罗斯联邦至2010年及未来的科技发展基本政策”，将发展基础研究、最重要的应用研究与开发列为国家科技政策支持的首位，规定基础研究优先领域既要考虑国家利益，又要考虑世界科学、工艺和技术的发展趋势，并要求根据科学、工艺和技术的优先领域开展最重要的应用研究和开发，解决国家面临的综合科技与工艺问题，为此，政府加大了科技投入，加强了国家调控，积极推进国家创新体系建设，提高科技成果的转化率，发展科技创新队伍，并通过专项行动计划，支持科学与教育的结合，大力支持先进制造技术、信息科技、航空航天科技等领域的发展。

韩国力图成为亚太地区的科学研究中心。经历了经济崛起和亚洲金融危机的韩国，深切认识到科技在国家发展中的核心作用。1997年12月，韩国政府制定了“科学技术革新五年”计划，提出2002年政府对研发的投入达到政府预算的5%以上，从根本上改变韩国科技现状，提升韩国的科技实力；1998年，韩国政府发布“2025年科学技术长期发展计划”，力争2005年科技竞争力达到世界第12位，2015年达到世界第10位，2025年达到世界第7位，成为亚太地区的科学研究中心，并在部分科技领域位居世界主导地位；为了实现这些目标，韩国政府确立了科技政策调整思路，科技开发战略由过去的跟踪模仿向创造性的一流科学技术转变，国家研发管理体制由过去部门分散型向综合协调型转变，科研开发由强调投入和拓展研究领域向提高研究质量和强化科研成果产业化转变，国家研究开发体制通过引入竞争机制，由政府资助研究机构为主向产学研均衡发展转变；进入新世纪，韩国政府的科技投入每年都以超过10%的速度增加，并确定了信息技术、生物技术、纳米技术和环境技术为重点发展的领域。

印度力图通过发展科学技术实现其大国梦想。印度独立之后，一直大力发展高等教育，至20世纪90年代，印度科技人员的数量已仅次于美国和俄罗斯，居世界第三；进入新世纪，印度的生物科技和信息科技已经居于后发国家的前列，并且掌握了较为先进的空间技术和核技术。但是印度的科技发展并不均衡，特别是在一些关系国计民生的科技领域，明显落后于世界先进水平，印度的基础研究整体水平也呈下滑态势，为扭转这一情况，2001年，印度政府制定了新的“科技政策实施战略”，大力支持空间科技、核技术、信息科技、生物科技、海洋科技的发展，此外，还确定了一些重要的基础研究领域，以及一系列应用技术发展的重点，并计划未来五年政府的科技投入翻一番。

资料来源：李玉梅：“世界科技发展新趋势与中国的对策”，《学习时报》，2004年11月3日。

三、加快产业创新速度，驱动国家全面发展

科技发展推动产业的更新和职业的替代。产业的横向融合和纵向升级速度决定国际竞争地位。

（一）产业创新的特征

当今世界，技术的发展使创新的特征和速度从根本上发生着深刻的变化。知识、信息和技术的超加速发展，使创新呈现出新的特征。

首先，创新速度明显加快。从三次技术革命发展过程中新技术转化为新成果的时间来看，科技成果转化速度日趋加快。蒸汽机从发明到应用间隔了100年的时间，电话从发明到应用用了57年的时间，飞机从发明到应用用了14年的时间，激光从发明到应用只用了1年的时间。因此，科技的日新月异使得企业不可能像以往那样企图通过一次创新就可以奠定和保持不可动摇的竞争优势地位，技术的超加速发展使得世界上再也没有一劳永逸的事情，创新步伐的停止就意味着主动权和领先地位的丧失。

其次，技术的超加速发展，使世界变得越来越小，国家间的联系变得日益紧密。信息、资金、资源、人才等方面的流动已经突破了国家之间的物理疆界；同时，大型企业的垄断地位对创新冲动的锁定，使得创新由大企业承担变为由无数小微企业和创新者个人组成的联盟来承担。

最后，创新模式发生着深刻的变化。传统的创新模式包括产品创新、市场创新、技术创新和管理创新等方面。随着第四波技术革命对经济社会的全方位渗透，使得新时代呼唤多方位创新，创新不再局限于产品、市场、技术和管理的单个方面，而是在生产流程和商品性能的各个环节、各个侧面散射出来创新可能，要求全关联创新，强调注重挖掘和调动各方潜能形成协同配合的创新合力。

（二）产业融合是创新的基础

在信息技术迅速发展和经济全球化的推动下，跨地区、跨行业的企业兼并浪潮迭起，产业间的界限渐趋模糊，出现了不同产业相互渗透、交叉融合发展的新趋势，其特征在于融合发展的结果出现了新的产业或新的增长点。产业融合表现为产业间的渗透发展，产业界限趋于模糊，新兴产业不断产生。产业融合的主要方式有以下三种：

首先，高新技术的渗透融合是产业融合的主要方式。高新技术及其相关产业作为一种手段和方式，向其他产业渗透，产生了两个或多个产业的融合并形成新的产业。如发生在20世纪90年代后信息和生物技术对传统工业的渗透融合，产生了诸如机械电子、航空电子、生物电子等新型产业；又如电子商务，它是电子网络技术向传统商业领域渗透而产生的新型产业；高新技术向汽车制造业的渗透将产生光机电一体化的新产业等等。

其次，产业间的延伸融合是产业融合的另一种形式，通过产业间的功能互补和延伸实现产业间的融合，这类融合通过赋予原有产业新的附加功能和更强的竞争力，形成融合型的产业新体系。这种融合更多地表现为服务业向第一产业和第二产业的延伸和渗透，如第三产业中相关方位的渗透，金融、法律、管理、培训、研发、设计、客户服务、技术创新、贮存、运输、批发、广告等服务在第二产业中的比重和作用日趋加大，两者之间融合成为不分彼此的新型产业体系。

最后，产业内部的重组融合主要发生在各个产业内部的重组和整合过程中，工业、农业、服务业内部相关联的产业通过融合提高竞争力，适应市场新需求。融合最终产生了新的产业形态，其过程既包括技术创新，也包括体制和制度创新，其结果是促进了产业的升级换代①。

（三）加快产业创新速度

产业融合顺应了信息化和全球化的发展要求，将极大地推进产业结构升级和经济发展。然而，现实世界中还存在很多制约产业扩散和融合的障碍性因素，所以，中国必须从优化产业和企业融合的内外部环境入手，制定和实施新的政策、措施来保障和促进产业融合这一新型产业创新的顺利发展。

首先，把握技术交叉融合的发展态势，在制定国家科技计划中要充分考虑技术融合的因素。加强对基础研究和设施的投入，建立不同学科领域交叉融合的研究机制，促进各部门间研究开发的合作，整合有限资源，建立多学科和技术交叉的聚集地（如国家纳米科技中心、生物信息中心等）；改革大中专院校的传统培训机制，设置学科交叉的新型专业，培养具有复合性知识和技能的人才。

---

① 厉无畏："产业融合与产业创新"，《上海管理科学》，2002 年第 4 期。

其次，政府应该相应地放松管制，制定新的管制规则、法律及政策，为产业融合和企业发展提供宽松的宏观环境。融合对于企业来说是个全新的概念和行为，高回报的同时还具有一定的风险性，企业间的模仿行为对于促进产业的最终融合具有重要的作用，因此政府对于最先尝试利用信息技术和推动产业融合的企业给予支持，强化强势企业的示范效应。

最后，实施人才创新战略，转变传统的创新观念。产业融合使得企业市场扩大、业务增多，带来了更多的就业岗位，但同时对融合型和创造型的人才产生强大的需求，因此企业应建立起再教育培训机制，改变员工对传统科技知识的“惯性”，培养员工掌握更多更新的复合性知识和技能；在各类科研院所实行融合型的研究机制和跨学科的专业设置，培养出具有复合性知识和创造性思维的人才①。

四、立足科技革命机遇，实现赶超先发国家

历次科技革命都推动了后发国家赶超先发国家。第一次工业革命首先发生在英国，以蒸汽革命为支撑，推动经济社会线性发展。美国、法国、德国等国吸收英国先进技术后，实现其经济的崛起；第二次工业革命首先发生在美国、德国等国，以电器革命为支撑，推动经济社会平面发展。第二次工业革命成为后发国家成功超越英、法等先发国家的典型范例。

（一）实施科技赶超战略

世界现代化的历史证明，科学和创新是现代化的根本动力和知识源泉。纵观工业革命进程，每一次工业革命都为后发国家赶超先发国家提供了历史机遇。后发国家采用技术引进与自主创新，通过资本积累，不断实现产业优化升级，成功实现赶超战略。

按科技水平世界上的国家可分为三类：先进科学技术国家和地区，如美国等先发国家，包括韩国和中国台湾地区；中等科学技术水平国家

① 吴颖、刘志迎：“产业融合——突破传统范式的产业创新”，《科技管理研究》，2005年第2期。

和地区，如中国等；低等科学技术水平国家和地区，如孟加拉国、阿富汗等国家和地区。中等或者低等科学技术水平的国家和地区，在科学技术进步方面，通常采取三种战略思路：一是无为战略，因生产力水平、财力、教育、人才等方面的限制，无力推进科学技术的进步，只接受先进先发国家科学技术的扩散和辐射，并不主动进行科学技术进步方面的努力；二是跟进战略，大多采取拿来外部科学技术主义态度，自己只进行引进、消化和吸收，以学习和模仿方式为主，不主动进行科学技术方面的自主创新，不以拥有最先进科学技术为目标；三是赶超战略，就是中等或者低等科学技术水平的国家，在一定的时间内，除了学习和模仿，即引进、消化和吸收外部现成科学技术等方式外，更重要的是通过自主创新和自主再创新跨越式的追赶，在科学技术整体方面，赶上并在一些重要领域和重大项目上超过先发国家科学技术水平，并有自己科学技术独特制高点的一种选择。

科学技术赶超型战略的要点是：首先，在规定的时间和在规定时间结束时所要达到的科学技术水平目标。要规定一个长期的时间，并将其划分为若干个时段，在一个长时间的总的赶超目标下，在每个时段，设置要达到的约束性的阶段性的目标。在目标上，有赶上性目标，即某项成熟的技术，在什么时间可以攻克其难点，达到世界先进水平；有超过性目标，即拥有自主创新的知识产权的独占科学技术；还要有预备性的目标，即先发国家可能在科学技术的某一领域未来会有什么样的进展，我们应当有什么样的追赶实施预案。其次，在科学技术赶超型战略方面，非常关键的是，在一定时间内使科学技术进步加速，并且要有跨越式的进步。因为我们本来就处在全球科学技术进步赛跑的后面，在一定的时间内实施科学技术进步赶超战略时，先进国家也在不停地推动科学技术的进步，只有积累爆发力，在规定的时间内加速，才能实现赶超型战略要求的目标①。

① 周天勇："赶超型科学技术进步战略与建设创新型国家"，《中国经济时报》，2011 年 6 月 30 日。

（二）现代科技突破点

当前第三次工业革命尚处于前夜，不过它所引发的蝶变及版图重构的影响决不可小视。正如前两次工业革命一样，它必将从生产分配方式以及全球产业资本流向等多方面带来冲击。

首先，由于新的产业革命是以信息技术和能源技术融合为特征，生产正在走出大批量制造和流水线式的规模生产，这使得生产成本不再是决定企业成本的关键因素，终端产品的竞争优势来源也不再是同质产品的低价格竞争，而是通过更灵活、更经济的新制造装备生产更具个性化的、更有高附加值的产品。

其次，科技发展呈现多点突破、交叉汇聚的态势，大数据科学成为新的科研范式，人类可持续发展的重大问题成为全球科技创新的焦点。世界各国更加重视利用科技创新培育新的经济增长点，一些重要科学问题与关键技术发生革命性突破的先兆已经显现。大数据浪潮、信息技术和制造业的融合，以及能源、材料、生物等领域的技术突破，将催生新的产业，引发产业革命性变革。

第三，能源与资源领域面临再次转型和革命。现代社会将实现由主要依赖石化能源向依靠核能、新能源的逐步转变。能源输送效率、稳定性、安全性和智能化技术将全面提升，多种能源将实现互补与系统融合，信息技术与新能源相结合将产生新型工业模式。

第四，新型信息功能材料、器件和工艺不断创新，智能传感器、大数据存储将取得突破。云计算、物联网、工业互联网等技术的兴起促使信息技术渗透方式、处理方法和应用模式发生变革，促进人机物融合，消费者将在更大程度上参与设计和制造过程，甚至成为生产过程的一个重要环节。

第五，高产稳产、高效安全、优质生产始终是农业科技创新的主题；生命科学重大理论创新成果推动农业基础科学快速发展，农业生物组学和动植物分子设计育种已成为农业科技的前沿和热点。

第六，人口健康领域孕育重大理论突破和产业发展。人类基因组及其在生命过程中的功能调控，特别是细胞命运调控机制等基本问题面临重大理论突破；传统医学模式正在发生深刻变化，健康医学将迎来全新发展机遇。

第七，材料与制造领域凸显绿色和智能。材料设计与性能预测科技发展迅速，环境协调和低成本合成制造技术受到重视，材料制造的工艺、流程以及结构与性能关系的研发面临新突破，材料更加绿色、高效、可循环利用。3D 打印技术、人机共融的智能制造模式成为新的热点。

第八，生态与环境领域形成全球监测与研究。全球范围的生态环境监测体系与系统模拟正在形成，全球生态与环境研究正逐步向可测量、可报告、可评价和可动态模拟的方向发展。

第九，空间与海洋领域向纵深发展。空间探测向更深更遥远的宇宙迈进，持续探索宇宙起源、演化、暗物质暗能量的本质；国际空间站主体建造完成，将不断产生新的科学认知和效益；围绕国家安全与海洋权益、资源可持续利用和深海探索三大方向，建立基于生态系统的近海管理体系和走向深海大洋，海洋新技术突破正催生新型蓝色经济的兴起与发展。

（三）把握战略机遇，赶超先发国家

从一些后发国家的经验看，科技赶超跨越一般都要经过 20 年左右的持续积累后，真正实现质的飞跃。历史上，每一次工业革命都为后发国家成功实现“赶超”打开“机会窗口”，但遗憾的是，中国并未抓住前两次工业革命的机遇。中国不能再次“旁落”，尽快调整工业战略，寻求关键技术的重大突破，为新的工业革命做好技术、人才和政策储备，实现赶超先发国家，打造世界一流强国。

第一，要推动科技与经济社会发展紧密结合，形成良性互动的机制。促进科技与经济结合，是深化科技体制改革的核心，也是落实创新驱动发展战略的关键。科技创新要坚持面向经济社会发展的导向，积极发挥市场对技术研发方向、路线选择、要素价格、各类创新要素配置等的主导作用，围绕产业链部署创新链，加强市场竞争前关键共性核心技术的

研发。产业界特别是企业，要强化在技术创新决策、研发投入、科研组织和成果转化中的主体作用。通过建立定位明确、分工合作、利益共享、风险分担的产学研协同创新机制，着力解决科技创新推动经济增长的动力不足、应用开发研究与实际需求结合不紧、转移转化渠道不畅等问题，消除科技创新中的“孤岛”现象，提升国家创新体系的整体效能，在全社会形成强大的创新合力。

第二，要为新科技革命和产业变革作好前瞻布局。在能源、信息、材料、航空航天、海洋等经济社会发展的关键领域，要加强前沿布局和先导研究，通过科技界和产业界密切合作、共同攻关，培育中国未来新兴产业的基础和核心竞争力。

第三，要创造一个鼓励创新、支持创新、保护创新的社会环境。20世纪80年代，美国涌现出一批像比尔·盖茨、乔布斯这样的成功创业者，分析他们的成长经历，当时美国社会良好的创新条件和环境，起到了非常重要的作用。从国家和社会两个层面，建立和完善公平竞争的法律制度体系、广泛的社会扶持政策和创新激励机制，提高全社会的知识产权意识，尊重和保护创新者的贡献与权益。

第三节　导入公共治理体系加速科技创新发展

21世纪，国家竞争从军事战争、货币战争、贸易战争向制度战争转型。全球化推动各国对国际制度的认同，加速世界一体化进程，实现共赢发展。纵观历史上大国崛起的进程，从传统社会转变为现代社会，都要经历一个平台期，都需要一项具有万向节性质的经济社会政策。政府作为制度提供者，在科技发展进程中，完善公共治理体系，构建国家创新体系，导入绩效预算评价，转变政府职能，推动科技大发展。

一、明晰公共治理内涵，引领科技发展方向

政府、市场都是资源配置的主体，在科技领域，各自发挥着独特的作用。

（一）公共治理内涵

公共治理是一个上下互动的管理过程，它强调顾客导向和结果导向，强调以多元的、民主的、协作的行政模式管理公共事物。公共治理的实质是建立在市场原则、公共利益和合法性认同基础上的合作。政府的角色不是划桨而是掌舵，不是控制而是协调。与传统政府治理观念相比较，公共治理模式具有以下几个基本理念：

一是合法性。人民对政府直接或间接授权是行政合法性的唯一来源和公共治理的前提。从现代经济学的观点看，人民与政府的这种授权与被授权的关系，实际上是一种契约关系，它规定着政府与公民之间在权利和义务之间的双向依存。在这种关系中，就公民而言，一方面通过选举或遵从使政府获得合法性治理权力的基础，另一方面通过纳税给予政府经济支持。公共治理的权力与政治权力一样，其最终来源是公民及社会成员，公共治理权利的运行必须服务于公共利益，否则不具有权利的合法性。公共治理的实质是公共权利得到合法的行使和运用的过程，作为权利之源的公民自然具有监督和控制的权利，要求公共治理服务于公共福利的根本目的。

二是责任性。从法治角度而言，公共权利的责任规定所体现的就是公共治理的责任理念。责任性包括两方面的含义：政府及其行政人员的行为对社会大众负责；政府及其行政人员对自己的行为负责。责任性对于公共治理的要求是十分具体的。首先，要求公共治理的主体始终保持对于公民或社会的广泛关注，并且要求公众对公共治理特别是公共决策过程有较高程度的参与。此外，责任性还要求切实尊重和保护公众的权利。公民是纳税人，有权享有合法的公共权利和公共福利。公共管理者

不能利用公共权利保护垄断，以损害公共利益来满足和保护政府部门及小团体的特殊利益。责任性还要求公共治理体制保持灵敏的社会感知力，保持公共决策信息系统的开放性和决策系统的有效输出与反馈，使公民在公共决策上享有知情权与参与权，保证公共治理的公平与公正。

三是协作性。政府、企业和公民社会分享公共权力，共同管理公共事务。治理是一种多元的、民主的、合作的行政模式，它强调政府、企业和公民社会的共同作用，在相互依存的环境中分享公共权力，共同管理公共事务。对政府部门而言，治理就是从统治到掌舵的变化；对公民社会而言，治理就是从被动排斥到主动参与的变化。全面开放公共事务的治理边界，政府以对话、商谈、合作的方式，建立与非政府组织和公民社会的合作伙伴关系。要通过政府生产性功能的转移，通过社会责任的共担，通过行政授权和契约外包等多种形式，让民间力量释放出来，整合民间不同领域的力量，将民间资源导入国家与社会发展的行列，形成国家建设的合作网络。

四是效能性。效能是指组织预期目标达到的程度，着重品质层面。实现目标的程度高，说明组织的效能高。行政效率突出时效性，效能则强调结果性。体现在政府行政行为上，行政效率强调完成的工作数量和所花费的时间成本，而行政效能则重视工作的质量和为公众提供服务的水平。组织在利用资源方面的高效率，必须在接近目标的过程中，不能出现有效率而无效能的情况。政府不仅要追求行为的高效率，更要重视政府给公众提供的公共产品的质量和社会服务水平①。

（二）政府与科技发展

公共治理强调多元主体参与，优化科技资源配置。政府在科技资源配置中，弥补市场失灵，推动先导产业发展，带动传统产业升级，实现经济社会的联动发展。

政府出于维护其政治统治，执行其社会职能等考虑，都会干预科学技

① 聂平平："公共治理的基本理念"，《光明日报》，2004 年 8 月 18 日。

术活动，促进其发展。尤其是到了现代科学技术飞速发展，科学技术成果对于社会生活等方面的作用日益加强，科技研究投入日益增多的今天，政府更会出于各种国家需要干预科技的发展，即国家权力需要开发利用科学技术，实现政策目标。从这种意义上说，国家干预科学技术的发展是必然的。

政府推动科技发展在于完善科技管理体制。完善国家科技体制，对科技管理机构进行一定的改革，促进有效科学的决策。在完善科技体制中更为重要的一点是，把目前中国科技体制中的"国家主导型"逐步转变成"企业主导，国家指导型"。目前中国正在致力于建立社会主义市场经济体制，把政府作为科技投入和实施的最大实体。制定适当政策引导企业和私人资金对创新项目进行投资，鼓励企业的研究与开发工作，使企业真正成为中国研究开发的投资和实施主体，而政府对科技发展的支持应更多地在立法、规章制度、税收优惠和研究开发资助上，从而充分发挥企业等社会科研力量的作用，培育企业在技术创新的主导地位。

二、构建国家创新体系，助力中国跨越发展

政府推动科技发展的作用还表现在构建国家创新体系。国家创新体系是由政府和社会各部门组成的一个组织和制度网络，它们的活动目的旨在推动技术创新。企业、高校、科研机构以及致力于技术转移的中介机构是创新体系的主要组成。提升中国的综合国力和国际竞争力，就要建设国家创新体系，实现知识向经济的转化、科学技术向现实生产力的转化，因为技术创新是国家创新体系的核心，是现代经济增长的主要原动力。

（一）构建国家创新体系的必要性

在原始创新这方面，中国与先发国家差距较大，发明的专利只及日美1/30，韩国的1/4，特别是高新技术领域的发明专利，绝大部分为跨国公

司所有。原始创新效率低下将降低国家竞争力，影响中国未来的发展。必须加快发展和完善国家创新体系的建设。国家创新体系是指一国境内在私营企业、公共企业、大学和政府机构之间对科学技术发展所产生的一种相互反应的机制网络。该网络系统中各个行为主体的活动及其相互作用旨在经济地创造、引入、改进和扩散市场的知识和技术，使一国内的技术创新取得最好的绩效。它是有关国家技术创新的国家层次上的体系，其主要功能是优化创新资源配置、协调国家的创新活动。先发国家的经验表明，国家干预是建设国家创新体系的第一推动力，担负着领导性的作用①。中国大部分创新源头在科研机构和大专院校，许多发明创造都属于企业之外，相当多的科研院所还没有将专利作为评价科技水平与成果的重要指标，科研成果不能迅速转化为生产力。因此，中国在建立国家创新体系中，利用各种经济手段包括直接投入、信贷和税收优惠等引导科技发展方向，建立社会科技资源投入体系。政府要加强国家战略和科学发展战略研究，完善促进科技发展以及科技经济一体化的公共信息平台，保证在重点领域的科技投入。在其他大多数领域则建立社会化和市场化的科技投入机制，并制定一些适时可行的激励政策与规定，鼓励创新。

（二）国家创新体系的框架

国家创新体系框架的内容主要包括：市场运行机制、企业主体、产学研共同体、政府职能、中介体系、投资体系。

一是市场运行机制。这是构建创新体系的前提，需要建立有助于创新活动所需的知识、信息、技术、资本、人才等各种创新资源自由流动与合理配置的灵活开放的市场体系及其游戏规则。

二是企业主体地位。企业特别是国有企业要加快由传统工厂制度向现代公司制度转变，确立作为独立法人的经营主体地位，从而成为科技经费投入与技术创新活动的主体。

① 郑东文："谈西方经济学中的国家创新体系"，《经济日报》，1999 年 3 月 1 日。

三是产学研共同体。科研机构和高等学校是为创新活动提供知识支持和智力支持的两大战略支点，因此应当同企业结成不同形式的产学研共同体，为企业创新活动不断地提供知识源和创新人才并进行技术培训。

四是政府调控。现代市场经济下的技术创新活动仍需政府发挥宏观调控作用，在经济转型期尤其需要政府营造良好的政策环境和运用特有的制度安排来推动各种创新力量的整合。

五是中介服务体系。各种中介机构作为创新体系中沟通创新信息、加快知识流动、提供创新服务的桥梁与纽带，促进创新活动正常运行和创新成果的扩散。

六是创新投资体系。这包括各级政府在财政支出中提高科技费用比重，鼓励企业加大技术研发经费投入，特别是建立民间风险投资基金和机构。只有科技知识与风险资本的结合，才能产生具有自主知识产权的创新成果①。

（三）构建创新型国家的路径

改革开放的第二个30年，是中国与国际制度接轨的关键时期，是转变经济增长方式、优化产业结构和社会结构、为实现现代化奠定基础的关键时期，也是国家创新体系建设的关键时期。国家创新体系建设，既要关注现实的需求，又要考虑未来的发展需要，借鉴世界科技先发国家的成功经验，进一步明确国家创新体系的建设思路。

1. 坚持创新能力建设与构建创新体系内外联系并重的原则。科技实力和教育水平是决定国家创新体系知识产出能力乃至整体创新能力的核心与基础。在科技先发国家，其科技实力和教育水平处于世界领先地位，它们建设国家创新体系的重点是构建创新体系内外的相互联系，这也是当前国际学术界关于国家创新体系的研究更多地集中在该领域的原因。从整体上看，中国目前的科技实力和教育水平与科技先发国家相比仍有较大差距，无论是满足国内需求还是应对国际竞争都是远远不够的。中

① 杨春平、刘则渊："技术创新——国家创新体系的核心"，《科技管理研究》，2006年第4期。

国的科技竞争力和教育水平仍是国家竞争力诸指标中较为落后的指标。因此，在相当长的一段时间里，通过制度安排、改善科研和教育基础设施、增加投入等手段，提高中国知识创新能力仍然是国家创新体系建设的重点。采取切实措施，重点建设一批国际一流的高水平研究机构和研究型大学，从源头上提升中国原始科学创新能力；通过政策引导，大力加强企业技术吸收、集成和创新能力，提高知识应用效率；必须继续加快教育事业发展，提高全民族的科技素养。

2. 建设特色的国家创新体系。建设适应知识经济要求的国家创新体系有两条途径可以选择：一是对基本上适应工业经济时代的原有体系进行改良和微调；二是对国家创新体系建设进行整体设计，对现有科技体系进行深化改革。多数科技先发国家选择的是第一条途径，根本原因在于它们拥有相对完善的市场经济体系，其科技体系经历了较长的发展演化过程，基本适应现阶段的要求，在此基础上进行改良是一种现实和低成本的选择。此外，其社会传统强调更为完备的法制体系，也使得他们难以进行深层次的改革。中国正在进行的国家创新体系建设不是也不应该是对一些先发国家创新体系的简单模仿，不是也不应该是对现有科技体制的简单调整或对原有建制的一般性完善，而是应对知识经济、经济全球化和科学技术迅猛发展的一种全新的设计和主动的部署。我们必须而且能够从整体设计入手，立足深化改革，进行新的制度安排。同时，对现行科技体制的改革将是一个长期、渐进的过程，国内外形势的发展都不会给我们留下这样充裕的时间①。

三、导入市场竞争机制，提升科技转化效率

知识经济时代，创新创富活动呈现出新的特征，大学成为财富的主要来源，人力资本、技术资本、金融资本在微观领域直接融合，驱动经

① 路甬祥："对国家创新体系的再思考"，《求是》，2002年第20期。

济发展模式的转换。未来社会是能力社会，市场、社会与政府都要发挥积极作用。基于效率的准则，划分科技领域事务，激发市场、社会的发展活力，全面提升科技转化效率。

（一）市场机制推动技术转移

技术扩散主要指部门间的技术传播，即技术的定型、产品化、商业化和推广应用。技术转移主要指国际间的技术传播，技术溢出主要指国际投资和贸易产生的间接性技术扩散。全球化发展，知识和技术转移的内涵有了更广义的理解，泛指国家之间、部门之间、机构之间以及个人和机构之间的“知识和技术”存储、转化与转移活动。

中国技术转移存在三方面的问题。首先，企业研发和技术吸收能力不足。从研发投入总量结构看，企业是投入主体，但是企业的研发活动并不活跃且投入强度普遍较低。2011 年，中国开展研究与开发活动的工业企业仅占规模以上工业企业的 11.5%，其中，开展研究与开发活动的大中型企业仅占全部大中型工业企业的 30.5%；工业企业研究与开发经费投入强度仅 0.71%，大中型企业研究与开发经费投入强度仅 0.96%，远低于先发国家 3% ~5% 的平均投入强度（不同行业存在较大差异）。

其次，三大创新主体的创新联系比较弱。从研究与开发项目合作完成情况看，工业企业与国内高校合作占 10.3%，与国内独立研究机构合作占 5.6%，与境内其他企业合作占 4.5%，与境外机构合作占 3.8%，其他合作形式占 6.4%；研究机构与国内独立研究机构合作占 10.9%，与国内高校合作占 3.5%，其他合作形式占 8.6%，企业合作项目预估 3.7%；高等院校与国内企业合作占 9.6%，与国内研究机构合作占 5.4%，与国内其他高校合作占 5.0%，其他合作形式占 2.7%。政府研究机构项目经费是高校的 2.9 倍，较少流向企业；从与企业合作的经费来看，高校是研究机构的 1.8 倍；从企业委托经费看，高校是研究机构的 6.3 倍。说明企业与高校相互的创新联系相对于研究机构更为密切。

再次，基础和应用研究集中于大学和政府科研机构。2011 年，从基础和应用研究开发人员全时当量构成来看，大学占 51.10%，政府科研机构占 29.85%；从基础和应用研究开发经费支出构成来看，大学占 41.60%，政府科研机构占 40.09%。企业科研实力和创新能力相对较弱，多数企业没有独立研发部门，研发投入强度普遍较低。从企业的技术需求结构看：2011 年，工业企业技术获取和技术改造共投入 5165 亿元，83.1%用于技术改造，8.7%用于引进国外技术，3.9%用于引进技术消化吸收，4.3%用于购买国内技术。说明企业技术需求更偏向于技术改造等整体解决方案；企业在引进技术消化吸收方面投入不足。

当前，中国正在推行简政放权、机构改革，基于技术转移的“历史—现状—未来走向”，相关政策法律、制度、机构和机制也需要进行调整和创新：从转移主体看，逐渐从“基于技术所有者的单向技术转移”向“基于技术中介的双向技术转移”转变；从转移内容看，逐渐从“单一型的专利、材料、器件及产品”向“复合型设备、技术包、知识集和整体解决方案”转变；从转移机构看，逐渐从“公共平台+分支机构”向“法人实体+共享联盟”转变；从介入机制看，产学研机构都在探索建立研发、生产的早期介入机制，政府干预也将逐渐从“研发支持”向“全周期支持”转变；从制度建设看，法治政府将加快促进技术转移从“管理模式”向“治理模式”转变，加快构筑以市场为基础的科技资源配置体系，推动科技资源的优化配置①。

（二）市场机制创新人才培养

未来社会是能力社会，个人取代公司、国家成为经济社会发展的主角，激发个人能力成为经济社会发展的重要动力源泉。依托市场机制，网联国内外人才资源，推动科技创新发展。

在科技不断发展的条件下，创新具有边界效应，具有不同知识、背景的创新人才通过市场环境下以任务导向的自由流动，汇聚到具有特定成长条件的社会存在和集中场所，将促进创新人才间的交流互动和知识的交叉融合，进而提高协作创新和人才培养的成效。在创新需求、创新

① 万劲波：“技术转移要相信市场机制的力量”，《中国学习报》，2013 年 6 月 13 日。

物质要素以及创新人才特征能够实现匹配的情境下，同质或异质性的创新者组成的创新任务群体，形成了高效的、基于问题情境的学习场所。不同人才通过"知识点"之间的联结互动，促进显性和隐性知识的共享和转移，从而达到完善自身的知识结构的目的。同时，市场上需求信息的反馈和传导也会为以解决问题为导向的创新人才技能提升带来压力。在创新性任务情境下，创新成员如果不能快速学习、提升能力就会在竞争机制中被淘汰出局。由此可见，提供创新与成长环境的区域、组织与创新型人才之间的"共振、联结"，带来知识溢出效应，信息共享效应和集体学习效应，并获得经济绩效增长与和创新人才成长的正反馈效益。创新型人才的培养、发展往往需要较高的资源支持投入以及相应的技术活动实践。软技能和硬技能的提升需要将正式学习、非正式学习、团队互动、问题解决、持续改进、教练、指导和组织支持等紧密结合在一起。

依托市场机制，创新人才的培养。首先，创新人才培养的相关物质资本，创新型人力资本必须与一定数量和质量的物质资料和硬件条件相结合，才能促进其成长；其次，区域内、组织内的知识、信息、技术存量以及获取新知识、信息、技术的便利程度，这是创新人才智力资本不断增值的基础；再次，创新型人才学习、成长的气氛和制度环境。创新人才效用的发挥受其主观意愿的影响，外在环境关系到是否能激发出其积极性和创造性。科技创新人才价值的提升不仅需要以宽松的软环境作基础，其成长发育还体现出群体性的特征，只有当科技人才数量达到一定规模时，才能产生群体学习的倍增效应；最后，区域或组织内创新人才的结构配置。在市场机制作用下，推动各种资源的集聚，实现人力资本、金融资本与技术资本的融合，推动个人发展①。

① 孙悦、石金涛："市场机制下科技创新人才培养与开发分析"，《中国科技论坛》，2007年第4期。

四、全面转变政府职能，推动经济社会跃升

政府在科技发展中发挥着积极重要的作用，随着经济社会的发展，政府职能需要动态调整，服务科技发展战略，为实施大国战略、创新创业战略提供重要支撑。

（一）政府职能转变的必要性

政府职能是为了满足人民和社会、经济发展的要求。国家行政机关在一定时期内对社会公共事务管理的职责、作用、功能的转换与发展变化，包括管理职权、职责的改变，管理角色的转换，管理手段、方法及其模式的转变等。随着时代的发展和社会的进步，原有的机构和职能出现了新问题，转变政府职能，是在当前形势下，保持经济持续健康发展的迫切需要和重大举措，也是经济社会发展到这一阶段的客观要求。转变政府职能是释放改革红利、打造中国经济升级版的重要举措。创新和改善政府管理，管住管好该管的事，从实际出发，进行有效的职能转变。实现政府职能转变的效果和目标，需要严格落实任务和责任。

政府职能转变为社会发展注入新的动力与活力。处理好政府和市场的关系，不失时机地推进政府职能转变，是关系中国经济体制改革成败的核心问题所在。中国虽然形成了基本适应社会主义市场经济体制的组织架构和职能体系，但政府职能越位、缺位问题依然突出。政府对微观经济活动干预过多，不仅难以真正弥补市场失灵，还容易滋生腐败和寻租行为、增加企业成本、抑制市场活力，影响市场配置资源的效率。通过政府职能改革，减少对市场微观经济活动的干预，为企业松绑，向市场放权，释放社会发展活力与动力。

（二）政府职能转变的主要内容与基本途径

中国政府正在由全能政府向有限政府转变，由人治政府向法治政府转变，由封闭政府向透明政府转变，由管制政府向服务政府转变。但由于体制转轨的复杂性和改革的渐进性，政府职能转变的任务仍然繁重。

政府职能转变的快慢，制约着行政管理体制改革的继续深化。因此，要把加快转变政府职能作为加快行政管理体制改革，加强政府自身建设的首要任务。要着眼建设服务型政府，要在健全政府职责体系、全面正确履行政府职能上狠下功夫。

中国政府职能转变，在完善市场经济体制转轨的过程中，既是行政管理体制改革以及机构改革的核心问题，又是建立社会主义市场经济体制的中心环节。从以往适应计划经济体制，到当前转向适应社会主义市场经济体制，政府的社会经济管理职能转变，主要内容有以下四个方面：

第一，科学合理界定政府职能。在加强和改善经济调节、市场监管的同时，要更加注重社会管理和公共服务，把财力、物力等公共资源更多地向社会管理和公共服务倾斜，把领导精力更多地放在促进社会事业发展与和谐社会建设上。经济调节方面，加快健全宏观调控体系，重点搞好宏观规划、政策制定和指导协调，进一步退出微观经济领域，更多地运用经济手段和法律手段调节经济活动。市场监管方面，政府要着力解决管理职能分割和监管力度不够的问题，加大违法违规行为的经济和社会成本，使违法违规行为的预期成本高于预期收益，形成自我约束机制。社会管理方面，政府要加快制定和完善管理规则，丰富管理手段，创造有利于社会主体参与和竞争的环境，平等地保护各社会群体的合法权益，维护社会公正和社会秩序。公共服务方面，政府应随着经济的发展相应增加对公共教育、医疗卫生、社会保障、公共服务的投入，促进基本公共服务均等化。

第二，合理划分各级政府职责关系。正确处理中央和地方政府关系，根据权力与义务相统一、事权与支出责任相一致的原则，依法规范中央和各级地方政府经济社会管理的职能和权限，理顺中央和地方政府的职责和分工，形成合理的政府层级体系。完善垂直管理体制，包括中央垂直管理部门和省以下垂直管理部门。在确保中央统一领导、政令畅通的前提下，充分发挥地方政府的积极性、主动性和创造性，强化地方政府的管理责任，防止出现“上面管到看不到、下面看到管不到”的现象。

完善省以下财政体制，有条件的地方可探索实行省直管县的体制。加强和优化基层行政资源，增强基层政府提供公共服务的能力。

第三，继续推进政企、政资、政事、政府与市场中介组织分开。按照发展社会主义市场经济的要求，全面梳理各级政府管理的事务，坚决把那些政府不该管、管不好、管不了的事项转移出去，还权于民、还权于市场、分权于社会。除法律、行政法规有规定的外，凡是公民、法人和其他组织能够自主解决的事项，凡是市场机制能够自行调节的事项，凡是行业组织通过自律能够解决的事项，政府都不应再管。高度重视加快培育、发展和规范行业协会、中介组织等民间组织，增强政府职能退出后的社会接管能力。

第四，完善政府绩效考核体系。这是加快推进政府职能转变的重要保障措施。建立以公共服务为取向的政府业绩评价体系，加大劳动就业、社会保障、生态环境、社会治安、教育卫生等公共服务指标的权重，综合考核干部政绩。建立政府绩效评估机制，对各级政府及部门的工作进行考评，实现部门之间协调配合情况等。建立规范的公共支出制度，切实降低行政成本，严格控制行政管理费用支出，加快建设节约型政府建设。加快推进电子政务，优化各级政府和部门的运作方式和工作流程，全面建立高效政务服务体系。研究建立绩效预算制度和绩效审计制度，逐步形成政府绩效管理长效机制。

第四节　捕捉科技发展趋势布局国家发展战略

知识经济时代，创新、创业、创意取代消费、投资、出口成为经济社会发展的主要驱动力。科技发展改变着经济形态，打造创新型经济、创业型经济和创意型经济，重构国家经济社会发展新引擎，推动中国跨越式发展。

一、打造创新型经济，构筑改革动力引擎

随着科学技术的飞速发展，越来越多的国家开始从要素驱动阶段、投资驱动阶段逐渐进入创新驱动阶段；与此相对应，21 世纪的区域经济发展模式也逐步转变为创新型经济发展模式。此时，区域经济优势已不再严重依赖于自然资源和劳动力资源的拥有状况，依赖于国家和企业的技术创新构想和技术创新能力。

（一）创新型经济特征

知识文明时代，创新成为发展的主要驱动力。科学技术的迅猛发展和经济全球化，深刻改变着人类社会发展方式，知识、技术、管理与制度创新渗透影响着整个经济和社会体系，成为经济发展的主要推动力，成为社会进步的主导因素，成为影响国家竞争力的决定性要素。

知识文明时代，信息和知识将成为关键资源和引领发展的主导因素。知识创新成为发展的核心要素，知识创新与应用成为经济增长、社会进步与可持续发展乃至人们全面发展的主要方式。信息和知识作为新的资源，与传统物质资源相比，具有可共享普惠、无限增值的本质特征，并能引导和创造物质资源的节约、增值、环境友好、可持续利用。

知识文明时代，和谐社会成为社会发展追求的目标。知识资源成为主要资源，分享合作、无限增长与增值的特点渗透到社会的方方面面，有利于知识文明时代的社会建设成为一个民主法治、公平正义、诚信合作、充满活力、文明健康、安定有序、人与自然和谐相处的和谐社会。共创共享知识资源，创造新的信息、知识和绿色需求，更科学有效地利用自然资源，创造以知识为基础的新工艺、新服务、新产业、新市场，增强构建和谐社会的物质基础；科技创新将不断深化对自然界、人类社会发展规律的系统认知，为自觉而科学地调整人与自然的关系，系统认识自然生态环境、经济社会等复杂系统的演化与调控规律提供科学依据，

保护生态环境。信息网络、云计算、智能技术、普惠医疗、教育培训、法学、社会学、哲学、心理学、伦理学、社会工作学等，将不断支持创新社会管理与服务，丰富构建和谐社会的知识基础和技术支撑；科学知识、科学精神、人文精神、科学思想和科学方法的广泛传播，将引导人们自觉树立并发展科学的世界观、价值观和发展观，将有效激发全社会的创新意识和全民的创新精神，将引导形成科学文明的生活方式，以人为本、民主法治、公平正义、诚信友爱的社会环境，不断丰富着社会主义和谐社会的文化伦理基础。

（二）构建创新型政府

经济发展模式从要素驱动型向创新驱动型经济发展模式转变，需要政府行政体制改革，尤其是职能转变的内涵进一步深化，在建设服务型政府的基础上，提升到创新型政府，发挥政府在推动创新型经济发展中的作用。创新型政府的功能集中体现在其对创新活动的积极有效的推动作用上。创新型政府是对创新活动产生有效推动作用的政府，其特征就集中体现在对创新活动的“判断力”、“导引力”、“协同力”、“助动力”和“保障力”。

一是判断力。判断力是指政府能够敏锐察觉未来发展的趋势，善于捕捉创新活动的机遇，并根据自身发展阶段科学地选择发展创新方向与项目，这是对创新型政府的第一要求。因此，政府对创新的判断力决定了国家或地区实际创新的能力。

二是引导力。引导力是指政府能以民主和科学方法制定出创新战略和创新规划，提出明确的目标，并以此对创新活动进行引导。创新型政府对一种创新发展趋势和创新行为作出明确判断后，把理念性的判断转化为创新的成果，对全社会进行一种导引，为社会指明创新的方向和路径，带领全社会朝着共同的目标奋勇前行，这就需要拥有强大的导引力。

三是协同力。协同力是指政府能够根据现代创新活动的特点，对于一些跨地区、跨行业的重大的群体性的创新活动，进行有效的协调和组织，以形成一种合力，对创新活动进行推进。德国物理学家哈肯在20世纪70年代首次提出协同学的理论，认为“协同”是指通过不同创新主体之间的相互配合、合作、整合，获取外部效应，产生“各种分散的作用在联合中使总的效果优于单独效果之和”。

四是助动力。助动力是指政府在对市场经济中的创新活动主体有了一种明确的认知之后，在充分尊重创新主体的基础上，调配和使用自己手中掌控的资源，从硬件和软件方面，对进行创新活动的主体施于辅助性的援手，并取得创新创业的成功。政府的助推力外在表现为，营造自主创新的氛围，制定优惠的政策，为科技创新和人力资源开发、基础设施建设等提供支撑，完善创新的投入机制，并为创新提供优质的后勤服务，为自主创新打造平台，最终实现创新的目标。

五是保障力。保障力是指政府通过立法和司法，从明晰产权、公平竞争、价值实现和权益保障等方面，营造有利于创新活动的法律环境。法律是政府对创新管理的首要形式和主要工具。在市场经济条件下，法律的一般理性化和系统化以及在法律程序中具体的可预见性是经济活动存在的最重要条件。法律是创新活动的社会通则，创新活动的各个环节都需要相应的法律规范和保护，法律的稳定性、权威性、强制性特征，是创新活动健康稳定发展的根本保障①。

（三）打造创新型经济的途径

中国经济进入了转型升级、创新发展的关键期，面临前所未有挑战，机遇也前所未有。为赢得挑战，加快发展以全面创新为主要驱动力的战略性新兴产业，尤为重要与紧迫。坚定不移地实施创新引领主战略，加快实现创新型经济的跨越发展，率先建成创新体系健全、创新资源富集、创新效率高、创新辐射广和引领示范作用强的创新型国家。

首先，发展战略性新兴产业，着力形成创新型经济发展的竞争优势。战略性新兴产业是以科技创新为支撑的产业，是创新型经济的主体。坚持把发展新兴产业作为第一方略，推动向创新型经济转型升级。一方面，

① 李南征：《技术创新与科技产业化》，中国经济出版社1999年版，第5页。

加快构筑新兴产业先发优势。坚持整体推进与重点突破相结合，集聚国内外各种资源，加大有效投入，推进重点项目建设，力求在新兴产业的重点领域、关键环节率先取得突破。另一方面，确立新兴产业发展的高端路线。组织联合攻关，开发重大关键技术，加快创建一批具有自主知识产权和自主品牌的产品，培育一批具有全球影响力的创新型企业，以技术领先占领新兴产业发展制高点。同时，加快运用高新技术改造提升传统产业，实现传统产业与新兴产业互动发展。再一方面是以推进新兴产业集聚集约发展打造新亮点。围绕建设自主创新之区、优势产业之区和功能提升之区，营造新兴产业快速发展的金融支持、配套服务、政策激励等综合环境，建设一批具有特色的产业基地和，重点扶持推进发展趋势好、增长潜力大的重点企业、重点产品，加快新兴产业发展。

其次，优先集聚高层次创新人才，以人才高地锻造创新型经济发展高地，发展创新型经济，集聚人才是关键。我们明确了“人才集聚与产业升级互动并进”的思路，以人才高地造就创新型经济发展高地，加快推进企业集聚人才。突出企业引才主体地位，促进企业与高等院校、科研院所联合建立研发机构、共同开发重大项目，加快构建产业技术创新战略联盟，努力形成高层次人才向创新型企业、新兴产业集聚的发展格局。发挥“集聚人才、培育产业、建设高地”的链式效应。

再次，营造一流创新环境，加快突破创新型经济发展的瓶颈制约。环境营造不仅是创新型经济发展的前提条件，更是重要内容。只有加快改革攻坚步伐，才能切实提升富有效率、更加开放、有利于创新型经济发展的环境竞争力。一是创新政策环境。强化产业、技术、人才发展政策的创新和突破，促进资金、人才、土地等要素加速向创新型经济流动和集聚。二是创新投融资环境。加强产权、股权和知识产权交易市场建设，完善自主创新担保和再担保体系，推动创新型科技企业上市融资，积极培育和引进创业投资机构，完善风险投资体制机制，拓宽科技中小企业融资渠道，实现金融与创新的紧密结合、相互促进，做大做强创投产业。三是创新服务环境。探索构建“大调解、大防控、大服务”机制，加快提高行政管理效能，大力发展技术评估、技术转移、科技信息等科技中介服务机构和行业协会组织，建立重大工程项目建设和重大政策制定的社会稳定风险评估机制，健全对社会安全事件的预警防范和应急处置机制，形成有利于创新型经济发展的和谐氛围。

最后，打造新型领导干部队伍，为发展创新型经济提供坚强保障。实践经验表明，发展创新型经济，发挥根本性作用的是一支既具有创新思路、又善于创新实践，眼界宽、思路宽、胸襟宽的领导干部队伍，这是创新型经济发展的重要保障。要着力增强各级领导干部的创新创优意识，积极谋划新思路、新举措，勇于并且善于创造性地开展工作、推进发展。把建设学习型干部队伍作为提高能力素质的关键举措，切实改变领导干部学习中不同程度存在的浅尝辄止、学用脱节的现象，倡导良好学风，加快提升战略思维能力、统揽全局能力、科学发展能力，切实增强工作的预见性、创造性和协调性。要着力增强求真务实意识。面对加快发展创新型经济、推进经济全面转型升级的繁重任务，各级领导干部必须勇担重任，切实增强发展创新型经济的自觉性、坚定性，扎扎实实推进创新型经济的跨越发展①。

二、发展创业型经济，转变经济发展模式

创业型经济是指基于企业家的创意和创新，以新办“创业型公司”为重要途径，在微观上实现企业家的个体价值，在宏观上促进国家经济发展的一种经济形态；是以知识和企业家为核心生产要素，以创意和创新为主要手段，以中小企业为微观经济基础，通过创业机制持续推动经济发展的经济形态。发展创业型经济，增强创新能力，支撑经济发展模式全面转型。

（一）透析创业型经济特征

创业型经济要以中小企业为基础是高度分工的经济形态，是创新型

① 蒋宏坤：“创新型经济：提升综合竞争力的中坚”，《求是》，2011 年第 6 期。

经济形态。

第一，创业型经济是高度分工基础上的新经济形态。社会分工的自然顺序是农业—工业—商业，分工受到市场大小的制约，城市化是分工发展的一个重要基础和前提。伴随着城市化进程，分工水平的不断演进提高了劳动者生产率，形成了劳动者相互依赖的内生比较优势，扩大了市场容量，而市场容量的扩大反过来又促进分工的演进，提高了分工水平。在市场与分工相互促进过程中，分工自我繁殖分化出分支产业，这些分支产业迅速推动新的产业的形成、成长与扩张，为创业型经济提供了微观基础——以知识密集性为典型特征的新创企业不断产生，推动了经济增长，增加了就业。创业型经济的发展，不仅带来了前所未有的物质财富，而且催生了很多新的行业。在新科技革命迅猛发展和商业竞争不断加剧的情况下，科学技术转化为现实生产力的速度空前加快，创业一代不仅创建了一些公司，还创建并领导了全新的行业，这些新行业一定程度改变或改善了经济状态。

第二，创业型经济本质上是一种创新经济。创业活动的本质是创新，创业型经济更依赖于创新、更易引发创新，创新是创业型经济的本质特征。创新本身是一种无中生有的历程，只要创业者在创业的过程中能够以新的方式为新事业创造利润，这一创业过程中就包含了创新。创新的关注点主要在于是否创造了新的价值和需求，是否开辟了新的市场，因此创业型经济发展的关键在于创业过程能否将新事物带入现存的市场活动中，从而引发市场的开拓与创新。创新是创业型经济的基础力量，在互联网、生物、信息等现代技术深入发展的背景下，随着新经济时代知识研发与传播方式的更新，创新成为更普遍、更深入的活动。从创新的影响看，创业型经济中的创新往往派生出新的产业，从创新的传播途径看，创业型经济中的创新具有较强的溢出效应。

第三，创业型经济是以中小企业为微观经济基础的经济。随着互联网技术的革命性发展，创业型经济中生产要素的流动成本大为降低，而知识和创业家精神成为稀缺要素，导致企业竞争面临的市场更为瞬息万变，竞争的关键从资本和管理转为信息、知识和创业家精神等核心要素。随着社会逐渐由工业时代进入后工业时代，市场需求逐渐由标准化产品向个性化产品分散，在这种情况下，能够灵活应对市场变化、为特定市场服务、用工制度更加灵活的中小型企业就有了生存和发展的空间，因而其企业组织形式多以中小企业，甚至是微型企业为主，企业规模一般都不大，呈现小型化、扁平化，个体化、灵活化的特点。

第四，创业型经济的主体结构是现代服务业，核心是创意产业。创业型经济作为建立在创新经营与新创事业基础上的一种经济形态，比管理型经济更适合在知识经济时代和全球化背景下发展。创业型经济的特质是能够对知识加以创新的应用，表现为创新发明多、专利多，小企业多而创业、创新、自组织、多样化与企业网络是这类经济的主要特征。创业型经济中的产品一般都是创新型产品，可能促进新需求的不断产生，而创新的不断涌现，可以提高人类对不同资源的开发和整合能力。现代服务业与创意产业共同属性是具有中间产品性质，创业型经济发展载体主要存在于现代服务业中，创意产业占据其高端创新部分①。

（二）创业型经济对经济结构升级的促进作用

关于人的需求，马斯洛归结为生理、安全、感情和归属、尊重、自我实现等五个层次，恩格斯归结为生存、享受、发展三个层次。从结构角度看，需求结构对产业结构的影响最为直接，需求结构的变化促使生产结构和供给结构发生相应的变化，从而导致产业结构的变动。

随着收入水平的提高，人的需要从生存需要向享受需要、发展需要等层次转移，并且不断趋向多层次和多样化，引导产业结构的变动和升级。需求结构的升级引导产业结构的升级，得到了经济发展史的证实，当人们的需要从生存需要层次上升到享受需要层次，产业结构升级到以重化工业为主导；当人们的需要进一步向发展需要层次过渡，对物质和精神生活的要求大大提高，第三产业迅速发展起来；信息技术的飞速发

① 景云祥、卫家稳：“对创业型经济的产生动因、基本特征、推进机制的再认识”，《前沿》，2006年第12期。

展，更多的劳动力被解放出来，又投入到蓬勃发展的第三产业中，产业结构得到进一步的改善。

经济结构不合理的一个重要根源就是资源的非均衡配置。创业是将不同资源加以整合、开发利用并创造价值的过程。在市场经济条件下，创业型经济发现更多的市场机会，加速了产品和服务的升级换代，更好地实现了市场供求平衡。而这种市场供求平衡的自发调整力量会促进社会资源配置的优化，进而优化经济结构。进一步看，创业的基础是知识和技术创新，要求创业者善于抓住市场潜在的商业机会，整合各种资源，通过创办组织，建立起效能更强、效率更高和成本更低的生产服务运作系统，从而推出新产品、新工艺、新方法、新服务，开辟新市场、获得新资源，开展科技、商业和金融等一系列的创业型经济活动。它能够加速科技成果向现实生产力的转化，降低经济发展对物质生产要素的依赖，以此推动经济发展由粗放型向集约型转变。

创业型经济的特点就是高水平创业活动多、创新发明与专利多、成长型中小企业多，尤其青睐那些具有发展潜力，具备一定规模和营利能力，在技术创新、经营模式创新方面具有特色的成长型企业，而这些企业正是推动自主创新的生力军。同时，发展创业型经济，有效促进知识与资本结合，实现科技投资的良性循环，从而提高科技投资资源的流动和使用效率，全方位提升企业自主创新能力。创业是经济发展的引擎和日益重要的推动力。

其次，创业型经济促进中小企业技术进步。随着经济体制改革的深化，中小企业在国民经济中所起的积极作用越来越明显。中小企业在增加就业机会、促进市场竞争、保持社会稳定、增加财政收入等方面起着重要的作用。中国目前中小企业的数量已占全部企业总数的99%，利税的40%，75%的就业机会也由中小企业提供。据不完全统计，在100位下岗职工中，找到就业机会的有60人，而这其中就有50%的人就业于非公有经济的中小企业。发展中小企业不仅能够大量创造新的就业岗位，而且对于保持经济活力、提高效益、促进创造发明、提高竞争力等都有着非常重要的作用。

与传统的“大而全”企业相比，由于中小企业规模小，在组织结构方面所受限制较少，能随经济环境的变化而灵活调整自身经营策略，因而具有较强的应变能力，更有利于个人主动性和创造力的发挥，从而使中小企业成为创新和技术进步的重要力量。实践表明，中小企业进行技术创新的有效性远远超过大型企业，在全国 112 个国家级和省级高新技术开发区（园）中，有 70% 的企业是中小型民营科技企业，发展高新技术产业最适合采取中小企业的形式。虽然说大型企业可以通过扩大生产来降低成本，创造规模效益，提高竞争能力，但许多大型企业在发展到一定程度后仍然不得不依靠收购和改善千千万万个充满活力的小企业的科研突破和发明创造来保持自己的活力。发展创业型经济可以通过引导、促进创业活动、扶持创新型中小企业和高技术中小企业成长，进行产业结构的调整、升级。

第三，创业型经济促进产业集群升级。与传统管理型经济相比，创业型经济是以知识作为主要比较优势的经济形态，具有创业、创新、创优等特征，对提升产业集群的整体创新能力有着明显的积极作用。一是创业创新活动提高了产业集群内企业的技术吸收能力，促使中小企业向国际产业增值链上游渗透。它不仅有利于形成吸引外商直接投资的外部环境，而且有利于建立高端的产业集群，从而为产业集群的长期稳健发展打下坚实的基础。二是持续不断的创业活动对集群内的现存企业形成压力，促进其革新。原来集群中的核心企业在成为学习标准和评价标准后就会凭借经验和习惯沿着原有的发展路径前行，失去了继续创新的动力，从而抑制整个集群的技术创新。创业活动使新企业不断出现，有利于激发新的集群创新动力。三是高就业带来的人口异质性和经济活动的多样性，促进了创新思维。创业型经济的基础是异质性。处于产业集群内的每个人都有独特的“遗传基因”和经历背景，在相互交流中，创新思维更容易激活。同时，经济活动的多样性会使知识溢出变得更加容易，促进了创新活动。四是灵活性增强了产业集群的市场适应性和行业转换能力。创业型经济不仅使新创企业的技术和管理更加适应市场，优于竞争对手，而且与竞争对手的合作不断加强，同其他企业一起去寻找知识溢出，增强了产业集群的行业转换能力。

三、推动创意型经济，全面实现内生发展

创意经济指那些从个人的创造力、技能和天分中获取发展动力的企业，以及那些通过对知识产权的开发创造潜在财富和就业机会的活动，包括文化、软件、艺术、设计、旅游等产业。大力发展创意型产业，耦合知识经济发展内在动力，实现由追随向引领的发展模式转变。

（一）创意经济特征

在实际的政策运用或政府的产业统计中，由于各国和地区的经济社会发展阶段以及文化背景的不同，对创意产业内涵与外延的界定存在一定的差异，但总体而言创意产业还是有些共同的特征。

创意产业具有极高的附加值，是“引擎”产业。创意产业在技术、知识产权、专利制度、金融服务等发展条件的支撑下，以居于价值链高端的地位渗透所有产业，决定生产过程利润分配的本质，这也是知识经济对创意产业的要求。

从需求方面看，创意产业具有需求的不确定性。在创意产业的产品投入生产之前，无法预测消费者如何评价和对待新的创意产品，很难根据以往经济发展形势来加以判断。从供给方面来看，创意产品体现创意的多样性和差异性。由于创意产业更多地具有文化艺术的特性，因而其风格、基调、艺术特色更多地具有多样性与差异性。

创意产业是以知识产权为核心资产的新产业门类，需要有知识产权法来保护其创新成果。创意产业也是一个智力密集型行业，其精华是人的创造力。广义的创造力可以存在于技术、经济和文化艺术三方面，即技术发明、企业家能力和艺术创造力。技术发明和艺术创造需要有企业家才能获得创新，也就是变成产品和实现价值。创造力必须有知识产权

保护才能创造财富。为此，有知识产权保护制度的地方才能发展创意产业。

创意产业蕴含以人为本精神，是一种人本化的现代知识服务业。创意产业以人的创造性思维为最重要经济资源。每个创意工作者都可以在一定范围内将个人对产品的理解和创意冲动倾注于实体产品的质量与形态里。它的所有的技术创新追求、文化创新追求均力求充分地考虑现代社会中那些集体和个体消费者的独特创意，互动、融合、客户、合作和网络是关键。

创意产业具有产业集群的特征。创意产业的发展并不仅是个人和单个企业的行为，而是需要集体的互动和企业的地理集聚。随着各种新兴科学技术的出现以及人们对创意产品要求的提升，创意产业内部分工也更趋细化，生产过程日益复杂，往往需要各种硬件和软件的支持，同时需要各个层面、众多创意人才协同配合才能完成。为了获得规模经济和范围经济，集群内不同类型企业共生互补，不断向产业链的两头延伸，往产业链价值高端攀越是创意产业集群的共同现象。

创意产业反映了产业融合的趋势。创意产业包含的专业领域很广，它和高科技产业、内容产业及文化艺术产业等有广泛的联系。正如 J. O Connor 所言："可以断言，地方和区域战略后十年的任务是找到一种可以把文化产业与更广泛的制造业部门联系起来的方式，创造性、风险、创新和信息，知识与文化在全球经济中将具有核心作用。"

（二）创意经济的内生性

知识和创意代替自然资源和有形的劳动生产率成为财富创造和经济增长的主要源泉。创意经常被视为信息化社会发展的催化剂，21 世纪明显的变革就是从一致性和服从性的大众世纪跨越到知识经济和社会的独特性及创造力。

创意经济理论反映了新经济竞争优势的来源和竞争方式正在发生重要转变。随着创意经济时代来临，"脑力"、"创意"密集型产业已渐渐取代了"土地"、"劳力"密集型产业在国民经济中的地位。在信息时代，资本、自然原料、甚至土地不见得是财富。投资驱动型经济已经走到尽头，创新驱动型经济与知识驱动型经济需要新创意、新知识来推动。新创意会衍生出无穷的新产品、新市场和财富，创造的新机会，所以新创意才是推动经济成长的原动力。正如经济学家熊彼特指出的那样，现代经济发展的根本动力不是资本和劳动力，而是创新，而创新的关键就是知识和信息的生产、传播、使用。继农业经济以土地、工业经济以资本和矿产为最重要资源之后，创意经济使技术创新和创意、知识生产和人才资源作为经济资源获得了空前重要的战略地位，越来越多的国家和地区开始认识到在创意经济时代，推动经济增长的主要因素不再是技术也不是信息，而是创意和创新。

新经济社会学等理论精华特别强调宽容的社会、文化环境对经济发展的重要作用。新经济社会学理论的核心观点就是经济行为是根植于网络与制度之中。该理论指出，新增长理论在强调知识、技术和人力资本的同时，忽略了制度、市场等因素。虽然诺思以及后来的制度经济学者将制度演变引入经济增长的范畴，也揭示了正式制度安排对经济增长的作用，但是对社会、文化环境等非正式制度因素重视不够，于是新经济社会学理论以嵌入性、社会网络、社会资本等核心概念为理论工具，强调了社会和文化对经济活动的重要性。创意经济理论特别突出了社会、文化环境中包容、信任、同情性的一面。

（三）打造推进创意产业发展的制度平台

推进创意产业发展并取得预期成效，政府宏观政策的引导和作用举足轻重。要按照规划指导、资源整合、政府推动、社会参与、市场运作的原则，制定推进创意产业发展的政策，对创意产业的发展给予适当的优惠和支持。

从战略高度加深对发展创意产业重要性和迫切性的认识。产业发展理论和各国、各地实践表明，推进创意产业发展并取得预期成效，政府宏观政策的引导和作用举足轻重。要从战略高度上重视创意产业，要组织由政府、高校、研究机构等相关部门人员组成的跨部门、跨行业的专门小组在认真调研的基础上，借鉴国际先进经验和做法，抓紧制定创意产业发展战略和总体规划，明确发展战略，确立产业发展的近期和长远目标，指导产业快速健康发展。根据已出台的促进高新技术产业、文化产业等相关优惠政策，按照规划指导、资源整合、政府推动、社会参与、市场运作的原则，制定推进创意产业发展的政策，对创意产业的发展给予适当的优惠和支持，积极打造适合创意产业发展的制度平台。

加强知识产权保护。创意产业以知识产权为核心资产，要营造适宜创意产业发展的外部环境，保护知识产权是当务之急。在适当时候可考虑建立版权中心，集产权的登记、展示、发布、保护、策划、交易、服务于一体，支持创意产业的发展。同时，加大宣传和打击侵犯知识产权行为的力度，在全社会形成尊重知识产权的良好氛围，促进创意产品的生产和消费。

扩大投融资渠道，鼓励创业。降低市场准入门槛，加大资金、税收和投融资政策支持的力度，鼓励社会资本对创意产业进行投资经营，实现投资主体的多元化、社会化。构建和完善创意产业的公共服务平台，包括政策咨询平台、孵化平台、中介服务平台、交流平台等，由政府引导，市场运作，通过非营利性的公共服务平台整合社会资源，营造有利于创意产业发展的投资环境。

注重人才的培养和引进。创意产业特别强调发挥个人的创造和创新能力，一大批真正具有创造和创新能力的创意人才是创意产业繁荣的根本保证。因此，重视创意人才的培养。政府要加大投入，对创意产业的优秀人才给予奖励和提供资金支持。重点吸引一批在海外从事创意产业的优秀人才，特别是既有深厚传统文化底蕴，又有宽阔国际视野的海归人才，同时，通过在相关高等院校设立相关专业，大力培养创意产业的设计、策划和制作人才。通过加强职业培训，增加与国内外人才交流合作等多种形式，加快创意产业发展。

第三章
打造多元螺旋结构
夯实产业竞争实力

当今国家间的竞争归根到底是综合国力的竞争，是经济实力的竞争，更是科技创新能力和产业竞争优势的竞争。在提升产业国际核心竞争力中，尤其后发国家在攀升国际产业链、价值链、知识链高端的过程中，政府必不可少。政府在推进科技创新、产业升级中应发挥重要作用，是科技创新、产业升级战略实施的引导推动者、设计协调者、创新升级环境的缔造者和润滑者。政府通过耦合公共财政、科技创新、产业升级间的螺旋推动力，助力产业发展，全面提升产业创新速度，裂解速度，捕捉战略新兴机遇，为打造世界一流强国奠定坚实基础。

第一节　理清多方互动关系螺旋推动产业发展

政府在产业发展中，具有重要支撑和引导作用，识别财政、科技、产业互动关系，以公共财政作为政府治理的重要手段，发挥其对于科技创新、产业升级的推动作用。依托产业升级又反哺公共财政，保证产业可持续演进，形成螺旋推动力，实现共轭发展。

一、新时期科技创新的系统化理解和认知

科技创新中的“科技”包含了科学和技术整个范畴，是现代科技实现一体化条件下的科技。全面把握科技创新内涵，识别科技发展规律，全面推动科技发展。

（一）科技创新的内涵

联合国教科文组织（UNESCO）把科学技术活动分为三大类：研究开发（包括基础研究、应用研究和试验开发）、第三阶段科技与培训（包括专科高等科技以上直至研究生科技以及科学家和工程师组织的终身培训）、科技服务（包括科技信息服务、科技咨询服务、科技传播服务，地质、水文、天文、气象的一般性考察和观察，科技的标准、测试、计量和质量控制，同专利、特许有关的活动）。通常，中国的科技活动包括研究开发、研究开发成果的应用和科技服务三类活动。

科技创新是科学创新（或者称为知识创新）和技术创新二者的综合体。其中，科学创新包括了基础研究和应用基础研究的创新，而技术创新包括应用技术研究、试验开发和技术成果商业化的创新，涉及技术开发、生产开发和市场开发等环节，如图 3－1 所示。如果从线性过程这个简化的逻辑程序来看，科技创新就是包括科学知识发现，从基础研究到应用研究、再到试验开发和研究开发成果商业化的全过程[①]。科技进步始发于基础理论的创新，然后是应用技术上的进步，以上二者又会引起生产物质技术条件（包括生产手段和劳动对象）的改进，从中可以看到科技创新包含了科学发现与知识创新。另外，现代科学和技术本身就相互结合在一起，技术创新本身就涉及或者包含科学上的创新，而且其内

① 周寄中：《科学技术创新管理》，经济科学出版社 2002 年版，第 34 页。

容属于科技范畴，这从企业技术进步和技术改造中所涉及的科学研究和科学发现中即可理解。现代社会中，科技进步、转化和更新速度不断加快，特别是原始性创新成为当今世界科技竞争的制高点，这更凸显了科学发现在科技创新中的地位①。

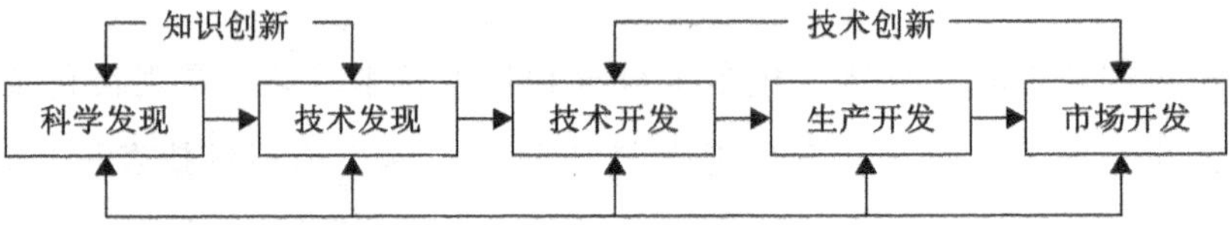

图 3－1　科技创新活动的过程

（二）科技创新的特点

当前科技创新具有企业、科研机构等多元化主体，同时科技创新作为科技与经济的结合体，具有明显的公共产品性、外部性和不确定性。

1. 科技创新兼具公共产品和私人产品的属性。公共产品是指“将该商品的效用扩展于他人的成本为零，因而也就无法排除他人共享②”的一类商品。如公共设施、科学科技、环境保护、国防、外交等。一般而言，公共产品具有非排他性和非竞争性两个本质特征。其中，非排他性是指“它一旦被生产出来，生产者就无法决策谁来得到它③”，生产者无法通过定价的方式来影响人们对公共产品的消费，人们可以对公共产品的供给不付任何费用就享受到公共产品带来的所有益处，非排他性不可避免会导致“搭便车”行为，甚至会出现更为严重的现象，即人人都希望别人来提供公共产品，而自己坐享其成，结果很可能是大家都不提供公共产品。非竞争性是指一个人对公共产品的消费不会影响其他人的消费，即对公共产品消费的边际成本为零。总之，公共产品特性排斥市场的形成，严重的市场失灵使建立和履行公共产品的所有权要付出昂贵的

① 王乃明：“论科技创新的内涵——兼论科技创新与技术创新的异同”，《青海师范大学学报（哲学社会科学版）》，2005 年第 5 期。

② 陈征、李建平等：《政治经济学（第三版）》，高等教育出版社 2003 年版，第 46 页。

③ 亚当·斯密：《国民财富的性质和原因的研究（上）（中译本）》，商务印书馆 1997 年版，第 87 页。

代价，私人无法对公共产品形成有效的供给，这也就成为政府公共政策选择的依据。

科技创新具有明显的公共产品性质，这已经得到许多经济学家的证实。但是，科技创新过程是一个复杂的系统，其投入产出过程很难通过一种函数关系来进行表达，因此简单地把科技创新划定为公共产品或私人产品是片面的，科技创新产出中包含了公共产品、混合产品和私人产品的性质。这是由于科技创新涉及基础研究、应用研究、试验性开发研究、产品生产和商业运用等一系列经济技术活动阶段，而不同的阶段有不同的产品，且不同的产品有不同的性质。比如说，科技创新产品主要包括知识形态产品、专利形态产品和实物形态产品，其中，知识形态的科技创新产品具有典型的公共产品性质，生产者无法阻止他人的“搭便车”行为，无法从中获取收益，因此需要政府通过多种手段予以保护；专利形态的科技创新产品具有混合产品性质，通过专利权的保护可以有效地维护生产者的利益；实物形态的科技创新产品具有私人产品性质，生产者可以通过市场化的运作获取创新的回报。

总体而言，科技创新产品的基础性、原理性、知识性越强，就越能广泛通用，它的非竞争性、非排他性也就越强，就越具备公共产品性质；而越是接近商业化阶段的科技创新产品，越具备私人产品性质；此外，那些介于两者之间的科技创新产品也就很多的，它们既具备公共产品性质，同时兼具私人产品性质，属于混合产品。一般说来，科技创新产品在不同程度上都具备了公共产品性质，加之科技创新尤其是前期研发阶段需要高额的成本投入，所以在其成本得不到充分补偿的情况下，企业或私人可能会选择接受外来的技术外溢，而非进行自主创新，当所有企业或私人都选择这种最优的策略时，就会导致科技创新的停滞，造成科技创新的市场失灵。因此，在市场机制无法实现科技资源的有效配置时，为协调私人利益（包括企业利益和个人利益）和社会利益，有必要加强政府对科技创新的干预。

2. 科技创新兼具正向与负向溢出效应。所谓外部性是指“企业或个人向市场之外的其他人所强加的成本或利益”，它独立于市场机制，不能通过市场机制自动削弱或消除，往往需要借助市场机制之外的力量予以纠正和弥补。科技创新具有外部性，且主要表现为溢出效应。投资者从事研究开发活动是为了在实现科技创新成果转化后获取创新带来的高回报。但是，由于科技创新的成果不同程度地带有公共产品的性质，就导致投资者不能完全享受到科技创新成果带来的收益，从而产生了科技创新的溢出效应。

科技创新的溢出效应按照不同的层次可以分为以下四种情形：一是产业内存在的科技创新溢出效应。这是创新者通过创新活动扩大了其产品所占的市场份额，使其他企业获得启发，并在此基础上进行模仿或新的创新，使产品质量与性能得到提升；二是产业间存在的科技创新溢出效应。这主要表现为产业间技术、生产、管理、收益等溢出形式；三是国内存在的科技创新溢出效应，即科技创新在国内范围的扩散，这可以增强一国原来就有的产品比较优势和产品领先地位；四是国际间科技创新溢出效应，即跨国公司的科技创新溢出，改变了东道国的技术供给瓶颈，提升了东道国的科技创新能力。

科技创新的溢出效应会产生正效应和负效应这两种完全不同的经济影响。正效应是指企业科技创新所带来的社会边际收益大于企业获得的边际收益，从而产生科技创新的溢出效应。溢出效应可使其他企业降低创新成本，提升整体科技水平，进而提高科技创新成果的扩散速度，增加整个社会的财富。例如，通过对美国专利及技术外溢效应的实证研究，曼斯费尔德发现，一家企业的科技创新成果会很快扩散到整个行业乃至社会，使社会从其创新中获益[①]；负的经济效应指的是最先的创新企业不能得到创新收益的全部，随着企业边际收益的不断下降，企业的创新收益可能会变得小于创新成本，企业无法从创新中获取收益，这会大大降低企业进行创新的积极性，而对于那些想搭便车的企业来说，最好是

① E. L. Mansfield: “How Rapidly does New Industrial Technology Leak Out”, *The Journal of Industrial Economics*, 1985 (2).

等候其他企业创新先行，自己可以无偿获得溢出效应，这样的博弈会从根本上压制企业积极创新，减少整个社会的福利。

总之，科技创新的这种溢出效应的外部性是导致科技创新市场失灵的重要原因。因此，需要政府进行必要的干预，对科技创新负的经济效应进行有效的控制，保证科技创新的动力源——创新收益，激发企业科技创新的积极性，使科技创新供给达到社会最优水平。

3. 科技创新具有不确定性。经济生活充满了不确定性，科技创新过程也具有明显的不确定性。科技创新的不确定是多种因素不确定性的集合。这些因素主要包括外部环境的不确定性、创新项目本身的难度与复杂程度、创新者自身能力与实力的有限性，这些都导致科技创新活动有达不到预期目标的可能性。科技创新过程是曲折复杂过程，由于没有直接可以借鉴的经验，其中存在许多不同的环节和跳跃，每个环节都可能产生许多意想不到的情况。与此同时，科技创新过程也是多角色参加的过程，科技创新的发展道路和发展方向有着不同的价值选择和利益偏好，导致创新者不能准确掌控研发工作的进度、方向、影响以及结果。

科技创新的不确定性主要包括以下四大方面内容：技术方面的不确定性、市场方面的不确定性、环境的不确定性和收益的不确定性。技术方面的不确定性是指由于在创新前无法准确预见技术和工艺方面的瓶颈，因此技术开发和生产工艺开发都存在失败的可能性，同时技术效果的不确定性也导致了科技创新结果的不可预知性；科技创新的成果能否被市场接受，是通过市场来进行反映的。因此市场方面的不确定性对于科技创新过程有着决定性的意义。市场方面的不确定性是指由于一种创新产品从研制到实现产业化并投入市场需要经历较长的时间间隔，这期间市场状况和周围的环境状况可能发生很大的变化，因此，发明者和创新企业无法准确把握市场对创新产品的接受度，也不能确定创新产品对现有市场结构和经济发展的影响。由于创新产品的市场前景存在着不确定性，创新企业面临着在建立新的生产线、培训员工、推销产品、联系消费者等方面的巨大风险；同时，创新产品在何时何地以何种价格和规模进入市场受到多种因素的制约，这些制约因素不仅包括技术因素和市场因素，还包括诸多的环境因素。这些环境因素中既有政府行为的因素，也包括公众的偏好。在一个较长的时间跨度内，政府行为具有不确定性，而公众偏好的变化则更是缺乏规律可循，从而使科技创新的速度和方向受到巨大的影响，给科技创新过程带来更大的不确定性。此外，科技创新还存在财务、生产等方面的不确定性，收益方面的不确定性是指在上述因素的共同作用下，创新者和创新企业无法确定创新可能实现的收益。

“创新活动面对的是一个不确定的世界，不确定性的存在既是创新存在的根据，也是创新行为发生的阻碍①。”科技创新的不确定性必然导致科技创新的高风险性，严重影响了私人企业独立承担科技创新活动的积极性，从而导致市场对科技创新资源配置失灵，造成科技创新时滞，即从最初的设计思想或者发明专利到最终作为实用化商品进入市场并为消费者所接受的过程延长。为了刺激企业投资于风险大的科技创新活动，缩短科技创新时滞，需要构建有效的科技创新的运行机制。为此，需要政府采取各种各样的形式，带动私人和公共资源去校正在科技开发和应用中可能出现的投资不足的情况，以直接或间接地分散、分担科技创新风险，促进科技创新活动。

二、公共财政多元化撬动科技创新

依据国内外理论和实践表明，对于具有公共性、风险性和正外部性的科技创新来说，财政政策是其他科技创新政策（如金融政策、外资外贸政策、专利政策）的推动者，也是政府促进科技创新最为关键的促进政策②，更是政府利用公共财政手段在科技创新作用的理论

① 李正风、曾国屏：《中国创新系统研究——技术、制度与知识》，山东教育出版社 1999 年版，第 87 页。

② 王朝才、徐博：“关于自主科技创新财税政策的思考”，《经济研究参考》，2007 年第 48 期。

定位。

（一）公共财政增进科技创新的内在机理

财政政策是政府为实现自身战略意图和履行职能的财力保障，也是政府按照执政战略进行宏观调控、调整经济结构的重要手段。而公共财政对科技创新最主要的作用在于公共财政本身就是提供公共产品的部门，能有效地解决科技创新的不确定性与外溢性问题，提供科技创新服务平台等公共产品，支持企业创新，使科技创新成果的外溢性得到体现。

科技创新战略重点通常是一些关系到国家安全、国计民生、国际竞争力的重要领域，这些领域往往资金需求巨大，风险也较大，公共性外溢明显，私人部门无力投资或不愿投资。这正是公共财政利用公共财力保障，以发挥弥补市场缺陷和引导正外部性溢出的作用领域。同时，根据系统科学的观点，科技创新是动态的、复杂的系统，政府财政科技直接投入、税收政策等都是这一系统构成的要素，而企业、高校、科研机构、中介机构和政府则是这一系统的主体。因此，科技创新系统的功能就是通过创新机制建设，建立良好的创新环境，激发创新主体的创新欲望；通过优化资源配置，提高主体的创新能力；科技创新系统的各要素相互依存、相互影响，共同促进科技创新的进行。

专栏 3－1　　创新 2.0

信息通信技术（Information Communication Technology，ICT）的融合与发展推动了人们生活方式、工作方式、组织方式与社会形态的深刻变革，同时也推动着知识社会的形成和创新模式的嬗变。知识网络的泛在性日益突出，无处不在的网络推动了知识的传递与共享，成为知识社会形成和发展的重要基础。知识社会的社会形态越来越呈现出复杂多变的流体特性，传统的社会组织及其活动边界正在“融化”。创新也不再是少数被称为科学家的人群独享的专利，每个人都可以是创新的主体，生活、工作在社会中的用户将真正拥有创新的最终发言权和参与权，传统意义的实验室的边界以及创新活动的边界也随之“融化”。以生产者为中心的创新模式正在向以用户为中心的创新模式转变，创新正在经历从生产范式向服务范式转变的过程，正在经历一个民主化的进程。以技术发展为导向、科研人员为主体、实验室为载体的科技创新活动面临着挑战，以用户为中心、社会为舞台的面向知识社会、以人为本的下一代创新模式，即创新2.0模式正逐步显现其生命力和潜在价值。

互联网的广泛应用将Web 2.0“全民织网”、“草根创新”的理念带入了大众视野。Web 2.0正是创新2.0理念在互联网领域的生动体现。创新2.0强调公众的参与，倡导利用各种技术手段，让知识和创新共享和扩散。如果说创新1.0是以生产为导向、以技术为出发点，创新2.0则是以人为本、以服务为导向、以应用和价值实现为核心的创新。在这种视角下，Web 2.0实际是创新2.0模式在互联网领域的典型案例。创新2.0的典型案例还包括开放源代码、自由软件以及麻省理工学院提出的微观装配实验室（Fab Lab）等。创新2.0不仅是以复杂性科学视角对ICT融合背景下科技创新的重新审视，是一种适应知识社会的，以用户为中心，以社会实践为舞台，以大众创新、共同创新、开放创新为特点的用户参与的创新形态；从更宏观的视角看待，它更是知识社会条件下的创新民主化展现。

资料来源：宋刚、张楠：“创新2.0：知识社会环境下的创新民主化”，《中国软科学》，2009年第10期。

（二）财政支持科技创新的模式架构

科技创新的不同阶段对财政政策的支持有不同的需求。根据一般规律，科技创新的初始阶段，资金瓶颈突出，投融资领域的市场化运作机制完全失灵，这就要求加大政府直接投入的支持力度。对于中小企业，这种矛盾则更为突出，因此需要加大包括风险投资政策在内的金融支持政策，重点扶持科技型中小企业，保证其创新活动顺利进行。在科技创新过程中，需要税收政策来增加企业的资金流、调动企业的积极性，确保科技创新顺利完成；在科技创新的成果阶段，需要政府采购政策促进科技创新成果的消化吸收，加速科技创新成果产业化。具体来说，公共财政主要通过以下几方面来为科技创新提供支持：

1. 财政直接投入。从世界主要国家的经验来看，政府经费是研发经费最为重要的来源之一。其中，直接的财政科技投入是全社会科技投入的重要组成部分。所谓直接的财政科技投入一般是通过财政预算来安排的政府财政支出，这不仅包括对科技和研究部门的经费支出，还包括对企业部门的直接财政补贴。从支持方式来看，财政科技投入主要通过财政预算进行安排；从投入对象性质来看，政府的科技投入的主要投入领域是基础研究、高等科技、国家科技综合基础设施、国家安全重大项目及地区发展项目建设。值得注意的是，这种财政科技投入政策主要作用于科技创新的初始阶段，属于科技创新系统的输入端的激励，是科技创新不可或缺的条件。

财政直接投入通过以下途径来促进科技创新：一是促进科学思想的产生。思想的产生是创新的第一个环节和前提，公共财政直接投入通过对基础科学、科研院所研究活动的投入和科技人才建设的投入，激励创新思想产生；二是加快技术转移和技术成果转化。技术转移和技术成果转化的速度对技术投入的效益有重大影响，有时甚至决定了技术投入的成败。财政直接投入通过推动科学研究和工程技术研究的同步发展，促进科技成果推广应用和技术成果转移。加强对公众的科技科技，科技日益渗透到社会生活的各个领域，使科学、技术、生产日趋一体化；三是加强科技普及是培养全社会创新氛围的重要方式，也是财政支持科技创新的重要方式，如政府直接投入建立科技服务平台，可以加强对公众的科技普及，提高公众对科技创新的信任和支持，使高新技术更快得到社会的理解和接受。

2. 税收激励支出。税收激励是世界各国政府普遍采用的促进科技创新的政策。而税率式优惠和税基式优惠是税收激励方式的两种具体优惠手段。这两种方式各有利弊，在实践中搭配使用方能取长补短。税基式优惠侧重于税前优惠，主要方式有加速折旧、税前列支（扣除）、投资抵免，体现支持科技创新的政策意向；税率式优惠侧重事后利益让渡。总体来说，国内外的税收优惠政策主要有以下特点：

一是将大学和科研机构作为税收优惠的重要对象。这些政策包括对科研机构免征或减征所得税；对企业购买高校和企业的知识产权在费用抵扣方面给予优惠；对知识产权的转让实施营业税优惠。如美国和加拿大的税法都将科研机构纳入非营利机构的范畴，给予免交所得税的优惠；在美国和一些欧洲国家，企业支付给大学和科研机构的研究费用可按一定比例抵免所得税。

二是鼓励企业进行研发投入的税收优惠，允许企业研究开发费用在会计上作资本化处理，并可在规定年限内逐年扣除；可以直接将研发费用在当年税前列支；对企业新增的研发费用给予一定比例的税收抵免；企业研发费用可按实际支出的一定比例超额抵扣。

三是鼓励企业使用先进设备的优惠政策，各国政府为企业更新和购置先进设备提供了税额减免、加速折旧等一系列的税收优惠措施，日本政府是运用这一方式鼓励创新的典范。日本对于企业更新与购置符合特定范围的设备，企业可选择7%的税额扣除或者加速折旧优惠。特殊设备（如更新很快的IT设备等）的折旧可以特殊处理，并由法律明确规定折旧年限①。

四是促进科研成果转化的税收优惠。对新技术企业化的资产投资实行税前扣除或快速折旧；对技术转让收入减免税收；对技术开发先导物品在进入市场的初级阶段，在一定时间内减免消费税等等。如新加坡对专利持有者出售专利所取得的一次性转让收入，作为资本收益免税；韩

① “创新型国家支持科技创新的财政政策”课题组：“创新型国家支持科技创新的财政政策”，《经济研究参考》，2007年第22期。

国对技术所有人出让技术专利权或专利使用权而取得的收入，减半征收所得税；印度对支付给国家指定的国立实验室、大学或技术研究机构，并用于经批准的科研项目的支出，按1.25倍超额扣除；澳大利亚对企业购买现成核心技术的支出进行100%扣除。

五是针对高科技企业的税收优惠，主要有企业所得税优惠和从业科技人员的个人所得税优惠。新加坡对生产符合条件的高科技产品企业，给予6～10年的所得税免税优惠；美国允许企业每年为职工支付高达5250美元的科技补助金，并可在税前扣除；从事本专业的科研人员用于科研经费的所得免征个人所得税。法国对个人技术转让所得，适用16%的低税率。

税收激励政策具有针对性强、作用直接、效果明显等特点，是各种措施中最合理、最常用的政策之一。特别是，在企业创新期间给予相应的税收优惠，可以减少企业在新产品的开发期的纯投入，使企业能在创新过程中拥有相对宽裕的资金流。

3. 政府采购。政府采购政策对促进本国企业对研发的投入，提高本国的核心竞争力具有重要的作用，通过政府采购制度来推动企业创新能力已成为国际通行的做法。政府采购政策主要有五方面内容：一是政府为促进本国企业创新、提高企业竞争力而优先购买本国产品，如美国政府采购的大部分条款都有这方面的规定，当面临突如其来的金融危机时，美国众议院通过的经济刺激计划有一项附加条款规定，部分救援资金只能“购买美国货”；二是对产业共性技术和关键技术实施政府采购，如芬兰政府对移动通讯技术标准的采购就为诺基亚公司确立其在移动电话领域的竞争优势发挥了重要作用；三是对本国高技术产品实行首购政策；四是为鼓励企业技术改造实施限额采购政策；五是充分利用国外技术产品带动本国企业创新。随着政府采购制度的不断完善，各国政府采购占GDP的比重和占财政预算支出的比重都呈现出不断增加的趋势，目前前者已达到10%的水平，后者已达30%左右。

4. 支持中小企业创新。企业是科技创新的主体，中小企业更是创新中的活跃因素。1976年，杰尔门研究会对美国国家科学基金主要市场化发明进行了研究。根据杰尔门研究会数据库提供的资料，中小企业人均发明贡献相当于大型企业的2.45倍。1999年，美国制造业中大型企业采用的发明总数为2445个，而中小企业采用的发明总数为1954个。虽然发明总数不及大型企业，但中小企业员工总数只相当于大型企业的一半。中小企业的平均发明率为0.31%，而大型企业的平均发明率只有0.2%①。支持中小企业创新的财政政策，主要是通过帮助其创新过程中的市场失灵问题，激发其创新的活力。财政支持中小企业创新的主要方式有直接支持、创业投资、贷款担保和风险资本投入等。

一是直接支持中小企业创新主要有三种方式：设立专项资金资助；成立专门基金支持；通过国有金融机构的资金渠道支持。

二是鼓励投资机构向中小企业投资，为引导投资机构向中小企业进行投资，政府还可以出台一些具体的计划，通过这些计划来解决科技型中小企业的融资问题，从而间接支持中小企业的科技创新活动。美国投资中小企业投资公司（the Small Business Investment Company，简称SBIC）对促进美国中小企业的发展发挥了重要的作用，并对其他国家制定类似的计划产生了重要影响。在该计划中，美国小企业管理局（Small Business Administration，简称SBA）通过三种方式对申请加入政府中小企业投资公司计划的私营创业投资公司提供资金支持：首先，SBA通过直接购买中小企业投资公司发行的参与式债券为其提供现金流，从而使SBIC最高获得2倍于中小企业缴付资金的杠杆资金；其次，通过为中小企业投资公司发行的可转换债券提供担保的方式提高中小企业投资公司的信用水平，使中小企业投资公司可获得最高3倍于其企业缴付资金的杠杆资金；最后，采取对中小企业投资公司提供优惠信贷的方式来为其提供资金，如满足条件，中小企业投资公司就可从政府获得4倍于投入的低息贷款。

---

① 仲伟俊：《民营科技企业的技术创新战略和政策选择》，科学出版社2005年版，第99页。

三是提供中小企业融资信贷担保，政府财政可运用信贷担保方式来解决中小企业科技创新过程中经常面临的资金问题。如德国新技术企业资本运作计划、英国小企业信贷担保计划、美国信贷计划、日本中小企业信用保证制度等。实施担保的主体主要有两类：一类是以政府机构为担保，如英国由贸工部下的小企业服务局为小企业的信贷实施担保；另一类是以政府出资的独立机构为担保，比如日本的信用保证协会，是日本中央政府和地方政府共同出资成立的、以日本中小企业基本法中定义的中小企业为服务对象的、不以营利为目的的公共信用保证的政策性金融机构。

四是鼓励风险资本进入。与传统投资相比，风险投资具有以高科技产业为投资目标、以资本增值为目的、以成功项目的高额回报来补偿失败项目的亏损等特点。风险投资在推动科技产业发展、促进产业结构调整、提高国家经济实力和国际竞争力方面发挥着巨大作用。研究开发、成果转化和规模化生产，是一项高新技术产品的问世所必须经历的三个阶段。不同阶段的项目会遇到不同的问题，需要不同的财政支持方式。不同阶段中小企业对财政政策支持的需求如表 3 – 1 所示①。

表 3 – 1　　　　不同阶段中小企业对财政支持方式的需求

	研究开发阶段	成果转化阶段	规模化生产阶段
阶段特点	资金需求规模并不大，但技术风险和市场风险较高	技术风险有所降低，市场风险仍较高，资金需求规模有所扩大	技术逐步成熟，市场风险进一步降低，资金需求规模很大
主要困难	很难得到风险资本和银行贷款	仍然很难获得风险投资，在政府支持条件下才有可能获得银行贷款	风险资本热衷投入，由于信用不足，仍难获得银行贷款
政策需求	直接资助	投资建立风险投资种子基金，鼓励投资早期阶段中小企业的风险资本市场	提供中小企业信用担保，鼓励风险资本市场发展

① 孙伟、高世刚：“风险投资项目风险管理的研究”，《决策借鉴》，2001 年第 6 期。

三、科技创新诱导并触发产业升级

创新与科技优势越来越成为大多数公司竞争战略的关键部分。熊彼特认为，创新是产业演变、经济周期发生的根源，也是经济增长的主要源泉开始，创新以及科技创新与产业升级形成便结下不解之缘。熊彼特还认为，任何“创新”必须是对旧结构的破坏过程，产业结构的变迁正是技术创新的结果。产业结构的高级化也是通过技术创新来实现的。这表现在：一方面是技术创新的出现，使产业系统中创立了一些新的企业，随着技术创新的不断扩散，企业不断发展壮大，企业数不断增多，从而形成一个新产业，并且这一产业在整个产业结构与国民经济发展中的地位不断增长。另一方面是技术创新不断向已有的产业渗透，从而提高了原有产业的劳动生产率。随着科学技术的进步，技术创新不断涌现并被扩散，原有的劳动密集型产业和资本密集型产业，愈来愈带有知识、技术密集型产业的特征，有些甚至会转变为知识、技术密集型产业。

从产业系统演化的历史来看，一些重大发明、技术创新的出现及其扩散，都会引起技术产业的重大发展和震撼世界的变革，最终推动产业系统的有序演化。例如，蒸汽技术的创新，带动纺织机、鼓风机、抽水机、磨粉机等各种工作机应运而生，引起纺织、印染、冶金、采矿、机械、化学、运输各个工业部门发生一系列重大技术变革，创造出人们以前无法想象的技术奇迹，使产业革命以雷霆万钧之力、排山倒海之势全面展开，昔日的工场手工业被机器大工业所代替，社会化大生产开始形成。电力技术的创新，使以发电、输电、配电和用电为主要内容的电力生产工业得以产生和发展，带动了电机、变压器、线路器材等发电设备的制造、安装、维护和运行等生产部门的出现，诞生了照明、电镀、电焊、电解、电车、电梯等一大批工业交通部门，还有各种与生产、生活有关的新的电器生产部门也相继出现了。

发明、技术创新等涨落因素是产业向有序方向演化的内部诱因，产业系统正是在这种涨落因素的引导下，通过非线性机制作用将涨落加以放大，从而实现系统自身的有序演化。因此，企业要特别重视科技创新在产业演化过程中的建设性作用，加强技术创新管理，有选择性地吸纳最能满足市场需求的科技成果进行生产性试验，实现科技成果向现实生产力的转化。

四、科技创新需要"四位一体式"的政府定位

政府是财政政策在科技创新中发挥作用的前提。政府在科技创新中的合理定位，直接关系到财政政策的作用能否有效充分发挥。并且，政府在科技创新中的地位和作用是个有着广泛意义的国际性的话题。诸如，欧、美、日、韩等国家的实践经验表明，政府在推进科技创新中发挥着不可替代的作用；2006 年，联合国教科文组织在广东省举行的"区域创新与科技政策：来自中国和世界的经验"国际研讨会上，80 多位专家学者（来自 23 个国家）就科技政策与区域创新两者之间的关系，共同表达了一个思想：大多数国家经验证明，即使在极为发达的市场经济条件下，政府在推动科技创新方面依然发挥着重要作用，尤其是在促进中小企业这一科技创新的"弱势群体"的科技水平提高上发挥着不可替代的作用。因此，研究政府在科技创新中的一般地位和作用是一个国际性的具有普遍意义的课题。对此，根据中国创新型国家建设的实践与经验，政府在科技创新中承担着科技创新战略实施的引导推动者、科技创新体系的设计协调者、科技创新环境的缔造者，可以说是科技创新体系运转和维护的"万金油"角色。

（一）科技创新战略实施的引导推动者

从系统论的观点来看，一般的科技创新体系可以分别由五大子系统组成，政府是保障五个子系统顺利实施的引导者和推动者，推动着科技创新战略的实施，如图 3－2 所示。创新研发子系统，是实现知识创新、技术创新和生产工艺创新的研发生产系统，是科技创新链中的供给源，

是所有创新活动的基础；创新管理子系统，是对创新系统的发展进行指挥和协调，通过为科技创新系统提供管理、规划、绩效评价等服务，提高科技创新系统的效率；创新服务子系统，是通过提供专业化、社会化服务，将各创新主体的创新活动有效串联。这是科技创新链的中间环节和联动枢纽；产业化子系统，是要推动科技创新成果的产业化。这是科技创新链中的终端部分；创新保障子系统，是通过科技创新人才的培养、科技创新的投入、科技创新的政策支持，为科技创新活动提供有力的支持。

在这五大系统中，政府发挥引导者和推动者的作用，保障五个科技创新子系统顺利实施，引领科技创新战略的实现。政府围绕着企业这个科技创新主体，缔造政策制度和外部环境，构建各种配套条件齐备的支撑体系，激励和支持企业开展科技创新活动。而科技创新是市场主体从事的市场经济行为，且该行为活动尽管有很大正外部性，但仍受市场机制的约束，因此政府不应破坏市场竞争规则的遵守。对此，先发国家的经验是不随意以行政行为干扰市场竞争规则，更不能阻断市场机制运作，而是以政府“有形的手”配合市场之“无形的手”，即维护科技创新活动的法律秩序，保障科技创新主体的合法权益，充分发挥市场机制配置社会科技资源的基础性作用，从而保证国家科技创新战略实现。

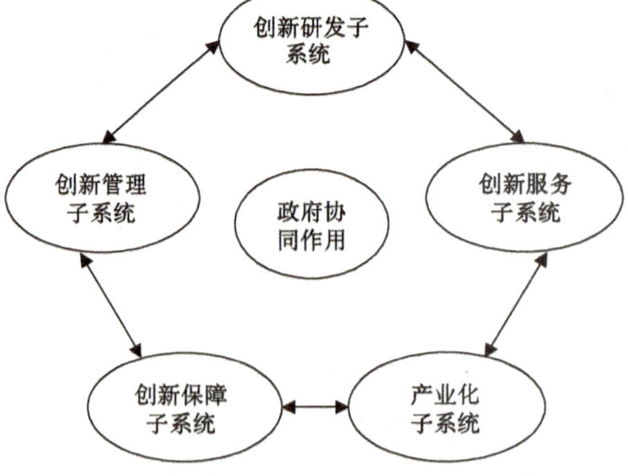

图 3-2　政府与科技创新体系的关系

（二）科技创新体系的设计协调者

科技创新包括两方面的内容：一是知识性创新，这是基础性的创新，主要是通过科学研究获得新的基础科学和技术科学知识的过程；二是技术性创新，主要是企业应用创新的知识和新技术、新工艺，采用新的生产方式和经营管理模式，提高产品质量，开发生产新的产品、提供新的服务、占领市场并实现产品或服务的市场价值。这两方面内容存在着相辅相成的关系。这两方面也是科技创新体系建设的核心内容。另外，科技创新体系包括三大要素：一是主体要素。企业在科技创新的诸多主体中处于核心地位，其他主体还包括大学、科研机构、各类中介机构和各级政府等；二是功能要素。它包括技术创新、管理创新、制度创新等；三是环境要素。它包括基础设施、资金支持、人才培养、社会文化心理、社会创新氛围、创新体制和保障条件等。

政府作为经济活动的管理者和服务者，就是要通过合理的制度设计，协调各要素之间的关系，促进稀缺的科技创新资源能得到有效的配置，使各种要素都能发挥最大的作用，为促进科技创新发挥积极作用。同时，政府在进行制度设计、确保制度合理运行时，还要根据国际规则的变化和科技发展的趋势调整制度，使制度能不断平衡和协调各方利益，改善科技创新政策环境。

（三）科技创新环境的缔造者

科技创新是一项复杂的社会系统工程，不仅需要政府部门、高校、科研机构、企业、个人的积极参与，更需要这些组织和个人的联合作战。毫无疑问，政府需要积极承担起缔造科技创新环境、指挥协调各个组织和个人联合作战的责任。在科技创新各主体要素中，各方的利益各不相同，很难实现一致。只有政府处于比较超脱的地位，能使自身的活动与各方利益达成基本一致。这样政府可通过行使管理、服务和仲裁等制度安排，导向性地为各方创造一个良好的科技创新环境。

一是设计制度并保证制度被有效执行。为了保证创新活动的自由开展，政府要制定一系列的政策、法规和措施，政府在提供科技创新服务平台和创新活动空间的基础上，更要致力于保证制度得到有效的运行。通过对科技创新活动进行宏观调控，从而缔造出一个良好的制度创新环境。后发国家则更需要通过完善市场机制、提升政府的协调服务职能，来促进科技创新活动。

二是发挥企业在科技创新中的作用。企业是科技创新的主体。这种主体地位的真正实现，需要政府促进企业加强研发投入来得以实现。在市场机制比较健全的国家，由于高科技产业的高收益，使私人资本的进入成为可能。政府通过一些政策扶持，弥补市场缺陷，营造良好的市场经济环境，发挥市场在科技创新中的基础性作用。在市场机制不完善的国家，政府不但要弥补市场的功能缺陷，还要利用政府直接投资等形式直接兴办科技企业，给予科技创新直接的支持。

三是保持科技创新市场的规范运行。政府通过完善科技服务中介机构建设、促进科技创新技术扩散、积极培育人才和信息市场、促进科技成果向现实生产力的转化，保证科技创新市场的规范运行。

（四）科技创新中的桥梁

政府是科技创新的桥梁。政府既要解决科技创新中市场失灵问题，培育企业在创新中的主体地位，还要对创新活动进行管理。政府在科技创新中的职能主要表现在以下三个方面：

首先，科技创新平台的搭建者。科技创新平台不但需要大学、专业机构、科研机构或中介机构等众多机构的参与，更需要将这些机构进行有效的串联。因此，搭建一个高效的科技创新平台，政府部门责无旁贷。此外，对科技创新平台进行制度设计和安排，也是政府促进科技创新的主要职能。

其次，政府也是众多创新行为的主体。创新不仅包括科技创新，还包括管理创新、机制创新、政策创新和体制创新等因素。企业是科技创新的主体，而政府则充当了其他创新主体角色。实现市场管理机制的创新，并通过政策创新来为科技创新创造良好的外部环境，是政府促进科技创新的首要职能。做好技术创新的组织工作和服务工作，是体制创新的重要内容。政府既要通过改善交通、通讯等基础设施完善硬环境，还要不断提升促进科技创新的软环境，通过营造一种适合创新主体发展的社会氛围，包括健全的法律法规体系、良好的投融资环境等，提高各创新主体从事科技创新活动的效率。

最后，政府是推进文化创新的重要力量。培养良好的社会文化和创新文化对推动科技创新有着十分重要的意义。政府是文化的倡导者，同时也是文化的管理者，对文化的发展有深远的影响。行政学和公共管理学关于政府文化和社会价值取向的理论对此有深刻的阐述。现代国家的全民义务科技，正是基于这点出发的。

综上所述，正是由于科技创新系统具有高度的复杂性，而且还普遍存在“市场失灵”，决定了政府要在推动科技创新的过程中扮演多种角色，发挥其他主体无可替代的主导作用。对此，政府要通过科技创新平台的组织、建设和维护，积极发挥科技创新服务平台建设中的主导作用；政府通过优化资源的配置和增加企业、个人科技创新主动性，行使创建良好创新环境的职能；政府通过实现信息的完全传递，减少科技创新不确定性，尽可能克服科技创新中的市场失灵。

第二节　加速科技创新步伐　实现产业优化升级

科技创新是推动科技转化为现实生产力的关键环节。产业升级的动力在于政府的激励，政府选择战略性先导产业，通过宏观财政政策引导，推动新兴产业成长，集聚核心竞争力，持续攀登国际产业链、价值链、知识链高端，网联国际资源，促进产业持续升级。

一、科技创新为产业低端化解锁

当前，中国产业在全球价值链中位于低端跟随状态，产业技术空心化，自主知识产权、自主品牌缺失，主要依靠体力附加、资源附加，其弊端重重，难以形成经济社会的持续、健康发展的强有力支撑。

（一）产业低端化，导致在全球价值链竞争中乏力

伴随跨国公司生产与营销，全球化的结果是超越传统国际分工，产生所谓新型国际分工的现象与格局。所谓新型国际分工本质上是按价值链各个环节进行的分工，具体可以分为上游、中游、下游三大环节：上游环节为研发、设计等；中游环节为生产、组装等；下游环节为营销、服务等。目前，在国际分工体系中，先发国家成为资本、技术、知识密集型工序及零部件生产国或产品研发国，依靠卖专利和技术标准，赚取整个产业70%以上的利润；新兴工业化国家在高技术产业链中，包揽中间制造环节，赚取20%左右的利润；后发国家成为劳动密集型工序及零部件生产国或产品制造国，处在高技术产业链的下游，承担初级部件生产，或最后的加工装配，赚取的利润只有6%左右。如图3-3所示。

中国处于价值链的低端，是只赚取6%利润的制造基地。在生产制造模式下，中国加工贸易企业在全球化外包体系中主要从事从中间产品到最终产品系列的设备制造OEM（Original Equipment Manufacturer），只有个别企业开始向原始设计制造ODM（Original Design Manufacturer）和自有品牌生产OBM（Own Brand Manufacture）等附加值高的生产链条升级，而研发设计、核心技术、销售渠道、品牌运作等上下游高附加值价值链环节则被牢牢掌握在海外跨国公司手中。诸如，芭比娃娃现象不仅出现在玩具行业，而是涉及中国所有的制造业。特别是，由于多年来侧重于以廉价劳动力、资源为基础的比较优势直接参与全球产业链的分工，大多数企业没有核心技术，基本上只是负责一个工序的包装和组装车间，大约90%的产业价值都产生在中国之外，国内产业日趋边缘化、外围

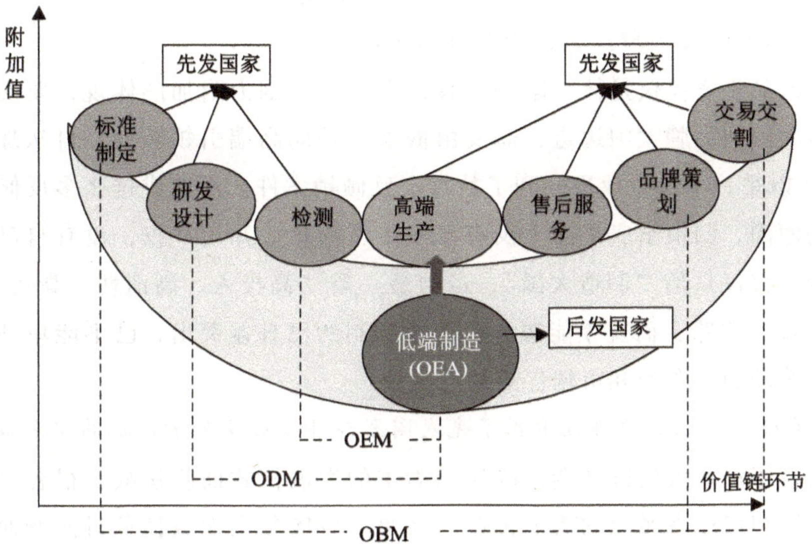

图 3－3　产业的微笑曲线及价值链分工

化。以高能耗、高污染、高投入为代价集聚的庞大的生产能力与极低的收益率的反差，尽显“进步的贫困”中的无奈。

（二）产业的技术空心化，经济发展缺乏产业支撑

中国的先进技术主要通过简单的引进、消化，直接购买设备、专利和附带的图纸投入生产、合资和合作等方式进行。同时，中国还停留在以市场换技术、以资源换技术的低端层面，技术的主导权并不在我们自己手中，导致技术的获得是被动的。特别是，在关系到国民经济命脉和国家安全的关键领域，真正的核心技术、关键技术是买不来的①。随着先发国家及跨国公司越来越注重对核心技术的保护以维护自身利益，中国高新技术产业面临日益严重的知识产权壁垒。如果没有研发创新的能力，那我们只能是跟从，只能处于被动地位，不可能赢得市场，难以支撑经济、社会的持续发展与进步。特别是，中国产业技术的空洞化，对整个国民经济体系产生巨大的负面作用，如何防止和减少中国产业“空

① 何树红、乐晓梅、毛娟芳：“自主创新与中国创业投资的发展”，《未来与发展》，2006 年第 10 期。

洞化”造成的损失，是亟待研究和解决的问题。

（三）自主品牌缺失，资源消耗巨大

产品生产仅仅是体力附加过程，几乎没有脑力附加的体现，要实现制造大国向品牌大国迈进，需要由低端追随向高端引领转变。自从加入WTO以来，中国企业遭受到了数百次反倾销案件。而造成这么多反倾销案的原因，归根结底是由于没有掌握更多的核心知识产权，没有自己的品牌，仅仅只是“制造大国”，走的是一条“高投入、高消耗、高污染、低收益”之路，而现今能源、资源瓶颈制约已日益突出，已不能单纯的依靠劳动力、资源和市场优势参与竞争。

（四）产业低端自锁承担了先发国家经济发展及金融危机的诸多成本

位于产业价值链低端，以加工为主的发展模式面临挑战，很容易受到美国缓慢或者激烈的成本转嫁。例如，2008年由次级债危机演变而成的金融危机导致美国经济衰退，美国经济增长乏力导致的国内需求下降发生后，其对中国商品需求的增速也大大下降，使大批以出口加工贸易为主体的中小企业处于生产萎缩、利润下降的状态，东南沿海出口型企业纷纷倒闭。另外，以廉价劳动力、资源和市场为基础的产业低端追随模式，没有计入生态环境、土地价值、劳动保护和保障等成本的廉价出口商品，换回不断贬值的美元，进而导致外汇储备缩水严重，以美元计价的金融资产承受损失。

专栏3-2　　中国制造是骄傲还是心痛？

制造业不是一个点，而是一条链，以东莞和温州所生产的芭比娃娃为例，出厂价格是1美元，在美国零售价是9.99美元，这9美元的差价就是通过产品设计、原料采购、仓储运输、订单处理、批发经营，以及终端零售6大环节创造出来的。

那么这就是一个叫“6+1”的产业链，美国掌控6，中国掌控1，这就是国际分工。我们创造出1美元的产值，就同时替美国创造出9美元的产值，因此我们越制造，美国越富裕，这就是产业链的

> 分工。以产业链的价值而言，真正拿到大头的是美国，而我们只是1/9，而且还负担了沉重的代价，比如环境、资源等问题。
>
> 举个例子，中国资源这么匮乏，竟然还敢砍树，做成毫无附加价值的筷子卖给日本。这种毫无附加价值的筷子，砍了中国多少的森林？这就是中国制造业的本质，破坏环境、浪费资源、剥削劳工。
>
> 从2008年3月份开始到6月份，短短几个月时间，广东、江浙的企业迅速倒闭，而且是加速度倒闭。问题是我们今天制造业所面临的困境是全面的，而不是少数几家，也不是少数几个行业，整个中国的投资营商环境正在急速恶化。2005年，企业的利润是10%左右，2006年是5%，2007年仅2%左右，到了今年基本是负的。所以我们今天所谓的产业升级本身，已经不是说去西部，去越南找寻更廉价的土地，更廉价的劳工，而是从做1进到6，这个才是未来我们制造业应该走的路，否则去西部也好，去越南也好，解决不了根本问题。必须以产业附加值来提升产业竞争力，实现全面升级。
>
> 资料来源：郎咸平：《郎咸平说：我们的日子为什么这么难》，东方出版社2010年版，第115页。

二、科技创新提升产业竞争优势

影响产业竞争优势的关键因素主要有生产要素、需求条件、相关与支持性产业的表现及企业竞争四个方面。而科技创新对产业竞争优势演化的诱导作用也主要是通过对这四个要素的诱导实现的。

（一）科技创新诱发生产要素创新机制的形成

生产要素分为初级生产要素和高级生产要素。波特指出，除了以天然产品或农业为主的产业以及对技能要求不高或技术已经普及的产业，初级生产要素在其他产业中的重要性已经越来越低。为此，一个国家想要通过生产要素来强大产业且形成持久的竞争优势，则必须发展被创造出来的高级生产要素。然而，初级生产要素的数量与素质又是创造高级生产要素所不能缺少的基础。

当一个国家在要素条件上面临选择性劣势，例如高土地成本、劳动力短缺或缺乏原材料时，它们就必须通过创新与升级来竞争，促进生产要素的科技创新，并要使竞争优势从要素导向向投资导向转变，实现从比较优势向竞争优势转变。科技创新一方面提高了生产要素的利用效率，减少投入；另一方面又可以提升产业竞争优势，生产高技术、高品质、高附加值的产品。如瑞士通过提高劳动生产率、追求高价值投资来回避自己的要素劣势。

（二）科技创新诱发国内需求的升级

科技创新使得新产品和新工艺不断涌现，随之而来的是人均收入水平的提高，从而刺激新的消费，形成新的需求。所以，科技创新诱发需求结构的变动，如图3－4所示。计算机CPLU集成度的摩尔定律对计算机产业的产生巨大影响，进而刺激着人们不断追逐最新、最好、最快的计算机产品，从而加速了计算机产品的更新换代，使计算机成为发展速度最快的一个行业。需求结构变动又促使企业投资方向的变动，实现投资拉动增长向科技创新促进增长的转变。比如说，在原材料价格高涨的情况下，高科技含量、高附加值的产品是乳品企业能够为消费者提供的最好“礼物”，同时也是企业抗击高成本压力、持续发展的最好出路。2008年初，乳业龙头伊利的一款新品悄然铺市，随即引起市场振动。这款名为“谷粒多”的产品，被业内称为全球首款天然谷物与牛奶结合的产物。这一产品的问世，被评价为革命性地开辟了一个全新的需求领域，并填补了国内代餐奶的市场空白，推动了需求的升级。

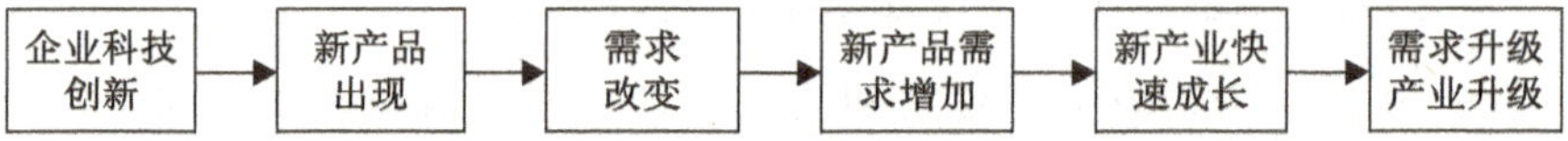

图3－4　科技创新诱导需求升级的过程

（三）科技创新诱发企业竞争的加剧

在当今市场竞争非常激烈的环境下，企业已意识到仅靠价格、质量、服务已无法赢得竞争的优势，仅靠自身的资源已不能有效地参与市场竞争，所以必须依靠科技创新来提升企业的竞争力。同时，科技创新又会使得企业之间的竞争更加激烈。掌握先进技术和知识的企业，为了获得竞争优势，会开发新产品、开拓新市场等。由于该率先创新的企业在一定时期内掌握和控制某项产品或工艺的核心技术，其创新产品初期都处于完全独占性垄断地位，较早建立原料供应网络和牢固的销售渠道，能够获得超额利润。超额利润又会诱使别的企业通过学习模仿率先创新者的方法进入该行业，使得市场竞争加剧。然而，任何企业一旦停止改善与创新，终将被竞争者取代。保持竞争优势的唯一的途径就是不断创新。如在炼钢工业的除磷技术尚未开发前，瑞典低磷的铁矿曾让该国一度保持相当的竞争优势，等到除磷的技术问题一解决，瑞典在这方面的竞争优势旋即丧失。

（四）科技创新诱发相关及支持产业的新增长

波特认为，单独的一个企业以至单独一个产业，是很难保持竞争优势的，只有形成有效的“产业集群”，且上下游产业之间形成良性互动，才能使产业竞争优势持久发展。同时，在产业竞争优势形成和提升过程中，科技创新也会通过两种途径来诱发上下游产业（即相关与支持性产业）的新增长：一种途径是通过科技创新促使新产业形成，从而带动一批新的与其相联系的相关和支持产业的诞生，具体过程如图 3 – 5 所示；另一种途径是由于科技创新的作用，使某产业率先发展，则与之有密切联系的相关和支持产业，由于技术创新扩散效应也会获得新的发展，如图 3 – 6 所示。

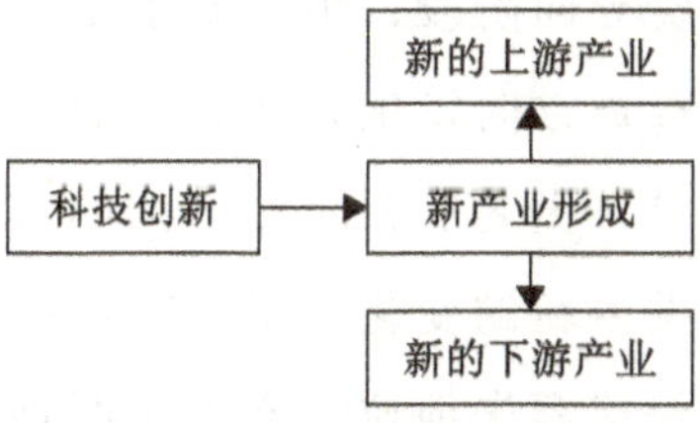

图 3 – 5 形成新的相关产业与支撑产业途径一

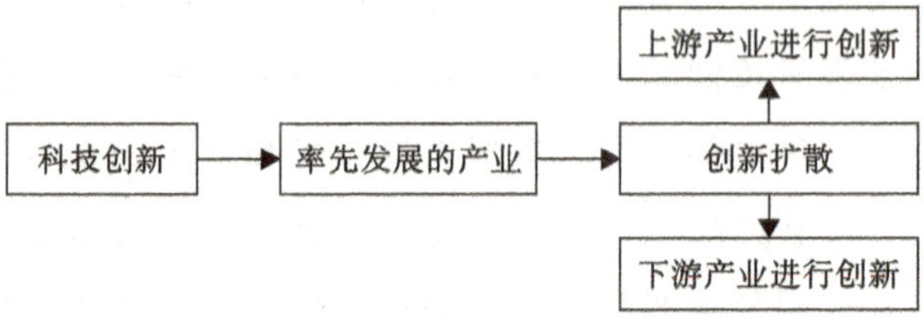

图 3-6 形成新的相关与支撑产业途径二

（五）科技创新是四个关键因素协同作用的内在根据

生产要素、国内需求、企业竞争及相关和支持性产业这四个关键因素是有机整体，互相影响，相互制约，协同作用，任何要素的变化都会影响产业升级和创新的潜力，如图 3-7 所示。只有当四种要素相互促进、持续发展时，有竞争优势的产业才会不断增强，而四种要素协同作用的内在根据是科技创新。

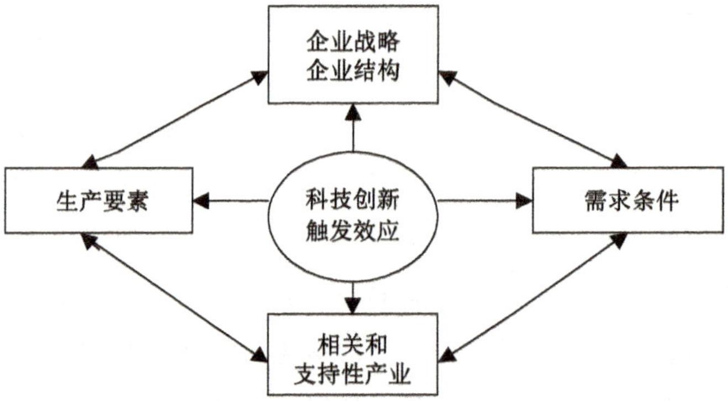

图 3-7 科技创新促发下的产业竞争优势“钻石体系”

科技创新诱发生产要素从比较优势向竞争优势转变，使产业竞争力由要素导向阶段转向投资导向阶段；生产要素发生改变之后又会引起国内需求的改变，使企业投资方向发生改变，产业竞争力由投资导向转向创新导向阶段；国内需求升级之后，企业之间的竞争也随之加剧，促使相关和支持性产业也会发生新的变化，整个产业竞争环境也发生新的变化。企业若想在竞争中保持领先地位，必须不断地进行科技创新，促使产业形成持续竞争优势。所以说，科技创新是四个关键因素协同作用的内在根据，也是产业竞争优势形成和提升的内在诱因。

三、科技创新激发新兴产业的形成

新产业的形成是实现科技成果产业化的过程，是从科学技术的研究开发到通过技术创新实现商业化应用，以及通过技术扩散实现规模化生产的全过程。而在此过程中，科技创新有利于激发新兴产业的形成。

（一）知识创新是新产业形成的起点

知识创新是新产品开发的基础，也是产业创新的逻辑起点，主要包括科学发现和技术发明等：科学发现包括在世界上首次发现新现象、新规律和新理论等；技术发明包括在世界上首次创造或生产出某种东西，如新材料、新方法、新工艺、新设备、新系统和新服务等。如果没有科学发现和技术发明等知识的创新，新产品的开发就成了无本之木，无源之水，新的产业更无从诞生。而新产品、新工艺、新材料、新能源、新技术等的发明和利用，又为生产和社会分工开辟了新的领域，为新型产业的形成创造了条件。诸如，正是由于蒸汽机技术被引入到运输业，在19世纪上半期才形成了蒸蒸日上的新兴产业——铁路运输业。同样，20世纪以来的重大技术创新无不是在基础研究取得重大突破的基础上产生的。如航天技术的突破使航天工业得以产生并形成新的产业。

从本质上来说，知识创新的目的是追求新发现，探索新规律，创立新学说，创造新方法，积累新知识。只有那些持续创造新知识，将新知识传遍整个企业并迅速开发出新技术和新产品的企业才能成功，并使企业的能力不断得到提升，如图3-8所示。

正如野中郁次郎所说："当原有生产开始衰老、新技术突飞猛进、竞争对手成倍增长、产品淘汰飞快的时候，只有那些持续创造新技术和新产品的企业才能成功。而这些新产品就是知识创新的企业，其核心任务

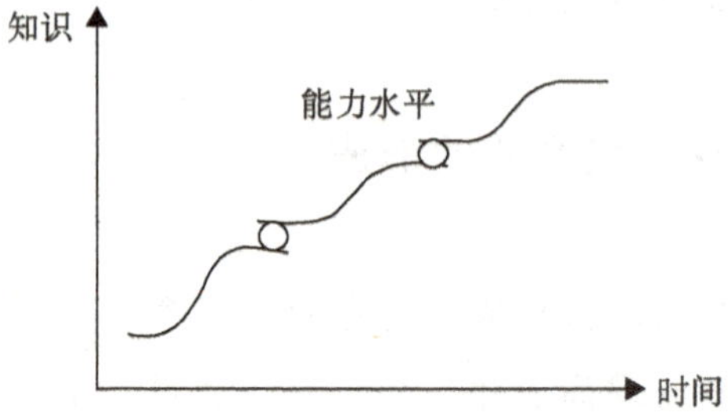

图 3－8　知识创新使能力水平得到突破

是持续创新。[①]”如 1997 年英国政府在对 300 家大型跨国公司进行的调查就已经发现，它们平均将销售收入的 4.6% 用于知识创新。其中，丹麦公司平均将销售收入的 16% 用于知识创新；加拿大公司平均为 11%；芬兰公司为 10%；美国孟山都公司将销售收入的 22% 用于知识创新。

随着技术发明难度的增大，对知识的需求程度也愈高，不仅要有一般专业知识、跨专业知识，还要有雄厚的基础科学理论知识和数学知识，这反过来又会进一步推动知识创新的发展。如计算机的产生就至少需要 5 种不同的知识：一项科学发明，即三级管；一项重大的数学发现，即二进制理论；一种新的逻辑，即打孔卡设计概念以及程序和反馈的概念。这些知识缺一不可，否则计算机不可能诞生。英国数学家巴比奇常常被称为“计算机之父”，但是他却没能制造出计算机，就是因为他缺少逻辑、打孔卡的设计概念以及程序和反馈概念这些知识，使得他只能幻想着计算机。目前，知识创新的速度也达到惊人的地步：今天的工程知识每 5 年翻一番，医学知识不到 4 年翻一番[②]。

知识创新的过程也受到理论探索、应用目的或实际经验的启示，产生新思想，包括新问题、新构想、新假设、新猜想等；通过实验设计和科学试验，获得初步知识；经过同行评议和公开，进入知识体系；新知识得到首次应用。这个过程的每一个阶段都有信息反馈和交流，其中，

① 野中郁次郎：《知识创新型企业知识管理》，中国人民大学出版社 1999 年版，第 167 页。
② 詹姆斯·科塔达：《知识工作者的兴起》，新华出版社 2001 年版，第 189 页。

初步知识是尚未公开发表和得到承认的知识，从新思想到初步知识的过程是获得新知识，从同行评议到新知识首次应用的过程是承认和应用新知识；获得新知识固然关键，承认和应用新知识也是不可缺少的，它们是知识创新的两大主要阶段，如图 3－9 所示。

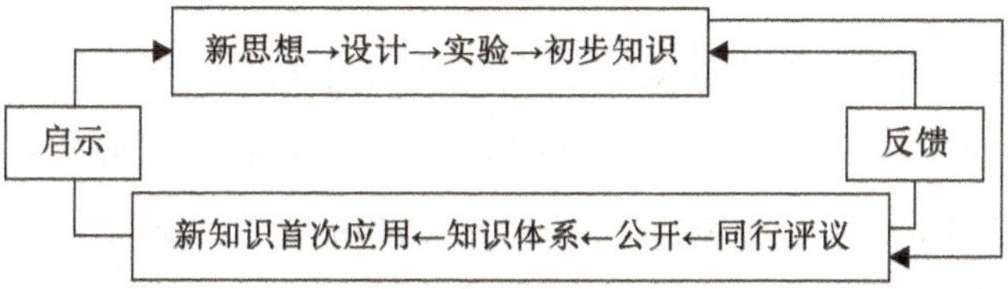

图 3－9 知识创新过程

（二）技术创新是新产业形成的关键

知识创新转化首先要实现科学研究成果向技术创新的转化，即基础研究、应用研究、试验发展；其次，实现技术创新通过开发向生产领域的转化，即设计、试制、中间试验、工业性试验等；最后，技术创新在小范围应用成熟后向更大范围推广扩散，最终推动产业的创新，如图 3－10 所示。因此，技术创新是新知识的一种商业化应用，是知识创新的延伸与深化，也是产业创新的关键和获得竞争优势的主要源泉。当然，并不是所有的知识创新成果都能够实现转化的。在基础研究中，有许多知识创新成果可能只具有学术价值，绝大多数基础研究创新成果是不能够，或者至少在短期内不能够实现转化的。同时，知识创新成果即使要实现产业化，也需要一个过程，而技术创新是知识创新的发展结果。

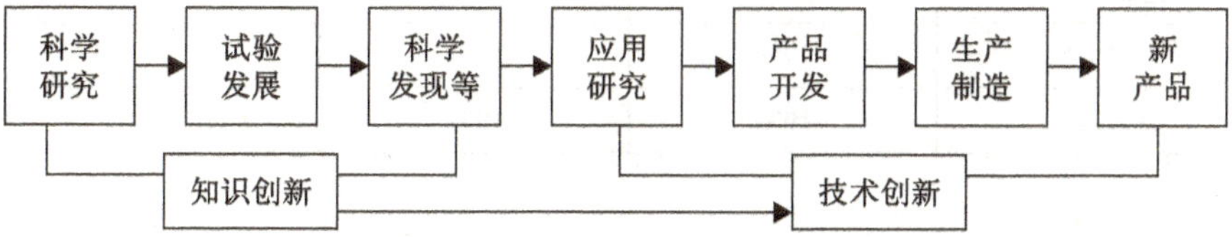

图 3－10 知识创新向技术创新转化

在现代科学技术背景下，科学发现、技术发明向技术创新转化的时间间隔越来越短。在 18 世纪，技术发明到技术创新的平均时间差是 74

年，19世纪缩短到25年，20世纪上半叶为14年，20世纪50~60年代为9年①。具体见表3-2中的具体例子。另外，从科学取得突破到形成技术创新并应用于生产的时间间隔同样在缩短。诸如，人工合成橡胶用了近60年才应用于生产，而台式计算机仅用了8年，太阳能电池、激光技术从研究到应用仅用了不足3年②。特别是，超导研究在基础研究的同时也进行应用研究，基础研究与应用研究几乎成为一体化，可以预料，超导研究一旦达到实用化程度将会同时被应用于生产实践。那么，技术创新今后的周期会越来越短，趋势应该是科研生产一体化：一方面科学发展加快，使技术更新换代加快；另一方面，技术一旦在实验室取得成功，将会更快地转化为生产力。

表3-2　　主要技术发明转化为技术创新的时间

发明事项	技术发明时间（年）	技术创新时间（年）	时间间隔（年）
打字机	1714	1870	156
蒸汽机车	1769	1830	61
电报	1793	1839	46
发电机	1820	1867	40
白炽灯	1854	1880	26
电话	1860	1877	17
调幅收音机	1900	1920	20
彩电	1925	1953	28
电子计算机	1944	1951	7
通信卫星	1957	1962	5
集成电路	1959	1961	2
微处理机	1959	1971	12

① 雅各布·范·杜因：《经济长波和创新》，上海译文出版社1993年版，第243页。

② 齐建国：《技术创新——国家系统的改革与重组》，社会科学文献出版社2007年版，第113页。

（三）产品创新、工艺创新与市场创新交互作用壮大新产业

技术创新活动主要包括产品创新和工艺创新。产品创新是指从企业对新产品的构思开始，以新产品的销售和交货为终结的探索性活动，是技术的首次实际应用。同时，它也是一技术的、工艺的和商业化的全过程，导致新产品的市场实现和新技术工艺与装备的商业化应用。按照技术变化量的大小，产品创新可以分为重大（全新）的产品创新和渐进（改进）的产品创新：重大的产品创新是指产品用途及其应用原理有显著变化的产品，即通过利用新的科学发现或原理，通过研究开发设计出的全新产品，还可以称为根本性创新。很显然，根本性的产品创新是与技术上的重大突破相联系的。如正是因为有了喷气式发动机才能创造了宇宙飞船飞上天的奇迹；渐进（改进）的产品创新是指在技术原理没有重大变化的情况下，基于市场需要对现有产品所作的功能上的扩展和技术上的改进。如由收音机发展起来的组合音响等就是渐进的产品创新。因此，产品创新是企业成功的基础，也是产业创新的关键。

工艺创新也称过程创新，是指工艺技术上所出现的具有新价值的发展和变化，包括生产工艺流程、加工技术、操作方法、生产技术装备等方面的生产技术开发和改进①。工艺创新同样也有重大和渐进之分：重大工艺创新是指与重大的技术变化相联系，并采用新的技术原理的情况；而渐进工艺创新是指对产品生产工艺的部分改进，提高生产效率所采取的一项措施或导致生产成本下降的一些方法等。

产品创新和工艺创新之间经常是交替出现的，存在此起彼伏的关系，如图 3 - 11 所示。企业通过产品创新可以不断改善、更新产品、增加产品种类以及改善产品组合：工艺创新可以改善生产工艺、优化生产过程进而得到高质量和低开发成本的产品。因此，产品创新和工艺创新的协调互动是影响一个企业技术创新成功的重要因素。如美国曾一度只重视产品创新而忽视工艺创新，使美国在很多工业领域内失去竞争优势，导

① 赵玉林：《创新经济学》，中国经济出版社 2006 年版，第 76 页。

致经济发展缓慢，而日本和德国之所以能形成今天的经济竞争优势，与它们注重产品创新和工艺创新的协同发展是密不可分的。

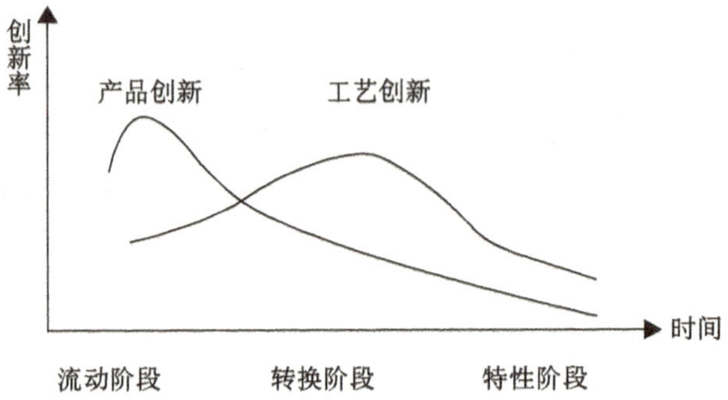

图 3－11　产品创新与工艺创新交互作用的动态演变模型

但是，产业创新只有通过市场创新，开辟出足够大的市场容量，才能达到真正意义上的产业创新。所谓市场创新，从管理学的角度来讲，是指在市场经济条件下，作为市场主体的企业创新者，实现各种新市场要素的商品化与市场化，以开辟新的市场促进企业生存与发展的新市场研究、开发、组织与管理活动①。而从经济学的角度来说，市场创新是指对新市场需求的开拓与创造，不仅可以使企业在已有市场的基础上不断创造出新市场，在空间上扩大企业的市场范围，而且可以通过对细分化市场的开拓，使企业的市场层次得到扩展，从而扩大企业生存与发展的空间。此外，市场创新还可以延长产品生命周期，获取较为持久的创新利润，从而大大增强企业的竞争实力。

市场创新的基本目标就是通过新产品或新技术的扩散，形成生产新产品的企业群或行业群。市场创新的本质就是我们常讲的产业化。如正因为美国公司成功地扩大了新技术在生产和市场中的应用范围，所以才在很多工业领域都成为世界主导，尽管很多创新以及大部分的科学工作都是在欧洲完成的。另外，产业化过程就是不断开拓新市场新需求的过程，不但要在地域空间上拓展企业原有产品的消费领域，而且要关注潜

① 黄恒学：《市场创新》，清华大学出版社 1998 年版，第 124 页。

在的市场需求，在产品的质量、性能等方面形成不同的档次、不同特色，满足不同的消费层次、不同消费群体的潜在需求，同时，要创造“新的满意”和“新的需求”①。

市场创新是连续不断的过程，它与产品创新和工艺创新也是互动的回馈。产品创新和工艺创新即技术创新为经济活动提供新的生产可能性边界，为产业创新提供新的可能性。技术创新是产业创新的前奏，没有技术创新，就不可能有产业创新。但是，有技术创新，不一定有产业创新。只有产品创新通过工艺创新不断提高其质量，降低成本，再通过市场创新开发新的市场或创造新的需求，随着需求的增加和技术扩散而达到一定的规模，才能形成新的产业。例如，盒式录像机是荷兰菲利浦公司于1970年首先首创成功的；日本的索尼公司在此基础上于1975年率先向市场上推出了家用磁带录像机；接着松下公司又在索尼公司的基础上进行了市场改创，对索尼公司进行全面剖析和改进，加大放映时间容量，提高产品质量性能，缩小机身体积，降低生产成本和售价，从而很快打开了销路，其在日本录像机市场上所占的市场份额远远超过了索尼公司。正是产品创新、工艺创新与市场创新的交替、互动和整合才形成了产业创新的各阶段，如图3-12所示。

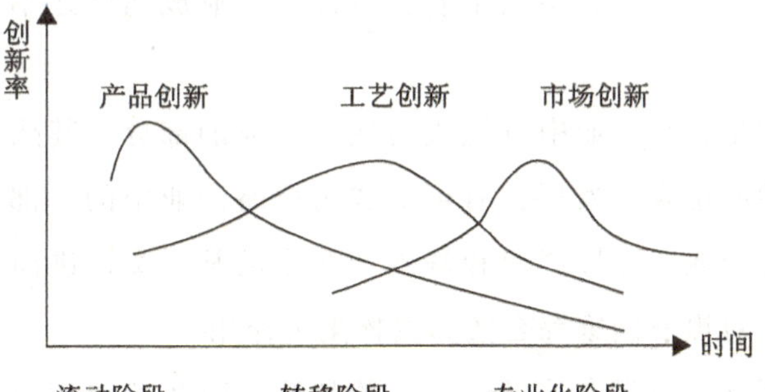

图3-12 产品创新与工艺创新交互作用的动态演变模型

① 理查德·N. 福斯特：《创新——进攻者的优势》，经济管理出版社1991年版，第134页。

四、战略性新兴产业应成为科技创新的核心点

战略性新兴产业是一个双层内涵的提法：一方面是战略产业；一方面是新兴产业。对于战略性新兴产业的界定，温家宝同志曾指出，“战略性”是必不可少的，“新兴”则是指市场尚未形成规模。一方面，战略性产业的存亡，是从国家整体利益出发，关系到国家的经济命脉和国家安全，关系到中国在世界经济、政治、军事事务中的战略行动能力，对提升国家综合实力具有重大作用。培育战略性新兴产业，是中国根据当前全球经济、科技发展态势提出的全新课题，应具有以下内涵：

（一）战略性新兴产业的内涵

首先，党中央和国务院有关文件明确指出，中国发展战略性新兴产业的主要目的是培育未来的先导产业和支柱产业，战略性新兴产业及其前景需要符合先导产业和支柱产业的要求。

其次，它是新兴产业的一部分。战略性新兴产业要符合新兴产业的特征和要求，它将随着新科研成果和新兴技术的发明应用而出现，应具备重大科技创新特征，它将通过科技进步来带动社会经济发展，从而形成新的增长点。但是，就眼前来看，也许其产业成熟度还不高，产业链尚未完全形成。

第三，它是新兴产业中可能成为战略产业的部分。其战略性体现在经过一定时期的培育和发展，有可能成为战略产业中的一部分，成为主导产业、支柱产业、先导产业和基础产业中的某一类，进而满足国家重大战略需求，对提升国家综合实力发挥重大作用。

战略性新兴产业具有技术门槛高的特征，因此其中相当部分都属于高技术产业。但是，战略性新兴产业与高技术产业之间区别明显：首先，高技术产业未必是战略性新兴产业。某些高技术产业不一定能够成为支柱产业，也不一定具有带动效应，其中大部分不具有战略性新兴产业的特征。其次，高技术产业需要有较高的研发投入和较多的技术人员，而

战略性新兴产业一旦在技术突破之后，产业化过程中相关企业并不一定需要很多研发投入和技术人员，例如新能源产业中的大部分生产企业并不一定符合高技术企业的特征。

（二）战略性新兴产业的方向

战略性新兴产业是指对一国或地区经济社会发展具有战略意义的新兴产业。战略性新兴产业的范围需注重各产业协调发展，而其方向需要结合技术水平和行业领域两个维度考虑：从技术水平出发，可分为种子期、萌芽期和曙光期三个阶段。根据关键核心技术的成熟度进行区分，可分为技术成熟型、技术推广型和技术布局型：技术成熟型是指已有关键核心技术，技术已经应用于产业，但还迫切需要政策助推以扩大产业规模的领域；技术推广型是指关键核心技术获得突破不久并已走出实验室，达到了产业应用要求，需要依靠政策推动与产业实现融合的领域；技术布局型是指产业领域十分重要。当前，世界主要先发国家的重点发展方向，如表 3 – 3 所示。

表 3 – 3　　当前主要先发国家的重点发展方向

国家	战略性新兴产业的方向
美国	清洁能源、先进车辆、医疗卫生、信息技术、其他 21 世纪的重大挑战（气候环境等）
英国	生物产业、创意产业、数字内容、通信产业、绿色能源
日本	环境与能源、健康、信息与通信
法国	生态经济和绿色化工、再生能源、未来城市建设、未来交通工具、数字内容
德国	数码软件创新研究、药物疗效和新药安全、成像诊断学、智能传感器和眼科学、用户友好和环境友好的创新技术、未来物流
欧盟	能源安全、交通（绿色汽车）、气候变化和资源效率、卫生和老龄化、环境友好的制造方法、土地管理、节能建筑

当前，结合中国国情和国际发展趋势，中国战略性新兴产业的发展重点应该包括：新一代信息技术产业，包括信息化与工业化融合、信息化与城市化融合、信息化与市场化融合等，主要侧重其对经济社会可持续发展发挥的作用，实现信息平台产业发展促进我们的经济社会发展更

加安全；生物产业，包括生物医药、生物育种、生物信息等，着眼于人的可持续发展，侧重其对人类生命健康事业可持续发展的至关重要性，生物产业的发展将使得人们的生活更放心；新能源，包括风电、太阳能、生物质能、先进核能等，通过新能源产业的发展，将使得我们未来的经济活动更清洁；新材料，主要着眼于信息平台、生物技术、节能环保、高端制造等；新能源汽车、高端装备制造，主要着眼于自动化、交通运输等领域；节能环保产业，将对于上述产业相互融合起到改进、支撑作用。如图 3 – 13 所示，当前的七大战略新兴产业发展的重点。

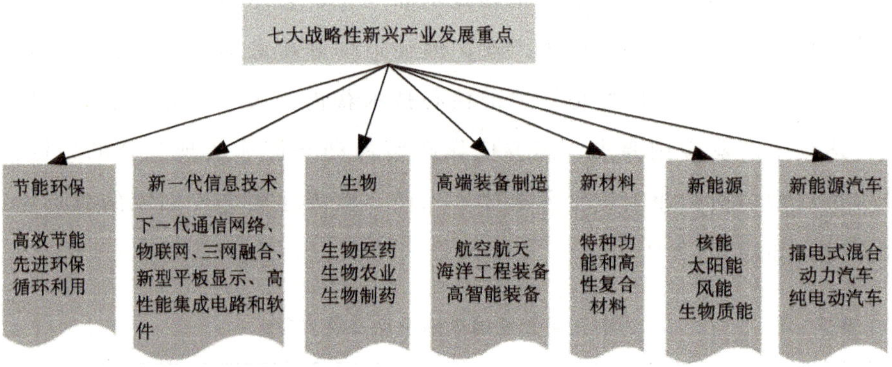

图 3 – 13　战略性新兴产业发展重点

（三）战略性新兴产业的特征

战略性新兴产业的特征有以下五个方面：

1. 产业创新能力强。战略性新兴产业是时代的产物，是基于一个时代关键核心技术而产生的将改变人类社会生产方式和生活方式的新产品和由此产生的新产业。因此，战略性新兴产业属于创新密集型产业，必须具有足够的创新力，包括科技创新、知识创新、产业组织创新、产业结构创新、产品创新等。从根本意义上讲，创新是经济发展的本质特征和推动力，经济发展并不是古典经济学家斯密所认为的基于人口、财富的累积性增加所带来的规模扩大或简单量变，而是表现为经济系统内部由于产品、技术、市场、资源配置、生产组织等创新所引发的“革命性”变化。因此，选择战略性新兴产业，必须看其是否有足够的创新力。

并且，发展战略性新兴产业，必须不断提高其创新力的时空界限，应从时间和空间两个角度来考察。同一产业由于不同国家所处的发展阶段不同，产业发展高度不同，产业生命周期不同，其创新性也不同。

2. 产业引领能力强。产业引领力是指战略性新兴产业必须能够代表产业发展的方向，成为产业发展的主流，且在未来一段较长时期内对产业发展和经济社会发展具有较强的引领和带动作用。人类社会发展史表明，各时代的战略性新兴产业都具有这一引领作用。比如，蒸汽机的产生催生了机器制造业，使社会生产方式从手工时代进入到机器大生产时代；内燃机和电动机的产生创造了电力与电器、汽车、石油化工等一大批新兴产业，使工业文明成为世界发展的主流；电子革命催生了电子产业，并带动一大批高新技术产业的崛起，推进了传统产业的升级换代，使人类社会从电气时代进入到电子时代；知识产业、信息产业、平台革命，又引领人类社会进入到信息化时代。

3. 产业持续发展能力强。产业持续力是指战略性新兴产业必须具有较长的产业生命周期，而且随着科技创新和变革，产业成熟期能得到不断延伸，有稳定和发展前景的市场需求。比如机器制造业，随着科技进步，不仅机器的体积越来越小，性能越来越高，功能越来越全，而且产生了各种各样的新型机器，产品和产业的生命周期都在不断延伸，以至于机器制造业成了所有产业发展的基础。特别是，熊彼特的经济长周期理论告诉我们，以产业革命为代表的技术创新是经济长期波动的主要原因。每个长周期中推动经济增长的技术革命从产生到消亡的时间大约 50 年，其中繁荣和衰退各约 25 年。

4. 产业聚集能力强。战略性新兴产业必须具有较强的产业聚集力，产业链长，波及面广，带动系数大，能够围绕核心技术形成庞大的产业集群，带动更多的就业，产生更大的综合效益。比如新材料产业，是节能环保、新能源、电动汽车、信息通信的上游产业，新材料产业的发展和下游几大产业息息相关。而新能源、信息通信、电动汽车又与居民生活和社会生产密切相关，发展前景和市场空间都很大，这些产业的发展又会带动相应的上下游产业发展，从而形成联动的产业体系，形成众多的产业集群，成为强大的经济引擎。因此，新材料产业无疑是一种战略性新兴产业。

5. 节能减排能力强。21 世纪注定要成为低碳时代，这是世界各国的共同愿景。在此背景下，新能源、新能源运载工具、节能环保等创造的低碳化甚至零碳化已经成为世界经济未来发展的必然趋势。然而，中国在低碳排放上仍面临巨大压力。中国经济的快速增长是以高能耗、高污染为背景的，粗放性发展问题十分突出。因此，中国必须加快经济增长方式的转变，选择以低能耗、低污染、低排放、高效能、高效率、高效益为特征的低碳产业，开发低碳技术并使其产业化，生产和消费低碳产品，围绕低碳化实现产业结构调整和升级。

第三节　借力技术知识扩散创新产业网络组织

一个产业内的企业或者不同产业之间的企业往往倾向于通过发展网络关系来利用各种外部的资源提升自身的竞争实力。从产业组织的角度讲，网络化组织是一种新型的组织协调方式，是一种产业组织的创新。在产业网络中，作为网络结点的企业在众多的领域内形成了千丝万缕的联系，如专业化分工协作，合作性创新，共享营销网络等。因此，在产业内部和产业之间的合作和竞争中，每一个企业与组织都被吸纳到一个无形的网络结构中来，很难游离于这种网络所产生的“场”之外。为此，我们要依托技术溢出与知识扩散来创新产业网络组织。

一、打造区域复杂的空间性的产业组织网络

“网络”是具有参与行为能力的主体在主动或被动的参与过程中通

过资源流动，形成各种正式或非正式关系。而由产业内部不同的行为主体之间或者不同产业主体之间形成的网络统称为“产业网络”（Industrial Network）。所谓产业网络就是一群各自拥有独特资源，又相互依赖对方资源的企业组织以及学术机构、中介机构、政府组织等，通过经济、社会等关系，凭借专业分工和资源互补，在要素投入、生产制造和技术合作等方面进行互动，长期所形成的正式或非正式的互惠性往来关系。它是一种介于市场与企业之间的资源配置方式[①]。但是，产业网络与目前较为流行的产业集群（Industrial Cluster）是有区别的：一般集群研究理论强调集群的范围经济和规模经济以及由于企业集聚而形成的本地化社会网络，是从地理空间角度做的界定，而产业网络则没有此限制[②]。为此，由于产业网络提供了网络内不同节点互动的平台，节省了成员组织间的交易成本，加快了组织间信息流通和学习速度，增强了企业竞争力，同时也形成了复杂的产业组织网络。

产业组织网络的产业网络构成要素具有复杂性，主要表现在成员的多样性上，成员多样性指网络成员的异质性及其数量与地位的不同。从纵向来看，产业网络中的成员有产业链上的上游企业、中游企业和下游企业；从横向来看，产业网络中的成员有与产业相关的竞争企业和互补企业；从环境来看，产业网络中的成员有为产业服务的金融机构、高校科研机构、中介机构以及行业协会和政府部门等。并且，在产业网络中，各类成员的数量显然是不同的，与产业链相关的企业占据了产业网络成员总数的大半，而相关服务机构则数量相对较少。同时，每个企业在产业网络中的地位是不同的，核心企业（或骨干企业）对产业网络的稳定和发展演化起着至关重要的地位。

产业组织网络复杂性还表现在产业网络成员联系的复杂性，而产业网络成员联系的复杂性又主要表现在联系的多样性上。联系多样性指的

① 龚清概：“政府在产业集群发展中的作用”，《发展研究》，2004 年第 5 期。

② 文婷、曾刚：“全球价值链治理与地方产业网络升级研究”，《中国工业经济》，2005 年第 7 期。

是网络成员之间联系的异质性及其数量与分布的不同。从纵向来看，成员之间的联系有供应链关系；从横向来看，成员之间的联系有竞争与合作关系；从环境来看，成员之间的联系有服务关系，监督管理联系。然而，在产业网络中，各种类型的联系随着成员数目的不同而不同。并且，联系在成员之间的分布是不均匀的，这主要是由于成员的地位不同造成的：与核心企业相关的联系就密集，而与小的非核心企业相关的联系就稀疏。具体而言，产业网络组织具有如下特点：

（一）产业网络组织是扁平化的平面系统

产业网络组织表现出与传统经济组织的运行方式明显不同，具有开放、对等、共享等柔性组织特征。网络内部各主体间的活动关系不同于计划调节和权威控制的科层组织，也不同基于竞争机制的市场组织，表现出以灵活的伙伴选择和非正式联系为特征的扁平化结构。从创新的角度看，其集群网络的扁平化利于进行成员间面对面的交流，实现直接的信息共享，它能比科层组织更快、更全面地获得信息、技术和知识，提高创新的效率。扁平化的组织有利于实现公平和对等，不同的企业、机构、人可以平等地进行协作活动，利用共享技术和知识来建造生机勃勃的商业生态系统。相对于整个市场组织来说，它能减少对创新风险的不确定性，每个企业都根据自身能力从事分工活动中的某个阶段，因而在生产上存在相互依赖的企业进行有效的合作与协调。正如创新理论的先驱熊彼特所说："创新不是孤立的事件，并且不在时间上均匀分布，而是相反，它们趋于集群，或者说成簇地发生。[1]"

（二）产业网络组织是开放性的创新系统

产业网络组织是区域创新网络，有利于创新。网络系统内主体和要素的开放包括，人力资源的开放、标准的开放、信息的开放、科技的开放几个方面。构成集群的各个行为主体（如企业、大学、研究机构、政府、金融机构等）在交互作用与协同创新过程中，彼此建立起各种相对

① ［美］熊彼特：《经济发展理论》，商务印书馆 1990 年版，第 123 页。

稳定的、能够促进技术创新的正式或非正式关系。通过网络内部各行为主体的交流与合作，信息、技术、资源在网络内部不断流动和优化配置，从而促进了集群中企业的创新行为。集群网络具有开放性，包括对外开放和内部开放。内部开放即网络内各结点间的频繁交流，它产生的竞争与合作是集群创新的根本动力，但是如果集群对外联系弱的话，整个集群容易陷入路径依赖下的“锁定”，致使集群缺乏创新。因此，内部开放同时必须要实现外部的开放，与国内其他产业集群、全球进行对接，发展中不断地进行现实比较、国际比对，实行全球运作机制，构建和培育全球能力，参与全球统一的生产和运作过程，利用全球信息技术平台来增强内部和外部网络的协作能力。

（三）产业网络组织是复合型的产业共生态系统

产业网络组织是优化市场结构的有效组织形式，是复合的产业共生态系统，而创新是产业网络的核心。在先导产业网络化创新模块时代，创新不再仅限于福特时代只有大企业才能作为创新的主体。这是由于在产业网络组织中，大企业在激励创新方面占据优势和主动，而中小企业在创新方面则更具活力，它们相互促进、协同发展，形成了强大的集群创新体系，推动产业从“微笑曲线”的中间环节向两端移动，促进产业网络的创新升级和结构调整：一方面通过产业微笑曲线图上游研发、设计、检测环节和下游交易、品牌、售后服务环节形成高附加值。同时，在集群内部科技创新对服务业的支撑、渗透作用增强，服务业对科技创新的导向作用增强。两者相互交合产生出许多新的业态和新的商业模式，如金融高科技服务业、医疗信息化产业、家庭数字化产业、工业设计、文化创意类产业等；另一方面产业网络组织可以通过先导产业，实现资源短缺—科技进步—发现新能源的交替转换，减轻能源、环境的压力，使得“能源之哭”与“产业之笑”反向合成，形成平面的直线发展道路，利用先导技术的“革新和进步”解决所面临的资源紧缺、环境污染发展模式，促进物质能量的有效、合理流动，走循环经济之路，取得经济、社会、生态、环境的动态平衡，构建产业共生态系统，实现人、自然与科学技术相和谐、共同可持续发展的目标。

二、建立网络内部的合作机制，实现信息资源知识共享

合作是一种关于信息、资源、知识的共享机制，有不同的方式和领域。然而，合作的方法不同、领域不一，则合作的深度和广度也不尽相同。但是，合作通常会取得双赢的效果，其目的是用于共担风险、共享收益，取长补短。通过技术领域的合作可以加速新产品的开发和创新，通过“官、产、学、研、创”的合作建立先导技术有效的孵化机制，促进产业的永续升级发展。

（一）技术合作加速新产品开发与创新

技术合作创新是企业为了达到某些目标，在产品的技术开发和创新方面所进行的合作、合资和信息交流等行为。技术合作创新可能发生在相似的、相关联的或互补的众多企业中，特别是在一定地理范围内的企业集聚就是为了保持这种市场关系。另外，技术合作创新也可能以混合组织的形式出现，组织中的个体企业彼此能共同运用其资源，通过购并、合资、授权和约及供应协定等方式进行资源整合。一般来说，企业技术合作的目标有的是为了建立长期的战略合作关系，共同控制技术市场的地位和技术资源，保持技术方面的市场地位，也有的是为了改善企业的技术状况，提高企业的市场地位和竞争能力。

1. 技术合作形成竞争优势。产业网络使各种要素进行集中，容易形成规模效应，促进发挥规模优势。同时，集聚内的企业又存在着产品和价格上的差异，可以满足不同的消费对象的需求，表现为市场上的高度灵活性，克服了大规模经济生产不能满足个别消费者需求的缺点。另外，产业网络能使企业在技术开发上达成一致，共同出资进行技术开发和创新，避免了重复开发和研究，节约了技术开发成本，减少了技术开发的总体投入。而且，市场中技术开发的风险很多，技术开发本身的成功率就不高，往往是投入了大量的资金不能达到预期的技术效果。然而，产

业网络通过技术合作，建立紧密的技术合作联盟共同研究开发是避免技术开发风险的主要方式。因此，鉴于先导技术开发的高成本和高风险，许多公司都寻求技术合作，以规避市场中的技术开发风险。

由于技术的更新速度快，产品的生命周期在不断缩短，市场需求变化很大，消费者的偏好也在不断改变，如果技术开发时间延长，可能会错过最佳的市场销售时机，从而失去市场需求。而且，由于市场上竞争激烈，竞争对手也会不断推出新产品，必然会争夺产品市场，挤占原来的利润空间。在这种情况下，企业往往会相互进行协商，以避免相互之间的激烈竞争，在产业集聚情况下，企业间的联系更加频繁和密切，更能在这些问题上形成一致的意见。

2. 技术合作导致技术、思想、文化、创意的同时溢出扩散。在产业集聚范围内，企业间的交流增加，技术的模仿和学习使技术研究开发的成本趋向最低点，集聚内的企业数量增多，生产范围扩大，企业与企业、企业与供应商、客户之间的业务联系增加，为技术创新的创意提供了源泉。而且，不同的企业存在着技术方面的差异，为企业改进技术水平，提高产品质量提出了标准和要求。并且，不同企业在技术、产品、资金或市场等环节上的分工、合作、交流，也改进了相关的管理技术，为提高企业整体技术水平创造了条件。

产业集聚能增加企业间的信息交流和联系，有利于思想、文化、创意的溢出与扩散。现代技术的复杂性使产业间的联系在不断加强，单一企业在技术方面的优势地位只能体现在产品的一个侧面，难以在市场上有突出的表现。而企业间的技术联合则能把相关的技术进行重新组合，使产品的技术水平提高一个档次，从而提高产品的技术的质量和市场竞争力。

对于高端技术的开发，常常是一个企业相互合作开发的过程，通过技术和知识的互补效应，对资金、技术、人才及组织形式等进行重新组织，才能有效地促进技术创新的形成。在一般的市场结构中，技术的联合开发需要经过一系列的谈判来进行，交易成本很高，在产业集聚网络情况下，虽然也存在一定的交易成本，但是与以前相比，企业进行合作技术开发的机会大大提高。并且，在企业的技术合作中，专业性的研究机构如大学、科研机构等合作伙伴的加入，提高了研究开发的技术水平和专业化的程度，不仅降低了研究开发费用，而且实现了企业技术力量的互补，整合了技术研究开发的力量，加快了技术开发的过程，提高了技术开发的效率。由此可见，技术合作使企业获得技术研究与开发所必需的物质资源和一个技术专家群体，这对加快新开发产品投放市场的速度起到促进作用。

3. 技术合作孕育竞争与合作。在产业网络形成的过程中，企业间能加强相互之间的技术合作。在此过程中，技术水平比较低的企业能充分利用模仿学习效应和企业的技术溢出，改进产品质量和提高管理水平；技术水平比较高的企业，也能利用自己的技术优势作为合作的条件与其他企业进行技术合作，节省了自己的资源和成本。因此，产业集聚促进了企业间的技术竞争，诱发企业间的技术创新竞赛，市场的竞争压力和对利润的追求，以及技术创新的高额利润回报，最终促进企业进行技术创新的竞争。

产业网络使企业在技术方面的合作加强，有利于企业保持市场的竞争地位。在市场竞争过程中，企业的技术合作使企业的行为能保持一致，在技术投资、产品市场开发和市场风险方面，集聚企业的群体行为在市场中的影响更大。从而，在技术标准制定方面，更容易形成自己的技术标准，而技术、生产工序及产品的标准化，是规范产品市场，进行产品国际竞争的前提条件。技术先发国家常常借助其技术优势，使其技术标准成为国际标准，构成技术占先优势，技术水平低的企业就必须改变自己的生产工艺和技术来适应这个标准。单一企业的技术没有办法与技术先发国家的企业进行技术竞争，但是多企业的技术合作则可以通过产品市场的销售，与强大的竞争对手进行博弈，最终可能在某些方面建立自己的技术标准，打破技术先发国家的技术垄断，扩大市场占有率，共同对付其他竞争对手。企业的技术合作，扩大了企业的整体规模，并且在研发、原材料采购、生产、销售等方面可以能获得规模经济效益。互补性强的企业可以使他们的产品兼容，可以在市场上进行产品的广告促销，也可以建立专门的销售渠道和销售网络，相对于那些没有加入技术合作的企业来说，技术合作的产品在市场上的销售成本更低，更具有市场竞争力。

（二）"官、产、学、研、创、金"生态合作机制孵化新兴产业

"管、产、学、研、创、金"中的官是指政府，产是指企业，学是指高等院校，研是指科研院所，创是指创业机构，金是指金融机构。"官、产、学、研、创、金"结合就是指政府、企业、高等院校和科研院所、创业者、投资机构之间在技术创新领域的合作，力图将科技、科研、开发、中试、生产、销售集为一体。这是科研、科技、生产不同的社会分工在功能与资源优势上的协同与集成化；是技术创新上、中、下游的对接与耦合，符合社会生产力发展和技术创新规律，具有很强的技术创新机制；是技术创新的主要内容和重要形式；是知识经济时代科技与经济结合的基本形式，对提高企业的创新能力、加速科技成果的转化、催生原创产业、促进产业技术升级、提升国家竞争力等有着积极的作用，这一点已经成为世界各国的共识。因此，通过"官、产、学、研、创、金"这一生态合作机制可以有力地培育和孵化先导产业和先导技术。

目前，"官、产、学、研、创"结合的具体模式可以从以下几个角度进行划分："政府"推动型的"官、产、学、研模式"；"大学"主导型结合模式；"科研院所"主导型结合模式；"企业"主导型结合模式；"官、产、学、研、创"联合型结合模式。前四种产学研结合模式是分别从政府、大学、科研院所和企业的角度，以一方为主导来划分的，第五种联合模式是官、产、学、研、创多方参与的合作，很好地实现了资源共享、优势互补，充分发挥协同作用，是目前最具代表性的产学研结合模式划分观点。

1. 政府推动型结合模式。这是政府组织的一种旨在解决科技与经济发展中的重大和关键问题的大规模的联合行动。其特征是由政府搭台，

财政出资、引资，经多渠道筹集资金，以设立科技开发基金的方式进行投资，提供初始经费，主要支持高风险、高投入且符合当地经济和社会发展需求及产业结构合理的公益型或尖端科研型的项目。“政府”推动型产学研结合所解决的课题，既从国民经济和社会发展的近期需要出发，又充分考虑了国际科技发展趋势和中国经济长期发展的需要，大都具有起点高、综合性强的特点，需要跨学科、跨专业、跨院校进行联合攻关。诸如，20 世纪 80 年代中期以来中国陆续批准实施的火炬计划、星火计划、国家高技术研究发展计划（863 计划）、攀登计划以及国家重点基础研究发展计划（973 计划）等都属于“政府”推动型产学研结合模式，为保障中国经济社会的快速发展进行了大量的基础科学研究和高新技术应用研究。

2. “大学”主导型结合模式。这是大学自办生产企业，是大学在自己的直接组织和调控下实行科学技术的产品化、商品化和产业化。其实质是，大学既是科技成果的创造者，又是科学技术转化为产品并形成产业化的创造者。大学既是科研的主体也是生产的主体。这种模式主要以大学为主体，以科技活动及其成果为主导，构建从基础研究、应用研究、开发研究、产品化直接到形成产业并占有市场的全部流程。目前，“大学”主导型结合模式主要有以下几种方式：一是大学创办经济实体模式。这是指大学通过创办科技产业或建立试验基地来促进科技成果转化为现实生产力；二是大学科技园模式。这是高等院校、科研院所和企业相结合的产物，是集科、工、贸为一体、产学研一体化程度比较高的一种模式。“大学”主导型结合模式要付诸实践，该大学需要同时具有以下几种实力：一是很强的基础科学研究实力；二是应用研究、开发研究、产品设计、工艺设计等方面的实力；三是新技术产品化、新工艺制造等方面的生产实力；四是协调科研生产、市场预测、市场营销等方面的信息加工和组织、控制能力。

3. “科研院所”主导型结合模式。科研院所与大学在技术创新中担当的角色和所起的作用是一致的，二者的特征具有共性。“科研院所”

主导型结合模式与“大学”主导型结合模式基本相同。但是，需要说明的是，科研院所投资建立自己的生产、销售部门虽然已有不少成功的例子，如中科院计算所的联想集团公司，但这还只是少数，这种形式仍然不是当前科技与经济结合的主要形式。这主要是由于：一是大多数科研院所并没有多少积累资金，如果把有限的积累资金投在生产、销售部门的建立上势必会削弱、甚至取消在研究方面的投入；二是要建立企业，不可避免地将有一批研究人员转行从事经营、管理，这些人员对于经营管理并不擅长，既制约了企业的发展又造成了科研人员的短缺和浪费。

4. “企业”主导型结合模式。这是指在科学技术转化为生产力的过程中，由企业来实现科技活动与经济活动的有机结合。其实质是企业自主进行基础研究、应用研究、开发研究、产业创新和新产品市场营销等全部过程。在这种模式中，企业同时作为科学技术的创造者和科学技术转化为生产力的创新者，企业既是研究的主体又是生产的主体。其优势是：一是企业熟悉市场，可以尽快开发出适销对路的产品；二是企业设备先进，资金雄厚。但是也存在不足：一是企业里的科研人员和科研投资比较少；二是企业创新能力相对较弱，全国约2/3的大众企业还没有独立的研发机构，近一半的大中型企业还没有开展技术研发活动；三是受国外技术冲击，中国工业企业对引进技术的依赖程度较高，一些企业不愿意在自主研发上投资。

就中国企业而言，还未真正成为技术创新的主体。中共中央国务院关于加强技术创新发展高科技实现产业化的决定中指出，创新是民族进步的灵魂，是国家兴旺发达的不竭动力。要大力促进企业成为技术创新的主体，全面提高企业技术创新能力。企业要把提高技术创新的能力和经营管理水平作为走出困境、发展壮大的关键措施，使企业真正成为技术创新的主体，企业要以市场为导向，加强技术研究开发和科技成果的转化与应用，切实把提高经济效益转到依靠技术进步和产业升级的轨道上来。目前，中国的“企业”主导型产学研结合模式主要有以下两种形式：一是企业兼并科研机构模式。这是指企业通过招聘关键技术人才，收购、兼并其他研究、设计单位，将企业外部的技术知识和技术能力吸纳到企业内部，即以产权交易的方式获得企业外其他组织（科研机构）的技术能力；二是科研机构自身企业化模式。这是指科研院所由事业单位变为企业单位，走自收自支、自负盈亏、以自己所创效益来发展科研的道路，通过企业化管理来实现从科研运行机制向企业运行机制转变，来实现科研企业一体化的长久经济目标。

5.“官、产、学、研、创”联合型结合模式。这是指在保持大学、科研院所、企业和政府及创业机构各自拥有原来体制的条件下，为实现科技成果转化，利用各自的要素占有优势，分工协作共同实现一项技术创新过程的行为。联合型的结合模式是相对于“企业”主导型、“大学”主导型、“科研院所”主导型模式来说的，这种模式更强烈地表现出功能互补的优势，目前正成为技术创新，尤其是高新技术领域创新的主流模式。

随着科技与经济结合程度的进一步加强，尤其是随着现代高新技术的不断涌现，新的技术门类被不断推出，一项产品所包含的技术日益复杂多变，同时市场的变化节奏也在不断加快，在某些产业领域已经形成了以快变为特征的市场形态。快变市场的出现，要求企业形成以对市场的快变反应为核心的能力，这就使技术创新活动面临更多的要素投入和更大的市场风险。这种发展趋势越来越超出单个企业和大学、科研机构的承受强度，无论是大学、科研机构还是企业都很难独立承担起技术创新的风险。正是在这一背景环境之下，科研组织与经济组织的合作成为了一条必然的可行之路。联合型的结合模式多种多样，具体表现为以下三类：

一是技术转让模式。技术转让是由“学、研”（合作中的供方）将已取得的阶段性成果通过技术交易的形式卖给企业，企业接产经营，合作各方以合同为依据，风险共担、利益共享。在 20 世纪 80 年代中、后期至 90 年代初期，技术转让是中国产学研结合的主要形式。

二是合作开发模式。合作开发（包括委托开发）是一种半紧密型的合作创新组织，是比技术转让更富有成效的一种结合创新组织方式，它是指企业投入人力、资金，由企业根据生产和市场需求提出技术合作要求，或由“学、研”根据所掌握的技术将其推向生产，合作双方共同参与，共同进入整个或某一区段的开发过程，属并行式开发，市场驱动与技术驱动兼有。一般来说合作开发的技术多是难度比较大、任何一方都难以独立完成的项目，合作的对象主要是大中型企业与科研院所。这种模式较好的体现了优势互补效应，结合度较高，抗风险能力较强，风险机会较小，是中国目前产学研结合的最主要形式。

三是共建实体模式。共建实体是指企业、高等院校、科研院所通过建立新的联合体，共享资源（包括信息、资金和技术等）和人才，使其拥有的资源配置最优化，并使三方从中受益。共建实体是产学研结合最高级、最紧密的形式，也是最有成效、最为成熟和最终希望建立的合作方式，虽然这种模式在中国目前产学研合作中所占比例不高，但却反映出产学研结合开始从松散型向紧密型发展的一些特点，以及在适应市场经济中产学研合作的主要趋势。共建实体模式的具体形式有建立大学（科研机构）与企业合作委员会。合作委员会采取学校与企业间互派联络员的方式，联络员作为主要联系人，与所联系的单位保持经常性联系，向企业提供学校的科研信息并介绍这些学科领域的发展前景，同时了解这些合作者的业务及研究活动，寻找并商议双方进行合作的项目。

（三）合作竞争机制在合作与竞争中实现共赢

“合作竞争”一词源于西方经济学家拜瑞·J. 内勒巴夫和亚当·M. 布兰登勃格合著的《CO－competition（合作竞争）》一书。作者在此书中提出了一个全新的营销管理理念，即当某一企业发现市场机会后，没有能力占有竞争所需要的相应资源、设置有效的进入壁垒，以便实现从初级竞争到垄断竞争的迅速过渡，于是借助他人的力量共同开发市场，通过合作实现“双赢”或“共赢”。当然，合作竞争关系具有两面性，其中合作一面的动力来自于合作后的增值过程，而竞争的动力来自于关系中的双方都是处于产业链中的同一位置。为此，双方在竞争中合作，又在合作中竞争。

三、构建网络学习机制，建立学习型组织

产业集群学习机制是指产业集群各个要素之间知识流动的渠道和作用方式。20世纪90年代以来，关于集群学习机制的研究文献大量出现。研究文献大都集中在欧美的高科技集群。集群学习主要有：干中学、用中学、当地化学习、专业化学习、集体学习、研发学习以及互动学习；主要的组织学习有三个，即经验学习、赶超学习与购买学习。这些学习在不同类型的集群中表现不同。一是在简单的小企业聚集型的集群中，大多数还是手工生产模式，集群处于相对封闭的环境中，企业之间相对独立，主要是通过社会关系网络发生联系，经济联系较少，这种集群的学习相对不活跃，大多处于形成阶段，竞争力较差；二是集群处于发展阶段，企业之间开始发生劳动分工，除社会关系外还发生经济上的联系，但是集群整体仍处于相对封闭状态。这种集群中开始存在集体学习与专业化学习这些较高级的学习形式；三是当集群处于成熟阶段时，例如先导产业集群中往往会有领导型轴心企业，集群中的各种协会与机构也很发达，先导产业集群以大学群为中心和领导型企业、共同协调整个集群内的运作。在这种集群里，出现正规化的研发学习，企业间的经济联系与社会关系更为结构化，部门之间也会发生各种关系，企业群、大学群、政府、中介机构相互间及各自内部成员间的互动学习开始起重要作用。

结合表3-4可以发现，产业网络可以通过内部企业间的学习和集群企业内部学习，即网络内部学习，依靠地理临近性，通过网络内部企业与大学、科技机构、研发机构、技术传播组织和商会及金融机构之间的合作关系、技术人员的内部流动、干中学等途径来获得集群整体的显性和隐性知识的提升，获得并形成集群的异质性能力，提升集群的竞争力。通过集群外学习，由集群内少数几个企业、机构（一般是技术力量比较雄厚）充当“桥梁人物”，使集群处于一个开放性的系统之中，引进集

群外部新的知识及技术，通过知识转换系统转化为集群内部企业可以接受的方式，将能力提升从一次性突破转化为持续过程，持续培育、改进和重构异质性能力的知识基础，整合和提升异质性能力，从而获得持续的竞争优势。

表 3－4　　产业网络学习机制与认知特征

网络类型	网络学习机制	组织学习机制	认知特征
类型 1（小企业集群）	干中学 当地化学习	经验学习	隐性知识与专业技能；信息快速传递，知识分享容易
类型 2（中小企业专业化分工）	干中学、用中学 当地化学习 专业化学习 集体学习	经验学习 赶超学习	技术知识具有企业专业性；信息传递快速，知识易于分享
类型 3（产业网络组织）	干中学、用中学 以研发为基础的学习 当地化学习 专业化学习 集体学习 互动学习	经验学习 赶超学习 购买学习	技术知识具有企业专用性；信息传递快速，知识易于分享；研发活动；与外部环境的研发互动；外部知识与环境知识的结合

（一）基于网络内部学习的创新机制培育

网络内部学习主要是指集群内地理空间临近的各行为主体之间通过各种正式的或非正式的机制而进行互动，从而促进知识在网络边界内流动、转化、整合和衍生，并提升集群成员创新能力，进而培育出集群独特的异质性能力。比如通过集群内部企业之间的合作，企业与大学、科研机构、行业协会、企业家协会之间的合作以及高素质人员的内部流动等途径来促进集群知识的流动与创新、集群知识的转化（特别是隐性知识的转化），从而衍生出集群异质性核心创新能力①。

1. 实现内部成本外化。在集群内应该鼓励和加强供应商、生产商和客户之间的正式或非正式联系和集群价值链上特定环节企业之间的合作。集群内供应商和客户之间的紧密互动是知识传递持续性的基本要素和主要渠道之一。由于网络内新知识往往是隐性的或非编码的，而集群内成员企业之间的横向和纵向关系构成的集群创新网络为新知识在临近地理范围内的充分流动提供了很好的知识传递平台，从而为集群内企业创新提供了共享的知识，促进了集群企业学习能力的提高，实现内部成本外化。

2. 鼓励一定比例的劳动力在集群网络范围内的自由流动。由于劳动力（特别是高素质劳动力）在同一个企业内部配置时间长了会产生人才配置刚性，不利于新的技术信息扩散和整合，从而引致企业甚至集群核心刚性的滋生。因此，集群内成员企业之间一定数量高素质劳动力的流动和企业的衍生有利于新知识、新思想、新诀窍的溢出和创新，从而激发集群的活力以及集群整体创新能力的提升。

3. 鼓励组织企业员工之间的非正式交流。企业组织的成长依赖于员工之间面对面的交流。同样，集群网络的成长也离不开企业员工之间的非正式沟通。集群内企业家之间、各种管理人员之间、技术人员之间的非正式交流，为集群内的技术和知识（特别是隐性知识）的流动和智力溢出提供了非常有效的路径，从而更新和丰富集群的知识基础、增强集群的学习能力，进而使集群尽快适应外部技术和市场的不确定性。

（二）基于组织外部学习的创新能力提升机制

由于先导技术开发难度加大，产品生命周期缩短，企业不可能自己创造所有知识，因此获取外部知识已经成为企业组织高度重视的问题。为此，集群组织的学习除了在内部通过知识共享来实现外，还必须从外部吸收创新性知识并加以开发、整合，从而形成新的动态核心能力。通常，集群外部学习是由集群内少数技术实力强劲的龙头企业和机构充当

① 牟绍波、王成璋："论产业集群动态核心能力的培育与提升"，《科技管理研究》，2006 年第 6 期。

“学习代理人”，与集群外部知识源互动，并吸取集群外部新的知识，通过消化吸收转化为集群知识，将核心能力的提升视为持续过程，持续培育、更新集群异质性核心能力的知识基，从而提升集群动态核心能力。科宝（Keeble）和威尔金森（Wilkinson）认为，集群中企业长期的集体学习可能会导致集群技术轨道锁定，向外部知识源学习对于提高集群的持续竞争优势就非常必要。伯鲁斯（Belussi）和阿克基尔（Arcngel）认为那些具有广泛外部联系的集群，往往能获得新颖的知识资源而快速响应外部“混乱”的技术环境。可见，集群外部学习是提高集群核心能力的动力来源，而加强国内集群之间和国际集群之间的交流与合作，是集群学习不可或缺的重要途径。如联合国工业发展组织就提出，后发国家关键是如何发展本地产业集群网络，并在全球价值链上创新和学习，不断向上攀登。因此，以集群模式嵌入全球价值链是集群发展的战略选择和实现跨越式发展的重要方式，是集群创造性地进行全球学习（尤其是隐性知识的学习）的有效途径，全球价值链为集群外部学习提供了一个广阔的学习平台①。基于此，先导集群动态核心能力的提升，应从以下两方面着手：

1. 网络组织应该持续保持与全球发达集群的联系和互动，积极搜寻处于全球价值链上高附加价值环节成熟的集群（研究机构）组建学习联盟或者技术联盟，从而吸收其创新知识，更新并充实集群已有的知识库，并促进这些新引进的知识及其衍生知识通过各种正式或非正式的机制在集群内企业间充分流动、扩散以至弥漫，从而消除集群的核心刚性，最终增强和提升集群的核心能力。

2. 网络组织应该主动通过与跨国公司合作融入全球价值链，通过学习、吸收跨国公司提供的核心知识和技术或从外部引进国际高层次人才，实现知识（特别是非编码化知识）的转移、扩散，增强集群的自主创新能力和核心竞争能力。

① 牟绍波、王成璋：“全球价值链：中小企业集群学习的新平台”，《经济纵横》，2005 年第 12 期。

网络组织通过对外部学习和内部学习的有效整合从而极大地提升了集群对知识的吸收能力以及集群整体应对外部环境（如技术环境、市场环境）变化的能力。并且，通过集群的内外学习，使得网络创新能力表现出动态性特征，且网络创新能力的动态性又是集群优势持续性的重要保证，而集群优势的获取则取决于集群的创新能力和市场能力的整合。因此，集群组织在把握好市场机会和需求的基础上，通过集群各行为主体之间的协同创新，最终实现集群竞争优势；通过与集群知识吸收能力维度的紧密结合，集群创新能力能够应对技术环境的不确定性而提升集群的创新绩效；同时，集群市场能力能够应对市场环境的不确定性而提升集群市场绩效。

基于网络组织，集群社会资本与集群文化也相应产生。集群社会资本就是集群通过社会网络基于信任与合作基础上摄取稀缺资源并由此获取经济利益的能力总和，是集群企业实现持续互动的“粘合剂”，从而使得集群企业实现单个分散企业无法实现的群体合作优势[①]。因此，集群社会资本有利于增强集群企业以及集群整体的知识吸收能力，有利于降低集群企业创新的不确定性和提升集群整体的创新能力。同样，集群文化通过对集群各行为主体的软硬性约束和显性影响，从而影响集群的整体运行效率和市场形象，最终影响集群市场绩效。

通过对集群文化、社会资本、知识吸收能力、创新能力与市场能力的有效整合而形成的集群动态学习能力是集群获取持续竞争优势的源泉。同时，实践也证明，国际上许多成功的产业集群（如硅谷、第三意大利等）获取持续竞争优势的关键就在于比竞争对手更快、更好地构建和提升动态学习创新能力。

① 耿帅、李靖华：“集群持续竞争优势的获取：动态能力的理论与方法”，《研究与发展管理》，2004 年第 3 期。

四、打造知识扩散机制，实现思想原创到产业原创突破

集群网络带来了内部的知识转移机制，网络中的供应商还需有效吸收转移过来的知识、创造知识以提高自身的能力。这一过程被称作是知识扩散过程。这一过程主要是通过显性知识和隐性知识之间的动态转换过程来完成的。在企业内，企业及集群成员间知识扩散过程也就是知识的传递与转化过程，需经过以下四个阶段：社会化、外部化、耦合与内部化过程，如图 3－14 所示。

	隐性知识	显性知识
隐性知识	社会化	外部化
显性知识	内部化	耦合

图 3－14　知识的传递与转化过程

（一）社会化过程

社会化（Socialization）是从隐性知识到隐性知识的转换过程，实质上是隐性知识在不同主体之间的互动，是创造出来的隐性知识的共享。在组织中，能否共享其他个体的隐性知识，关键在于经验或某种共同的经历。因为隐性知识是依附于某种经验或活动而存在，离开了共同的体验，接受者就很难接受隐性知识。社会化的主要特点是需要人们运用所有感官，通过观察、体验、模仿等感性经验交流，来转换用语言表达的隐性知识。在这种情况下，言传身教、团队的共同体验，以及亲密、和谐、相互关心的组织氛围和文化，都是保证个体间隐性知识有效交流的条件。

（二）外部化过程

外部化（Externalization）是从隐性知识到显性知识的转换过程，是知识转化过程中最为关键的环节。在这个阶段，被大家分享了的想象和

创意，能够通过语言、图像、模型、概念等显性知识的形式得到表达，并在成员之间传递。在这一阶段，成员尽力使用各种方法和手段，如头脑风暴法、日本企业所采用的温泉法、讲习会与讨论会等，营造出热烈和开放的氛围，使创造性的思想通过成员间的自由对话和沟通得以充分表达。虽然这一阶段的表达依然是不完全的，也是不精确的，甚至可能前后矛盾、相当粗糙和简单，但是隐性知识却由此开始编码化和明晰化。由于隐性知识已经由想象阶段迈向了概念性表述，成员之间的交流将更加快速和有效，也正是在这种互动中，越来越清晰的概念得以形成。

（三）耦合过程

耦合是一个相互交合的过程，是指从显性知识到显性知识的转化过程，是企业知识活动中另一个非常重要的阶段。在企业知识的创新过程中，一方面是个人的隐性知识转化为显性知识，这是知识创新的起点。另一方面，则是个人的、小组的显性知识整合为企业的知识体系。知识耦合的过程也就是企业知识的形成过程。在这一过程中，个人知识转化为企业知识。在企业的知识耦合过程中，各个环节、各个层次上的部门负责人、项目负责人以及小组领导者，都起着非常关键的作用。他们往往能够激活个体知识，同时也进行大量的知识筛选与过滤。其中，中层管理者的作用尤为突出。一方面，他们汇合本部门的知识，构建起部门知识体系，同时按照企业的需要去进一步将它与其他部门的知识及企业外部的知识相耦合，并随时从部门外获得反馈和支持，从而进一步完善本部门的知识构建。另一方面，中层管理者将上层管理者的隐性知识和显性知识进一步具体化为部门的行动指南与目标，不断激发部门内部的知识创造来促使部门形成企业所需要的知识，并为上层管理者的决策提供各种知识支持，如反馈、提供信息等。

（四）内部化过程

内部化（Internalization）是指从显性知识到隐性知识的转化过程，即将经过社会化、外部化、耦合而成的知识转化为成员的经验与心得。这种经验是企业的宝贵资产。在这一阶段，经验更多地表现为企业的决策和专门技能。因此，在企业中，公司的创建者往往是最深刻理解产品和企业的人，他们对产品及其发展趋势的认识是深刻的，同时又最为实际。公司通过对经验有意识的记录与再整理，通过技术文件、产品记录乃至顾客投诉等记载公司及其产品的发展历程等知识系统，来整理经验，回顾历程，找到解决问题的思路或开发出新产品。此外，对企业文化的学习和了解，也是内部化的一个重要方面。如在美国和日本，许多成功的公司往往会出版有关企业领导和企业历史与文化的著作。企业员工通过对这些著作的学习，“再体验”前人的经验，了解公司共同的心智模式，将其内化为员工自己的正确的心智模式。知识又再次与员工个体紧密联系，通过他们的实践，通过他们思维方式和行为方式的转变，最终提高个人与组织的绩效。

总之，通过知识的社会化、外部化、耦合、内部化过程带动整个技术、思想、创意的扩散，其实质是将知识、技术、创意外化，进而产生规模效益、规模经济的过程。当然，上述知识内生化与能力生成过程既需要一定的良好的个人学习能力条件，也需要有良好的组织条件。个人条件因人而异，而组织条件包括两方面，即原有的知识基础状况和行为强度，尤其是后者，它决定了组织对知识的吸收和转化能力，是当地生产能力提高的关键性因素。

产业集群创新机制的实质就是以需求为核心，通过竞争、合作、学习、实现创意、技术、技能和知识的扩散与溢出，捕捉外在有利于创新的种种机会，并应用世界先进技术培育需求，快速将创意转化为生产力，将技术产业化，从而带来经济效益的过程。

第四节　构筑多元开放平台　提升产业升级动力

基于产业创新的多元开放平台（Multiple Open Platform，简称 MOP）

在现有和潜在的技术及产业优势的基础上，实现产业创新资源的整合集成，促进“官、产、学、研、金”等的紧密结合，形成产业创新支撑环境，有助于实现战略性新兴产业关键核心技术的突破，有利于实现原创产业创新，是培育战略性新兴产业发展的重要抓手。

一、产业创新平台（MOP）的内涵与外延

平台是一种现实或虚拟空间，该空间可以导致或促成双方或多方之间的交流，是一种新兴产业组织形式。20世纪初，平台作为一个工程概念，从汽车实现大批量、流水线作业就开始出现。如亨利·福特为提高汽车的舒适性、易使用性、耐用性，采用了平台的概念组成说明汽车的各子系统。Meyer 和 Utterback 认为，产品平台是一组产品共享的设计与零部件的集合，这组产品就是要共享一个共同的产品平台，但具有不同的性能与特征，以满足不同用户需求的一系列产品，即产品族。Roberson 和 Urich 认为产品平台是一个产品系列共享的资产集合，这些资产包括零部件、工艺、知识、人员及联系①。实质上，由于新产品是企业技术和知识在物质上的实现，因而产品平台的研究必然涉及技术平台和知识平台。其中，技术知识平台既是产品平台在技术层面的延伸，又是产品平台的重要支撑。同时，技术知识平台还必须与非技术知识系统相联系，这就需要一个外延更加宽泛的概念——创新平台来概括。创新的有形过程是“生产要素重组”或“物质资源配置”，但更加重要的是无形过程，即“知识获取、流动、整合、创造、贮存和利用”的过程，知识既是技术创新最重要的资源投入，也是最重要的产出。这就需要多元开发平台（MOP）了。

（一）MOP的涵义

多元开发平台就是指为创新、生产、商务活动提供的支持性服务的

① Kirzner, I. M. Entrepreneurial discovery and the competitive marketprocess: An Austrian approach, *Journal of Economic Literature*, 1997 (01): pp123 - 127.

载体。随着社会生产组织方式分工的细化和深化，生产者之间所交换的中间产品种类和规模必然急剧扩大，因此各种交易成本直线上升，这体现在从事MOP的经济机构和相应的政府部门迅速增长。多元开发平台包括科技研发、产品设计、工程技术、信息服务、工业装备服务、现代物流服务、仓储运输服务、会计服务、广告服务、管理咨询服务、营销服务、市场调查服务、企业金融服务、保险服务、法律服务、人力资源配置、会展、科技培训服务等门类。并且，随着产业系统分工演进的深化，在产业系统中衍生出对整个产业价值链和产业组织网络起绝对引领和控制作用的产业子系统，是整个产业系统的灵魂，构成了整个产业系统网络的价值中枢。因此，MOP是现代社会生产组织方式中分工细化和深化发展到成熟阶段的结果，而现代MOP无疑更是高知识密集、高智力密集的载体。由此，MOP当前具有以下三个方面的特征：

1. 对现代产业体系的支撑性。首先，MOP为现代制造业提供有力的支撑。制造业的国际营销网络和生产网络的形成，就是聚集营销人才、进行研发产品、产品运输与储存、广告、保险、会计和法律服务等开发市场的过程，在这一过程的每一环节都伴生服务需求。制造业越发达，MOP就越发达；制造业越落后，MOP也越落后。其次，现代制造企业的生产与服务功能日益融合，制造业部门的功能也日趋服务化。制造业高度发展呈现服务化的新趋向，主要表现为：该制造业部门的核心产品是为了提供某种服务而生产的。最后，金融、物流等现代服务业与制造业紧密结合。金融、物流等现代服务业与制造业紧密结合构成了产业集聚的服务支持体系，推动了产业集聚的健康发展，并将在提升产业竞争力方面发挥更大的作用。

2. 与社会生产系统的产业高度关联性。信息技术的发展使MOP虚拟化、网络化，因此MOP的服务方式呈现虚拟化、网络化的趋势。这种服务方式也日益凸显其优越性，促进企业智能化水平明显提高。在一个虚拟化的框架之中，高效地整合或疏散传统上认为的内力和外力资源，并让这些相关联的结构性要素发挥市场价值，充分体现企业的现有优势，即 MOP 贯穿于生产、流通、分配、消费等社会再生产环节之中。另外，随着经济的发展，企业的金融、信息、会计、法律、技术开发、产品营销等，逐渐从企业内部分离出来，在社会上成为独立的为生产性服务的机构。这些生产性服务机构在 MOP 集中起来，MOP 通过这些服务机构来为工商业服务。

3. 人力资本与知识资本的传送载体。MOP 的另一重要特性是作为人力资本与知识资本的传送载体。人力资本和知识资本进入社会生产过程绝大部分是通过高技术人力以及科学与技术知识的主要使用者的那些厂商。MOP 的发展不仅影响了区域的经济结构和空间结构，而且促进了区域功能的转型与优化，促进了区域经济的可持续发展。MOP 促进信息共享、技术创新与产业集聚，并形成新的经济增长点，引导区域经济发展与空间结构优化。MOP 不仅能吸引更多的高技能人员的流入，而且也为 MOP 的进一步发展提供了人才资源。

MOP 使得平台内的企业都能彼此了解、沟通迅捷、互惠互利、相互支持，能够及时感知市场环境的变化而作出快速准确的反应，这促使资源整合与共享度大大提高，交易时间也相应缩短，从而促使企业间战略合作关系形成。采取 MOP 发展的方式，既能发挥微小企业灵活、敏捷的优势，又能形成产业群体规模，以整个群体的竞争力联手走向市场，塑造竞争优势。

但是，在知识成为最具战略性的资源，MOP 作为新经济时代最重要的产业组织形式，仅仅在最近几年才得到国外学者的重视。其中，这也包括 MOP 的概念、意义、层次、机制、功能特点及其构建。因此，从现有文献资料来看，MOP 这个“黑箱”一直没有被打开。但是，企业是技术创新的主体，又是区域或产业乃至国家层面创新的微观基础，探讨 MOP 问题具有重要的理论意义与实践价值。

（二）MOP 的框架

MOP 的主体可以分为四个层次：公共决策模块、支撑平台模块、创新要素模块、产业环境模块。中国 MOP 框架如图 3－15 所示。

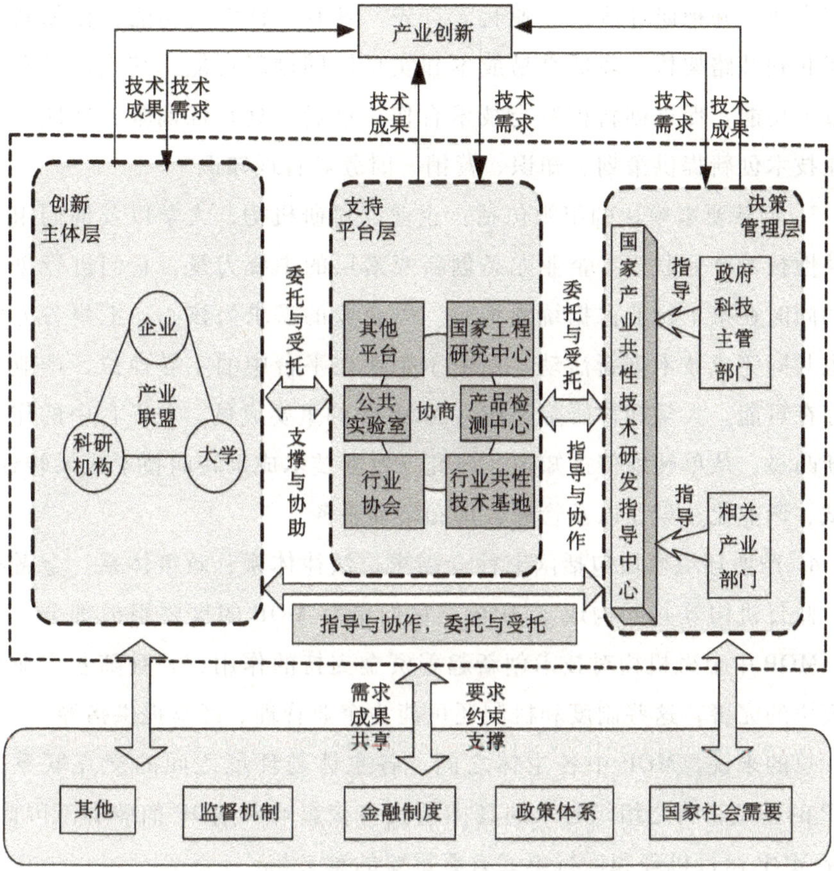

图3－15 产业创新平台（MOP）体系框架图

1. 公共决策模块通过引导、激励、保护和协调等方式影响着企业创新的整个过程。首先，在MOP形成中起到积极的引导作用，公共决策模块对引导创新网络中基础科技部门产生决定性的作用。其次，公共决策模块在产业政策、区域产业安排上起到指引作用，同时影响创业中心、科技孵化器等的发展，它既影响区域MOP的类型，又会影响MOP运行。最后，公共决策模块引导支撑平台模块与创新要素模块。

2. 支撑平台模块的组织包括创业中心、科技孵化器等、国家工程研究中心等在中国现行体制中已有或曾经存在过的机构，以及其他平台和行业协会。它们根据公共决策模块的任务或项目，以及市场的实际状况培育产业，并把研究成果产业化。首先，具有穿针引线功能。在创新要素间起到铺路架桥，降低交易成本和实现协同创新功能。其次，具有协调重组功能。促进创新扩散与技术合作。最后，具有咨询服务功能。为企业技术创新提供策划、知识、营销、财务等管理知识。

3. 创新要素模块的组织包括：企业、科研机构、大学以及他们组成的共性技术产业联盟。企业尤是创新要素层的主要力量，它们进行创新活动同时在某个行业占据统治地位。以企业的需求为核心，汇集各方的资源共同完成技术创新活动，而由于企业在平台中的主导地位，产业化才存在可能。大学和科研院所作为MOP中的重要成员，在平台中的作用逐渐凸显，从单纯地传播知识、研究开发新技术成果转向技术成果转让、中试、产业化、创业以及管理咨询和培训服务。

4. 产业环境模块包括国家社会需求、法律体系、政策体系、金融机构、监督机构等共同构成了MOP，它们也是MOP的重要组成部分。例如，MOP中金融机构对技术创新起着资金支持的作用。并且随着产业环境模块的完善，这些制度和机制还可能为企业管理、经营提供指导。

总的来说，MOP中各主体之间，各主体与环境之间的交互联系是MOP的基础，将之组织起来的具体模式直接影响着MOP的效率。因此，研究MOP运行机理和运行模式有着重要的意义①。

（三）MOP的属性

1. 平台是政策激励体系。政府遵循产业发展的经济规律，通过建立适合先导产业集群以财政支助、税收激励、人力资源开发、融资机制等为主要内容的一系列政策，影响产业网络的发展与演进，提升平台绩效，从而为平台资源的富集创造环境、投入诱发性的力量、科学引导需求、适时调整政策，建设功能完善的基础设施、提供廉洁高效的政府服务、开辟融资畅通的投资渠道。政府为平台发展提供必要的引导和良好的环境：一方面通过改善交通、通讯、能源、网络等基础设施来营造产业网

① Lucas, R. E.: On the mechanism of economic development, *Journal of Monetary Economics*, 1988 (07): pp24 - 29.

络发展的硬环境；另一方面，建设良好的市场环境、政策环境、制度环境、人才环境、文化氛围等软环境，健全信用机制，降低平台行为主体的交易成本，增强社会资本积累能力。

2. 平台是生产性服务体系。构建有效的MOP运行机制，应根据区域先导产业集群发展的实际情况，充分发挥区域的人才、资源优势，制定切合实际的政策、规划。并且，按照现代企业制度原则建立MOP内部的管理模式，融入现代管理理论，解决MOP的动力机制和激励机制；加大资金投入力度，吸收风险资本，不断提升服务质量和层次，推动企业以最快的速度成长。这是MOP功能有效发挥的保证，也是理顺政府和MOP关系的基础。另外，还要完善MOP市场化运作机制，最重要的一点是MOP投资和建设主体要多元化，鼓励各种力量参与，并在制度上保障他们的合法利益，使得MOP真正进入市场；MOP由具有企业管理经验的管理者经营；健全MOP内部激励和监督机制，积极创造条件吸引和留住人才。

3. 平台是开放型网络体系。构建开放型的MOP，为先导产业集群营造一个宽松、和谐的开放型网络体系。通过正式与非正式沟通渠道树立优秀的企业品牌形象，建立起相互的高度信任和合作规范，促进企业技术创新的价值实现。通过与企业、科研机构、国家重点实验室建立稳定的合作网络，向创业企业提供研发活动所需设备和技术，为创业企业提供进入各种技术设施的机会，以此来大大降低技术创新风险，极大提高技术创新的有效性，缩短项目的开发周期，同时还有利于促进企业自主创新能力的提升。

4. 平台是创新创业文化体系。MOP弘扬鼓励冒险、勇于创业、宽容失败的企业家精神；弘扬成败论英雄的价值判断标准，激发创新精神和创业致富的欲望，提倡通过创业实现人生价值；培育坚韧不拔，思想活跃的创新文化；鼓励不甘失败、不畏艰险、勇于尝试的创新精神，形成崇尚创新的良好风气；提倡“冒险求变，勇于竞争”的进取精神，开创从前没有的事业；增强竞争与合作意识，树立重视协作、合作共赢的协同意识，尊重科学、重视技术、公平竞争、注重合作。特别是，MOP要促进文化的开放和包容，形成海纳百川的开放胸怀，倡导开放思维与流动意识，实现从静态封闭向动态开放转变。最终，MOP 成为创新创业要素，成为网络沟通交流的平台，促进资源合理配置与创业活动顺利实现。

二、产业创新平台（MOP）的功能与运行机制

从功能上讲，MOP 承载着资源集成、共性技术共享、人力资本培训、知识产权服务、融资与推广服务多元化功能。

1. 资源集成功能。资源是企业生存和发展所不可缺少的，一定的社会经济环境，包括企业外部和内部的环境为企业提供了丰富的可选择资源，如原材料、配件、设备、技术、人力、资本以及运输工具、仓库和销售渠道等。MOP 是企业及社会组织之间的跨边界的资源整合过程所形成的以各种经济性联接为纽带的分工协作系统。从组织资源的角度来看，MOP 汇集了企业的资源，要利用和整合这些资源，达到组织和网络的目标。而 MOP 资源集成就是要将平台中不同的伙伴组织的有形和无形的资源进行整合、加以协调利用，使资源在这个产业创新平台中合理配置、物尽其用，获得资源利用的协同效应。具体如图 3－16 所示。

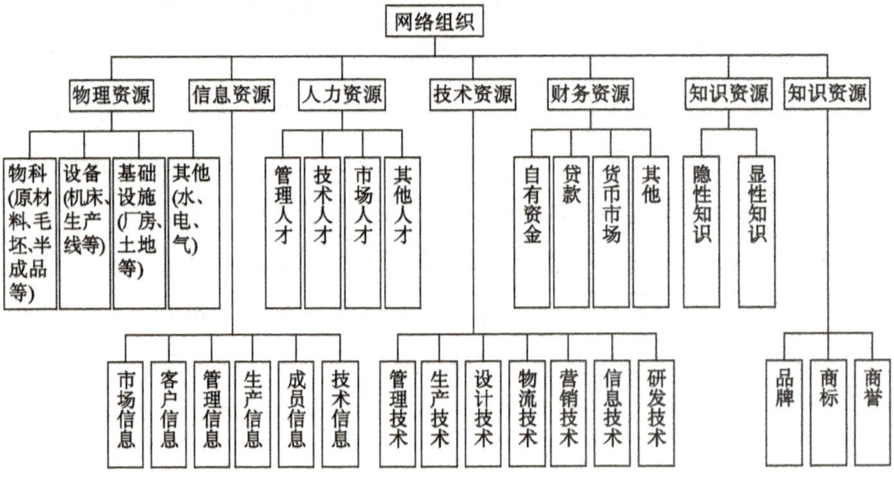

图 3－16　资源集成功能示意图

2. 共性技术共享功能。产业共性技术共享是指不同技术开发者之间、不同技术使用者之间，以及技术开发与技术使用者之间可以按照一定的规则，通过资源整合实现产业共性技术知识生产和扩散最大化的过程。也就是说，产业共性技术知识要能够以更快的速度，更小的风险，更低的成本生产出来，并且迅速地扩散，从而提高整个产业、国家或地区社会经济的技术水平和技术能力。但是，由于产业共性技术共享涉及许多主体，技术共享过程存在各种关系，因而需要建立一套完善的共享机制来平衡各方利益，即产业共性技术共享。产业共性技术共享的核心是在技术开发投入者、技术开发实施者和技术利用者之间建立一种合理的利益分配关系。在产业共性技术共享过程中，各方的投资力度和技术基础、相关主体的地理分布和行业分布、技术属性，以及技术分配的相关制度安排等，都直接或间接地影响着 MOP 的效率。

3. 人力资本培训功能。企业要积极采取各种措施，加强企业内部人才的培养和选拔，提高企业职工的素质，并且要培育高素质的创新人才，为人才创造良好的工作环境，充分发挥其才能。比如说，加强员工的在职培训；提倡终身学习和“干中学”，提高员工的知识和技能；造就具有创新意识和创新能力的员工完善企业内部管理，营造良好的企业创新氛围；建立有效网络组织结构，充分调动个人、团队、部门学习和创新的积极性和主动性；建立独特的、具有凝聚力的企业文化，加强员工之间、部门之间的沟通和协作，使企业各群体之间、各部门之间融为有机的整体，形成激励创新和学习的企业文化。

4. 知识产权服务功能。随着经济的蓬勃发展，中国市场成为几乎所有国际巨头的商家必争之地。与此同时，中国企业不断发展壮大，从国外公司手里抢占的市场份额越来越多。当技术和市场手段无法阻挡中国势力的扩张，知识产权必将成为国外公司手中的利器。企业之间的商业竞争，演变成双方知识产权之间的较量。近年来中国企业的知识产权意识虽然有了前所未有的提高，每年的专利申请节节攀升，然而在知识产权的创造、管理和运营各环节的人才缺乏，对竞争对手缺少必要的分析和研究，专业基础数据库还有待建立，都成为制约产业发展的软肋。MOP整合国内知识产权相关资源，建立集成电路重点领域专利数据库，打造专利检索系统，开展集成电路重点领域和关键技术的专利分析及专利动态监测，为集成电路企业产品创新研发提供有力的知识产权服务，为政府决策提供知识产权分析支撑。

5. 融资与推广服务功能。开放型的MOP中的中介服务功能可以加强资信评估、资金担保等中介机构的力量，进而提供融资担保、交易担保、投资策划、投资管理等金融服务；提供从技术评估、技术选择、技术交易、投资评估、投资担保到项目管理的整个过程服务等。另外，开放型的MOP还可以通过企业、科研机构、国家重点实验室等所建立的稳定合作网络，向创业企业提供资金以及研发与技术等服务。

与功能对应，MOP的机制有共享与开放、合作协调、激励、绩效评估、投入机制。

1. 共享与开放机制。平台以“破解公共难题、方便公共研究、提供公共服务”为运行总则，面向海内外引进有实力的创新服务机构、管理人员和工程师，建立科技创新服务公司，实行资源共享，共同进行技术研究和产品开发，转化科研成果，创造经济、社会效益。平台拥有的设备设施平台等科技资源，允许其他单位的科技人员合理有偿使用。

2. 合作协调机制。平台的服务对象是企业，平台要加强创新行为主体和各要素间的互动，推进产学研合作、促进知识流动、降低创新风险、减少创新成本。特别是，平台内部的合作协调机制，有助于平台各项事务实施民主讨论，对平台的战略目标、管理体制、运行机制、人事制度和财务制度的制定提出科学合理的决策依据，从而确保平台建设的实效性、实用性，提升平台服务纺织产业的核心能力。

3. 激励机制。平台将实行全员聘任制和下聘一级的人事制度，各创新服务机构应按需设岗，按岗聘任，根据运行和发展需要，聘请一定数量的精干的固定管理人员和业务骨干，其他人员主要根据承担的创新服务任务进行招聘。在人事安排上分为固定人员和流动人员两部分，岗位分管理岗、技术岗和后勤岗三类，均实行聘用合同制分类管理，平台各服务中心负责人对固定人员在平台内的岗位聘任拥有决定权。平台有偿收益的分配通过多种激励机制配合实现，如采取政策激励、产权激励等。对重大的原创性技术发明实行重奖制，并保护发明人的合法权益。

4. 绩效评估机制。逐步建立平台的预算绩效评价体系，着力提升投入绩效、努力形成科技投入绩效优势，研究和建立科技投入绩效评估制度，提高科技投入使用的正确性和有效性，切实提高平台管理水平，确保科技事业健康发展。完善科技发展规划和配套措施，建立平台投入的统筹协调机制，对预算实行协调管理。

具体来说，平台建立长效的绩效评估机制，由平台管理办公室组织实施。特别是要根据平台发展所处的阶段，采取定性和定量相结合方法、设计多层指标体系、构建评估模型。另外，评估内容包括目标完成情况、建设运行情况、经费使用、服务能力、科技人员和创新成果等，并实行优胜劣汰制，对工作不力的单位及时淘汰，对脱颖而出的科研企业及时吸纳。

5. 投入机制。MOP 的目标是为企业技术创新提供全面服务，依靠各级政府的指导和支持，贯彻政府促进区域产业技术创新的意图，其作用体现于提高区域行业技术创新水平和社会生产力，很明显，平台的工作有很强的社会公益性，是“不以营利为目的”的，这与企业“以追求利润最大化为目的”有本质区别。所以，平台的发展一定要依靠政府财政支持。同时，又决不能单纯依赖政府财政，而应围绕创新服务主体的工作目标，利用政府的财政支持和社会集资，在最大限度为企业提供优质服务、促进企业健康发展的同时，获取一定的经济收益，实现从依赖“政府输血”到具备“自我造血”功能的良性发展。但是，平台的收益必须建立在增进客户盈利水平的基础上，因此，“降低企业创新成本，替客户创造利润”是平台的一个重要运行模式。平台的运行费用的来源主要由承担政府和企业的技术研究项目经费、各类技术服务收入、会员企业年费以及成果转让收入等组成。平台各个时期运行费用的来源及比例如图3－17所示。

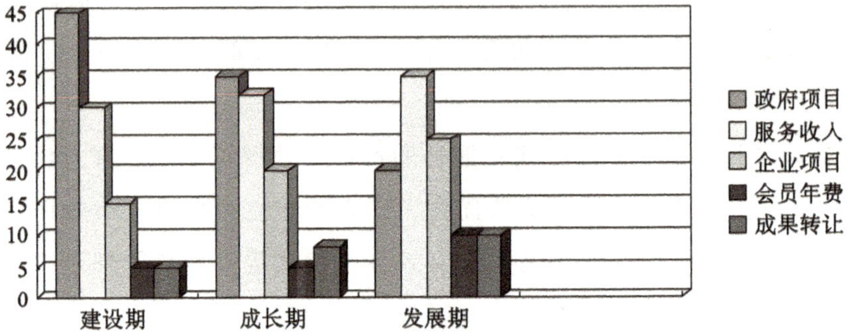

图3－17　平台各个时期运行费用的来源及比例图

三、战略性新兴产业是MOP的着陆点

目前，中国战略性新兴产业发展存在诸如市场需求不足、核心技术缺乏等特征，迫切呼唤MOP的着陆。

首先，目前市场需求尚不足。市场需求是战略性新兴产业的第一支撑力，没有巨大的潜在需求和现实需求，战略性新兴产业不可能发展起来。从中国实践看，随着城市化进程的加快和经济的持续快速增长，中国战略性新兴产业的潜在需求是巨大的，不论是居民生活还是社会生产，都迫切需要诸如新能源汽车、生物制品、高端智能设备、高性能材料等新兴产业产品。而巨大的潜在需求既为战略性新兴产业提供了广阔的发展空间，也为相关企业提供了广阔的获利空间。然而，当前面临的突出问题是，现实需求不足，战略性新兴产业的市场格局还处在供给创造需求而非需求拉动供给阶段[①]。

这种状况出现的主要原因：一是市场需求不确定。比如物联网可以

① 乔芳丽、杨军、侯强等："辽宁战略性新兴产业选择评价研究"，《沈阳工业大学学报（社会科学版）》，2010年第3期。

创造很多新的需求，但新需求因消费者事先不清楚，进而需要示范、引导后才能成为现实；二是产品和服务的关键技术没解决，基础设施、服务体系不完善，规模小，价格高，消费者的认可度低。比如新能源汽车，由于价格高，消费者相对购买力不足。特别是受电池、充电器、维修等因素制约，消费者买时容易用时难，导致消费者购买欲望低，所以难以进入大众消费；三是消费理念有待形成。比如生物育种产业，因牵涉转基因技术面临着激烈的伦理之战，虽然没有任何资料证明转基因食品对人体健康有害，但反对大面积推广之声至今不绝于耳。因此，要发展战略性新兴产业，政府和企业须共同努力培育市场，采取有效措施着力解决存在的问题，打造强大的市场支撑力。

其次，核心技术受制于人。战略性新兴产业是以高科技为支撑、基于重大发现或发明形成的核心技术而产生的。如果没有核心技术，就不可能有产业竞争力和引领产业发展。目前，世界范围内科技革命的迅猛发展，必将带动科技成果转化和产业更新换代周期的缩短，使得产业竞争变为科技的竞争，特别是自主创新能力的竞争。因此，各先发国家及各大跨国公司为了控制国际科技竞争的制高点纷纷制定以创新为导向的科技发展战略，加大对基础研究和重点产业研发的资金投入和政策支持力度，以求为经济发展提供持久的动力和保障。

然而，中国长期以来却在关键核心技术方面受制于人，在国际分工格局中处于产业链的中低端，虽然某些战略性新兴产业已经启动并有了一定基础，但许多关键核心技术和装备却必须依赖进口，整个技术体系能力和发达国家的差距还相当大。比如大型装备，特别是高端装备关键核心部件和控制技术严重依赖进口，大型风机关键部件的制造能力和设计能力很弱，芯片、光电、高性能计算等领域的基础性技术落后，新能源汽车的电池、电机、电控等关键核心技术和快速充电系统技术有待突破，高转换效率的新一代光伏电池核心技术还没有掌握，物联网80%的传感器还要依靠进口。因此，技术问题特别是关键核心技术，是制约中国战略性新兴产业发展的重要因素，我们必须不遗余力地加快高科技发展，加快自主创新：一方面要加强高端科技引进；另一方面要更加重视基础研究和战略性高端技术研究，更多地开展具有自主知识产权的科技研发，依靠自己的力量获取原创性成果，掌握核心技术，为战略性新兴产业构筑坚实的科技支撑力[①]。

最后，资本投入不力。战略性新兴产业的科技开发和市场开发需要巨大的资本支撑，必须建立起长期有效的资本支撑体系来满足其需求。然而，中国目前不论是投资数量还是投资体制都极大地落后于先发国家。如美国投入替代能源、电动汽车等的研究和推广费用已达700多亿美元；日本新能源研发和利用预算已增加到1156亿日元。特别是，先发国家的研发费用占CDP的比重一般为2.5%～2.8%，而中国2011年只有1.62%。除此之外，从投资体系来看：一方面，中国民间投资动力不足，创业投资和风险投资规模小，金融市场体系不完善；另一方面，政府支持乏力，财政投入分散，以及政府采购与税收激励政策作用有限。这一切都说明，中国必须改革投资体制，转变投资战略，特别是在美国和欧盟一些先发国家对中国高新技术转让严加限制情况下，更要集中财力，投入更多的技术研发资金，坚定不移地走自主创新之路，为战略性新兴产业发展提供强有力的资本支撑力。

四、MOP是战略性新兴产业集群发展的基石

MOP有利于促进产业集群演进的范式，对战略性新兴集群的培育和发展具有指导意义。当前，中国区域经济正处于全面转型时期，新资源、新技术不断诞生，战略性新兴产业集群也在不断扩大。同时，产业结构、需求结构逐步更新升级。这都使得MOP的作用越来越显现。特别是，MOP使创业者有了更大的发展空间，可利用的资源量大大增加，从而促进产品价值链中各主体之间商品、信息的交换，快速实现产品的价值，

① 凌捷、苏睿："后金融危机时代高新区战略性新兴产业发展研究"，《改革与战略》，2010年第6期。

提升创业绩效①。因此，MOP体系是战略性新兴产业集群发展的基石。

专栏3-3　　中国产业创新平台建设概况

提升产业创新能力，促进发展方式转变——中国产业创新平台建设成就综述

放眼国内，改革开放以来，中国实施“科教兴国”战略，不断加大对教育和科研投入，加强创新能力建设。其中，为促进高新技术成果产业化，中国20年来实施了以国家工程研究中心为代表的产业创新平台建设，取得了明显成效。

推进科技成果产业化 国家工程研究中心应运而生

据国家发展和改革委员会高技术司有关负责人介绍，20世纪70年代末，全国科学大会召开，科技第一生产力得到解放和发展，产生了大量的科技成果，有力地促进了产业技术进步。但由于体制和机制不能较好地解决科技与经济脱节的问题，随着科技活动的不断扩展和深入，许多科技成果被“束之高阁”。

为促进科技成果产业化，1992年，原国家计划委员会正式启动实施“国家工程研究中心”计划。

1992年颁布的国家工程研究中心管理办法明确了工程中心的宗旨与职责：工程中心是一种新型的科研开发实体，是沟通科技和产业之间的“桥梁”和“通道”；通过建设科技成果工程化、产业化基地，广纳人才，促使科研成果转化为具有自有知识产权的成套技术和工艺，促进产业技术进步，为国民经济建设服务。

国家工程研究中心的建设与发展离不开财政资金的大力支持。1995年，世界银行的2亿美元贷款，加上国内配套资金17亿元人民币，成为第一批电子信息技术、先进制造、新材料、能源、环保等国家工程研究中心的建设资金来源。

① 王淑凤：“战略性新兴产业发展政策研究”，《科技信息》，2010年第33期。

中国设立的首批国家工程研究中心包括电子出版新技术国家工程研究中心，以及激光加工、高效轧制、机器人等46家国家工程中心。

统筹部署　多层次创新平台相继建成

发展改革委会同有关部门主要从五个层面布局和推进国家创新能力建设：一是布局建设国家重大科技基础设施；二是支持建立由国家工程实验室和国家工程研究中心组成的产业共性技术创新平台；三是认定国家级企业技术中心；四是推动建设由国家地方联合工程实验室和国家地方联合工程研究中心组成的区域产业技术创新平台；五是开展国家创新型城市试点。

围绕科技基础前沿领域和经济建设战略需求，中国布局建设了32项国家重大科技基础设施，包括能源科学、生命科学、地球系统与环境科学、材料科学、粒子物理与核物理科学等。

为加速科技创新成果向现实生产力转化和产业化，依托行业骨干企业、科研机构和大学，布局建设了130家国家工程研究中心和126家国家工程实验室，涉及传统产业以及生物、信息技术、高端装备制造、节能环保、新材料、现代农业、新能源汽车等高新技术领域。

为推动企业成为技术创新的主体，发展改革委会同科技、财政、税务和海关等部门对国民经济主要产业中技术创新能力较强、创新业绩显著、具有重要示范作用的企业技术中心给予认定，支持其研发平台建设。目前，中国已认定了887家国家级企业技术中心。

发展改革委还与地方共同布局建设了149家国家地方联合工程中心、180家国家地方联合工程实验室，推动17个城市开展国家创新型城市试点，推进构建多层次、各具特色的区域创新体系。

为可持续发展提供动力支撑

据发展改革委介绍，20年来，中国已建成一批达到或接近国际先进水平的创新平台，进一步夯实重点领域的原始创新能力。

国家重大科技基础设施建设取得重要突破，有力促进了学科发展，使中国粒子物理、核物理、生命科学等领域中的部分前沿方向进入国际先进行列。目前，国家工程研究中心已发展成为国家创新体系建设的重要组成部分，已凝聚了一支3万多人的高水平人才队伍，获得专利授权9053件、国家科技进步奖315项，实现重大科技成果转化11679项。

中国已在移动通信、高速列车、大型核能等领域取得一批标志性创新成果并实现产业化，形成了若干新的经济增长点，并在新一代可循环钢铁流程工艺、清洁煤电成套装备、特高压输变电等方面突破一批核心关键技术，为提升产业竞争力和促进节能减排降耗发挥了重要作用。同时，超级稻、微创激光治疗成套设备、肿瘤靶向治疗、抗肝炎新药及公共安全等领域的重大技术研发与推广应用，为保障和改善民生提供了有力的技术保障。

国家发展和改革委员会副主任张晓强表示，下一步，将更加注重加强不同层次的自主创新能力建设，增强中国的科技创新能力，走创新驱动之路。

资料来源：新华社："提升产业创新能力，促进发展方式转变——中国产业创新平台建设成就综述"，《大众日报》，2012年11月19日。

MOP体系促进各种新的思想和创新，可以加剧战略性新兴产业技术企业间相互竞争，通过竞争实现产业选择。并且，MOP催化企业承担风险，带来创新，开发利润机会，获取利润价值，同时出现一个反馈机制，一些失败者在失败过程中提高了自己技术。

第一，MOP促进战略性新兴产业技术企业知识溢出。在MOP中，知识更容易发展和传播，而隐性知识的创造和传播实质是一种地方化的现象。具有丰富的知识资源而且相对更容易获取，因此MOP是适合企业进行学习和开展创新的环境，战略性新兴技术企业可以籍此通过学习机制获取弥漫在集群中的知识资源[①]。MOP 利用各种正式和非正式机制，从相邻的各种知识源中的竞争者、客户、供应商以及高校、科研机构等公共技术部门获得所需的知识，从而不断增强自身的技术能力基础。因此，MOP 作为知识溢出的空间，提供一种能渗透知识过滤的机制，进而促进经济增长。

第二，MOP 促进平台内企业竞争。通过产业关联效应和集群效应，战略性新兴产业技术企业彼此之间发展高效的竞争与合作关系，形成高度灵活专业化的生产协作平台，具有极强的内生发展能力；创业活动在将创新性的想法和成果进行商业化和推向市场的时侯，在降低创新者的绝对收益的同时也产生了进一步创新的压力，从而造成企业的优胜劣汰，企业不得不在这种“不进则退”的竞争环境中不断持续创新，以保持其竞争优势。

第三，MOP 促进平台内企业创新活动。创新效应在区域中产生较好的示范性，而战略性新兴产业技术企业会随着机会的出现而积极把握，进而进行发展和调整，使得企业的结构更加动态化、服务更加多样化。同时，它还会引发其他战略性新兴产业技术企业学习效仿，带动区域经济发展和区域经济结构优化。另外，战略性新兴产业技术企业的多样性会直接导致多样性的知识来源，所产生的互补性知识交换会促使知识产生更大的收益，过频繁的、面对面的接触和多样化的服务激发了创新。这些知识、技术创新却又成为了企业、产业乃至区域经济发展的根本。

第四，MOP 促进平台内资源的有效整合和优化配置。通过 MOP 建设，可以将地理位置相对分散、功能相对单一、主客体相对脱节的科技创业服务中心、留学生创业园、企业科技园等各类科技企业孵化器[②]有效整合为技术转移、技术产权交易、科技创业投资、创业辅导培训、企

① 刘洪昌、葛绍勇：“连云港市战略性新兴产业发展研究”，《宏观经济管理》，2010 年第 12 期。

② 胡莺、赵景兰：“应用因子分析法对战略性新兴产业的选择研究”，《社会科学辑刊》2010 年第 6 期。

业管理咨询等机构；优化配置基础设施条件、现代服务手段、专业服务特长等科技创业服务资源；充分利用市场的资源调配作用，发挥企业的能动性；广泛利用各种社会力量，提高财政投入资金使用效率的基本要求。也就是说，MOP能形成某种单项功能操作的联合需求，而足够高的联合需求可确保各种各样的专业化供应商得以生存，进一步促进供应商的专业化。可以说，平台运行机制越顺畅，战略性新兴产业技术企业的竞争力就越强，出现良性循环局面。

专栏3-4　　江苏打造优势产业创新平台

江苏中小企业创新基金充分发挥了财政资金的引导作用，帮助中小企业开展技术创新和新产品开发，成为培育高新技术新兴产业发展的重要力量。截至2009年9月底，江苏累计有1592项高新技术项目获国家创新基金立项支持，占全国总数的9%；资助金额达10.3亿元，占全国总量的10%。

2007年江苏启动了省科技型中小企业技术创新资金，2008年设立了科技型中小企业创业投资引导资金，专门资助孵化器内的初创期科技型中小企业，并扶持科技创新创业载体建设。这种支持方式使更多的中小企业受益，起到了“扶持一个点，带动一大片”的作用，特别是对区域传统产业的升级起到极大的推动作用。

在创新基金等科技工作手段综合推动下，江苏科技和产业结构呈现“四个提高”的积极变化：全社会研发投入占GDP比重达2%，每年提高0.1个百分点；高新技术产业产值占规模工业产值比重达30%，每年提高1~2个百分点；新兴产业产值占高新技术产业产值比重达39%，每年提高2~3个百分点；自主知识产权和自有品牌产品产出占本土工业企业产出比重达45%，每年提高3~5个百分点，为助推经济转型升级和发展创新型经济奠定了基础。

江苏省创新资金资助的630个项目总投资27.38亿元，其中引导社会资金总投入25.61亿元，引导比例达到1:14；而省引导资金补贴的49家创投机构，两年来支持了300多家初创期科技型中小企业的329个研发项目，带动了包括创业资金在内的社会资本投入12.9亿元。

同时，由于江苏在全国较早设立创业投资引导资金，较好地配套了国家创业投资引导基金的实施，先后累计有29家创投机构获得国家包括风险补助、投资保障、阶段参股等方式1.05亿元的资金支持。特别是省高新科技投资公司、中新苏州工业园区创业投资有限公司，被列为科技部首批6家国家级创业投资引导基金阶段参股试点机构之一，国家投入引导基金7500万元。省创业投资引导资金的设立，帮助科技型中小企业度过创业“死亡期”，在财政支持方式上无疑是一次有效的尝试。

当前，国际金融危机带来了全球经济战略重组机遇，中国迫切需要在抵御危机保增长的同时，加快产业结构调整和经济发展方式转变。而科技型中小企业恰恰是高新技术产业中最活跃的发展载体。江苏各级科技部门始终坚持把创新基金投向全省重点发展的电子信息、生物医药、新材料、新能源等高新技术领域。

江苏省科技型中小企业技术创新资金项目中，有3/4的项目是围绕省重点培育的十大高技术优势产业和十大高技术新兴产业重点部署，其中新医药、新材料、新能源、新型环保等新兴产业占44%。2009年，新能源、新材料、生物医药、节能环保等以明显高于规模工业的速度分别增长41%、13%、33%和25%，成为带动经济企稳回升的重要力量。

资料来源：张晔、陈思宇：“江苏打造优势产业创新平台”，《江苏经济报》，2010年6月21日。

第四章
加强财政支出管理
跃升科技创新效率

科技创新是转变经济发展方式的中心环节，也是打造国家竞争力的关键。财政科技投入为科技创新奠定了物质基础，加大对未来竞争力的投资，优化财政科技支出结构，加强对基础研究和重点技术领域突破的财力支撑，激发、培育创新复合资本，营造科技创新的社会软环境，催生社会创新能力，为中国科技创新发展都奠定了坚实基础。

第一节 明确政府功能定位 引领科技发展方向

尽管市场在资源配置中起决定性作用，政府仍可以而且应该在科技发展过程中扮演积极的角色。特别是，在具有公共产品性质的基础研究领域，政府的引导和支撑发挥着至关重要的作用。基于公共财政职能的理论，明确科技产品属性，有助于提高资源供给效率，优化科技投资渠道，引领科技发展。

一、明确科技产品属性，合理定位政府职能

政府应当引导社会力量参与科技产品的生产，形成多元化的投入格局，充分发挥财政资金四两拨千斤的杠杆作用。

（一）公共财政职能的理论

18 世纪占统治地位的重商主义混同了货币和财富，认为只有金银才是真正的财富，主张政府鼓励出口，限制进口。在一定程度上作为对重商主义的回应。古典经济学的创始人亚当·斯密 1776 年发表了《国富论》，标志着经济自由主义时代的到来，他主张限制政府的作用。从此，财政理论界对政府与市场的分工很清楚，经济活动有市场这只“看不见的手”进行调节，政府充当“守夜人”的角色，无需政府对经济活动进行干预，因此，公共财政作用的范围十分有限，仅限于维护治安和公共秩序。总的来说，在凯恩斯之前，无论是以亚当·斯密为代表的古典经济学派，还是以马歇尔为代表的新古典学派，都反对政府对经济活动进行干预。

福利经济学的创始人庇古（A. C. Pigou）对社会福利问题的研究发现，仅靠市场对经济进行调节，收入分配领域将出现严重的不公平现象，不能实现社会福利的最大化，为了实现收入的公平分配，就必须由政府进行收入的再分配，对高收入者征税，对低收入者实行转移支付。新古典学派从社会福利最大化的角度，发现收入分配领域的市场失灵，并由此提出了政府干预的政策主张。

自 20 世纪 80 年代以来，新凯恩斯主义成为西方宏观经济学中与新古典宏观经济学，即实际经济周期理论抗衡的主要力量。新凯恩斯主义吸收货币主义、新古典主义宏观经济学的成果来修补凯恩斯主义的缺陷，继承了凯恩斯主义的传统，接受凯恩斯主义“失业和非市场出清是经济的常态”的说法，把经济周期看作市场失灵的证据，承认货币是非中性的，强调市场的不完全性，认为政府应该干预经济活动，政府干预比自

由放任要好。

（二）与科技公共产品属性相适应的供给体系

科技具有公共物品的性质，而且科技的排他性与外溢性密切相关，认为科技具有公共物品性质时，实际上假设它具有完全的外溢性。尼尔森（Nelson）论述了科技的公共物品性质，而阿罗（Arrow）也提出了科技具有公共性。

对于具有重大社会经济效益的基础性技术和共性技术，是一种既有公共产品性质又有私人产品性质的科技产品，其社会效益远大于私人效益。若完全由私人提供则不会考虑外部效益，一般提供规模会小于最优规模。同时，由于难以避免其他企业的搭便车行为，导致创新风险和收益不对称，抑制企业自主创新的积极性，从而导致市场失灵。

因此，对于基础性研究、应用基础性研究、重大高新技术研究、重大关键性或共性技术研究必须由政府投入。而对于可明确界定产权和产权主体，易于进入市场交易的一般实用型技术，政府的重点是培育市场供给机制，创造相应的政策环境，并按市场原则对相关科研机构、技术中介机构、民营科技企业进行鼓励和支持，使其成为这类科技研究开发的投资主体。把对科研的投入放在公共财政支出的优先位置，要提高科技投入在科技投入中的比重，在稳定现有各项科技投入的基础上，新增财政支出要切实向科技倾斜，保证财政对科技增长幅度高于财政投入的增长幅度。

（三）引导社会科技投入中政府功能不可替代

政府在引导社会科技投入中功能是不可替代的。其原因主要有：一是政府引导科技投入是提高高新技术产业化供给的重要组成部分，更是扩大社会有效供给规模和改善社会有效供给的重要手段。因此，强化政府国民经济宏观调控能力，必须针对政府引导科技投入而实施一系列创新的政策手段；二是新经济不仅催生了新型生产力，而且带来了新型生产方式。这都要求政府经济行为和科技职能的调整和创新。而政府引导科技投入必然成为政府行为转换和创新的重要方向；三是政府引导科技投入是强化政府新经济促进功能的重要趋势：一方面高新技术产业化是一种社会化系统行为创新，这需要政府的引导和扶持。另一方面，政府引导科技投入有助于制度创新的深层次展开，能促进高新技术产业化条件体系建立和成熟；四是推动高新技术产业化事业的可持续发展也应成为政府宏观经济调控的主要政策目标。而政府引导科技投入就是其中一个重要手段。这方面政府可以通过优惠政策、计划方式、行政手段、政府购买、国际合作等手段改善政府引导科技投入方式。

（四）政府在科技投入中的地位

随着科学技术的快速发展，科技活动变得日益复杂，传统由私人资助为主体的科技投资体制难以为继，政府更是在科技投入中扮演了重要的角色。主要体现在以下四个方面：

1. 政府投入能促进社会科技投入规模和能力的持续提高。政府引导科技投入能力的形成是政府新经济行为建设的重要标志。政府新经济行为通过对政府引导科技投入能力形成和作用的引导，对加快主要高新技术产业特别是关键性战略产业国民经济支柱产业化，对科技投入的规模化、多元化和社会化，具有特别重要的作用。因此，政府引导科技投入功能的产生和作用，既能弥补创新资源配置中“市场失灵”障碍，又能强化政府新经济行为。

2. 政府是引导科技投入的重要力量。与先发国家相比，后发国家所以能长期在高新技术及其产业国际竞争中始终处于牢固的垄断地位，与这些国家政府引导社会科技投入中能力和绩效的提高密不可分。如果说，西方先发国家经济增长都是政府功能的作用尚有不少异议的话，而在财政科技投入及引导社会科技投入领域，它们几乎达成了共识，都把政府引导社会科技投入作为政府科技行为创新的一个重要职能来实施。这表明，在高新技术产业化发展模式方面，先发国家的政府职能与传统产业管理职能发生了巨大的分离，正在发生重要的调整。

3. 政府必须成为引导科技投入的组织者。先发国家政府引导社会科技投入的基本特点，一是政府财政科技投入不断增长，规模迅速提高；

二是国家级高新技术发展计划和规划纷纷出台，政府对社会科技投入的引导和宏观调控意识和能力普遍增强；三是政府通过必要的优惠政策和服务体系等，扩大和引导全社会科技投入规模和结构；四是政府加强在科学技术基础设施和条件体系上的投入，为强化国家高新技术产业化整体能力奠定牢固的基础。

4. 政府引导科技投入是高新技术产业化政府功能强化的主要方式。美国是当今世界高新技术产业化活动获得巨大成功的典型。这既与美国经济体制有关，更与美国联邦政府和地方政府对高新技术产业化活动的全力扶持有着深层次的联系，而这方面最为突出的表现就是美国各级政府在引导科技投入方面颇有成效。从美国的高新技术产业化实践看，其州政府和地方政府的功能呈现越来越大的发展趋势。自 20 世纪 70 年代以来，随着联邦政府对经济活动干预的减少，特别是减税政策的推行，地方政府参与高新技术产业化的意识明显增强。例如，德克萨斯州为了提高地方政府在推动高新技术产业化活动中的重要功能，成立了先进技术办公室，负责领导、规划和协调州内高新技术产业化活动包括科技投入活动。

（五）政府引导科技投入的主要手段

在现代社会，政府是科技投入的主体，也是是科技活动的重要支撑力量。政府通过发挥其作用影响，带动、引导社会力量投入科技活动，是未来科技事业发展的重要推动力。具体来说，政府引导科技投入的手段主要有以下五个方面：

第一，制定优惠政策体系，刺激全社会科技投入需求。一是对研究与开发投入和高新技术产业化投入实施必要的税收优惠扶持，形成全社会对高新技术产业化投入需求；二是提供必要的资金投入服务，缓解社会科技投入中的资金投入密集与瓶颈矛盾；三是对高新技术研究与开发活动采取优先发展的战略和政策，培植企业成为高新技术研究与开发创新活动的主体；四是提供政府购买等优惠条件，在投资调节、市场准入和社会化服务等方面为社会科技投入创造多方面的有利条件；五是制定优惠政策条件，推动高新技术企业的迅速成长，缩短高新技术企业创业起步周期，培植高新技术产业化活动发展的企业行为主体。

第二，利用行政方式，强化政府财政科技投入的责任。一是形成促进科技投入的行政管理与协调机构。这既有助于提高政府对高新技术产业化活动的宏观调控能力，也有利于提高高技术创新中长期战略制定水平、大规模工程行政协调能力和有限资源的调拨能力及决策水平。先发国家已将科技财政投入列为财政支出增长最快的部门和行业之一。

第三，建立和健全立法方式，加快政府管理创新和制度创新进程：一是对国内科技投入行为主体社会利益关系的规范与协调；二是对国内产业之间的社会利益关系实施有效的宏观调控；三是对国家间科技投入国际化合作方式及关系的规范与协调；四是对本国跨国公司高新技术输出、人才转移、高新技术产品市场占有等实施有效的规范和引导；五是对外国跨国公司高新技术输入、人才转移、资本输入及其产品销售行为等进行规范与协调等。从先发国家的实践和发展趋势分析，先发国家高新技术贸易供给政策管理大多上升到法制管理或法规管制的高度，这在很大程度上影响着社会科技投入的结构和方向。据不完全统计，目前先发国家都制定和执行着相对比较完善的高新技术产业化贸易活动政策法规化管理的体系。美国成立有技术出口管理的法律机构，制定和实施了《国家安全机密法》和《出口管理法》，对国际技术输出严格限制；日本对国际技术出口主要依据《外汇及外国贸易管理法》及其实施细则《出口贸易管理令》，在高新技术出口限制上尤为突出。这表明，政府管理创新和制度创新条件支撑是社会科技投入规模提高的重要保障。

第四，利用政府购买，保护和刺激社会科技投入需求。通过政府购买，对高新技术产品需求进行最大限度地刺激和创造，也能有效地保护社会科技投入的需求和热情。从历史上看，美国“硅谷”的迅速崛起与美国的政府购买所形成的对电子产品、导弹产品、计算机产品等的需求创造是密不可分的。从现实看，20 世纪 70 年代以来世界通信产业的高速增长与政府购买政策也是互为因果的。计算机产品是这方面的典型。

在计算机产品发展的初期，正是国家特别是政府有关部门的科技需求、商业需求、管理需求、国防需求和军事需求等所形成的政府购买有力地拉动了计算机产品的市场化，进而缩短了计算机产品走向家庭化周期。

第五，拓宽国际合作方式，推动政府引导社会科技投入的全球化竞争与合作。强化社会科技投入国际合作的引导和组织工作，已成为先发国家高新技术产业化政府功能强化的重要方向。各国政府间强化高新技术产业化研究与开发全球化的政策合作，就是其中一个最为引人注目的现象。这是在世界经济全球化加速发展的大环境中，在各国注意制定和调整其在科学技术产业化的全球化合作与竞争政策方面取得不少进展的前提下，各国政府干预、协调高新技术产业化活动的全球化合作与竞争政策，各国“政府对政府竞争”政策设计和政策操作的新形式。美国与世界各国的高新技术研究与开发创新活动的全球化合作发展也在迅速提高。自20世纪90年代开始，美国开始调整其科学技术产业化全球化合作政策，主动组织和参与国际科技合作活动。美国同欧洲科技合作的重点主要是空间技术、航空技术、计算机、半导体等科学技术及其产业；同时美国与欧共体重大科技发展规划之间也出现了合作与联合的迹象。如美国邀请欧共体成员国参加其“星球大战”计划的有关项。①

二、加快科技创新需要多元主体的参与

科技创新需要资金支持，因此要特别明确科技的投入主体且优化投入结构。

（一）科技的投入主体

科技产品是纯公共产品或准公共产品。因此，对科技的投入，必须与科技的公共产品属性相适应，对科研机构给予“特殊照顾”，逐步形成政府主导的多元化的科技投入格局；在保证政府为投入主体的前提下，

① 陈昭锋：“先发国家政府引导科技投入的主要特点和功能研究”，《科学管理研究》，2002年第3期。

开辟多条渠道，形成多元投资格局，特别是要大力培育科技型企业，吸纳更多的民营资本进入科技领域。对此，中国政府主导国家创新体系的建设，不断加大科技投入，使企业成为技术创新体系的主体。

首先，加大科技创新投入力度。各级人民政府要依法落实科技投入，要随着财政收入总量的不断增加，根据经济社会发展和推动科技进步的需要适时加大科技投入占公共财政支出的比重。建立政府引导、企业主体、金融机构及其他社会力量参与的多元化科技投入体系。构建兼顾基本科技投入和专项科技投入的政府科技投入机制。省、市、自治区设立重大科技专项资金，支持本地区重大科技专项和重点科技工程的实施。积极培育科技创新风。另外，建立政府资助和企业研发相结合的机制，强化企业对产业技术选择的参与和市场导向的自主决策，使企业成为产业技术创新的决策和投资主体、研究开发主体、科技成果应用主体。

其次，提倡前瞻性的财政支持方式。按理，财力紧缺的财政更容易向支出效益的方向思考，可我们的财政对企业的支持却又缺少支持方式的思考。财政支持企业应该是导向性的支持，方式方法应该以间接支持、资金奖励引导和杠杆支持为主，以直接的资金扶助支持为辅，对于投入企业的财政支持资金应该立足于放大效应、间接效应和长期效应，发挥财政“四两拨千斤”的作用，以引导企业向调整和优化生产方式，提高企业竞争力的方向发展，如重点扶持企业开展科技创新和贴息支持企业融资等。

最后，鼓励企业、金融机构、个人、外商等各类投资者参与风险投资。加大科技风险投资的政策扶持。全社会尤其是企业科技投入逐步加大，初步形成了以企业投入为主体，政府拨款、银行贷款、风险投资、引进外资、吸收社会资金等多元化、多渠道的科技投入体系。科技活动经费结构发生了根本性变化，重心在市场引导下向产业化转移。同时，利用政府采购等多种手段，创造一个稳定的市场空间，降低新产品进入市场的风险，引导和支持企业科技成果产业化，进而推动企业对新技术、新工艺和新产品的研发。

（二）优化财政科技投入结构

财政科技投入重点为应用基础研究、社会公益研究和前沿技术研究。对此，政府要合理安排科研机构正常运转、政府科技计划（基金）和科研条件建设等资金；加大对公益类科研机构的稳定支持力度；进一步推进和完善公益类科研机构管理体制和运行机制改革；重视公益性行业科研能力建设，建立对公益性行业科研的稳定支持机制；优化政府科技计划体系，明确支持方向，重点解决区域经济社会发展中的重大科技问题；不断加大力度强化财政科技投入，并充分发挥其导向作用，多渠道、多层次筹措资金，形成全社会多元化的科技进步投入体系，为科技发展提供强有力的经费保障。

诸如，先发国家的科技投入政策鼓励企业和多渠道、多层次进行投资。先发国家的私人投资和企业投资占到很高的比例，这是因为科技创新有较高的内部收益率水平，只要政府建立规范的政策体系，就会引导非政府公共投资的介入。当然，私人投资的范围较小，主要集中在知识产权容易受到保护、市场潜力大、以产前和产后技术为主的应用研究。而政府主要是投资到那些私人资本和企业不愿意进入的研究领域，如基础研究，知识产权不易得到保护、技术难以物化、社会效益高于经济效益的应用基础研究和技术应用研究，以及发展战略和政策等公共服务能力研究方面。

为了鼓励农业工程技术的应用与创新，世界各国政府都加大力度鼓励并扶持科技创新人才与项目，不仅对科技创新的主体——科技人员给予奖励，国家还拿出一部分资金作为后续科研项目的研发资金，鼓励农业科技人员持续创新，取得了很好的效果。20 世纪 90 年代以来，日本政府加大了对农业科技创新的鼓励力度，不仅对科研人员的科研成果给予奖励，同时给予高额奖金用于科研团队持续创新，继续增强日本的农业科技创新能力。美国爱达荷州科技处及加拿大农业与农业食品部分别设立了较为重要的高新技术创新项目——“The Stoel Rives 创新”奖励项目与“加拿大农业食品创新”奖励工程，奖励项目与奖励工程一方面给予科研人员一定奖金奖励，更重要的是给予承担科研项目或工程的协会、组织、科研团队等后续资金支持，保证后续科研创新成果的产出。世界其他国家及国际著名组织都采用此措施，大力鼓励农业科研人员进行持续创新，澳大利亚农业奖章、泰国国家发明奖、世界粮食奖及第三世界科学院“TWAS奖”都是既对获奖人员采取资金奖励或精神奖励，同时也给其所在科研团队一定的经费支持，保障创新能力。

综上所述，世界各国农业科技奖励政策非常成熟。在农业基础科研方面，针对其科研成果给予一次性高额奖励，部分奖项中科研人员仅享受荣誉奖励，对激发获奖科研人员的创造激情，也起到积极的推动作用；在农业工程技术应用与创新方面，则重点鼓励持续创新，同时对其前期科研成果给予奖励；而在农业工程技术集成与推广方面，多由政府出资主导，推动科研成果转化。

三、加强财政投入，引领科技发展

科技的发展需要大量的投入。衡量一个创新型国家的科技进展情况的一个重要指标就是投入，一般情况下，科研投入应达到GDP的3%左右。而中国科研经费投入2006年只占GDP的1.42%，2007年也仅占GDP的1.49%，2011年占GDP约1.84%，这表明中国科研经费投入严重不足。而财政资金支持是各国加大科研投入，引领科技发展的首要对策。

首先，促进科技风险投资事业。科技风险投资，是指把资金投向蕴藏着失败危险的科技研究领域的一种投资行为，主要是为没有列入政府计划而自主开发的高新技术成果产业化服务，旨在促进新技术成果尽快商业化，以取得高额收益。科技风险投资在中国是一项新兴投资业，它在科技产业化，商品化过程中起着关键性的作用。高技术企业在发展过程中对资金的需求有其特殊性：企业从研究开发到生产，再发展到上市公司，都需要不断注入资金，随着风险从高到低，其投资数额由小变大，初期需要的资金虽少，但风险极高，而企业一旦成功，一般可获得高达35% ~50%的内部收益率，短期经济增长率最高可达250% ~350%。正是在这种高风险高收益的吸引下发展起了科技风险投资业。

其次，发挥财政资金对激励企业自主创新的引导作用。创新投入机制，整合政府资金，每年重点支持1 ~2个行业或几户企业，激励企业开展技术创新和对引进先进技术的消化吸收和再创新。引导和支持大型骨干企业开展竞争前战略性关键技术和重大装备的研究开发，建立具有国内国际先进水平的技术创新平台；加强面向企业技术创新的服务体系建设。加大对重点科技型中小企业技术创新资金等的投入力度，鼓励中小企业自主创新。

最后，强化政府引导科技投入竞争与合作的全球化趋势。高新技术产业化从一开始就表现出超越国界的一种全球化行为方式。这一方面由于世界经济全球化、一体化发展机制和条件的外在推动，另一方面更由于高新技术产业化的本性所决定。比起传统资源的短缺程度，新型创新资源更为短缺，并且这种短缺有不断加剧的趋势，对先发国家也不例外，在某些产业和高新技术岗位，先发国家短缺程度会更强。因此，新型创新资源短缺是全球特征。这决定了科技投入竞争的全球化；同时，由于高新技术产业化科技投入规模迅速增大，研究与开发投入的风险也在递增。这又决定了科技投入合作的全球化。而政府引导科技投入，必须遵照和服务科技投入竞争与合作的全球化的客观规律。这就要求政府引导科技投入竞争与合作的全球化。这使政府引导科技投入全球化竞争和合作成为必然，也使政府引导科技投入的国际合作与竞争进入了一个崭新的阶段①。

---

① 陈昭锋："先发国家政府引导科技投入的主要特点和功能研究"，《科学管理研究》，2002年第3期。

四、优化社会科技资源，营造科技创新软环境

首先，加强绩效评估。科技财政支出绩效评估是公共支出管理的重要环节，是改善公共管理水平的重要工具，对于缓解财政支出矛盾，促进财政科技资源优化配置，推动国家科技事业健康、持续的发展具有重要意义。

其次，为人力资本创造环境。社会复合资本是技术资本、人力资本和金融资本直接耦合，形成了新型的社会复合资本。人力资本是发展创新型经济的源动力，技术资本是助推创新型经济的驱动力，金融资本是激活创新型经济的催化剂。谁占据了人力资本，谁就有可能迅速和技术与金融结合，引领经济的快速发展。人力资本不仅有内部效应，可对自身的生产率产生影响，同时，还具有外部效应，可对所有生产要素的生产率都有贡献，从而使产出具有递增收益，正是这种源于人力资本外部效益的递增收益，使得人力资本成为“增长的发动机”。因此，要为人力资本创造有力的环境。

最后，建立和完善信息服务平台建设，整合资源，强化服务。利用现代信息技术，以互联网为媒介，以网络和网站为载体，进一步强化信息服务平台建设，提升软件服务、网络增值服务等信息服务能力。在建立和完善专家、项目和自治区技术需求三个核心数据库的基础上，积极与海内外留学归国人员管理机构、大学、科研机构、经济技术咨询、市场中介、人力资源等部门连接和引入，有效地汇集政策、技术、人才、融资、市场等方面的信息，为自治区的企业和社会提供有效地科技创新信息支撑服务，提高科技成果的转化和产业化率。

第二节　大力支持基础研究 提升科技创新能力

世界范围内的科技竞争日趋激烈，先发国家纷纷加大基础研究投入，以占领世界科学前沿的制高点。基础研究作为科学之本、技术之源，是科技进步的先导，是自主创新的源泉。优先发展基础领域研究，夯实基础、创新机制，瞄准前沿、重点突破，保障基础研究的财力支撑，推动中国基础研究水平整体提升，在重点领域率先走向世界前列，进一步引领支撑创新型国家建设。

一、基础研究是科技创新活动的核心

21 世纪以来，知识经济迅猛发展，综合国力的竞争将更加依靠持续的科学创新，而拥有充足的基础研究成果和大批高水平的创新人才，是一个国家跻身世界强国之列的根本保障。基础科学研究是指认识自然现象、揭示自然规律，获取新知识、新原理、新方法的研究活动，主要包括科学家自主创新的自由探索和国家战略任务的定向性基础研究；对基础科学数据、资料和相关信息系统地进行采集、鉴定、分析、综合等科学研究基础性工作。基础研究是具有重大战略意义的国家资源，重视和加强基础研究已经成为当今世界各国科学技术发展的战略重点。

（一）基础研究是推动人类文明进步的内在动力

人类在探寻规律和追求真理的过程中凝结而成的科学与人文精神，以及基础研究所汇集的智慧结晶，促进了人类思想的一次又一次解放。20 世纪，相对论、量子力学、DNA 模型的建立，形成了人类崭新的时空观、运动观和物质观，对于推动人类文明进步具有十分深远的意义。

诸如，在物质科学领域，对“暗物质”和“暗能量”的最终认识和理解将对整个自然科学和哲学的发展产生难以估量的影响；在生命科学领域，人类基因组计划的完成和非编码 RNA 功能的发现，标志着人类进入从整体和定量化的角度揭示生命奥秘的新阶段；在信息科学领域，信息处理量爆炸性增长的需求，推动着微电子技术快速向纳米、分子以至更微观的层次推进，正在孕育着一次深刻的技术革命；在地球科学领域，观测、模拟、试验等新研究手段迅速发展，深化了对我们赖以生存的地球的认识，并对解决人类社会可持续发展中面临的资源、环境、灾害等问题产生重大影响；作为对现实世界数与形进行简洁、高效、优美、抽象描述的数学正在向几乎所有的知识领域推进，将为其他学科的发展起到不可替代的作用。可见，基础研究使人类对客观世界的认识不断地超越和深化，成为人类文明进步新的内在动力。

科学发展呈现出多元化和多样性的特征，整体论和还原论相互融合，宇观、宏观、介观和微观研究共同发展，科学王国中各种深层次矛盾不断显现，预示着新一轮科学革命的来临，带来了新的机遇和挑战。对此，我们要加强知识积累和人才储备，从源头上抢占未来社会发展的先机，是迎接未来科学革命的重要准备。另外，努力实现基础研究的繁荣和发展，加快创新人才的积累，大幅提升自主创新能力，从根本上缩小与世界先发国家在科学和技术方面的差距，是面向未来、实现中华民族伟大复兴、最终跻身世界强国之列的重大战略抉择。

（二）基础研究是实现国家发展战略目标的重要途径

基础研究的重大突破不仅有助于丰富人类知识的宝库，而且有助于推进经济社会发展、提高国家创新能力和国家核心竞争力，并且基础研究服务于国家发展战略目标的社会经济功能日益突出。

基础研究成果具有超前性，基础研究的重大突破对提高人们认识世界和改造世界的能力，对高新技术产业的形成、经济发展与社会进步，乃至人们的生活方式，都将产生深刻的影响和引领作用。基础研究是高新技术的源泉，为技术进步不断开辟新的方向，促进新兴产业的形成。

与此同时，技术进步为基础研究提出大量新需求，也为基础研究提供新的研究手段和新的方法技术，推动基础研究的加速发展。因此，基础研究必须坚持科学发展观，从国家现实的紧迫需求和今后可持续发展的战略需求出发，或全面提升国家创新能力，解决一批国家经济与社会发展中的关键科学问题，解决一批国民经济与社会发展中的关键科学问题，为建立资源节约型、环境友好型的发展新模式作出基础性、战略性的贡献，充分发挥“引领未来”的历史使命。

（三）科技投入力度大，基础研究科技投入比例高

基础研究是技术创新的源泉，也是公共产品属性最强的科技支出。世界范围内的科技竞争日趋激烈，并已前移至基础研究，主要先发国家纷纷加大基础研究投入，以占领世界科学前沿的制高点。作为世界头号科技强国，美国在基础研究方面也持续投入巨资。奥巴马上台后表示，加强美国在科学、技术和创新领域的领导地位将成为他任内的中心要务。他承诺将未来 10 年基础研究的经费翻一番，增加对材料科学、生命科学、数学和工程学领域基础研究的资助。

二、中国基础研究的现状及存在的主要问题

改革开放以来，国家采取一系列有力措施支持基础研究，加强宏观管理与协调，改善研究环境，组织实施各类基础研究计划，形成了一支稳定的研究队伍，取得了一批重要的成果。中国基础研究整体水平显著提高，初步实现从跟踪向原始性创新、从量的扩张向质的提高的转变。这主要是由于党和政府历来高度重视基础研究。我们党的三代中央领导集体和以胡锦涛同志为总书记的党中央，一以贯之地对基础研究给予极大关心和支持。

以毛泽东同志为核心的中央第一代领导集体，在新中国成立仅一个月就决定成立中科院。1956 年，中央发出了“向科学进军”的伟大号召，制定了 12 年科学技术发展远景规划，提出了基础研究的发展方向和

重点。在极其艰苦的条件下，中国基础研究取得了“两弹一星”关键科学问题、人工合成牛胰岛素、陆相成油理论、多复变函数论、哥德巴赫猜想等一批重大成果。

以邓小平同志为核心的中央第二代领导集体，提出了“科学技术是第一生产力”的著名论断。小平同志亲自推动成立自然科学基金委员会，开辟专门资金渠道支持基础研究，恢复和设立了院士制度、学位制度、国家科学技术奖励制度，启动了“863计划”，建成了正负电子对撞机等大科学装置和一批国家重点实验室。以江泽民同志为核心的中央第三代领导集体，提出科教兴国战略，颁布《科学技术进步法》。国家实施了“攀登计划”、“973计划”和知识创新工程，启动“985工程”和“211工程”。

以胡锦涛同志为总书记的党中央，把提高自主创新能力、建设创新型国家作为国家发展战略的核心和提高综合国力的关键，要求加强基础研究和高技术前沿探索，积极推动主流学科走到世界前列、重要战略高技术领域实现跨越。国家相继颁布了中长期科技、人才和科技规划纲要，对基础研究作出系统部署。这些重要举措从政策导向、资金保障、人才队伍、资源配套等方面，为中国科学研究发展奠定了更加坚实的基础。特别是，基础研究投入增幅较大。“十五”期间，国家通过组织实施国家重点基础研究发展计划（“973计划”）、国家自然科学基金、知识创新工程试点、21世纪科技振兴行动计划、国家重点实验室、国家重大科学工程、科技基础条件平台建设及科技基础性工作和社会公益性研究等专项计划，增加了对基础研究的投入。

中国基础研究呈现良好的发展态势，已形成较为完整的学科布局，一批新兴交叉学科得到快速发展，若干领域已进入世界先进行列；建成了一批高水平的国家重点实验室、国家重大科学工程等基础研究实验基地；在若干领域涌现出一批世界水平的创新团队和国际知名的科学家。并且，基础研究解决国民经济与社会发展中关键科学问题的能力持续增强。诸如，在“十五”期间，通过基础理论的源头创新推动技术创新，在纳米、量子信息等方面形成了一批具有自主知识产权的成果，为未来高技术产业化发展奠定了基础；通过对农业、能源、信息、资源环境、人口与健康和材料等领域关键科学问题的研究，获得了一批重要成果，在经济社会发展中的重要作用正日益显露。

中国基础研究尽管已取得长足发展，但整体水平与世界先进水平相比还存在较大差距，特别是原始性创新成果和高质量论文少，论文平均被引用率仍低于世界平均水平；国家自然科学一等奖常常空缺，国际重要奖项获奖者少；基础研究队伍整体水平有待提高，具有国际影响力的杰出科学家为数不多，人才队伍的结构和区域分布不尽合理；基础研究投入占 R&D 经费的比例偏低，多年徘徊在 5% 左右，而创新型国家的基础研究经费占研发总经费的比例为 15% ~20%；科技基础设施和研究环境与国际先进水平存在明显差距；基础研究的创新环境有待改善，科学争鸣和学术批评的氛围亟待加强，急功近利的学术作风比较普遍，学术失范行为仍偶有发生。这些问题在不同程度上影响了中国基础研究的健康发展，制约着中国原始性创新能力的提高。

三、前沿基础研究是科技财政投入的优先领域

没有基础和前沿领域的原始创新，科技创新就没有根基。原始创新是中国科技发展的灵魂，是民族发展的不竭动力，是支持国家崛起的筋骨。加强基础前沿研究，在生命科学、空间海洋、地球科学、纳米科技等领域抢占未来科技竞争制高点。

（一）加强前沿基础研究要以国情国力为出发点

要进一步重视和加强基础研究和前沿研究。坚持从国情国力出发，坚持有所为、有所不为。着眼于科学前沿和国家战略需求，把握可能发生革命性变革的重要研究方向，选择具有一定基础和优势、对国家发展具有全局和长远影响的关键领域，有效组织力量开展攻关，力争在科学上取得原创性突破。要加大对基础和前沿研究的支持力度，提高基础和

前沿研究投入占科技投入的比重。国家财政要为基础和前沿研究提供长期稳定支持，保障研究的连续性、稳定性。要依托高水平国家科研机构和研究型大学，建设一批多学科综合交叉的科学研究中心，稳定支持和培养造就一批创新能力强、潜心研究的优秀人才队伍。要改革评价体系，为从事基础和前沿研究的科研人员营造一个能充分发挥自主性、创造性、长期潜心研究的环境。

（二）以前沿基础研究的进步支撑经济社会发展

前沿基础研究的巨大进步，对国家经济社会发展发挥了基础支撑和前瞻引领作用，极大地振奋了民族精神，为建设创新型国家打下了良好基础。基础研究的长期积累和多学科综合交叉，为载人航天、青藏铁路、南水北调等重大工程的成功提供了可靠理论支持；材料科学、信息科学、制造科学的前瞻性研究，推动了传统产业的改造升级和战略性新兴产业的培育发展；能源科学、农业科学、生命科学、环境科学的拓展以及对深海、深地、深空、极地的探索，为解决可持续发展和改善民生的瓶颈问题奠定了科学基础。

（三）当代科学前沿推动科技革命发展

当代科学前沿孕育着新的重大突破，基础研究在推动新科技革命中作用日益突出。基础研究不仅能够开拓人类认识自然的知识疆域，而且将大大提高人类改造世界的能力。从近代发展史看，基础科学的重大发现往往带动新的技术变革，极大地推动了人类社会的进步。当前，全球科技创新空前活跃，基础研究从宏观和微观两个尺度向着最基本和最复杂两个方向进一步拓展，学科交叉融合不断加速，催生新的科学前沿，一些重要领域出现群体突破的态势。基础研究的积淀，正在为新的科技革命积蓄能量。抓住未来新科技革命的机遇，首先必须重视基础研究，否则只能亦步亦趋、跟着别人走。机遇稍纵即逝，我们要增强紧迫感，深刻汲取历史上多次与科技革命失之交臂的教训，努力捕捉科学突破的先机，使中国基础研究尽快赶上世界先进水平。

全球科技格局发生新的变化，基础研究在抢占国家竞争制高点中地位更加凸显。当今世界科技格局的演化呈现出“关口前移”和“版图东移”两个明显趋势。从科技自身看，科学发现到技术发明、成果转化的周期日益缩短，基础研究与应用研究的界限日趋模糊，信息、纳米、生物医药等许多领域的最新成果迅速转化为新产品，国际科技竞争的关口已经前移到基础研究。从国际科技版图看，科技竞争向多极化方向发展，世界科技研发和创新的重心部分东移。先发国家希望通过加强基础研究，继续保持领先；新兴经济体正在改变以往较重视应用技术研发和承接技术转移的取向，大幅度增加基础研究投入，希望借此赶超先发国家。各国围绕科技核心要素的竞争愈加激烈。美国、欧盟、日本、俄罗斯、印度均发布了新的科技发展战略。在全球科技发展格局变化过程中，谁的基础研究走在前列，谁就能占领国际科技竞争的制高点。我们要加大对基础研究的支持力度，以科学研究的新突破带动科技、经济实力的新提升。

（四）前沿基础研究探索全球性难题

人类面临一系列新的全球性挑战，基础研究开辟新方向、探索新路径的任务更加艰巨。当今时代，人类正面临着气候变化、能源安全、粮食安全、环境保护、人口健康、疾病防控等许多共同挑战。解决好这些挑战，一方面迫切要求通过基础研究，从本质上认识空间、海洋、地震等基本规律，提高人类了解自然、与自然和谐相处的能力；另一方面迫切要求构建全球基础研究开放合作的大格局，拓展科技全球化的广度和深度，动员全球科学研究资源，共同攻克难题。近年来，中国科学家参与了人类基因组计划、大型强子对撞机、国际综合大洋钻探、全球海洋观测网等重大国际科技合作计划，一些中外高校也搭建联合研究平台，在拓展国际合作方面作出了有益探索。我们要积极承担国际责任，参与重大基础研究攻关，力争率先提出和开拓新理论、新问题和新方向，为人类社会进步作出中华民族应有的贡献。

四、打造基础科研体系，增强研究能力

同许多国家一样，中国的科研机构主要有独立和隶属于高校或企业两种。中国的独立科研机构主要由政府资助。目前中国的科研机构主要由基础、应用和社会公益三类组成。基础类科研机构主要是中国科学院以及高校所属的相关研究所。应用型科研机构过去大多隶属于中国的各个产业部门，现在基本都已改制成为高新技术企业。社会公益类研究机构是指农业、气象领域等主要从事基础性研究、产生社会效益的机构。

（一）国有研究开发机构是研究开发的重要力量

2011 年，全国共有科学研究与开发机构 3673 家，其中中央属机构 686 家。中国科学院、中国农业科学院、中国林业科学研究院、中国医学科学研究院是其中的典型代表。

中国科学院于 1949 年 11 月在北京成立，是国家科学技术方面最高学术机构和全国自然科学与高新技术综合研究发展中心。中国科学院包括 5 个学部（数理学部、化学部、生物学部、地学部、技术科学部），以及 11 个分院（沈阳、长春、上海、南京、武汉、广州、成都、昆明、西安、兰州、新疆）、84 个研究院所、1 所大学、2 所学院、4 个文献情报中心、3 个技术支撑机构和 2 家新闻出版单位，分布在全国 20 多个省（市）。60 多年来，中国科学院取得了诸如“两弹一星”等一系列重大科研成果，为国家的科技事业、国民经济和社会发展及国防建设作出了重要贡献。同时，累计招收研究生 45000 余名，培养了一大批优秀科技创新人才。另外，中国科学院本身就拥有一支高水平的科技人才队伍，现有中国科学院院士 256 人，占中国科学院院士总数的 39.8%；中国工程院院士 53 人，占中国工程院院士总数的 8.6%。全院有专业技术人员 3.7 万人，其中高级专业技术人员 1.4 万人，中级专业技术人员 1.4 万人，初级专业技术人员 0.75 万人。全院在读研究生 2 万余人，在站博士后 1000 余人。

中国农业科学院作为国家级农业科研机构，担负着全国农业重大基础与应用基础、应用研究和高新技术产业开发研究的任务。全院拥有39个研究所（中心）、1所研究生院、1家中国农业科学技术出版社。在39个研究所中，从事种植业研究的有16个，养殖业10个，经济、环境资源8个，农业工程和高新技术5个。有24个研究所分布在全国16个省（市、区）。中国农业科学院拥有国家重点开放实验室2个，部门重点实验室20个，国家农作物改良中心6个，国家、部门质量监督检验测试中心27个，国家级农作物种质资源库1座，全国性作物种质及近缘野生资源圃11个，农牧试验场26个。

中国林业科学研究院成立于1958年，目前下设11个研究所、4个研究开发中心、4个林业实验中心，分布在全国11个省（区、直辖市）。全院建成2个国家级工程（技术）研究中心、8个部级重点开放性实验室。主要研究领域包括：森林培育、森林生态环境与保护、资源管理、木材加工利用、林产化工、资源昆虫、林业经济与科技信息等。

中国医学科学院成立于1956年，是中国唯一的国家级医学科学学术中心和综合性科学研究机构。它拥有20多个研究所，其中包括临床医学研究所、基础医学研究所、心血管病研究所、药物研究所、医学信息研究所、肿瘤研究所、医药生物技术研究所、微循环研究所等；还有7所医院、4所学院和5所分院。

（二）高等学校研究开发机构是科学研究领域的重要组成部分

和世界上其他许多国家一样，中国在许多科学研究领域，尤其是自然科学基础理论研究以及人文科学领域，高等学校进行的研究工作是很重要的组成部分。

近些年来，在中国的大学中，有关应用性基础理论的研究进展很快。清华大学、北京大学、浙江大学和复旦大学等一批著名大学的研究一直处于国内的领先地位，在国际上也享有盛名。在与其他研究机构及企业的合作中，中国有一套在大学进行科研，再把科研成果返回到生产的独特发展模式，即用理论来解决生产实践中的问题，然后再返回去，形成市场上富有竞争力的产品，把科研成果转化成市场需要的商品。

（三）企业研究开发机构是实现高新技术的领先地位

在计划经济时期，中国的科研资源主要分布在独立科研院所，科研工作也主要在独立科研院所和高等学校中进行。随着中国科技体制改革的进行，中国的科研主体已经实现了从独立科研院所向企业的战略转变。特别是，为了提升中国的产业技术，中国政府已经采取了一系列措施，支持试点企业研发中心的建设，打算用5到10年的时间在试点企业基本建成国际一流的研发中心，推出一批居于国际前沿的原创性研发成果，为国内企业提供有益的借鉴和应用。

诸如，长江三角洲的上海、江苏、浙江的科技基础一直处于优势地位。对此，政府提出，加强区域科技协作，以提高区域国际竞争力，实现区域内社会经济环境协调发展为出发点，以体制、机制创新为突破口，在全国率先构建跨行政区的区域创新体系，以推进和加快赶超世界先进科技水平的步伐，推进和保证长三角地区率先基本实现现代化，推进和带动全国全面建成小康社会，推进和带动区域以及全国的可持续发展。经过20多年的努力，把长三角建成全球科技创新中心，在若干基础研究领域，如生命健康领域，在国内处于主导地位，在国际上有较大的影响；在战略高技术，如航天航空、电动汽车、磁悬浮列车的某些领域，在国内处于领先地位；在高新技术产业方面，要以国家级高新技术产业园和大学科技园为核心，成为亚太地区最为重要的高新技术产业基地。

（四）构建中介服务体系

整体看来，中国目前存在着科技成果的共享程度低、信息不对称、社会监督缺失等问题，迫切需要建立完善科技中介服务体系。

首先，科技成果的共享程度低。在现行科技体制下，以公共财政资助的各类科技项目或课题（以下统称为项目），其成果除有一部分以论文和专著的形式公开发表外，许多都是以自行打印的报告提交验收和鉴定的。经过验收和鉴定之后，这类报告有许多被束之高阁，沉入箱底，公开出版的为数甚少。有些结题报告被以保密的名义收藏起来，了解者更少。这些都导致项目的成果信息处于分散、不完全甚至隐匿状态，成为“灰色信息”，没有充分向全社会公开，使成果的共享程度低，主要表现在以下两个方面：

一是成为导致重复投入的原因之一。国家没有统一的项目检索系统，加之公共财政设立的各类基金又非常分散，其结果是，要么出现项目管理机构和研究者对于许多已经完成的项目和在研项目缺乏了解的情况，进而将其作为新项目加以申报和立项；要么出现同一个项目或类似的内容可以在中央和地方的多个同级和多个不同级的项目管理机构分别立项，甚至出现同一个综合交叉性项目可以在多个分散独立又很少交换信息的项目管理机构申报立项的现象。这些情况都导致重复立项与投入现象非常严重。

二是成果转化信息不畅。由于以公共财政资助的科技项目的成果没有统一的检索系统，其信息处于分散、不完全甚至隐匿的状态，难以为社会所查找与了解，因此，在从基础研究到应用研究、从应用研究到发展研究、从发展研究再到技术创新的成果转化过程中，其信息渠道处于不通畅的状态，作为技术创新主体的企业要找到相关的成果非常困难，导致科技成果的转化率低。

其次，信息不对称，难以实现科技资源的优化配置。由于以公共财政资助的科技项目没有共同的发布系统，其信息往往局限于项目管理机构各自所管辖的系统范围之内，难以向全社会充分地公开，结果往往只有一个小圈子内的人知道，甚至在科技界也知之者甚少，社会大众更无从获取相关信息，导致立项及资金的配置在小圈子内进行，不能在全国范围内实现跨部门、跨地区的优化配置，难以有效地利用社会上最佳的科研力量。全社会中对某个项目最具研究实力的科研主体拿不到甚至不知道该项目，而不具相应研究实力的科研主体由于在了解该信息的某个圈子里而获得了该项目。这样，科研的投入产出效率被降低，立项的权威性受到质疑，科技体制的条块分割局面被强化。

最后，难以发挥社会的监督作用。在没有统一的检索系统的情况下，社会的监督作用难以发挥。具体表现在以下几个方面：一是对项目资源的配置者所作出的立项抉择的对错和重复性难以实施社会监督。二是对于项目承担者承担该项目的资质、实施研究等情况缺乏监督。三是对于项目验收和成果鉴定专家的组成方式、项目的实际完成情况、专家所作的验收或监督结论等缺乏监督，导致验收和鉴定结论的随意性较大，许多结论远远高于成果的实际情况。这些都使项目资源的配置者、项目承担者和专家免除了全社会的监督①。

专栏4-1　　包头重视科技发展措施

1. 近年来，包头市科技局不断强化管理，以“三网五库”为重点，加强科技资源共享平台建设。“三网”就是建立了市科技局网站（外网）、市科技局办公自动化系统（内网）和科技信息网。“五库”就是建立了科技人才库（收录全市副高以上专家687人）、科研仪器设备库（收录全市大型仪器设备200余台）、科技成果库（收录全市国家级、自治区和包头市科技进步奖300余项）、科技政策法规库和科技活动数据库，收录数据在自治区各盟市居首位。市科技局网站开辟了高新技术、农业科技、科教兴市、知识产权、产学研合作、科技人才、科技成果、96048、科技规划、政策法规等十多个栏目，链接了国家科技部，各有关省、自治区、直辖市科技厅，清华大学和中科院技术转移中心，市生产力促进中心等38家网站。科技成果库还特别录入了中科院、清华大学适合包头市推广的一批优秀科技成果和市科研成果，以及一批高新技术项目，并建立全市企业技术需求项目，切实帮助企业解决技术问题。目前，科技成果库入库项目达到800余项，市科技局网站累计发布科技信息6000多条，访问次数达到32万人次，为企业提供了便捷的服务，实现了资源共享。

① 奉公、周莹莹、余奇才、何洁：“国家财政科技投入体系的信息库建设问题初探”，《科学与科学技术管理》，2005年第11期。

2. 2008年，包头市科技局牵头建设了自治区首家面向中小企业的装备制造业科技创新服务平台。自平台开通以来，已累计投资1000多万元，完成了三大服务体系的建设，即专业化工程技术服务体系、专业化咨询服务体系、网络化技术应用服务体系。发展服务会员企业865家，与5家企业签订了平台长期合作服务协议，完成了28个逆向工程设计任务和快速成型等任务。在自治区首家建成了大型科学仪器设备协作共享平台，截至目前，累计征集120多家仪器拥有单位、价值1万元以上的仪器设备7870多台（套），总价值约15.4亿元。其中价值3万元以上的仪器设备近3400台（套），入网仪器数量由开通时的440多台（套）增加至740台（套），网络开通以来点击率达到4万多次，推进了大型科学仪器网（库）的建设。

2009年新增20家创新型试点企业，全市已累计培育创建市级以上创新型试点企业48家，其中自治区级12家、市级36家。包钢晋升为国家级创新型试点企业，成为全市第一家国家级创新型企业。同时，积极协助内蒙古一机集团、北方重工集团申报国家创新型试点企业。组织认定了10个重点自主创新产品和10家节能减排技术推广应用示范企业。

目前，包头市15%以上的规模企业已经建立了工程技术研究中心或企业技术研发中心。全市累计创建经有关部门认定的企业研发机构84家。其中，创建国家级工程技术研究中心及企业技术研发中心、研发中心和工程中心39个，市级企业技术中心和工程技术研究中心40个，教育部重点实验室1个，自治区重点实验室4个，居全区第一。其中，稀土冶金及功能材料国家工程研究中心获得国家科技部、发改委投入的调结构扩内需资金1000万元，这是自治区唯一获此资金支持的工程中心。

资料来源：王宁："五大科技工作亮点，彰显科技管理效果"，《包头日报》，2009年2月17日。

第三节　推进科技重点攻关占领科技战略高地

提高自主创新能力、建设创新型国家是国家发展战略的核心，更是提高综合国力的关键。以科学发展为主题，以加快转变经济发展方式为主线，坚持把科技进步和创新作为加快转变经济发展方式的重要支撑。历史经验表明，科技革命为后发国家赶超提供重要的历史机遇。不断提高自主创新能力，坚持创新型经济成长道路，成为后发国家的必然选择。

一、实现科技的重大新突破，引发社会新需求

战略性新兴产业是对人类社会进步、国家未来综合实力发展具有根本性重大影响，并正在快速成长的新产业领域，它以科学技术的重大新突破为基础，能够引发社会新需求，引领产业结构调整和发展方式转变，高科技产业是推动当今世界经济增长的发动机。尽管科技创新在全方位、多领域取得了突破，但是对当今世界影响较大的主要集中在信息、新能源、生物、航空、航天、纳米等科技领域。基础研究更加活跃，重大成果不断涌现，为技术突破提供了有力支撑。

（一）覆盖信息化地球的网络世界正在形成

全球综合便捷信息网络的形成，标志着信息技术又发展到一新的高峰，是世界新科技革命的又一个新的重大里程碑。全球综合便捷信息网络作为信息领域科技创新的主线和纲领，统领一系列重大创新的开展。全球综合便捷信息网络建设是众多信息技术创新集大成的巨大系统，它几乎把前几十年所有信息技术的创新成果有机集成在一起，又对若干重大技术的创新提出新要求、产生新推动。其涵盖了超级计算机、网络、

传感器及遥感、软件、人工智能、现代无线和有线宽带通讯、搜索引擎、微电子、物联网、云计算等等。这是知识社会的最重要的基础设施。与当今的互联网相比最大特点是：无所不在，人人可用，无事不包，可取所需。

人类真正进入信息社会的较高级阶段的标志是称心如意、便捷的网络社会。一是网络的融合，也可以说是人、计算机、物品三者的有机结合。除了目前的互联网、通信网、电视及广播网、各类业务网融合外，还要与物联网融合；二是传输方式的融合，即有线的光通讯、无线及移动传输的融合，满足宽带、大容量、高速、移动传输和随处接入的要求，特别是突破无线宽带大容量高速传输和接入技术，保证随处可上顺畅的信息高速路网；三是各类媒体和内容的融合。包括数字、文字、图像、声音、视频等多媒体的信息表达形式，适于得到各种需要的网络内容，智能化程度高，方便并且保密的交互功能，甚至一些遥控的特殊功能。

（二）清洁能源的创新形成新浪潮

应对全球气候变化，发展低碳经济、清洁能源特别是可再生等新能源科技的创新占据各国政府和跨国公司战略的突出位置。能源技术正在经历着大的更新换代，大步迈向清洁能源时代。清洁能源成为科技创新的热点。能源科技创新聚焦于四个重点方向：一是煤炭、石油等化石能源的清洁应用；二是新能源正在加速替代传统化石能源的主导地位；三是大幅降低新能源成本以大范围商业应用；四是节能和安全。未来几十年世界清洁能源将呈现三足鼎立的结构：1/3 的清洁化石能源，1/3 的可再生能源，1/3 的核能。各国纷纷将发展新能源提升至国家战略高度。先发国家为了占据新能源的技术优势及未来经济制高点，围绕新能源技术的研发和产业化展开了激烈竞争。

首先，太阳能技术创新进入高速发展期。目前，太阳能利用技术主要有太阳能热电技术、太阳能热水技术、太阳能光伏技术三大技术。2012 年世界光伏发电安装容量 1.02 亿千瓦。创新的重点主要围绕实现太阳能发电的潜力和优势，提高光伏材料的高转换效率，把发电成本降到与火电持平。如果把多晶硅和单晶硅光伏电池作为第一代，以薄膜电池为代表的第二代光伏太阳能电池正在加紧开发并逐步投入生产。薄膜光伏电池可以分为三大类：一是玻璃衬底上的硅晶薄膜电池，包括非晶、微晶、多晶的硅晶薄膜电池；二是硫族化合物类的薄膜电池，包括铜铟硒、铜铟镓硒（硫）、碲化镉等薄膜电池；三是有机半导体的薄膜电池。第三代光伏电池的研究正紧锣密鼓的进行。

其次，风能稳步发展。2012 年世界风电新增装机为 4471 万千瓦，总装机量达到 2.82 亿千瓦，增速保持 20% 以上。海上风电逐渐成风电发展的热点领域，尤其在欧洲，4～10 兆瓦风机可能是未来海上风机的主流。智能电网创新形成美、欧、中、日等群雄逐鹿格局。智能电网已被提高到信息技术和新能源技术整合的高度，除了大大提升输变电技术外，可以自动调解电力的峰谷，节能功效甚为显著。再之，智能电网可以大幅度提高电网的安全程度。其三发展智能电网的目的之一是作为可再生能源电力大规模并网的基础，包括可再生能源大规模集中接入和可再生能源的分布式应用两方面。

最后，电动汽车处于大规模、高速发展的前夜，电动汽车时代快步来临。虽然世界各国在电动汽车研发和示范方面做了大量的工作，但是在技术路线选择上还是存有较大的分歧和争议。锂离子电池技术是电动汽车产业化发展的竞争热点。燃料电池也在曲折中取得新进展。先进核能发展进入新一轮热潮。第三代核能电站加紧建设，以高温气冷堆、快中子堆为代表的第四代核能示范电站正在建设中。国际热核聚变研究取得新进展。随着新一轮全球温室气体减排热潮的到来，碳捕集与封存技术（简称 CCS）成为了新能源技术中的热点，正在加速商业化应用。

（三）生物繁花正在变成产业硕果

以转基因、干细胞、动物克隆、人类基因组、合成生物学、蛋白质组学、生物芯片等科技创新为标志，生命科学和生物技术研究与开发如火如荼地在世界范围内开展，生物技术产业化呈加速度之势推进，超出科学家、经济学家的预料。尽管生物技术在促进现代农业发展方面功不可没，但是生物技术产业取代信息产业成为带动新经济增长的龙头，远没有人们预测的那样乐观。世界首个“人造生命”在美国诞生，这是在基因组学的基础上发展起来的合成生物学的最新成果，它将成为非常强大有用的生物学工具。通过转基因动物来生产的生物药物，陆续进入市场。基因组学进入实用化阶段，如今基因组测序技术更加便捷、准确、迅速、成本十分低廉。新一代测序仪作为普通科研和检测仪器已商业化应用，基因组学测序的费用从几亿美元降低到10万美元，甚至有望降低到千美元以下。在运用治疗疑难疾病方面，如癌症基因组学研究取得多项进展。生物克隆技术大量实际应用，干细胞研究向市场化迈进，生物制药公司进军干细胞治疗疾病领域。美国各生物制药公司开始通过与大学或研究机构合作，抢占干细胞治疗这一新市场的前沿阵地。生物芯片日益普及化。

（四）空间技术成为创新竞争的战略制高点

太空成为展示综合创新力的广阔舞台，成为创新大国争夺的焦点。在信息化战争的条件下，制太空能力成为军事势力和战斗力的决定性因素。因而太空成为夺取军事优势的战略制高点。随着科技创新能力的提升和信息产业的发展，空间资源如地球资源一样，变得愈来愈紧缺。向深空进军拓展、提升空间平台及其载荷的功能成为空间科技创新的重点和热点。2010年4月，美国研制的空天飞机X－37B成功发射升空。空天飞机是多种先进技术集大成的高科技产品，是当代具有标志性的创新成果。其创新的奥妙之处在于它的动力装置。它具有许多其他航天器无法比拟的优点：飞行速度快，是现代高技术作战飞机飞行速度的6～12倍；重复使用率高。空天飞机可作为侦察监视与预警平台、空间武器发射平台，还可用于反卫星或在轨服务。它的问世打破了世界军事平衡，将加剧空间科技创新竞争。深空星球探测再度升温，火星、月球成为各大国探测热点。地球定位和导航卫星系统竞争激烈，形成了美、欧、中、俄四个系统竞争格局。空间因特网路由技术成为目前发展重点，“宽带全球卫星通信”系统建设进展顺利。各种卫星功能不断提升，作为军民多种应用平台的作用更加增强。

（五）纳米科技默默支撑其他创新

纳米材料多元化快速发展，是目前世界纳米科技发展最为活跃的领域和竞争的热点，碳纳米管研究不断取得新突破。基于纳米电子学的纳米器件成为各主要国家研究的重点。用纳米技术制造芯片，可以突破场量子效应的限制，使芯片的集成度再提高上千倍，计算机运行速度和芯片效率可提高百万倍。纳米光电子器件可使光通讯速度、信息容量提高几个数量级，将会驱动电子信息技术的又一次革命。纳米生物学和纳米医药热点纷呈。纳米制造学和微机电技术成果得到更广泛应用。纳米科技与其他学科的融合越来越紧密，加速了科技突破和创新的进程，以其茂盛的绿叶滋养着花红果硕。

总之，我们正处在科技革命的大潮中，创新波涛汹涌澎湃，高潮此起彼伏，多方位竞相突破。这充分显示了创新力的巨大力量，新的生产力和人类文明不断孕育诞生，人类社会加快向知识社会演进①。

二、立足高新技术，引领产业结构调整

高新技术产业的发展和壮大，有助于改造传统产业，提高传统产业的科技含量；政府应遵循产业发展的经济规律，制定出相应的产业集群发展政策，引导企业调整产品结构，进而优化产业结构，提升整个集群的产业竞争力。

（一）打造先导产业集群，抢滩全球产业制高点

先导产业集群是创新创业综合先导示范区（中日韩自贸区先行区）的组成部分，强调蓝色经济的理念和内涵。“蓝色经济”，与海相关，但绝不仅限于海，还包括天空，当然更包括陆地。具体到产业，包含生态、

① 尚勇：“当今世界科技创新趋势”，《科学咨询》，2010 年第 11 期。

环保、科技先导、新能源等。它是通过制定科学的先导产业发展规划，形成合理的产业布局，实现海洋产业持续发展的同时，也使天空和陆地优势互补、互为依托，实现共同发展。培育先导产业集群可以延长产业链，提高产品附加值，充分吸纳劳动力，促进和激励中小企业发展，促进社会充分就业，强调经济可持续发展和人的发展共同进步，提升区域竞争力。按照这样的定位发展下去，半岛蓝色经济区必定会成为辐射强劲，海陆统筹，可带动整个中国发展的经济引擎。

对此，政府要积极引导和规划先导产业集群，高起点规划先导产业集群，形成一批具有核心竞争力的新兴产业集群。构建先导产业集群，同时在示范区建立中日韩循环经济示范基地，由于先导产业是知识经济时代背景下的产业形态，它对政府政策环境的依赖性较强。通过产业空间聚集效应，使企业互相渗透共生，不断创新技术和体制，达到产业循环发展、自动升级的目的。政府最大限度地调动各个要素发挥各自功能，通过先导产业的聚集化、网络化、升级化、生态化实现产业示范区的跨越式发展。

专栏 4-2　　国家集成电路设计深圳产业化基地发展战略

国家集成电路设计深圳产业化基地（以下简称深圳基地）是科技部批准的七个国家级集成电路设计产业化基地之一，始建于2002年初，计划投资1.5亿元，是深圳市“十五”规划的重点产业发展计划和2002年重点建设项目。目前已基本建成了一定规模的EDA公共技术平台、测试验证中心及人才培训、MPW投片、IP库交易服务等一系列公共技术服务平台，并正式开展了对外服务。

1. 继续完善IC设计公共技术平台，扩大服务范围，提升服务水平，实现基地发展和公共平台服务的三阶段跨越。

2. 打造“公共平台支撑、共性技术研发和人才培养引进”三重并举的产业促进新模式。全方位支持深圳微纳研究院的项目开发和技术研究，推进深圳建设深港微电子学院。形成深圳IC基地、微纳研究院和微电子学院的联动创新机制。实现共性技术与核心技术的突破，促进技术人才与高端领军人才的培养和引进。

3. 推进IC设计企业与整机企业的技术交流与合作创新，重视国产IC的推广应用，打造十二大优势应用产业链。

4. 搭建IC设计、制造、测试、封装、培训、IP交易、设计服务、创新应用、市场交易等共性环节的服务体系，营造良好的集成电路产业链生态环境。

5. 建设深圳集成电路设计产业园。依托深圳IC基地公共技术平台，建成类似于台湾新竹科学园那样的创业氛围良好、技术支撑强大、产业服务完善、生活配套齐全、适合技术创新的IC产业聚集基地。

资料来源：根据国家集成电路设计深圳产业化基地网站（http://183.62.232.49/abjd/fhqy/index.html）信息整理。

一方面，政府重点发展以高科技、蓝色产业为基础，以市场为导向，以经济与环境的和谐与可持续发展为目的，包括海洋产业、新能源产业、清洁能源产业、新材料产业、节能产业、环保产业、再生资源、能源工程、节能工程、环保工程等产业在内的先导产业，这些产业不仅对中国是新兴的，在全球范围也是新兴的，我们应抓住机遇占据主动；另一方面，以发展知识经济为基础的，智力资源溢出效应明显的信息咨询、创意设计、现代物流、计算机、软件和相关新兴服务业等为代表的先导产业。拉长优势产业链条，以产业集中发展区为载体。壮大领军龙头企业，发展一批具有自主知识产权和在国内外有影响力的龙头企业。提高企业创新能力，构建以企业为主体、市场为导向、官产学研金结合、面向国内外的开放型、以创新创业带动就业的产业体系。

财政、税收、金融等在催生先导产业发展中发挥着重要作用，为先导产业集群提供良好的政策环境，为其注入强大的人力、财力资源。对此，政府要设立先导产业投资引导基金，鼓励民间资金从事先导产业投资；引导基金不同于政府直接支持技术创新的资助基金；通过参股支持，引导民间资金设立先导产业投资基金。特别是，结合中国国情，国家级引导基金可考虑采取以下模式运作：资金来源上，政府主导，为确保引导基金按照政策性目标运行，其资金来源应限定于国家财政预算资金；建立为先导产业融资服务的科技发展银行，解决融资过程中科技信息与金融信息不对称的难题；设立科技发展银行，可以有效地弥补因现有银行体系及银行功能上的缺陷，既可以对完全以商业化、产业化的科技资源提供针对性极强的商业金融服务，又可以通过金融创新形式调动社会资源投入到科技创新领域，还可以为国家投入科技领域的财政资金与完全市场化的民间资本找到衔接平台。

（二）促进高新技术成果向商品化、产业化、国际化方向发展，推动中国传统产业的技术改造和产业结构调整

政府引导科技投入是衡量政府参与新经济、高新技术产业化活动的重要方面。科技投入是影响新经济和高新技术产业化活动的基本因素，而政府引导科技投入首先表现为政府财政在高新技术产业化上的支出规模和水平。因此，政府引导科技投入是政府参与新经济、高新技术产业化活动的重要手段。因此，提高政府引导科技投入水平，是加快高新技术产业化活动的基本途径。

美国国家科学技术委员会在其提出的《为了国家的利益发展技术》报告中强调，技术进步是决定经济能否持续增长的一个最重要的因素，技术和知识的增加占生产率增长总要素的80%左右。由于新经济发展的源泉是知识、高新技术等公共产品，市场交易费用很高，因此，必须通过政府必要的财政科技投入手段，在提高政府高新技术产业化行为的基础上，强化社会科技投入的规模。从现实看，后发国家与先发国家之间的差距虽有众多的历史原因，但从发展趋势分析，后发国家与先发国家之间的差距不是在缩小而是在迅速扩大。这其中根本原因并不是二者在

经济增长实力的差距上，而是二者在高新技术产业化能力和机制上的差距，在科技投入规模和水平的差距上。世界目前有90%以上的研究与开发投入、科技人员和科技活动集中在先发国家。因此，为了推动高新技术产业化可持续发展，政府引导科技投入是一个不可或缺的必要条件。

因此，提高政府对高新技术产业化的宏观调控能力，推动产业供给结构和产业结构的顺利调整，在产业不同的生命周期通过某种、某些政府引导科技投入手段，去调整高新技术产品市场价格，促进厂商调整生产方向，促进新型创新生产要素的重组，实现有限创新资源的优化配置。同时，这还能推动政府产业政策的创新，并强化其对国民经济宏观调控功能。这可通过形成以扶持高新技术产业化为重点的产业政策，实现对国民经济的超前调节，提高国民经济主要支柱产业的国际竞争力，使一国或一地区能在某一高新技术产业或某些高新技术产业方面形成国际竞争优势。这是后发国家构造国际竞争的后发优势的关键。

三、掌握关键核心技术，支撑战略性新兴产业

战略性新兴产业是以高科技为支撑、基于重大发现或发明形成的核心技术而产生的。没有核心技术，就不可能有产业竞争力和引领产业发展。目前，世界范围内科技革命的迅猛发展，必将带动科技成果转化和产业更新换代周期的缩短，使得产业竞争已成为科技的竞争，特别是自主创新能力的竞争。

从中国产业来看，战略性新兴产业属性决定了产业在培育、发展和壮大的过程中面临技术创新难度大、资金投入多、高技术人才匮乏、市场前景不明朗等创新风险，以及传统的以短期项目合作为主的创新组织模式难以适应战略性新兴产业培育发展的需要等现实困难。特别是，中国企业自主创新能力相对较差。造成产业关键技术难以突破和企业自主创新能力薄弱的因素很多，企业创新不具备外部环境支撑体系是关键原因之一。因为，企业创新不具备良好外部支撑环境，不利于战略性新兴

产业通过跨产业以及技术的交叉、耦合，同时，政府无法对人才、信息和科技资源的有效整合，无法形成创新资源的协同效应、规模效应和平台效应，难以推动战略性新兴产业发展与扩散。对此，中国要掌握关键核心技术，支撑战略性新兴产业发展。

（一）高科技发展加强关键核心技术

各先发国家及各大跨国公司为了控制国际科技竞争的制高点纷纷制定以创新为导向的科技发展战略，加大对基础研究和重点产业研发的资金投入和政策支持力度，以求为经济发展提供持久的动力和保障。特别是，战略性新兴产业是时代的产物，是基于一个时代关键核心技术而产生的将改变人类社会生产方式和生活方式的新产品和由此产生的新产业。因此，战略性新兴产业属于创新密集型产业，必须具有足够的创新力，包括科技创新、知识创新、产业组织创新、产业结构创新、产品创新等。这也就从侧面表明，战略性新兴产业必须掌握关键核心技术，具有市场需求前景，具备资源能耗低、带动系数大、就业机会多、综合效益好的特征。

（二）战略性新兴产业是经济复苏的动力

战略性新兴产业是全球产业体系中具有战略意义和一个国家或区域经济持续增长的先导产业，超前布局，打造战略性新兴产业有效的产业经济发展范式是当前经济社会运行中亟需解决的深层次命题。特别是，发展战略性新兴产业关系到中国国家的经济命脉和产业安全：首先，世界性主导技术和先导产业更替的脱节与断裂，包括“技术—经济”范式的更迭是2008年金融危机的根源。范式更迭孕育着战略性新兴产业发展和追赶型发展的契机。培育战略性新兴产业，激发经济增长的内生动力，对产业结构升级具有关键性的导向作用，是实现创新发展的重要途径。其次，中国战略性新兴产业的发展被长期以来形成的“以技术换市场”的战略思维所阻碍。现实倒逼中国战略性新兴产业必须转变发展模式，打造与第五次技术革命相匹配的产业创新范式。最后，先发国家为了保持既得利益和技术优势，千方百计遏制中国战略性新兴产业发展，利用专利和标准化战略对新兴发展中经济体进行阻挠。后危机时代，世界多数国家均致力于经济复苏，纷纷制定新的国家发展战略，将发展战略性新兴产业视为经济复苏的关键动力，抢占未来技术产业发展的制高点。一些主要先发国家都把争夺经济、科技制高点作为战略发展重点，把科技创新投资作为最重要的战略投资。

（三）提升企业技术创新能力，最终突破核心技术

从全球产业的发展轨迹来看，没有产业发展的战略性关键技术，再大规模的产业也难以形成核心竞争力。要抢占科学技术的制高点，掌握拥有自主知识产权的战略性新兴产业核心技术是基础和前提。所以，发展战略性新兴产业的重点就是突破产业发展核心技术，通过自主创新推动产业的成长和壮大。随着战略性新兴产业的核心技术转移扩散，激发创新型企业不断涌现，使产品及市场升级，产业生态链条不断完善，最终在技术、基础设施、商业模式等方面替代传统产业。

（四）产业创新平台（MOP）是支撑战略性关键技术突破和提升企业技术创新能力的有效载体

在战略性新兴产业发展的初始阶段，官、产、学、研、金、创等可以采取契约联合的形式，依托产业创新平台（MOP）整合各方创新资源，通过信息化、平台化实现创新过程中实时交互机制，利用共享机制降低创新风险、节约创新成本，为战略性关键技术的突破奠定基础。在战略性新兴产业的壮大阶段，产业创新平台（MOP）可利用服务平台开展对成熟适用共性技术及产品的推广，加快产业化速度。同时为创新主体提供设备仪器、产品检测、信息检索以及人才培训等服务体系，支撑企业创新研发，提高企业自主创新能力，另外还可以分析产业发展和企业需求，为政府出台产业政策和措施提供决策指南。

四、加快自主创新，促进战略性新兴产业发展

提高自主创新能力，建设创新型国家是国家发展战略的核心，是提高综合国力的关键。把自主创新提升为国家战略，不仅标志着中国科技

发展路径的战略转型，也标志着中国经济发展战略和政策的重大调整。而企业自主创新能力的提升需要各方面的相互配合与协调。财税扶持政策在保证科研投入和促进企业自主创新方面发挥着不可替代的作用。因此，尽快建立一套科学完善的企业自主创新财税扶持政策具有重要的现实意义。

（一）科技投入导向明确，战略技术与战略产业成为投资重点

在自主创新进程中，自主创新的艰巨性使区域必须立足经济发展，根据所处的发展阶段和所面对的国际技术竞争环境，集中科技资源重点突破，其投入导向越来越明确，越来越有特色，战略技术与战略产业已成为当前各国自主创新科技投资的重点。如美国政府侧重于国防研究，绝大部分投资在国防研发上，进入21世纪以来美国政府对能源、环境、气候变化、航天和海洋的支持力度上升，对基础科学、生命科学、纳米技术和农业科技等领域的研究保持稳定且支持重点有所调整；德国政府侧重于工业技术的研发；日本从20世纪80年代以来，提出“技术立国”转向“科技立国”，进一步加大对基础研究的科技投入，追求科技创新。

（二）科技投入渠道广，战略技术联盟成为重要载体

自主创新的高投入性和研发活动的多主体性，必然要求科技投入的渠道要广，需要形成政府、企业、区域内外企业或机构等多渠道科技投资体系。以美国、日本、德国为例，不仅企业界是研究与开发投入的主要来源，上市融资也已成为各国变通的投入形式。区域自主创新科技投入主体多元化体系的良性运行及其效率的发挥需要高效、灵活的组织机构作保障，战略技术联盟日益成为科技投入的重要载体。

（三）为适应世界经济发展，不断出台研发科技投入新政策

世界经济发展形势瞬息万变，为增加科技投入，保证区域自主创新的顺利实施，各国研发科技投入新政不断出台，增加研发投入、采取税收减免等措施来鼓励企业进行研发投资、重视资金的使用效率等，已经是许多先发国家普遍采取的做法。

专栏4-3　国家“863计划”成果与东湖国家自主创新示范区对接

2013年6月16日，国家“863计划”成果与东湖国家自主创新示范区对接会在武汉召开，国家“863计划”地球观测与导航领域成果和东湖高新区地球空间信息产业推介洽谈会同时举行。

武汉在地球空间信息产业方面具有独特优势，拥有多位测绘地理信息界院士和专家，以及中国唯一的测绘遥感信息工程国家重点实验室和多个国家和部级研究中心和重点试验室。“十一五”以来，科技部通过“863计划”在地球观测与导航领域给予东湖国家自主创新示范区近150项项目支持，累计支持经费近4亿元，并先后批复建设该领域全国唯一的产业基地和产业集群，支持建设国家级工程中心和产业联盟。此次“863计划”成果与东湖示范区对接，选择地球观测导航领域成果与东湖示范区相关产业和企业对接，正是“863计划”的技术成果优势和示范区产业优势的一次深入结合，也将给东湖示范区带来新的机遇和挑战。曹健林副部长说，东湖示范区应抓紧这一机遇，建成世界最大的导航应用产业基地。

会上，智能鸟无人机、立得空间、华正空间、武大吉奥、适普软件、湖北地信等6家地球空间信息企业分别与“863计划”成果单位签署合作协议，武汉科技成果服务中心与测绘遥感信息工程国家重点实验室、国家卫星定位系统工程技术研究中心签署了“863计划”成果转化中介服务协议，武汉·中国光谷地球空间信息产业技术创新战略联盟分别与立达资本、融众集团、地球空间信息产业投资有限公司签署了促进“863计划”成果转化及地球空间信息产业发展的金融服务协议，进一步完善地球空间信息产业科技金融服务体系。

郭生练副省长表示，本次对接会对示范区意义重大，将给示范区的企业和机构带来更多机会，示范区将全力做好对接工作。并通过“863 计划”地球观测与导航领域成果与东湖示范区地球空间信息产业的对接，逐步推动“863 计划”成果与示范区其他产业领域对接。他向曹健林副部长介绍，东湖示范区的生物农业产业发展迅速，现居全国第三，并邀请科技部明年来东湖示范区举办国家“863 计划”生物农业领域专项对接会。

资料来源：夏雪：“国家‘863 计划’成果与东湖国家自主创新示范区对接”，《中国日报》，2013 年 6 月 17 日。

第四节 培育创新复合资本 催生社会创新能力

当今世界新科技革命迅猛发展，知识经济扑面而来，国力竞争日趋激烈。以技术为核心的新技术的突破初现端倪，科技突破呈加速发展，新技术产业化转变越来越快。而先导性技术和产业的高度融合、交叉、全方位渗透，技术资本、人力资本和金融资本高度渗透融合，形成创新复合资本，成为推动社会发展的重要因素。

一、激发创新复合资本，夯实社会创新能力的基石

创新复合资本包括创新型人力资本、创新软实力资本、创新技术资本、创新金融资本和创新社会资本。创新型人力资本主要指创新型人才。创新软实力资本包括创新精神和创新文化。创新金融资本作为一种金融制度创新，其资金来源决定着创新资本的组织形式并会影响投资活动。创新技术资本主要指创新过程中所需要的技术与技能资本。创新社会资

本主要包括创新主体在创新行动中所建立起来的信任、规则和网络。

第一，创新型人才是在社会大舞台上开创事业的人才。创新型人才在其人生中始终贯穿着主动出击、强势思维、主导态势、不易满足、合作共赢等优秀品质。创新型人才具有整合一切可整合资源能力的、直接追求现实效果的综合性人才。创新型人才应具备欲望、忍耐、眼界、明势、敏感、人脉、谋略、胆量、与他人分享的愿望和自我反省的能力十大素质。

第二，创新精神是创造与创新能力的显现，在不确定的环境下，组合各项资源成立新事业组织，并愿意承受风险，追求获利成长与实现创新愿景。一般而言，创新精神需要在适当的环境中获得滋润成长。思想观念是行动的先导。推动全民创新首先要在全社会不断强化创新观念、形成浓厚创新氛围，使思想观念先人一步，为自主创新谋发展提供强大精神动力。创新文化是一种鼓励创新、容忍失败、诚实守信、追求卓越的文化，是一种弘扬创新精神、尊重创新家、尊重发明创造者的文化，它与崇尚当官、不劳而获、投机取巧、小富即安的文化相对立。创新精神和创新文化形成创新型社会的软实力，故称作创新软实力资本。

第三，创新资本作为一种金融制度创新，在促进技术变革中发挥了重要作用，创新资本从本质上讲属于买方金融，同时包括两个过程：融资和投资。作为买方金融中介，融资对创新资本显得尤为重要，资金来源决定着创新资本的组织形式并会影响投资活动，大力拓宽融资渠道是创投业蓬勃发展的有力保证。国外创新资本的资金来源主要有：银行、保险公司、养老基金、公司投资者、个人投资者、政府、科研机构、外国资本等。

第四，创新技术资本是融入创新过程中的技术资本，创新过程中专利技术作为知识产权，只有进入市场、进入企业与有形资本相结合，实现其使用价值和市场价值，为创新型企业和组织带来资产增值后才能称为创新技术资本。创新技术资本属于无形资产，是智力资本或知识资本的重要组成部分。

第五，创新社会资本主要是指创新型组织，包括个人、企业或其他创新组织所具有的一些特征和相应指标，如网络、标准、约定的规章和信任等，这些特征和指标为促进创新型组织之间在创新行动与创新利益等方面的合作与协作提供了一个运行的基础。创新型社会资本属于社会资本的范畴，与物质资本和人力资本相比较具有自己独特的特征：创新社会资本不是一种单独的实体，而是存在于不同创新组织的关系之中。它不能离开任何独立的创新组织而存在，但也不完全依附于某一单个的创新组织；创新社会资本是创新组织的一种无形资本，是一种感觉得到但却看不见、摸不着的特殊资本形式；创新社会资本是一种公共物品或准公共物品，一旦形成，就不仅仅是某一、创新组织可以使用它，而是与创新网络相关的各个创新组织都能够使用它；创新社会资本具有可转移的性质，是一种具有使用价值的特殊资源，通过一定的中介可以发生转移。

二、培育创新复合资本，推动产业创新能力的发展

营造创新环境、制定创新创业政策、发展创业教育，大力培育创新复合资本，是提升人力资本水平和产业创新能力，支撑产业不断升级的现实路径。

（一）创新复合资本的培育

创新复合资本主要由创新环境、创业政策以及创业教育三大部分组成，如图 4－1 所示。

一个良好的创新环境是创新型社会构建与存在的基础。因为创新不仅是个人行为，同时也是一种社会活动，创新活动的繁荣在很大程度上取决于是否具备有利的创新环境。社会整体对于创新的支持态度、提供机会与资源的状况，都会影响人们的创新决策与表现。从社会生态学的角度来看，创新环境是创新家及其创新与创新活动滋生的土壤和源泉，创新环境越优化，同等条件下创新成功的几率也就越大；从资源依存论

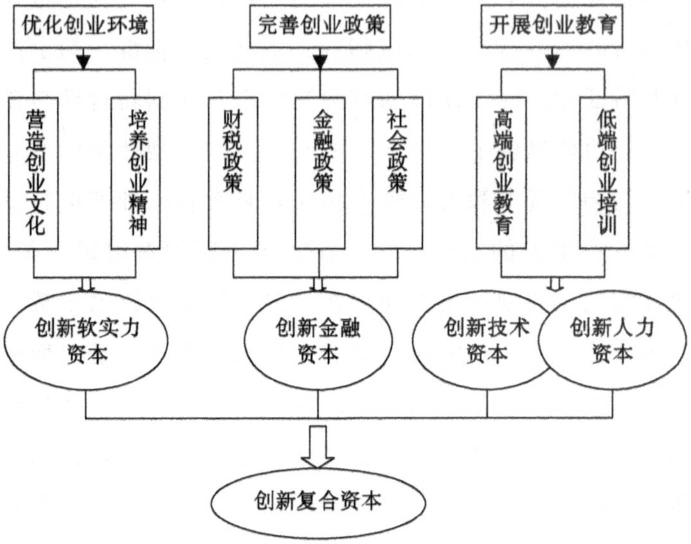

图 4－1　创新复合资本

的角度来看，创新需要人、财、物等资源，而这些资源供给的品质和数量，以及获取的难易程度，都与创新环境直接密切相关。

创新型经济中，政策工具是达到发展和治理目标的重要途径和手段。创新政策包含两层含义：一是激励更多的人创建企业，提高初创企业的存活率；二是营造更好的创新环境，为新企业创造更好的成长机会等。创新政策能否成功，主要取决于其目标和手段能否为其目标群体所理解和接受。创新政策就是政府所制定的鼓励小企业创立、成长的政策和支持措施。综上所述，创新政策是以支持创新过程为核心，同时通过改善文化、制度等环境因素，并运用政策工具来培育创新家、创新企业乃至新兴产业的政策。

当然，创新环境不能单靠市场自然生成，而要通过高端创业教育以及低端创业培训等来开展创业教育。创新环境中要体现社会的创新关怀。创新来自社会，并服务社会。所以，应该在社会上形成一种尊重创新、支持创新的人文关怀的氛围。把创新文化作为发展先进文化的重要手段，让创新文化成为创新环境建设的核心。通过创新文化形成鼓励个人冒险和鼓励发扬团队合作的创新精神。通过建立包括财税政策、金融政策、社会政策在内的多种创新政策，促进和鼓励创新，形成创新金融资本。发展创新科技是开发创新人力资本的基本路径，而开发创新人力资本是保证社会经济持续、高速、健康发展和社会经济结构优化升级的基本条件。发挥创新人力资本核心效能的创新精神和开拓精神却无法一时培养形成，它需要长期不断地学习和培养。

（二）产业创新支撑与动态升级困顿

改革中的产业创新支撑、动态升级困顿实质是产业的空心化，中国当前的产业空心化发端于技术要素的空心化，而这种技术空心化，很大程度上可以说是国内产业调整与国际经济秩序之间互动的必然结果[①]。先来看一个案例：芭比娃娃的设计商和经销商是美国企业，加工商则是中国企业。众所周知的芭比娃娃现象不仅出现在玩具行业，几乎涉及中国所有的制造业。

由于中国多年来侧重于以廉价劳动力、资源为基础的比较优势直接参与全球产业链的分工，以至于大多数企业没有核心技术，基本上只是负责一个工序的包装和组装车间，导致大约90%的产业价值都产生在中国之外，国内产业日趋边缘化、外围化。以高能耗、高污染、高投入为代价集聚的庞大的生产能力与极低的收益率的反差，尽显“进步的贫困”中的无奈。中国正处于由劳动和资源密集型产业为主导逐渐向知识和技术密集型产业为主导的升级换代的进程。低技术产业、中技术产业和高技术产业同时发展，许多高新产业从无到有，原本就缺乏相应的技术，这是一种绝对的技术真空状态。尤其是制造企业，在发展形态上大多还处于“橄榄型”阶段，企业发展仍沿着技术开发—生产—市场营销的结构无限膨胀，并将核心放在生产上。很少有企业放在先进的“哑铃型”发展结构状态，即研发、市场投入大，生产投入小。近十多年来，中国制造业的许多领域中科技水平与世界水平之间的技术鸿沟并没有缩

① 蒋志敏、李孟刚：“产业空心化新论”，《财经界》，2006年第10期。

小，相反是越来越大了。

（三）人口素质提升与人力资本培育的问题

中国是一个人口大国，人口既是优势又是负担，具体表现在人力资源丰富，人力资本稀缺。人口问题是中国实现社会经济发展目标必须认真对待的战略性问题。人口问题的研究分为人口数量、人口素质两个方面。人口数量构成人力资源，人口素质形成人力资本。人口作为劳动力的资源库对地区经济的发展是双向的，经济和社会的发展需要适度数量和一定质量的适龄劳动人口。然而，大量低劣的劳动力不但不能成为区域发展的优势，而且会成为区域经济发展的负担；人口越多，消费需求越大，就会影响积累和扩大再生产的投资，最终影响经济产出。人口过多同时会给资源环境造成巨大压力，影响社会、经济的可持续发展。人口质量表现为个人具有的作用于社会的能力，即人口素质，人口素质的高低对区域经济的作用方向和途径是单向和唯一的。人口素质的提高会促进经济增长，可以促进劳动生产力的提高，促进人与自然的和谐，减少对资源的开采利用，并提高资源利用率，扩大资源环境对人口的承受能力，从而缓解人口对资源、环境的压力。目前，中国农村人口素质的提升成为城市化、现代化进程中的关键问题，农村又是落后文化的衍生地，几千年来封建宗法制度的积淀与影响使得农村地区形成了血缘关系为纽带、交往部落化的特征，有悖于市场化、全球化、知识化的理念，迫切需要终结乡土文明，摒弃落后文化，培育人力资本，提升人口素质。

（四）创业创新支撑推动经济社会全面发展

中国经济发展正处于一个调整时期，社会各方面正处于一个多元复合转型时期，既面临着诸多挑战又不失多种机遇，应充分认识创业创新的支撑作用，以迎接知识经济的到来，促进中国由欠先发国家向中等先发国家转变，解决社会转型中面临的诸如粗放型经济增长方式、现代化陷阱、知识社会鸿沟等多重问题。

1. 创业创新助推大国经济前进。20 世纪 90 年代以来，美国经济的强劲增长和旺盛活力，关键在于其整个社会旺盛不衰的创业精神和千百万家小型企业生生不息的创业活动。美国之所以在19世纪逐渐超过欧洲，并在20世纪成为世界强国，主要原因在于美国是一个移民国家，能持续孕育相当浓厚的创业精神，并在早期形成创业型社会。美国著名的学者兼企业家卡尔·施拉姆认为美国经济能够在世界经济体系中保持长期的强势和优势，主要靠的不是科技，也不是资本市场和制造业，而是美国企业界的创业意识和创新精神。未来美国继续保持在世界范围内的经济和政治领导地位的关键是美国人必须把创业精神看成是自身的核心优势。

英国经济的动力在于创意引领下的创业繁荣。早在2002年，创意产业就已超过老牌金融业成为英国第一大产业。在2013年4月英国科技艺术基金会发布的《英国创意经济报告》中指出，创意经济已成为英国经济的重要力量，深深植根于国家文化传统的创意经济已占整个英国经济总量的1/10，提供超过250万个就业岗位，远远超过了金融业、制造业和建筑业，成为就业人员增长率最高的行业。英国每年的版权输出量在全球都位居前三。在英国，每10英镑的出口额中，便有1英镑属于创意产业。此外，以伦敦为代表的几大城市逐渐发展成为全球“创意城市”的典型。创意产业有力地推动了城市和周边地区经济的发展。

意大利是一个自然资源高度匮乏的国家，其经济的发展主要得益于创业创新支撑下的中小企业集群。20世纪70年代末期以来，意大利的东北部到中部一带的农业地区在欧洲国家普遍经济衰退的情况下获得快速的产业增长。这被称作“第三意大利”的地区，其典型特征就是存在专业化的企业集群，大量的中小企业彼此发展了高效的竞争与合作关系，形成高度灵活专业化的生产协作网络，具有极强的内生发展动力，依靠不竭的创新能力保持地方产业的竞争优势。生产传统劳动密集型产品的企业集群是该地区的主要集群模式，典型行业包括纺织、制鞋、瓷砖、家具制造等等。联合国工业发展组织总结其成功经验主要有中小企业为主，在创新基础上的企业间密切合作和激烈竞争。

印度在金融规制、自主创新、信息产业等方面所取得的骄人成绩正使它以前所未有的速度迅速发展。自1991年经济改革以来，印度的经济增长直追中国，尤其是它的信息产业、医药卫生产业，增长速度更是惊人，相比之下，印度在高科技领域尤其是IT领域的高速发展堪称奇迹。是什么因素促成了这样的发展？答案是创新和智力潜能的充分发挥。美国麻省理工学院的黄亚生（Yasheng Huang）和哈佛大学的塔伦·汉娜（Tarun Khanna）在2003年发表了著名的中印经济发展模式比较论文，并在文中指出印度未来可能超越中国的主要原因在于其完善和完备的金融体系、法制环境和充分尊重民营企业自主发展、自主创新的政策等，特别提到了印度对信息产业自主创新能力的重视。

这一系列事实对比表明中国以引进外资与大规模生产，凭借大量劳动力与资本投入的增长模式将无法再持续如此大量耗费资源，未来必须要朝向智力创新与开发人力资源潜能、创业创新支撑下的方向发展。创新创业将为中国下一阶段成长提供一条光明道路。

2. 创业创新迎接知识社会到来。发展创业型经济，加强承载着知识资本、技术资本、金融资本及企业家精神的创业型人才的培养，积极投身于以纳米技术、生物技术、信息技术为主导的全球科技革命的新浪潮中，迎接知识经济的到来，在全球现代化中占取有力地位，使得创业型经济成为中国实现经济、社会全面蛙跳，追赶先发国家的有力的经济模式。

首先，鼓励创业才能实现全面创新，避免陷入日韩困境的泥潭。20世纪90年代以来，日本从世界瞩目的经济强国一路走低，其企业在世界500强中的排名迅速下降。日韩陷入困境的原因在于企业和产业的成长模式仍是政府主导型的传统模式，政府打造了一个个“大企业和超大企业”，这种超大企业缺少无坚不摧的凝聚力和竞争力，同时使得个人和企业缺少创新、创业的激励，技术多停留在模仿层次，缺少原创性创新。通过鼓励创业可以推动中小企业技术创新，进而推动技术进步和催生新产业的产生，真正依靠科技、知识和科技来迎接知识经济时代的到来，快速实现从工业社会向知识社会、创业社会的转型，避免陷入日韩困境。

其次，创业创新才能转变经济增长方式，也是未来推动中国经济发展的主要动力源泉。从目前经济增长的要素结构来看，资本、土地、资源等要素投入推动的比重较大，而劳动、技术和创意等要素推动的比重相对较小，经济增长呈现出一种土地和资源消耗型的方式。创业型经济以知识和企业家精神为最重要的生产要素，以企业家推动企业创新，通过创业机制将科学技术转化为现实的生产力，正好迎合了现代经济发展的需要，以适应新的、更具活力的经济增长方式。鼓励人民创业和创新可以发挥知识、技术进步和人力资本等经济增长内生要素的作用，可以将过剩的劳动力资源尽可能多地转变为劳动密集程度较高的制造业产品，提高生产的技术含量，将劳动力过剩劣势转化为劳动力丰富的比较优势，发挥人力资本的作用，增强产业的技术竞争力，减少发展对资本和资源的依赖。

最后，创业创新促进知识、信息的传播和扩散，避免知识信息鸿沟。构建创新、创业和创造的综合服务平台，有利于形成全社会的知识信息传播扩散及积累机制。自20世纪90年代以来，国际竞争力越来越集中在国家创新力的扩散速度上，而国家创新力的扩散速度取决于一个国家有没有一个运行良好的信息知识社会普遍服务网络，中国等后发国家正处在传统工业发展尚未完成的阶段，又遇到了信息经济的冲击，在工业化初期形成的城乡二元结构加大了信息技术在城乡均衡普及的难度，城乡之间的“信息鸿沟、知识鸿沟”成为困扰后发国家现代化进程的主要障碍。而创业型经济的推进，首先要建立信息、知识服务平台，使得全社会的不同群体能够获取创业、经济等方面的信息和知识，在全面鼓励人民创业、扶助人民创业的过程中避免知识、信息鸿沟的出现。

3. 创业创新促进社会多元复合转型。首先，创业创新才能大力发展个体、微型和中小企业，吸收从农业和农村向城市和非农产业转移的农民，解决传统的农村、农民、农业和村落消失、农民工、失地农民等新、老“三农”问题，将农民转化为市民，促进城市化进程。在创业创新主导的经济发展中，企业家创新与创业精神的作用将愈加突出，一定程度上实现计划经济向市场经济攻坚的推进步伐，实现市场化。创新才能孕育出新的支柱性产业，实现产业追随向产业蛙跳转型，先导产业引领实现工业化、知识化。广大微型、中小企业的出现也将打破原来的立体科层式分工，促进社会结构、组织网络的扁平化。同时，创业创新的过程也是实现文化精进、制度创新、社会进化的过程。最终，发展创业型经济，鼓励创业在促进城市化的进程中实现工业化、知识化、市场化、开放化、全球化，文化精进，推进社会多元复合转型。

其次，发展创业型经济，鼓励创业，才能从积极方面缩小城乡、地区和居民之间的发展和收入差距，才能在初次分配方面实现基础性的社会公平。一些拉美国家发展的教训说明，微型和中小企业相对少，中等收入人口占总人口比例就小，因失业和就业不足而导致的低收入和贫困人口比例就大，收入两极化的状况就很明显。而东亚一些国家和地区的发展则相反，由于中小企业多，就业岗位多，中等收入人口多，贫困人口相对少，人民生活水平提高较快，贫富差距缩小，基尼系数也较低。因此，通过创业，城乡居民拥有产业（商业和工厂）、物业（房地产）、财业（股票、债券和存款等）、事业（工作室、个体经营、特殊职业、个人发展目标等）、就业（工作岗位）和家业（住房、耐用消费品和汽车等），才能扩大中国全社会中等收入者比重，减少因失业造成的贫困人口，提高低收入者收入水平，形成一个初次较为公平分配的格局，解决社会公平问题，维持转型过程中的社会稳定。

立足创业创新，发展创业型经济可以促进知识的传播、科技的进步、人力资本作用的充分发挥及经济增长方式的转变，促进社会公平与和谐和社会多元复合转型，解决改革进程中三大困顿，实现经济社会全面发展。

三、引领创新复合资本，催生社会创新能力形成

创新型社会的主体是具有创新精神的个人、企业和组织。在创新型

政府的推动引导下由小到大形成创新型个人、创新型企业、创新型社区、创新型城市、创新型国家五个层次。创新环境是创新型社会构建与存在的基础。通过发挥不同主体功能，共同推动社会创新能力。

（一）催生社会创新能力呼唤创新型个人

创新型个人指具有创新素质，致力于或是已经在开创事业和企业的个人，创新型个人不仅包括科研机构人员、企业家等高端创新群体，也应包括下岗工人、农民工、就业弱势群体等进行的低端创新。

（二）提倡创新型企业助推社会创新能力

创新型企业又称为成长型企业或增长型企业，是关注于新兴的创新型产品及过程而得到快速发展的企业。创新型企业可能是由小公司发展壮大起来的，致力于占领市场份额；创新者经常将收益进行再投资来扩大他们原有的企业或创建新的公司。高成长型创新企业具有较高的技术创新效率，强劲的竞争力，并且勇于采用新商业模式，是能迅速进入市场、成长速度较快的创新型高技术企业。该类企业数量越多，该地区的创新活力越强，发展速度越快，在促进经济增长、创新、解决就业方面功效卓著。推动高成长性企业的快速增长，能将其逐步培育为专业领域的“小巨人”和具有技术集成创新能力的“大公司”。创新型经济背景下的动态环境特征决定了创新型企业的战略竞争力将主要来源于企业的竞争速度、反应能力、创新能力及战略的柔性。其相应的创新型企业战略管理策略也应强调创造、创新优势，不断培育动态能力，提高行动速度，不断开发新的战略优势，并影响竞争规则、预测竞争对手反应及创造新需求等动态能力几个方面。

（三）建构创新型政府催生社会创新能力

创新型政府的职能包括提供必要的创新环境和创新帮助和支持，采取多种政策工具，包括经济的、行政的、意识形态的政策工具，以发掘全社会在创新活动方面的驱动力，让创新的一切推动力量充分释放出来。当然，由于社会特征不同，对政府在创新所要发挥的作用有不同的要求。就中国而言，由于市民社会的极不成熟，社会自组织力量极其薄弱，鼓励创新、打造创新型经济，需要政府有所作为，坚持政府主导，通过政府的决策与工作程序为创新提供必要的条件、创造更多的机会。政策工具是打造创新型政府的重要手段。与实现其他政策目标一样，在这个过程中，政策工具运用不仅是多元的，主要包括规制、补贴、供应、生产等诸多方面，而且也是动态的，除了传统的鼓励创新的工具外，一些新工具不断被创造出来并被运用到鼓励创新中。

（四）启动创新型城市加快社会创新能力的形成

创新型城市是指创新条件优越、创新比重（创新参与率）较高、创新能力较强、创新效果显著、创新前景广阔等一系列创新指标比较突出的城市的统称。创新型城市一般应具有以下基本的属性和标志：

1. 创新型城市具有较强的创新能力和突出的创新成果。创新能力可由一系列城市创新指标来反映，如创新率，反映城市劳动人1∶3的创新参与水平；创新密度，反映城市单位社区面积的集中程度，创新密度高，创新布局合理，可形成城市创业高地；创业成功率，反映一定时期城市创业的质量、风险和效率，以及产业结构变化的生命周期；创业成本，反映城市创业的环境条件等等；创业成果，它是由各类创业主体通过各自的创业投入，所创造出来的不同形式的创业结果，如城市政府创造投资环境、公共产品和服务，企业和企业家创造商品财富，科技部门创造人才，科技文化部门创造技术知识和其他精神产品等等。

2. 创业型城市要有优良的创业结构。创业结构包括城市创业的要素资源结构、产业发育结构、创新主体结构、空间布局结构等等。创新结构要有利于城市产业体系的构建，有利于创新活动的持续发生和发展。

3. 创新型城市要有优越的创新环境条件。创新环境条件包括创新顺利实现的硬件和软件，如基础设施、人才、技术、土地、资本、市场、政策法规、社会文化等等。

4. 创新型城市一定是充满商机和活力的城市。商机是创新的前提，不同城市所拥有的商机与活力不同。老化、退化和独裁垄断的城市对于大多数创新者来说缺乏商机，在这样的城市很难创新。

5. 创新型城市应具有广阔的创新前景。创新前景就是城市所具有的持续创新能力和容量，最大限度地满足各类人群和组织创新，同时适宜于各类产业生成。

6. 不同城市将有不同的最佳创新模式。城市创新模式是在特定的自然、历史条件下形成的。城市创新要遵循产业和事业发展的规律，一切以客观条件为转移，违背客观规律去创新只能陷入失败。

（五）打造创新型社区推动社会创新能力发展

创新型社区是指发挥社区、非营利性组织的作用，在社区范围内形成创新文化，鼓励和推进创新。创新型国家是立足于国家的层面上确定创新型发展战略，以创新为国家强大和繁荣的火车头。

基于创新型个人、创新型企业、创新型社区、创新型城市、创新型国家等不同层面实现个体人创新、家庭（家族）创新、企业（公司）创新、社区合作组织创新、行业部门创新、城市（区域）创新、国家创新等不同环节创新主体的良性互动，彼此之间互相促进、互相影响，从微观到宏观、从局部到整体，形成创新型社会的科学架构，建构官、产、学、研一体化的研究与开发社会化多元投入机制，完善国家创新体系。先发国家通过官、产、学、研一体化来构造研究与开发投入的社会化机制，这其中政府财政投资发挥着不可替代的扶持作用。

在经济全球化以及信息化的大背景下，科技全球化也进入了一个新的发展阶段。其表现为科技资源配置方面的全球化、研究开发活动管理方面的全球化以及科技成果方面的全球转移和共享。而科技全球化使得技术创新周期日益缩短，国际间技术交流与合作规模日益提升。因此，科技全球化为中国追赶先发国家，并在部分优势领域实现技术跨越提供了可能性。

第五章
优化支出评估体系 正向激励自主创新

在全球一体化趋势越演越烈之际，科学技术日益成为国与国之间竞争的关键领域。政府财政对科技领域的支出既是国民经济和社会发展计划的重要组成部分，同时也是科技促进经济和社会发展的桥梁与纽带。绩效评估是财政支出制度运行的关键环节，而一套科学合理的绩效评估指标体系则是绩效评估的重要前提和抓手。优化科技财政支出绩效评估指标体系设置，不仅有利于提高财政资金使用效率，而且将引领中国的科技活动有序开展，最大限度地推动自主创新，支撑创新型国家建设。

第一节 梳理科技评估历史 把握评估思路方法

随着人类社会发展，科技活动也日益频繁。特别是政府支持资助的科技活动的出现，更是将科技活动推向了空前的繁荣。在政府加大对科技活动支持力度的同时，要求审视财政科技支出有效性的呼声也越来越大，科技财政支出绩效评估的原则、模式和方法也在不断完善创新。把脉历史演进，明晰目前中国科技财政支出绩效评估存在的问题，确立构建科技财政支出绩效评估指标体系的基本思路，是科技财政支出绩效评估指标体系的重要前提。

一、科技财政支出绩效评估的历史源流

科技财政支出评估是伴随着科学技术活动的产生而产生的。科技活动发展的不同阶段所对应的科技评估也有不同的特点。从科技活动评估的主体看，科技评估大致经历了两个阶段，即科学共同体的同行评议以及政府和学术界开展的宏观科技评估。在近代科学技术发展的初期，由科学家个人兴趣和好奇心驱动的自由探索研究成为科学技术活动的主要形式，科学研究主要依靠社会资助和权贵的捐助，政府的投入很少，科学技术评估主要限于科学共同体内部的学术评估和对科学家重大科学发现的优先权的识别，目的在于促进学术交流、建立科学规范、引导研究方向。20 世纪以来，人类的科学技术活动空前繁荣，科技对推动经济和社会发展的作用日益明显。特别是“二战”以后，发展科学技术成为国家战略和国家政策的重要方面，科学技术活动也成为大规模的、有组织的社会事业。政府对科学技术活动的宏观干预和引导不断加强，对科学研究的投入不断加大，科研经费的分配、研究方向的遴选、研究机构的调整等成为西方主要国家科技政策的重要内容。而对这些相关政策和计划的组织实施及其影响进行预测、分析与评估，是政府制定和改进决策的重要基础之一。科技项目评估不只是限于科学共同体内部的学术评估机制，还是政府制定科技政策、配置科技资源和实施有效的科技管理的重要机制。

（一）科学共同体的同行评议

科学共同体的同行评议（peer review）是科学共同体内部普遍采用的以科学价值和科学意义为主要评估导向的评估活动。在近代科学发展早期，科学研究以科学家个人的自由探索活动为主，由科学家根据个人

的学术兴趣自主选题。评估主要是在科学共同体内部开展，主要体现为对科学发现和科学创造优先权的鉴别和承认。

同行评议最早始于15世纪初叶威尼斯共和国对专利申请的审查。1416年，威尼斯共和国在世界上首先实行专利制度，在对发明者提出的新发明、新技艺等进行审查，确定是否授予发明人对其发明的垄断权时，政府邀请同一行业或最接近行业的有一定影响的从业者帮助判断，采用的做法类似于今天的同行评议方法。

科学共同体有组织的学术评估始于17世纪中叶。1665年，英国皇家学会哲学会刊创刊时，就是以同行评议作为参照系统，评审和选择可以公开发表的学术论文。1752年，该学会正式建立了论文评议委员会，对投入的学术价值提出建议。

政府组织的科技政策评估始于20世纪初美国国会研究服务部（Congressional Research Service，CRS）针对各委员会和议员们提出的各类科学技术问题进行研究、分析和评估。政府资助的科技评估始于20世纪30年代。1937年，美国癌症咨询委员会把同行评议引进到科研项目经费申请的评审工作中。20世纪40年代末，美国海军总署也采用同行评议方法评估资助大学的科研项目。1950年，美国国家科学基金会正式成立，基金会采用了海军总署的做法，将同行评议作为评估申请项目和项目研究质量的一种正式的评估机制确定下来，并不断改进，使其更加规范化、制度化。此后，以同行评议为主要方式的科技评估在世界各国的科学研究资助管理中得到普遍应用，成为优化配置科研资源的有效手段。

随着人们对科学的结构与基本功能的认识不断深入，同行评议的形式也在发生变化，出现了修正式的同行评议。也就是说，评议时除了要考察科学价值外，还要考虑研究的潜在应用，这就需要从事应用研究的科研人员、工程师、企业家或其他公认的研究“用户”的参与。因此，评议时需要一个扩充的评估小组，需要两次评议过程，其一考察科学卓越性，其二考察应用价值。美国国家科学技术委员会（National Science and Technology Council，NSTC）认为，当“对某个机构的基础科学计划和项目需要作回溯性评估”时，还要包括“掌握了该类型研究相关知识和经验的人”①。

（二）政府和学术界开展的宏观科技评估

第二次世界大战以后，科研经费的分配、研究方向的遴选、科研机构的调整等，成为欧美主要国家科研组织管理和决策的重要内容，针对科研活动的投入、产出、成果和影响等方面进行的评估活动，是改进科研管理与决策的重要途径。特别是自20世纪60年代起，经济合作与发展组织（OECD）开始尝试对其成员国政府的科研投入、产出、成果和影响力等方面进行评估，不仅推动了科技评估活动的发展，而且使得评估方法的研究兴盛起来。

专栏5-1　《弗拉斯卡蒂系列手册》
——OECD科技指标体系

制定科技统计标准和规范是科技统计的基础性工作，OECD为此作出了重要的贡献。自1963年以来，OECD相继编撰正式推出了5本手册，按出版时间顺序依次是弗拉斯卡蒂手册、技术国际收支手册（Technology Balance Payment，简称TBP手册）、奥斯陆手册、专利手册以及科技人力资源手册，统称为《弗拉斯卡蒂系列手册》。

1. 弗拉斯卡蒂手册。1963年正式出版，又称为《为调查研究与发展活动所推荐的标准规范》，这是在国际上最早推出的针对研究与开发统计调查的标准和规范。该手册对研究与发展统计的概念、定义、范围和分类进行了规范。手册出版后，共进行了5次修改和补充，先后增加了许多内容。按照这一手册，OECD成员国从60年代开始就系统地开展了研究与开发活动的调查，一些非OECD国

① 龚旭、夏文莉：“美国联邦政府开展的基础研究绩效评估及其启示”，《科研管理》，2003年第2期。

家也逐步按照此手册实施了本国的研究与开发活动调查。联合国科教文组织（UNESCO）也以该手册为基础，分别在 1978 年和 1979 年提出了《科技统计国际标准化建议案》和《科技活动统计手册》。

2. 技术国际收支手册（TBP）。《收集和说明技术国际收支数据的标准方法建议》（简称 TBP 手册）是 OECD 组织制定的第一本用于计量科技活动产出的手册，为对国家之间无形技术贸易进行调查和收集数据提供了标准和规范。该手册由 OECD 科技政策委员会批准于 1990 年正式出版。手册共分 5 部分。第一部分介绍了基本定义和概念，主要有技术与技术转移、技术的循环及国际技术转移、技术国际收支。第二部分叙述了技术国际收支的界定及其所包含主要内容。第三部分是数据收集和分析时所采用二种的分类，按转让者的特征分类以及按合同的特征分类。第四部分讨论收集数据的方法。第五部分讨论不同国家间或不同时间的技术国际收支数据进行比较时的货币换算和减缩折算及其有关问题。

3. 奥斯陆手册。为了指导和规范技术创新统计，根据 OECD 科技指标国家专家组的建议，在北欧工业发展基金会的合作下，经 OECD 科技政策委员的认可，于 1992 年正式推出了技术创新统计手册，即《推荐的技术创新数据采集和解答指南》，也简称为奥斯陆手册。手册从统计的角度对技术创新（产品创新和工艺创新）进行了界定，为制造业领域的技术创新统计制定了技术规范。其主要内容有：创新过程模型、创新费用的测度、创新调查的分类和调查步骤。手册出版以来，迅速成为大多数 OECD 成员国作为测度产业创新活动的参考，并在欧共体创新调查（CIS）中得到成功的运用，还被翻译为多种文字，推动了技术创新调查在世界范围内的实施。

4. 专利手册。专利手册于 1994 年公开发行，是继 TBP 手册和奥斯陆手册之后，又一本集中描述研究与开发效果和影响指标的手册。手册的主要目的是向希望利用专利统计数据建立科技指标的人员，提供一个标准化的工具，从而使所用的方法协调一致。手册共分四部分。第一部分把专利置于一个总体概念框架中，说明专利指标与其他科技指标的关系，使用专利指标的方法论问题，以及专利指标的优点。第二部分主要介绍专利法律体系，这对于进一步理解反映技术产出的专利指标是非常必要的。第三部分介绍专利的几种分类法和数据库，讨论专利能够提供的技术信息。第四部分讨论专利指标、各种分析思路以及与研究与开发、科学、创新和经济等各类指标的联系。

5. 科技人力资源手册。该手册为测度和分析科技人力资源提供了标准和规范，经反复讨论修改后由 OECD 科技政策委员会批准并于 1995 年正式出版，也称为《堪培拉手册》。手册给出了科技人力资源的基本定义，并从统计的角度对科技人力资源的范围进行了界定，提出了科技人力资源存量和流量的模型，为编制和分析流量和存量数据提供了依据，介绍了科技人力资源数据的统计分类及有关定性信息，讨论了收集和编制科技人力资源资料的各种数据来源。

资料来源：经济发展与合作组织：《弗拉斯卡蒂手册：研究与试验发展调查实施标准》，张玉勤译，科学技术文献出版社 2010 年版，第 23 页。

政府组织科技评估活动的历史始于主要工业国家采用统计指标方式来监测作为一项国家事业的科学技术的发展情况。政府组织测度科研活动的方式是基于投入——产出——影响模型，即对科研活动的投入必定会有产出，这些产出最终将产生影响。这一模型确定了科研活动的三个基本要素，即投入、产出和影响。但是，20 世纪 90 年代以前，官方统计的主要对象是科技投入，即科研活动中的经费和人力资源，很少测度科研活动的产出和影响，其原因主要在于“二战”结束以后，尽管一些国家认识到科学研究对经济发展、国家安全和人类健康的重要性，开始制定国家科学政策促进本国科学事业的发展，但是，这一时期的政策重点并不是要控制科学家和科研活动，而是确保科学家拥有从事研究的经费资源。因此，它强调对投入的测度，关注科学活动的主要领域及这些领域涉及的专业、学科和需要的研究经费。

由于很少测度研究的产出和影响，因此，在投入——产出——影响这个进程的测度中，可用的指标越来越少，至今仍没有达成政府一致认可的产出测度指标。科学家、管理专家对一些管理机构和科研组织提出的测度指标进行了批评，争论的焦点实质上与测度方法学和技术上的困难有关。测度科学技术活动的权威机构——经济合作与发展组织认为，首先，科学产出信息的分类一般是基于管理目的，而不是以测度为目的，因此不可能利用这些信息对科学活动中的现象进行周密测度。例如，为法律目的建立的专利数据库和为图书或期刊书目管理建立的文献数据库就是如此。而且，实际开展产出调查时，被调查者一般不愿意提供产出方面的详尽信息；其次，科研活动，特别是基础研究，其结果或产出主要是出版物或研究报告形式的知识，它们不能在短期内以新产品或新系统的形式反映出来，因而难以量化、测度和评估。基于这些原因，许多国家并不要求系统地测度研究的产出。但是，美国是个例外，早在20世纪70年代，NSF就开发了测度研究产出的指标——科学与工程指标。

美国政府最先开始测度科研活动。早在20世纪30年代和40年代，美国政府就对科研活动的测度做了初步试验，1950年，NSF成立时就率先开展了这项工作。1973年，NSF在原有工作基础上进行了创新，出版了《科学与工程指标》，该报告试图用指标来反映美国科技事业的发展情况，展示美国科技事业的优势和不足，以及科技事业对国家目标作出贡献的能力和绩效。该报告的出版受到全球科技界的赞誉，产生了巨大影响，并被许多国家和组织仿效。

1950年NSF成立时，就立法规定基金会不仅有资助基础研究的责任，而且还应该在政策咨询和研究评估中发挥作用。法律要求“NSF应对科技活动做现行记录，并成为美国科技资源数据采集、解释和分析的重要信息部门。1968年，国会明确要求基金会报告国家科学技术的地位和健康状况。1970 年，尼克松总统也要求其报告国家科学技术的地位和健康状况。为了满足这些需要，美国国家科学委员会（National Science Board，NSB）决定成立科学指标委员会，出版《科学与工程指标》年度报告，该报告不仅要提供每年的基础数据，还要评估科学发展的健康状况。委员会最初构建了大约 50 个测度项，对测度项进行了分类，如：科学产出、活动、科学教育、人力资源等，然后将这些指标分成 1～5 个等级测算。1973 年，NSF 正式出版了第一期《科学与工程指标》。1982 年国会修订 NSF 法案时肯定了《科学与工程指标》的质量，要求每年出版一期新的《科学与工程指标》。《科学与工程指标》旨在观察、监控科学事业中出现的重大发展变化和趋势，包括科学事业发展的国际比较；评估这些变化和趋势对科学现状和未来的影响；持续地对美国科学事业进行全面评估；建立指导国家科学政策的新机制；鼓励对科学政策中某些共性方面的事情进行量化，引导联邦政府机构和其他组织改进他们的研究与开发政策；激发社会科学家对科学指标方法体系和科学政策的兴趣。

专栏 5－2　欧洲科学基金会：同行评议核心原则

在欧洲各国，国家级和国际级公共/私人基金所收申请的评估标准多种多样。为了寻找同行评议的最佳方案，2011 年 4 月，欧洲科学基金会（European Science Foundation，ESF）下属的成员机构论坛（Member Organization Forum）在该基金会与欧洲研究委员会的支持下，编写了《欧洲同行评议指南》（以下简称《指南》），为实现欧洲科研经费申请过程中的公平性提供指导和建议。《指南》中提出同行评议的 7 条核心原则如下：

（1）杰出：所选项目应有较高质量，应获得众多评审专家的认同，且同行评议相关人员的选择应遵照统一标准和操作规范。

（2）公正：所有申请都应被公平对待。

（3）透明：评审条例、规程应事先公布；评审结果应准确反馈给申请人；对申请人就评审结果给出的答复应有相应的处理规程。

（4）匹配：评估过程应充分审核申请是否与项目的类型、所涉及的研究领域、投资方意见以及工作的复杂性相匹配。

（5）高效、高速：在保证评估质量、尊重法律框架的前提下，尽可能加快评估进程，并保证流程的高效和简洁。

（6）机密：所有申请及相关资料、文档都有相关评估人员/机构处理；评审专家的身份是否公开应按协议办理。

（7）道德规范与诚实：任何违反基本道德规范与诚实原则的申请都不能通过同行评议。

资料来源：［英］Irene Hames：《科技期刊的同行评议与稿件管理：良好实践指南》，张向宜译，清华大学出版社 2012 年版，第 105 页。

二、中国科技支出绩效评估的主要问题

科技支出绩效评估是科技投资决策的重要依据，其准确性直接影响科技投资决策的正确性，科技支出绩效评估能够独立服务于社会的根本所在是它能够对项目的效益、代价和未来的发展趋势进行科学、准确的预测和评估，为国家、科研机构提供决策建议，使项目投资者尽可能地规避风险，评估的准确性理应成为项目评估工作最重要的内容。

改革开放以来，随着市场经济的不断完善发展，中国的科技支出绩效评估工作发展很快。科技项目评估成为立项、投资的必要步骤，国家也编制了建立科技支出绩效评估方法与参数等指导性文件以规范评估活动，为提高评估水平做了大量的工作。但是，中国科技支出绩效评估准确性远远不能令人满意，单从投资看，预算超概算、决算超预算的情况十分普遍，相比之下，国外对科技活动评估的准确性要高得多，科技项目评估的误差多在 10% 以内。进入 WTO 后高科技项目的产业化道路是

中国经济发展的必然选择，如何在激烈的市场竞争中减少决策的失误，这不能不引起中国评估机构的重视与反思。中国科技支出绩效评估工作起步较晚，还处于“摸着石头过河”、边探索、边实践、边提升、边完善的状态。就实施情况看，主要存在以下不足：

一是科技评估中介机构缺乏。目前，一些省、直辖市还没有对科技项目绩效进行评估的专业机构，也没有专门指定对科技项目绩效进行评估资格认定的机构，科技支出绩效评估工作仍主要靠科技管理部门临时组织专家进行实施。

二是对评估专家的资格及行为的法律规范还有待加强。在绩效评估过程中，因缺乏同行专家评议制度及评估专家资格认证制度，致使评估过程中容易出现重人情拉关系、本位主义等现象，影响了评估工作的客观性与公正性。评估指标体系不完善，导致不能客观、真实、准确地反映不同评估对象的实际情况。

三是评估能力较弱。部分地方科技评估标准、评估方法、评估信息的获取、分析与整理以及评估报告书的编写等等还不完善。评估人才队伍相对匮乏。科技评估工作对专门从事科技评估人员的综合素质要求较高，不仅要求具有较丰富的科技工作实践经验和较强的分析与综合判断能力，而且还要通过科技部认可的科技评估专业培训，并通过专业考核和考试才能获得从业资格，这就使得有资格从事科技评估的人员相对匮乏，阻碍了科技项目评估工作的顺利开展。

四是对评估结果的处理和使用规范程度不够。评估结果作为绩效评估工作的产出，是改进科研管理工作的重要数据资料，其价值只能通过充分利用并产生良好的效果而体现出来。目前部分地方乃至国家相关的政策法规，不能把绩效评估结果和绩效改进与提升很好地结合起来，宏观上不能为管理部门决策提供参考，微观上不能促进项目本身的管理与实施，从而提高政府科技经费的使用绩效。

三、构建绩效评估指标体系的基本思路

构建科技财政支出绩效评估指标体系的基本思路是：以公共利益最大化为目标，以经济性、效率性和有效性为原则，以科技活动的实施过程、实施结果及其对经济、社会的持续影响等阶段的主要特征为构建评估指标体系的路径，从实用性与可操作性角度出发，采用定性与定量相结合的方法来设计绩效评估指标。

第一，绩效评估指标体系以公共利益最大化为目标。政府作为最重要的公共制度安排，制定的发展政策不应只基于少数人的发展，而是应以全体社会成员的发展为政策导向，在效率和公平统一的基础上谋求公共利益的最大化。财政科技支出作为实现政府职能的重要途径之一，本身就应该以公共利益最大化为目标。政府通过增加对科技领域的投入，以财政资金干预技术研发活动，应该主要着重于研发成果所产生的外部正效益。这种外部正效益可以分为技术、厂商及社会经济三个层面，每个层面分别代表着科技知识的提升、私人报酬的获得以及社会所获的报酬。这些正向外溢效果的大小反映了财政科技支出对公共科技需求的满足程度及其对社会福利方面的影响。其表现形式不仅是经济效益的增长，也包含了全社会范围内整体效益的提高，如资源节约、环境改善、竞争力提升等。因而在设置绩效评估指标时，首先就不能囿于传统的合规性评估指标和经济效益评估指标的范畴，而应该从全社会的宏观角度来考察财政科技支出对社会带来的贡献与影响，充分考虑合规性前提下能够体现公共利益最大化的社会效益评估指标。同时，应该用发展的观点来设计综合的、动态的评估指标体系，不仅能够评估项目过程和结果，而且还能够评估项目实施和完成后对社会、经济的持续影响，并根据经济社会发展状况对评估指标体系进行动态调整。这样的评估指标，才有利于科技创新活动，合理利用和节约有限自然资源，促进发展成果的社会共享。

第二，坚持经济性、效率性和有效性原则。评估指标的设置应该围绕投入的经济性、产出的效率和影响的有效性等绩效目标。投入的经济性指标，主要用来对科技项目实施过程中资金投入及使用情况进行评估，考察的是成本与投入之间的关系，即在既定投入水平下，尽可能降低成本或充分使用已有的资源以获得最大或最佳比例的产出，达到投入成本的最小化。产出的效率指标，表示投入与产出之间的比例关系，主要用来评估科技项目是否有效运用公共资源达到了既定的产出，考察的是在既定的投入水平下使产出水平最大化或在既定的产出水平下使投入水平最小化。影响的有效性指标，表示产出最终对实现社会经济目标的影响效果和程度，考察的是产出与效果的关系，用于项目的各种产出对社会经济发展是否产生影响、影响程度多大等方面的评估，分结果评估和持续影响评估。其中持续影响评估是一种后评估指标，主要考核科技活动结束后对社会经济的短期影响和长期影响，包括对就业、收入增长、卫生、生活质量及环境等方面的社会和经济的直接与间接效应。

第三，采用定性指标与定量指标相结合的方法。从各国绩效评估实践来看，目前科技支出绩效评估活动还面临着许多难题，比如研究产出和影响的价值衡量、新技术价值的衡量、技术扩散的追踪与价值衡量、多重计划目标下“成功”标准的界定、从利益相关者获得信息的可信性问题等。这些难题决定了在今后相当长的一段时间内，科研产出和影响无法完全以价值形式予以量化，因此必须采用定性与定量相结合的方法。定量指标建立在具体的科技支出所对应的业务、财务等相关数据的采集基础上；定性指标则根据支出项目特点和评估要求设置。

第四，指标必须实用和可操作。由于科技活动对整个社会经济的影响具有滞后性，同时科技管理本身是一项大量的、经常的、长期的活动，因此为了保证科技财政支出绩效评估的有效实施，评估指标必须做到计算、使用方法简便易行，指标数据应易于采集和具有可操作性。

第二节　开展项目支出评估　提高科技活动绩效

科技项目是国民经济和社会发展计划的重要组成部分，是市场经济条件下政府组织科学研究和技术开发的主要手段，是引导、支持全社会加强技术创新、推动科技进步的一项重要的科技管理工作。作为计划载体的具体项目，其评估工作，不仅为科技决策提供参考意见，更为经济持续、快速、健康增长和社会全面进步提供强大动力。在当今世界科技、经济一体化的大趋势下，中国科技事业高速发展，探究科技项目的评估问题具有重要而深刻的现实意义。

一、透视科研项目周期，确立后评估研究视角

从项目执行主体角度出发，一个科研项目的周期一般可分为三个阶段：一是立项申请，即从递交项目申请书至项目开工这一阶段；二是项目执行，即从项目开工至项目完成这一阶段；三是项目完结，即从项目完成至完成情况总结这一阶段。相对应的就可以从这三个角度对财政科技支出项目进行评估，即项目前评估、项目中评估和项目后评估。

（一）项目前评估

所谓项目前评估，就是对拟立项目的必要性、内容、条件以及技术的先进性、经济的合理性和实施的可行性等诸多方面进行全面综合的审查和评估，为项目计划的制定提供科学依据。项目前评估通常由投资决策部门组织实施或委托某一专业评估机构来承担，它是实现投资决策民主化和科学化的重要手段。由于项目前评估主要是针对项目建议书和可行性研究报告的内容进行的，所以项目建议书和可行性研究报告的质量

决定着项目前评估的质量和效果。其主要功能有三个，一是认定功能：即对被评估项目的立项成功与否进行权威性的判断和认定。其中包括研究内容所处的国内外地位、目标及技术路线的可行性与合理性、进度安排、经费使用计划、组织与管理计划、合作单位的落实情况等；二是选择功能：主要是筛选出可以提供资助的项目，分别赋予不同的资助力度；三是激励功能：项目前评估的选择功能及优胜劣汰的竞争机制对项目申请者形成了一定压力，这种压力具有很强的激励作用和促进作用。

（二）项目中评估

在项目研究过程中进行的评估，主要是指对项目研究过程中的研究目标、性能指标、经费使用、计划、组织管理、环境条件等进行评估，为项目计划的调整提供科学依据。其主要功能有四个，一是认定功能。即对被评估项目的状态进行权威性的判断和认定。其中状态包括内部状态和外部状态两方面，内部状态主要涉及进度、质量、费用、组织与管理等，外部状态主要涉及目标、技术环境及承担单位的关心与扶持度等。二是选择功能。主要包括筛选出那些不可能或没必要继续执行下去的项目，以便及时采取调整措施；选择出那些意义重大或完成情况优异的课题以增加支持强度；选择出那些意义重大但执行者问题较大的课题以采取重新选择承担单位等措施。项目中评估的结果应能够按照管理工作的要求将被评估的项目分成若干类型，以便决策者进行调控。三是反馈功能。项目中评估是对被评估的项目执行情况及主客观因素进行的客观评估，评估的过程和评估的结果对计划管理部门和项目承担单位都有重要的意义。管理部门通过项目中评估掌握整个计划的进展情况，分析项目立项的准确性和科研效率的高低，以及管理工作中的经验与问题；承担单位也可以分析项目进度、质量、条件、环境及管理方面的情况以改进工作。四是激励功能。项目中评估既是对每个子专题的评估，也是对整个项目的一个比较；既是对环境与条件的评估，也是对执行者能力与水平、工作绩效以及管理水平的评估。项目中评估的选择功能和项目管理中优胜劣汰的竞争机制也对项目承担者及各级管理部门形成了一定压力，这种压力具有极强的激励作用和促进作用。

（三）项目后评估

在项目完成后进行评估，主要是对已经完成的项目的目的、执行过程、效益、作用和影响所进行系统的、客观的分析，并通过反馈达到提高项目管理决策水平的目的（如图5－1所示）。其主要功能有四个，一是认定功能。既对被评估项目的成败状态进行权威性的判断和认定。其中状态包括内部状态和外部状态两方面，内部状态主要涉及进度、质量、费用、组织与管理等，外部状态主要涉及目标、技术环境及承担单位的关心与扶持度等。二是反馈功能。即通过分析评估找出项目成败的原因，总结经验教训，并通过及时有效的信息反馈，为提高未来新项目和管理决策水平提出建议。三是激励功能。项目管理中优胜劣汰的竞争机制也对项目承担者及各级管理部门形成了一定压力，这种压力具有很强的激励作用和促进作用。四是监控功能。即通过对项目活动实践的检查总结，确定项目的目标是否达到、项目是否合理有效、项目的主要功能是否实现。

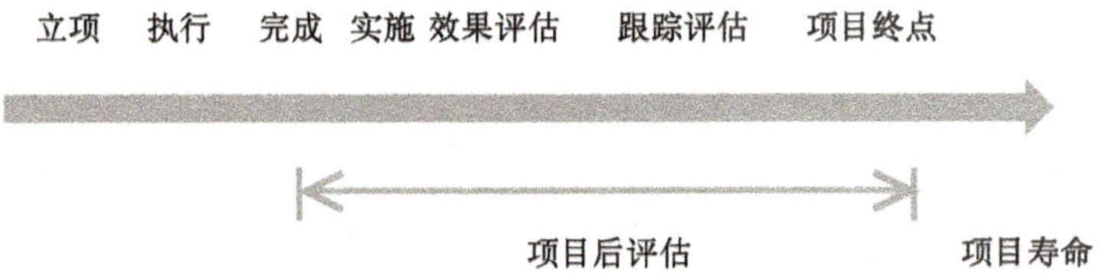

图5－1　项目后评估示意图

任何科技活动都会有一定的科技产出、经济效益和社会效益，尤其是研究与试验发展项目处于孕育科技成果的阶段，在项目完成时进行经济效益、社会效益的评估时，难以较精确测量项目的间接或潜在的产出，从而难以全面客观反映项目的绩效。在科研项目经过论证、立项、实施、验收后，对已经完成的科技项目的目的、执行过程、效益、作用，特别是项目影响进行系统、客观的综合分析和研究总结就显得尤为重要。因此，项目后评估不失为一种有效的科技项目评估方法。

基于科技项目后评估角度构建财政科技项目支出绩效评估体系，既能对个体项目进行评估，也能按项目性质汇总来评估某一类项目，从而有利于管理部门和决策者加强对科技项目的监督与审核，最大限度地促使项目发挥其经济效益和社会效益。

二、明确指标构建程序，创新指标构建方法

指标的英文是 indicator，它源于拉丁文 indicate，意思是意味、表明、指出、确定、估计等。可见，指标的含义是相当丰富的。一个指标通常是某一参数或某些参数导出的值，是一个反映一定的社会经济内容或社会现象及其某一方面状况的数量概念，不同的指标反映不同的内容和范围。评估指标是评估系统总体目标的具体标志。要对科技项目的绩效进行评估，必须确定对各个组成要素和各种影响因素进行衡量的统一尺度，即科技项目绩效评估指标体系。该指标体系是评估科技项目绩效的基础和依据，它通过一系列科学、完整、系统的指标衡量项目的进展实施情况，能有效地进行过程监控，对评估结果的可靠性、有效性有很大影响，是整个科技项目绩效评估工作的核心。构建指标体系的第一步需要明确指标体系的构建和程序和主要方法。

（一）指标体系的构建程序

评估指标体系的构建是一个循环反复的过程，它一般要包括信息搜集、目标分析、指标体系结构的确定、指标的分析与筛选、指标的内涵与标度设计、指标权重分析、指标体系的简化与修正、指标体系的确定等步骤。值得特别指出的是，在指标体系构建的过程中，专家咨询贯穿于其中每个环节，最后确定的指标体系还要再接受实践的检验，方能在实际评估活动中运用。

1. 信息资料的搜集。评估科技项目的绩效，离不开与科技项目相关的信息。分析信息来源，不仅可以加深对科技项目评估工作的理解，还可以通过掌握第一手材料对系统进行进一步分析。指标的信息源通常包括：项目背景资料、相关数据库、定理公式、统计分析、专家调查、主

观判断等；信息的来源通常有：相关数据库、公式计算、统计分析、专家咨询、主观估计。

为了确定评估指标体系的合理性与准确性，应该通过国内外文献调研，收集关于科技项目的评估指标，同时根据自身的学科积累和研究分析提出一批待选指标，形成研究开发项目评估指标集。

2. 目标分析。目标分析是建立评估指标的前提，确定系统的目标层次结构则是构建评估指标体系层次结构的基础。这里讲的目标，就是进行科技项目绩效评估所要达到的目的。开展科技项目绩效评估的要求和期望是多方面的，而这些要求、期望便构成不同类型的目标：总目标和分目标、战略目标和战术目标、远期目标和近期目标、多目标和单目标、主要目标和次要目标等。

3. 指标体系结构的确立。不同的目标结构决定不同的指标体系结构，而评估指标体系的结构形式以层次型评估指标体系、多目标型评估指标体系、网络型评估指标体系三种最为常见，其中层次型又在科技项目的评估中应用最为广泛。通常可以通过分析系统的结构层次、逻辑层次、功能层次来建立相应的评估指标体系。

4. 指标的分析与筛选。根据初步论证建立的指标体系所采用的指标一般应尽量宽泛，因为还需要对初选指标进行系统地分析与筛选。除了采用系统的观点和方法，通过分析影响项目的各个要素，阐明各要素的相互关系之外，还应对各要素的特点进行分析，进一步提炼简化原有指标，对于交叉信息较多的指标应进行科学的删除，选择代表性、独立性强的指标参与评估过程，并考虑定性指标与定量指标、静态指标与动态指标的结合使用问题。

5. 指标的内涵与标度设计。评估指标建立在一定的科学理论之上，指标的内涵和外延应该比较明确，并且能够反映、刻画所评估项目的主体特征、主要问题和发展趋势等。项目的每个指标又可以选用不同的指标标度，最终选择最能描述和度量项目状态的指标标度，提高评估的准确性与科学性。

6. 指标权重分析。权重作为综合评估的重要信息，应根据指标的相对重要性，即指标对综合评估的贡献率确定。指标权重分析的方法主要分主观赋权法和客观赋权法两大类。主观赋权法是对各指标主观上的重视程度赋权的一类方法，如德尔菲法、环比评分法、AHP 法、二项系数法等。客观赋权法是对各指标根据一定的规则赋权的一类方法，如主成分分析法、多目标规划法、熵技术法等。通过指标权重分析，可以得知各指标在科技项目评估中的地位和影响程度。

7. 指标体系的简化与修正。指标体系的确立不可能一步到位，它需要不断修正完善，删繁就简，以尽量少的指标反映尽量多的评估信息，增加指标体系的科学性、合理性，这是一个指标体系要达到的最终目标。指标体系的简化与修正，往往也是定性分析与定量分析结合进行。

8. 指标体系的有效性分析。指标的完备性和互斥性是理论上建立指标的准则，与实践结合，指标的建立应能反映评估对象的总体价值，且是最简明的有效指标子集。

9. 指标体系的确定。广泛征求专家学者、业务骨干和相关专业人员的意见和建议并在实践中进行检验，以确定最终的科技项目绩效评估指标体系。基于专家群体的知识、经验、推理、偏好、价值观等的德尔菲法是专家评审的典型方法。

（二）建立评估指标体系的方法

针对政府资助科技项目建立一个具有科学性、完备性及实用性的综合评估指标体系，是一件复杂而又困难的工作。建立评估指标体系一般需经过三个阶段：

1. 系统分析。拟定综合评估指标体系时，必须首先对评估对象作深入的系统分析，从分析科技项目的结构、要素及各种因素的逻辑关系入手，以科技项目的效益结构为核心，对其做出条理清晰、层次分明的系统分析。

2. 目标分解。在系统分析的基础上，对科技项目目标按照其内在的因果、依存、隶属、主辅等逻辑关系进行分解，并形成符合科技项目效益构成关系的目标层次结构，这是拟定综合评估指标体系的关键工作。对同一个科技项目，由于观察角度不同，价值标准不同，所构思的目标体系就不同。作为综合评估，应从整体最优原则出发，以局部服从整体、宏观与微观相结合、长远与近期相结合，综合多种因素，确定政府资助科技项目的总目标。总目标是项目所期望的状态，它是项目本身一组功能变量的函数，称为系统的总目标函数。系统的总目标要通过一组子目标来体现。必要时，子目标还可进一步分解。分解的目的，是寻求系统完整的目标体系。在目标分解的基础上，再将最低层次的子目标用若干属性指标来描述和测定，最后，构成评估指标体系。

3. 确定指标体系。通过系统分析，初步拟出评估指标体系后，应进一步征询有关专家的意见，对指标体系进行筛选、修改和完善。确定指标体系常用德尔菲法，它是运用专家的知识智慧、经验、信息和专家的价值观，对初步拟出的评估指标体系进行匿名评估，提出修改意见。

三、设计项目评估指标，提高财政支出绩效

评价体系理论模型结构分为层次型评价体系、网络型评价体系和多目标型评价体系。本研究采用层次型作为财政科技支出项目绩效评价体系理论模型的结构形式（如图 5－2 所示）。这里仅以财政投资资助国家实验室这一项目作为例子进行财政科技支出项目绩效评估指标体系的设计。

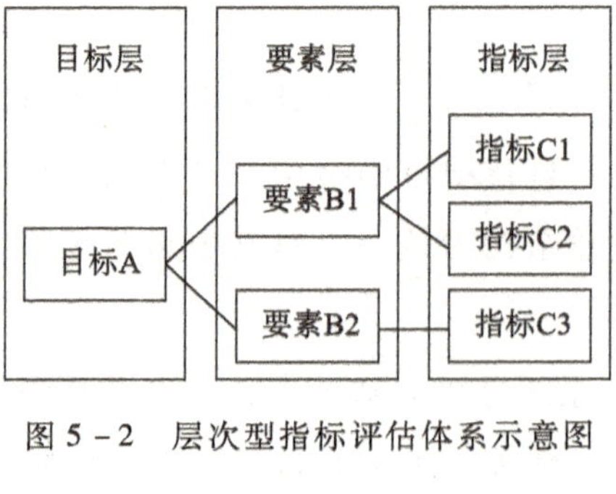

图 5－2　层次型指标评估体系示意图

一个国家实验室应具有一支高素质的固定人员队伍，包括若干优秀的学术带头人、高素质研究骨干、高水平技术人员及精干的管理人员，年龄和知识结构合理，团结合作，能够满足实验室参与国际竞争和承担国家重大科研任务的要求。重点实验室应能够凝聚、吸引和稳定优秀中青年人才，具有良好的培养学术接班人和优秀中青年学术骨干的条件和业绩，能够培养具有良好科学素质和科研能力的研究生，应积极开展高水平和实质性的国内外学术交流与合作，积极参与国际重大科学研究计划；市级重点实验室应拥有较先进的仪器设备和完善的配套设施，仪器设备统一管理，共享共用，成为本领域全市公共研究平台；实验室应具备较高的管理水平，建立良好的运行机制。

根据前述科技项目绩效评价的目的、原则、内容以及评价指标体系构建的原则，运用系统分析和文献综合法，在借鉴美欧等先发国家经验的基础上，参考现有研究成果，总结出科技项目绩效评价指标体系应包括业务指标系列、基础建设指标系列和财务指标系列三大部分为主体的多层次指标网络，制定出科技项目评价指标体系（如表5－1所示）。

在确定指标体系以后，下面对各指标进行简单的说明。

（一）科研产出

科研支出主要包括论文、专著、知识产权三个方面。论文的收录数是指SCI、EI、国内核心期刊和国内期刊发表与收录的论文数。出版著作指由实验室人员编写且已正式出版的著作、编著和译著，也包括由实验室人员编写并已采用的教材。联合发表与收录的论文和联合出版的著作、编著、译著，按实验室人员占署名人员的比例确定。

（二）开放交流

实验室是本领域国内水平较高的公共研究平台，仪器设备使用率高，具有向室内外、校（所）内外甚至国内外同行专家开放大型仪器设备的机制、措施并取得良好的效果。鼓励自行研制、改造仪器设备。实验室坚持开展高水平、高层次和实质性的国内外学术交流与合作。实验室保持一定数量的客座科研人员，并具有高质量的开放研究成果。实验室围

表5-1　财政科技支出项目绩效评估指标体系——以国家实验室为例

目标层	准则层	指标层	分指标层
财政科技支出项目绩效评估指标体系——以国家实验室为例	业务指标	科研产出	论文发表情况
			专利申请或获得情况
			论著发表情况及影响
			技术开发与技术转让
		开放交流	人员开放
			对外服务
			学术交流
			设备共享
	基础建设指标	队伍建设与人才培养	人才培养数量
			科研团队建设
			吸引人才
		实验室管理	管理制度
			管理人员
			操作规程
			台账资料完整性
		科研基础设施	设备完好率
			设备增加率
			实验室面积
			功能实现率
	财务指标	资金落实情况	资金到位率
			资金到位及时性
		实际支出情况	预算执行与预算批复的相符性
			实际支出调整的合理性
			实际支出结构的合规性

绕主要研究方向定期向国家重点实验室评估体系研究发布开放课题，开放课题由具有较高学术水平的国内外同行承担。积极参与国际重大科学研究计划，鼓励承办国际性、地区性、全国性学术会议。

（三）队伍建设与人才培养

实验室吸引和稳定高水平人才措施得力、业绩突出。实验室研究队伍知识、年龄、学历和学员结构合理，团结合作，学术气氛浓厚，具有良好的创新工作环境。实验室主任是本学科领域优秀的学术带头人，思想敏锐，能够掌握本学科领域国内外研究工作的发展现状与趋势，具备良好的道德修养和较强的组织管理与协调能力，有足够的时间和精力在实验室从事科研和组织领导工作，在实验室的建设和发展中具有主导作用。实验室应该具有一支高素质的、相对稳定的研究队伍，包括若干优秀的学术带头人、一定规模的高素质中青年研究群体和精干稳定的技术与管理人员，年龄与知识结构合理，能够适应实验室参与国际竞争和承担国家重大科研项目的要求，并具备实验室进一步发展的潜力。实验室人员能够团结合作，具有为科学献身的精神和良好的学风。学术带头人为本领域有影响的学者，具有根据国内外本领域研究工作的发展趋势把握本实验室研究方向的能力，学术思想活跃，研究成果显著：能够与实验室主任协同合作，在实验室研究方向及研究结构调整、组织科研项目和优秀人才的引进和培养等方面发挥重要作用。鼓励实验室固定人员在国际、国家级学术机构组织中担任重要职务，鼓励实验室引进国际顶尖学者来室工作。固定人员中多数参加了所提交的代表性成果的研究工作。此外，实验室是本学科领域高水平科研人才的培养基地，培养合理数量的具有较好科学素质和科研能力的博士后和研究生，培养质量得到同行专家的公认。

（四）实验室管理

这主要包括实验室各项管理制度建设及执行情况，包括实验室规章制度健全，日常管理科学有序，人员岗位职责明确。实验室具有良好的科研氛围和学术风气，学术委员会充分发挥作用。主要指标有：管理制度、管理人员、管理制度、操作规程和台账资料。

（五）科研基础设施条件

这主要包括仪器设备、实验室面积、设备更新和基地建设四个方面。其中，仪器设备是指明确归实验室管理和使用的仪器设备，包括购置设备和自制设备。实验室总面积是指实验室总使用面积。更新的仪器设备包括新购置、自制和改造的仪器设备。基地建设是实验室培养人才、转化科技成果实现产业化的需要，主要通过是否建立了培训、实习基地及中试基地来衡量。

（六）资金落实情况

这主要包括中央财政专项资金到位金额占批复金额的比例，中央财政专项资金到位时间与规定时间的相符性。

（七）实际支出情况

这主要包括预算执行与预算批复的相符性，预算执行的超支、结余情况以及实际支出项目与预算批复的相符性。若实际支出作了调整，则要考评调整手续是否齐全、调整幅度及其合理性。实际支出结构的合规性，实际支出结构与通用的财务管理制度和专项资金管理办法规定的相符性。

第三节　革新机构绩效评估　打造国家创新主轴

当今世界，科技发展突飞猛进，国与国之间的竞争日益体现为科技实力的较量。科研机构是科技创新的主力军，是提高一国科技竞争力中至关重要的因素，对一国社会正向演进发挥着重要的引领作用。构建一套科学合理的绩效评估指标体系是对科研机构进行科学的绩效评估，进而引领、激励科研机构自主创新的关键环节，也是建设创新型国家亟待解决的问题。

一、梳理机构评估发展，把握科技评估现状

科研机构是指由国家或部门根据经济社会发展需要建立并资助，由占有一定空间与设备条件的各级各类科研人员所组成的科研工作单位，包括国家设立的科学院、研究中心、中央或地方政府部门所属的科研院

所、实验室等。科研机构是国家创新体系的重要组成部分，是实现国家科技战略目标的主要生力军，它在科技兴国战略中发挥着重要作用。但就中国目前的情况来看，这些科研机构的情况各不相同，优劣相差很大，而且至今尚未建立起对科研机构进行绩效评价的完整的指标体系和科学合理的评价方法。

早在20世纪30年代初，前苏联早期经济学家斯格鲁米林就对科研活动评价标准的系统化进行了尝试，美国科学家格里切斯（Griliches Z.）和纳尔逊（Nelson R. R.）则分别从投入产出[①]以及基础研究对经济发展的影响[②]等领域对科研机构的绩效进行了评价。此后，包括美国国家科学基金会（National Science Foundation，NSF）和OECD在内的国际组织以及许多国家的政府统计部门、科研管理部门、学术机构和企业从不同角度对科研机构的绩效评价进行了研究与实践。

1974年，前苏联国家科委和创造发明委员会批准了《科研设计和工艺设计单位科技活动评定办法》，该办法设5项一级指标，并根据学科领域及机构特点，在二级指标的选取和权重设置上有所不同。NSF对美国科研机构的评价（统计指标）一般选用6～8个一级指标，并以经费获取及科研成果为核心指标。英国则是将科研机构的投入与产出指标化，在绩效评价中以定量（定性）指标为主。德国评价科研机构绩效的指标包括科研能力、科研服务及科学咨询能力、科学政策标准三个方面，下设若干项二级指标，并细分为相应的统计指标，其中获得经费的能力、申请专利数量、顾客满意度、提供的技术与成果情况以及人员状况是关注的重点。2003年，联合国西亚经济与社会委员会（Economic and Society Commission for Western Asia）发布了知识经济社会技术进步与发明创造（Science，Technology and Innovation，STI）评价指标体系，该指标体系包

① Griliches Z，"Research costs and social returns: Hybrid corn and related innovations"，*Journal of Political Economy*，1958，No.66，pp.419 - 431.

② Nelson R. R.，"The simple economics of basic scientific research"，*Journal of Political Economy*，1959，NO.67，pp.297 - 306.

括科学研究、技术进步与发明创造能力指标，研究与开发人力资源指标，发明创造经济指标，信息、通讯与技术指标（ICT）和综合评价指标五个方面，并首次将ICT指标纳入科研机构绩效评价体系。

国外关于科研机构绩效评价方法的研究已有很多，现在应用较多的评价方法有专家评分法、层次分析法、运筹学评价法、经济评价法以及模糊数学方法等等。但目前国际上较为通行的方法都是同行专家评议（peer reviews）。在美国，NSF和美国全国卫生研究所（National Institute of Health，NIH）以及美国国防部、能源部、农业部等所属的基础研究和应用开发机构在绩效评价中都采用这一方法，英国、法国、德国、加拿大等国的情况基本相同。

国内对科研机构的绩效评价在很长时间都是空白，直到20世纪90年代之后才开始研究。吴俊卿等是中国较早开展这方面研究的学者，在评价指标体系及其评价方法的研究中做了大量的工作。近年来，中国对科研机构绩效评价的研究较为活跃，主要集中在评价指标体系、量化标准与计算公式、评价方法与评价程序三个方面，也取得了一些进展。但总体看来，中国对科研机构绩效评价的研究还处于探索试验阶段，选择与建立评价指标体系的系统性差，在指标权重确定过程中又往往采用层次分析法、专家经验评估法等以定性赋值为主的方法，评价结果差异较大。而且由于评价对象众多，这些方法所得到的评价结果往往趋于均匀化，难以客观准确地反映科研机构的实际绩效。

二、明确机构发展目标，科学设定评估维度

明确的发展目标是科学评价科研机构绩效的重要前提。不同于传统的科研机构，形成开放、流动、竞争、协作的运行机制对于现代科研机构而言十分重要。同时，形成科技与经济结合的、富有生机和活力的技术支撑体系，坚持以市场（社会需求）为导向，以科研为依托，以产业（成果转移转化）为手段，坚持创新、创业、创富相结合，产学研相结合，协同创

新的整体发展思路。按照前文所述的指标构建原则，结合科研机构的特殊定位，可以从以下几个方面对科研机构的绩效情况进行评估：

一是技术创新能力。科研机构通过知识、技术等各种技术创新活动，提高资源利用效率，向社会提供高水平的研究成果及科技服务。就科研机构而言，提高技术创新能力至关重要，通过研发具有重大影响力的关键技术，促进新技术、新产品的开发，将科研活动与社会需求相结合，才能达到推动经济社会发展的目的。

二是科学管理能力。科研机构通过在研发管理、人力资源管理、项目管理等方面引入先进科学的管理方式，提高管理效率，是提高研究工作效率的重要保障。其检验标准在于在实践中是否促进了科技创新，以及科技成果转化效率是否提高。

三是经营管理者水平。科研机构需要拥有包括战略科学家、职业经理人在内的经营管理者。经营管理者应当具备新思路和新理念，善于利用科学的管理模式，能够发起和组织大规模科技创新活动，并能够发展合作伙伴，扩展创新资源。

四是科研人才水平。人力资源在科研机构的运作过程中起着战略核心的作用，是科研机构管理的核心问题。一个有效的科研机构可以通过包括人才引进、自我培养、团队建设及产学研合作等在内的多种途径形成高层次的研究队伍。

五是运作模式。即科研机构采取灵活的运作设计，通过市场竞争和科研实力积累，在争取政府科研经费、为企业提供技术服务、孵化高成长企业等方面协调行动，必要时在运作过程中引入金融资本，为科技成果的快速产业化探索新道路，实现科技与产业的深度融合。该指标实质上反映了科研机构的成果转化模式是否有效。

六是交流与合作。加入技术联盟、产学研联盟、战略联盟等各类创新网络是科研机构获取异质资源、保持创新活力的重要手段。这可以引导科研机构与国内外高校、企业、科研机构保持交流与合作，构建创新网络，完善创新链条。

七是创新文化建设。科研机构不仅应当关注设备、经费、队伍、成果等硬实力的提升，还应协同提升包括科研价值观、科研精神、科研形象、科研道德、创业意识等在内的创新软实力，在科研活动中发挥激励引导作用。

三、构建创新指标体系，激励机构正向活力

对于科研机构的绩效评估，已有许多学者在这方面积累了许多理论、方法和实践，并基于不同的研究视角和方法，构建了不同的科研机构绩效评估指标体系，为后续研究打下了扎实的基础。在借鉴已有研究成果的基础上，综合运用定性与定量方法，构建了基于创新引领的科研机构绩效评估指标体系（如表 5－2 所示）。

表 5－2　　基于创新引领的科研机构绩效评估指标体系

目标层	指标层	分指标层
基于创新引领的科研机构绩效评估指标体系	技术创新能力	财政经费资助
		非财政经费资助
		自筹经费
		科研仪器设备
		成果转化数量
		标准制定数量
		科研奖励数量
		科研项目经费
		研发人员比例
		论文发表
		专著出版
		创新平台数量
		专利申请数量
		专利授权数量
		技术成果交易
		人才培养

续表

目标层	指标层	分指标层
基于创新引领的科研机构绩效评估指标体系	科学管理能力	创新战略是否明确
		科研管理制度
		财务管理制度
		创新管理
	经营管理者水平	领导管理水平
		规划落实
		科研团队意识
	科研人才水平	科研领军人才数量
		人才结构
		专业技术人员数量
		人才引进
	运作模式	股权激励
		成果转化
		持有公司
		市场反馈
		治理结构
		利税总额
		出口创汇
	交流与合作	科研合作项目
		国际学术会议
		进修访问学者
		学术联盟参与
		实验室共建
	创新文化建设	创新氛围
		创新文化
		团队精神

第四节　完善人才评估模式释放创新创业活力

在知识经济时代，人力资源已成为最稀缺的资源，科技人才的竞争已成为21世纪知识经济竞争的实质。培养和选拔有高技术水平、高素质的科技人才，已成为一个国家科学技术高水平发展的关键。绩效评估就是吸引人才、激励人才的重要方法和途径。合理的绩效评估指标体系可以提高组织管理的效率、改进工作质量、激发员工的工作积极性和创新活力，为创新型国家建设培育人力资本。

一、比对国际评估模式，透视理论实践前沿

先发国家在对科研人员的评估方面已有许多经验。从内部管理的整体模式上划分，世界目前主要科研机构可分为两类。第一类主要侧重基础性、前瞻性研究，以探索科学前沿为使命，重视科学研究的质量，将发现和鉴别优秀的科研力量作为组织管理的核心目标，如德国马普学会。第二类科研机构主要侧重应用性、市场导向性的研究，以满足国家需求为使命，重视组织和国家目标的达成，因而将实现国家战略作为组织管理的核心目标，如美国能源部国家实验室。科研人员评价是科研机构内部管理的一个方面，由此推论，其理念应符合科研机构整体的管理模式，即科研人员评价的主要模式也将围绕科学质量或组织目标进行。然而，科学共同体内部始于科研成果优先权的判定侧重于对科研人员科学质量的评价。近年来，在国家目标成为引导科技创新重要政策的导向后，新的科研人员评价理念（如美国GPRA和PART）在实践中如何发展？评

价模式是否表现出显著的不同特点？这些都有待于作进一步的探索。

从国内来看，目前中国科研机构对科研人员的评价与世界其他科技强国还存在较大差距，尤其是以 SCI 论文为代表的定量评价在近十年里引起国内学者和科研管理者的广泛关注。此外，一些学者也开始探讨与科研人员评价相关的其他问题，如战略基础研究领域中的科研人员绩效评估体系。总体而言，这些探讨都尝试从不同的角度关注科研人员评价的理论和实践，然而在评价模式方面，比较系统全面的分析还很缺乏。梳理和分析国际机构科研人员评价实践的模式，对中国科研机构科研人员评价十分有益。

（一）德国马普学会的研究人员评估模式

马普学会（Max - Planck Gesellschaft，简称 MPG）是德国最大的科研组织，主要从事大学所不能承担的重大而复杂的基础研究工作。2008 年初，MPG 拥有 76 个研究所，约 4700 名科学家和 11850 名博士生、博士后和访问学者。

根植于一个具有深厚科学研究传统的国家，MPG 的管理方式是实行科研人员学术自治。这种学术自治在科研人员评价方面的重要体现是，对学科带头人和一般科研人员进行遴选和评议是基于科学研究的质量。对于 MPG 研究所而言，杰出的学科带头人（往往是研究所负责人）是其生存和发展的关键。为此，MPG 将对学科带头人的遴选和评议与研究所的设立及调整紧密结合。参加新的学科带头人遴选的候选者，应提出明确的研究设想和运作模式，组成一个具有实质研究内容的项目小组。MPG 方面将由学会内外部杰出的科学家组成评估委员会，重点评价每个项目小组研究设想的科学性和成员构成的合理性。遴选通过的项目小组将开展为期五年的试运行，并在试运行结束后接受一个新的评估委员会的评议。此次评议的重点是根据试运行阶段的进展情况评估研究设想的可行性以及项目小组负责人的领导才能。通过评议的项目小组将作为一个新建的研究所继续运行，而小组负责人将成为新的学科带头人，即新建研究所的负责人。经过这种层层把关程序遴选出来的学科带头人通常也是该研究领域的领军人物。

学科带头人正式履职后，将像MPG的一般科研人员一样，接受常规的评价。MPG重点关注的是科学研究工作的质量，科研人员并不接受正式的年度评价。如果科研人员要申请筹建新的研究小组、申请研究课题，或者申请成为新的学科带头人，那么MPG将通过同行评议对这些申请人或项目进行严格把关，目的是通过吸纳同行专家的意见和建议推动科研工作取得重要成果。除此之外，在实际的研究工作中，MPG并不干预科研人员对研究主题的选择，以及经费管理、人员聘用等方面的问题。不论是对学科带头人还是一般科研人员，同行评议的目的都是从学术角度提出建议，促进其提高科学研究质量，并不与研究资源挂钩。为此，在绝大多数同行专家认为当前的研究难以取得重要研究成果情况下，科研人员拥有调整研究方向和技术路线的自主权。

（二）法国国家科学中心的研究人员评估模式

作为法国规模最大的科研机构，2007年法国科研中心（Centre National de la Recherche Scientifique，简称CNRS）拥有31000名雇员，其中包括11700名终生研究人员、14400名终生研究工程师和支撑人员。

CNRS对科研人员的日常性评估和晋升评估由国家科学研究委员会负责组织实施，以科学研究的质量作为其创新研发能力的表征。该委员会由来自各领域近1000名专家组成。并划分为40个学科专业委员会和若干个交叉学科委员会。

国家科学研究委员会对CNRS科研人员的日常性评估包含年度评估和四年合同期中期的两年度评估，目的在于了解科研人员在一年当中的各项工作及科研活动亮点、在合同期前两年时间内的科技产出和参与管理活动的情况。日常性评估要求科研人员提交评估报告（年度评估提交个人年度科研活动报告，合同前两年评估提交科技产出报告和管理活动报告），由专业委员会依据报告中所包含的研究课题、学术出版物、学术交流、技术推广、教学任务、研究管理与合作等方面的已有成果作出评价。

CNRS 对科研人员在合同期后两年的评估与科研人员的职位晋升相联系。此时的评估也主要是依据科研人员的产出情况、实验室研究和管理工作的贡献，其结果作为科研人员从初级二档晋升为初级一档，或者高级二档晋升为高级一档的重要依据。对于申请从初级晋升到高级的科研人员，他们要接受一种名为“Concours”的竞争性评估。国家科学研究委员会负责组织实施“Concours”，并于每年春季面向世界范围进行公开招聘。初筛的标准是申请者科研工作成果、学历水平和现有职位；进一步评估采用申请者向学科专业委员会成员汇报的方式，由学科专业委员会依据申请者汇报中的突出成果及其反映出的科研能力得出一份按学术水平（Scientific Merit）高低排序的入选者名单。

（三）美国能源部所属国家实验室的研究人员评估模式

美国联邦能源部（Department of Energy，简称 DOE）是美国联邦政府围绕能源和核武器进行政策制定、行业管理、相关理论和技术研发的部门。DOE 国家实验室对内部科研人员（包括研究小组负责人以及一般科研人员）的评价遵循标准的绩效管理理念和程序。DOE 科学办公室直接管辖 10 个国家实验室，引领全美乃至全世界物理学相关研究。以费米实验室（Fermi National Accelerator Lab，简称 FNAL）为例，目前，FNAL 集聚了约 900 名杰出的科研人员，致力于推动高能物理和相关领域的科学前沿研究，其年度科研人员绩效评估体系包含计划、监控、评估和反馈四个环节。

每年 7 月份，FNAL 科研人员和直接主管讨论并制定下一年度的绩效计划，主要是确定绩效目标和能力目标。绩效目标是指依据部门总体绩效目标、职责要求、预期产出、历史绩效等因素，设立关键绩效要素和绩效测量标准。能力目标是对科研人员在评估周期内所应具备或培养的能力要求。绩效计划的制定要考虑具体的岗位、人员和工作环境，并经过科研人员和直接主管的充分沟通，以确保双方对于各项目标形成一致的理解。绩效监控和绩效评估是直接主管对照绩效计划对科研人员分别进行过程控制和最终评价。绩效监控通常在评估周期的中期进行，重点关注阶段性进展，并据此将绩效计划中的每一项绩效/能力目标进行评级。此外，直接主管还要给出综合评价，并用文字评述科研人员的总体绩效水平和能力水平、在实验室的服务性工作、职业发展计划等。对于综合评价较差的人员，将集中就不足的方面制定并实施绩效改进计划。绩效评估通常在每年7月上旬进行，主要基于中期监控情况和科研人员提供的年终绩效报告，对科研人员一年来完成绩效计划的情况进行评价。绩效报告包含一年内完成的主要工作和取得的重要成果、体现自身能力的活动、上一年度绩效评价表现出的不足如何得到改进、在个人职业发展方面的活动等内容。

绩效反馈是直接主管和科研人员一起讨论上一年度绩效评估的结果，更重要的是对未来如何进一步改进提出建议。绩效评估结果将主要影响到职位晋升、工资调整、培训机会、惩戒与解雇等方面的决策，以及下一年度绩效计划的制定。

专栏5-3　美国高等教育教师评估的服务视角

美国高等院校有着科学、规范、制度化的教师评估指标体系，其种类主要包括年度评估、申请终身职位时的评估、晋升评估。评估方式主要采取同行评定、教师自评和学生评定三种。美国高校每年都要对在职教师进行评审鉴定，其主要内容包括教学、科研和服务三大方面，这三大方面可以说是美国高等教育教师评估的三把尺子。教学评定是根据教师本年度教课门次、学生数量、每门课后学生的评语和鉴定、对教材教法的贡献而定。科研评定是依据教师在州、地区、全国或国际会议上所做的学术报告，所发表的学术论著，申请的科研经费和其他一些学术研究活动进行综合评定。对服务的评定分为两种：一是考察教师在校期间参加各级委员会的数目和贡献（美国大学内许多决策部门要通过组成委员会进行民主讨论制定政策）；二是考察教师在校外社团中或对社会服务的情况（如为校外社团作讲座或为社会人员提供专业咨询等）。

以密苏里州立大学为例，教师的服务内容主要是：

（一）大学服务

大学服务的类别比较多，主要体现在教师为大学内部的各院系和部门服务以及教师日常为学生提供服务，包含以下几个方面的内容：①作为大学层次委员会、学院层次委员会、部门委员会的成员；作为论文评审委员会或荣誉委员会的成员。②如果没有承担教学任务，利用空闲时间或其他弥补方式来提供服务。③日常管理工作，包括对独立研究、专业学位学生的管理、对研究生的课程论文和学位论文进行指导。④为院系的学生组织提供建议，为系、学院、大学范围的校园组织或团体提供帮助。⑤为院系内部或外部的班级、学生或全体教职员提供服务。这些服务包括演讲、展览、演出、解说等。⑥其他。

（二）社区服务

除了为大学内部提供服务外，教师也可以为校外提供服务，服务对象可以是社区、校外团体组织等。服务的内容主要有以下几个方面：①为校外组织团体提供服务，包括讲座、展览、演出、解说等。②为某地区学校提供服务，包括担任评审委员、业务顾问、为演讲竞赛作评判等。③其他相关的专业性活动。

资料来源：罗昆、王方全、何晶辉："从东南密苏里州立大学看美国高等教育教师评估的服务视角"，《世界教育信息》，2008 年第 7 期。

（四）日本产业技术综合研究所的研究人员评估模式

日本产业技术综合研究所（National Institute for Advanced Industrial Science and Technology，简称 AIST）于 2001 年 4 月正式成为独立行政法人，致力于以"Full Research"的科研模式"通过推动产业技术来对社会作出贡献"。2006 年 AIST 共有科研人员约 2500 名（其中具有终身职位的为 2027 名，固定期合同的为 478 名），此外，还有访学人员及博士后人员共计约 5250 名。

AIST 科研人员的评价主要采用年度绩效评估的方式。对于研究单元（研究所/中心）负责人而言，每年年初，负责人与 AIST 理事长直接沟通本年度的项目绩效计划。AIST 理事长将主要依据 AIST 整体发展战略对研究单元的年度计划提出修订意见，双方认可后，年度计划方可执行。年底，研究单元负责人提交个人评估报告，由 AIST 内外部专家对其一年来在领导科研和内部管理两个方面取得的绩效进行评价。外部专家主要由学界和产业界的同行组成，负责评价研究路线图的推进情况，以及取得的阶段性成果；内部专家主要由 AIST 管理专家组成，负责评价单元内的管理情况。值得注意的是，研究单元的研究路线图通常在单元成立时建立，按年度制定发展的阶段目标，每年评估目标完成的程度，并可以对路线图进行一定的修订。依据科研和管理两方面绩效评估的结果，AIST 理事会将适当调整下一年度该研究单元的预算配置。

对一般科研人员而言，年度绩效计划的制定基本类似。年度绩效计划主要包括科研和产业合作两个部分，研究单元负责人主要考虑科研人员的年度绩效是否有利于实现研究单元的整体发展计划，并依此提出修订意见。年底，科研人员向研究单元负责人提交个人绩效报告，由单元负责人依据绩效计划的完成情况进行评估。科研人员的绩效评估结果也将影响到下一年度的薪酬。

二、分析现有评估不足，把握指标设计要点

总体而言，中国已经基本建立起了对科技人才的评估制度，但仍存在着评价标准不科学、评价方法不完善、非学术因素介入以及后期管理不足等问题。

（一）科技人才评价标准不科学

美国国家科学基金会的研究指出，引文分析法（包括对 SCI 的使用）适合于评价科研机构或大量科学家的集体，而不适合于评价研究人员个人。在中国的科技人才评价中，则把科学文献索引（Science Citation Index，SCI）等文献计量指标作为重要的、甚至唯一的评价标准。由于评价标准的选择失当，致使一些人盲目追求论文数量，弄虚作假，滋长了浮躁的学风和急功近利的倾向，造成了科研目标的本末倒置。一般来说，中国物理、化学、生物学界的科技人才和材料学界部分科技人才比较看重 SCI，而偏于应用领域的科技人才则不赞成以评价论文论英雄。

（二）科技人才评价方法不完善

从 20 世纪 70 年代末至今，同行评议法一直是中国科技人才评价普遍采用的一种方法。对于科技人才评价的范畴，如科研方向的确定、资源的分配、荣誉和奖励的授予、论著的发表等，都离不开科研主体的同行评议。由于同行评议是由从事某一领域或接近该领域的专家对一项学术工作的学术水平或重要性进行的评价，因此专家群体的成员属于相同的科学共同体，往往导致同行评议具有保守性，很难保护创新思想和不同观点，尤其是具有革命性的创新思想观点。在同行评议中还常常出现严重的违反社会规范的“越轨”行为：如同行专家中大同行多、小同行少，鉴定走过场，名人效应，名流免检，“合法”参考被评议者的新思想，评语掺水，“权威”定音，自行预拟鉴定意见等。

（三）科技人才评价中非学术因素介入

科技人才评价中非学术因素的介入，主要表现为行政因素的介入和经济因素的介入。因为我们的科技人员都很重视官方的评价，而且评价本身也被分成了三六九等，即所谓的地方级、省级、国家级等，因此中国对于科技人才的评价，虽然由学科专家和科技管理层的行政人员共同承担，却往往由行政人员起主导作用。大量涉及多学科、多领域、多层次的科技人才评价的问题，从评价标准和程序的制定到评审选拔工作的实施都有行政介入，助长了行政人员干涉科技人才评价“外行领导内行”的风气，破坏了科技人才评价的客观公正性，亵渎了科技工作的神圣性。由于评价结果可以带来大量的科研资源富集，从而使人才选拔计划成了各个利益集团争夺的焦点，导致了经济因素的介入，以争取资源的数量代替评价标准。特别是科研管理部门官员的权钱交易，导致出现一批占有大量科研资源却从来不做科研的中介人，许多具有真才实学的科技人才反而沦为打工者。

（四）科技人才评价后管理松散

科技人才评价应该是一个动态的过程。随着经济全球化的发展，不同岗位对于科技人才的要求标准不同，即使是同一岗位，不同时期对于科技人才的评价标准要求也不一样。例如对于IT、计算机人才的要求，每年都有新的变化。然而中国现行的科技人才评价制度，由于过分重视学历、资历，过多的政府行为使得少数人进行科技工作的目的纯粹是为了人才评价，造成了科技人才评价后期管理的松散性。例如一些人在通过某一科技人才评价前，能够努力地学习、钻研业务、开展科研、发表论文，但其特殊待遇一旦到手，工作就停滞不前，业务上不思进取、高枕无忧。

三、建立评估指标体系，激励科技人才创新

基于前述所确定的科研活动绩效评估指标设计原则，并结合科研人才创新活动的特征，特别是成果转化与推广的重要性，从研究成果、学术交流、人才培养和成果转化四个方面总结提出科技人才绩效评估指标体系（如表5-3所示）。

表 5-3　　科研人才绩效评估指标体系

目标层	指标层	分指标层
科研人才绩效评估指标体系	研究成果	论文发表 专著出版 研究报告 专利发明 标准制定 平台建设 成果引用、转载、收录 成果鉴定与奖励
	学术交流	项目资助 学术会议 访问学习 合作研究
	人才培养	培养研究生 创新团队
	成果转化	成果推广 社会兼职与社会服务 社会认知 成果获批示情况 技术转让 （预计）产生的社会经济效益 （预计）为所在机构带来效益

第六章 革新预算运行机制 提升财政支出绩效

财政科技预算绩效管理的目的在于实现科技财政资源的总量控制、提高科技财政资源使用的效率及有效性、优化科技财政资源的配置等。这是政府绩效管理中的一个重要环节和组成部分，更是提升中国科技竞争力的关键。而财政科技预算的编制、执行、评价、审计、反馈等共同构成了一个国家科技财政收支的控制系统。

第一节 导入系统化的思想 加强预算绩效控制

预算绩效管理有着复杂的层级和程序，其运行离不开良好的系统设计和各方的积极配合。从系统论的角度看，科技财政绩效管理本身就构成了一个系统——科技财政系统，而预算就是对整个科技财政系统中的人，特别是预算官员的行为、物质和能量——财政收入与支出进行控制的系统。运用系统论的工具和思想对财政科技预算架构和流程进行设计和优化，建立科学的预算绩效管理系统是提高财政科技投入绩效的有效方法。

一、立足系统控制论，重释预算新视角

预算绩效控制的过程是一个严密且相互关联的复杂体系。系统控制论为重新审视预算绩效控制系统提供了新的视角，也提供了全新的理论模型支撑。

（一）预算绩效控制系统是一个有机整体

所谓整体性是指各要素一旦组成了有机整体，就具有了孤立的、各要素所不具有的性质和功能。整体的性质和功能不等于各要素性质和功能的简单相加，这个整体会出现新的系统质。

整体性原理是系统设计运用这种整体性去观察、处理问题的一条重要原理。即把任一对象看作各个要素按一定方式构成的有机整体，其要素作为整体的部分，要素与整体、环境以及各要素之间的相互联系、相互作用，使系统整体呈现出各个组成要素所没有的新质，因而具有构成该整体的各要素处于孤立状态时所不具有的功能的这种规律性。或简单表述为："整体不等于各要素的总和"，又称为非加和性。预算绩效就是由绩效目标、绩效报告以及绩效指标等组成的一个有机整体。

（二）预算绩效控制系统是开放性的

开放性是指任何系统只有把自己保持在不断地与外界进行物质、能量、信息交换的状态下，才能抗拒外界对它的侵犯，维持自身的动态稳定。开放性越高的系统其适应能力越强，发展水平亦就越高。系统设计运用这一观点去观察和处理问题即称之为开放性原理。

如动物与植物，都是一个不断与外界进行物质、能量、信息交换的系统。植物从外界吸取食物、阳光、水分和空气，又不断排出废物和废气才能维持自己的生存和发展。太阳系是一个开放系统，它一方面不断地向外界抛射出物质，辐射出能量；另一方面，它也不断从其他天体得

到物质和能量，正是在这种物质、能量交换中才能维持自己的稳定。一旦这种交换停止，则太阳系就能失去生命。人类社会亦是一样，只有使自己保持与自然界不断进行物质、能量、信息、交换、诸如政治、经济、科技、文化等等交流是很难得以维持和发展的。同理，绩效预算控制系统只有坚持开放性，不断吸收新事物，才能永葆活力。

（三）预算绩效控制系统的目的性

系统在内部各要素以及与外部环境的相互作用过程中，具有趋向于某种预先确定状态的特性。这种特征最终所呈现的是事物运动状态可能达到的某状态。在目的未确定之前，事物发展存在各种可能状态，究竟达到何种状态，要视各种因素来确定。目的性是事物间相互联系和相互作用的运动结果，它是以其他事物为参照，将两者的运动差异性缩小为零的一种运动状态。以往只把目的限于人的行为，同意识相联系。这里的目的性则不局限于人和活动，即使是具有反馈调节行为的机器亦适用，所以它是广义的。预算绩效首要任务就是要确认绩效目标，明确其目的，才能达到有效成果。

（四）预算绩效控制系统符合自组织原理

自组织原理是对自组织现象产生的条件。由数目众多的要素（系统的基本单元）所组成的开放系统，由于要素之间的协同与竞争的矛盾运动，会出现某些稳定状态的涨落，其中有的涨落会在一定的外界条件和系统内部的非线性机制作用下得到放大，使要素在更大范围内协同运动，从而产生了系统从无序走向有序，从低级有序走向高级有序的自组织现象。它揭示了系统发展的有序化过程。这一过程只能产生在开放系统之中，而且是在随机涨落的情况下才能实现。预算绩效控制系统就是通过各个个体的比较，采取有效的整改措施，来提高有效性的。

（五）预算绩效控制系统符合层次性原理

层次性原理亦称等级结构原理。层次性是指组成系统的各要素在系统中所处地位和发挥作用是不同的。系统是许多要素或子系统构成的，每一个要素又有若干个子要素或子系统构成。在一定的条件下的要素，对组成其子要素来说又可看作是系统，而在某种意义上的系统，对更高层次来说，它又是组成更大系统的要素。这种系统与要素的相对性，就决定了系统具有层次性。运用这一特性去一步步的完成系统设计就是层次性原理。绩效预算控制系统就是层次分明的系统，各层次逐级地组织起来的系统。

（六）预算绩效控制系统符合分解—协调原理

分解—协调原理就是系统的可分解性和可协调性原则。即在人们认识和构造系统的过程中，可将设计对象的活动过程或组成结构分解为若干个相互衔接和关联的部分，通过研究和协调这些部分的关系或调整结构，可以使系统的功能达到最优（或满意）。一般来说，系统的功能是由系统的结构所决定的，结构是与系统各部分间的关联与协调有关。在结构确定的情况下，系统各部分的协调关系与程度，只对系统功能的强弱产生影响，而不能使系统的功能发生质的变化。也就是说系统各部分间的协调程度只能起到量的影响，而不能引起质的变化。分解—协调原理不能根本改变系统的功能，并且其中的分解，其侧重点是指系统结构的可区分性。其中，协调是指在保持系统定性的基础上，调整和优化系统各部分之间的关系。因此，分解—协调的主要目的在于调整子系统与总系统的关系，使系统的整体功能得到优化。这样就需要有一个反复协调过程。其协调过程就是使各子系统（局部）优化，设计过程中最困难的是局部最优化与整体最优化的协调问题，只有通过多次反馈调节才能得到协调。预算绩效是个有机整体，但也是由不同层次的指标体系共同构建的，具有分解—协调的功能。

二、引入标准化理念，明晰管理控制程序

从管理控制的角度，管理控制系统是由标准确定系统、业绩衡量系统、偏差纠正系统所构成的。

首先，标准确定系统。标准确定系统的任务是明确业绩衡量的尺度。

标准是管理者检查和衡量工作过程及其结果的规范，为业绩衡量和偏差纠正提供了客观依据。控制标准来源于计划，但是由于计划的明细度和复杂性都不一样，计划的结果不一定都能作为具体的控制标准：如果计划已经制定了具体的、可考核的目标及指标，则可以直接作为控制的标准；如果计划仅为某一决策目标制定了综合性的行动方案或行动纲领，则需要将计划的目标转换为更具体的、可考核的标准。控制标准包括定量和定性两大类：定量标准包括实物标准、计划标准、资本标准、成本标准、收益标准、指标标准等；定性标准是一种无形标准，用于衡量那些无法用数量计量的方面，如管理者衡量部门经理人员才干的标准、经理人员衡量产品质量水平是否符合长期目标的标准等等。

其次，业绩衡量系统。业绩衡量系统的任务是将实际工作绩效与控制标准相比较，发现二者的偏差，以利于对实际工作作出客观的评价。业绩衡量系统的关键是衡量什么和如何衡量两个问题：关于衡量的内容，应当与控制标准的类型相适应，对于定量标准，直接将实际数与标准数进行比较，计算差异的绝对值和相对值，并分析差异产生的原因；对于定性标准，管理者应当寻求一种主观衡量方法，而不能以难以衡量为借口放松控制。关于衡量的方法，主要有亲自观察、统计报告、口头汇报、书面报告等形式，统计报告和书面报告是组织正规的控制方法，书面报告的优点在于全面、系统和精确，统计分析报告则具有时效性强的特点；亲自观察和口头汇报是非正规的控制方法，但是亲自观察可以获得员工面部表情、语调、懈怠等被其他来源忽略的信息，口头汇报可以通过语言语调和词汇本身传达其他被正规衡量方法过滤掉的信息。

最后，偏差纠正系统。偏差纠正系统的任务是根据业绩衡量的结果，采取管理行动，保证组织目标的实现。衡量比较后，如果没有偏差，或偏差在普界范围内，管理者不必采取行动；如果有偏差，且超出警界范围，则必须采取措施纠正偏差。工作中的偏差可能来自脱离现实的标准，在这种情况下，应当重新审视控制标准的影响因素，制定“严格而可实现”的控制标准，过于严格或宽松的标准不但不利于计划的执行，而且是导致员工不满或工作懈怠的行为因素；如果偏差是由于绩效不足所产生的，管理者就需要采取纠正行动，改进实际绩效。具体而言，管理者可以通过组织职能重新分派任务或明确职责来纠正偏差，可以采用增加人员，更妥善地选拔和培训下属人员，或是最终解散、重新配备人员等方法纠正偏差，以及通过货币与非货币奖惩等管理者补偿方式纠正偏差。

典型的管理控制程序通常包括战略计划、预算准备、分析财务业绩报告、绩效评价和管理者补偿几个步骤。

第一，战略计划。战略计划是一个决定“组织将采取的方案和这一方案在接下来的若干年度内所需分配的资源数量”的过程。战略计划不同于战略选择：战略选择是决定一个新战略的过程，而战略计划是决定如何去执行它：在战略选择的过程中，管理者决定组织的目标和达成这些目标的主要战略，战略计划过程针对这些目标和战略，寻求能高效率的、经济的实施这些战略的进一步计划；战略选择是非系统性的，随着市场环境的变化，战略可能被修改，而战略计划是系统的，每一个年度都有战略计划过程，这一过程的结果体现为具体的执行方案和时间表。一个正式的战略计划过程对组织的贡献体现在：战略计划提供一个年度经营预算的编制框架：正式的战略计划促使管理者花时间思考重要的长期性问题；战略计划制定过程中的争论和讨论有助于澄清整体战略，统一和协调各层次管理者与组织战略的关系。战略计划还涉及组织重要的资源分配问题，在这方面，投资分析、价值链分析和作业成本分析都是战略计划制定过程中的重要分析技术。

第二，预算准备。预算准备是为战略计划所作的进一步年度安排，编制预算有三个基本目的：一是协调组织各部门的工作；二是指定管理者的责任，授权其开支数额，告知其要达到的业绩；三是获得一个评估管理者实际业绩的基本标准。全面预算主要包括三个组成部分，即经营预算、专门决策预算和财务预算，其中，财务预算是全面预算的核心，以价值量指标总括反映了组织预算期内的现金收支、经营成果和财务状况。在预算准备过程中，应当考虑两方面的行为因素：一是预算目标的难易程度，如果预算目标过于容易，预算标准过于宽松，管理者很可能把他们的期望值定在预算的标准上，使实际的执行结果比没有预算时还要差，如果预算目标过于困难，预算标准过于严格，管理者将预见到预算的不现实性以至于没有动力去实现它，西方实证研究的结果表明，“严格而可实现”的预算通常导致最佳的执行结果，充分发挥预算的激励和控制职能；二是预算过程的参与，参与式预算允许预算执行者对预算编制充分发表意见，而不是将预算强加给执行者们，这能够大大减少管理者与预算执行者之间的信息不对称。参与式预算使预算执行者产生责任感并激发其创造性。由于预算执行者参与预算编制，就很可能使预算目标成为预算执行者的个人目标，由此也产生了更大程度的目标一致性。

第三，分析财务业绩报告。分析财务业绩报告的主要内容是将实际业绩与预算作比较，并分析差异产生的原因。由于宏观经济环境以及市场竞争条件的复杂多变性，许多不可控的客观因素对预算执行结果产生影响。如果依据事先确定的预算标准对预算实际执行情况进行衡量无法体现预算执行的真实效果，这时就要对预算标准进行调整，以反映预算期间组织经营活动的实际经济背景；对于实际作业水平超出弹性预算相关范围的差异，应当扩大预算的弹性空间，并对作业量加以相应调整。另外，对于预算单位现有经营效率的差异问题，在诊断评价中要慎重考虑，因为有些预算单位经营效率很高，如果采用“一刀切”的做法，以增量的方式要求不同效率的预算单位按相同的增减比例控制其业务量及费用水平，势必增加高效率预算单位的负担，而又无法充分挖掘低效率预算单位的潜能。

第四，绩效评价。预算执行效果评价涵盖了组织绝大多数的重要财务性指标，但是并不能反映组织的整体绩效，这主要体现在一些非财务性指标上，如产品质量、客户满意度、创新及组织变革等。如果将预算标准的执行情况作为绩效评价的唯一标准，忽略影响国家竞争能力的重要非财务性指标，将会导致短期行为，阻碍组织长期战略的实现。这些短期行为势必导致公共产品质量下降，给组织的长期持续发展造成危害。

因此，绩效管理应在预算业绩评价的基础上，充分考虑预算执行结果对产品质量、客户满意度等指标的影响。平衡记分卡正是综合了财务性指标与非财务性指标的业绩评价方法，从财务方面、客户方面、内部经营方面和创新与学习方面衡量组织多种多样、相互联系的目标。在组织绩效的评价中，既可以采用单一指标衡量（如利润、销售额等），也可以采用多重指标衡量（如分项预算）；可以采用财务指标衡量，也可以采用非财务指标衡量；可以采用定性衡量方法，也可以采用定量衡量方法。可供选择的衡量方法包括：选择适当的衡量标准（脱离计划偏差、利润、投资报酬率、剩余收益、经济增加值等）、计算价格差异和数量差异、区分固定成本和变动成本、分析衡量标准的可控性。

第五，管理者补偿。在绩效评价的基础上，就要确定管理者的报酬补偿，激励性报酬是鼓励和促使管理者达成组织目标的一个重要机制，管理者通常对有回报的工作投入大量的精力，而对没有回报的工作付出的努力较少。因此，首先应将预算执行结果以及管理绩效与激励性报酬机制联系起来，对于达到预算控制标准、绩效良好的给予奖励，对于未达到预算控制标准、绩效较差的给予惩罚；其次还要实施收益分享计划，以促进组织整体效益的提高。所谓“收益分享计划”，是指按照预先确定的反映生产率和利润率改善的公式，员工和公司分享财务收益的计划。收益分享计划能使员工分享组织或主要部门的效率改进而带来的收益，这些计划鼓励团队合作，并就他们对组织的总贡献进行奖励。一些得以普遍应用的收益分享计划包括：利润分享计划、拉克尔计划、集体收益与分享计划、风险—收益平衡计划和员工持股计划等。另外，在实施财务性激励报酬的同时，还要重视非财务激励手段的运用，比如给予下级部门及所属员工适当的自主权，增强其责任心以及对出色完成工作的满足感；还可以通过实施非货币性的表扬计划提高员工的自尊心和荣誉感。管理者补偿的宗旨在于激励员工的积极性和成就感，激励措施既可以采取财务性激励（如奖金），也可以采取非财务性激城（如提升、工作委派）；激励补偿标准的确定可以以内部奖惩制度为基础（被激励者可预期的、固定的），也可以以高层管理者的主观判断为基础（依赖提供激励者的主观判断，能够反应环境变化）；可以采取个体激励方式，也可以采取群体激励方式。

三、发挥预算控制作用，建立科技财政复合系统

绩效预算管理控制系统包括标准成本控制、质量控制、信息反馈、业绩报告等。可以说，绩效预算控制系统是国家财政管理控制系统中的重要组成部分，且在整个国家财政管理控制系统中起着重要的作用。

从系统的观点研究绩效预算控制，就是把预算控制看成是一个系统，看成是国家整个管理控制系统中的一个组成部分。而且，绩效预算控制系统具有整体性、相关性、目的性、层次性和环境适应性等特点。预算控制系统又是由下一层次相互关联的分系统构成的。为了达到最优计划、最优管理和最优控制，系统管理通常具有计划、执行和考核三个分系统，预算控制系统也不例外。

首先，预算控制系统是国家财政管理控制系统的“小型复制品”。从国家财政管理控制系统的控制程序来看，主要包括战略计划、预算准备、财务绩效报告分析、绩效计量等方面；从预算控制系统的控制程序来看，主要包括计划制定、确立预算标准、预算分析报告、考核评价等方面。可见，预算控制系统是管理控制系统的“小型复制品”。

其次，预算控制系统是价值流系统的综合反应。预算控制系统是对国家价值流的综合性控制系统，包括国家财政的收入状况、成本状况、损益情况；资产状况、负债状况；资金状况以及现金流量状况。

最后，预算控制系统是物流、价值流、信息流系统的协调工具。如果说财务预算是价值流控制的综合反映，那么业务经营预算则直接与物流控制相关。保证财务预算与业务经营预算相一致的过程同时也就是物流与价值流的协调过程。绩效预算是一个复杂的大系统，存在着大量的各种各样的信息，必须把信息及时传递给各个有关部门，管理控制系统

才能正常运转。预算控制系统通过计划和标准制定将信息及时传递给各个预算部门，并进行经常性的信息反馈，保证预算信息流的通畅以及信息流与物流、价值流的协调一致。

为了明确预算目标，政府必须建立预算标准系统；为了落实预算责任，必须建立组织分工系统；为了实行调节，必须建立指挥协调系统；为了考核预算控制的业绩，必须建立信息资料系统和考核评价系统。其中，预算标准系统起到了接收器的作用，接受一定的预算控制标准；组织分工系统明确了预算控制的责任单位；指挥协调系统起到了控制器的作用，指挥和协调预算控制的具体工作；信息资料系统发挥了预算信息的传输和反馈作用；检查考核系统起到了检测器的作用，衡量实际偏离预算的差距。

（一）预算标准系统

在编制具体的预算前，首先要确定预算指标的标准，预算标准根据预算指标实现的难易程度可以划分为宽松的标准、严格而可实现的标准和十分严格的标准。在预算基准确定之后，就要通过各种方法确定各项具体的预算指标。同时，要注意指标体系中各项指标的相互呼应，各部门的指标应当协调一致，保证总体指标的实现。

（二）组织分工系统

组织分工系统的职能主要在于落实预算责任，有了全面的预算标准及控制指标体系，必须有负责控制的部门单位和个人，否则，预算控制标准就会流于形式，无法起到实际的控制作用。预算控制责任应当按组织架构和受托责任分成两个方面：从组织架构上看，上至预算管理委员会，下至各级预算主管部门和个人，都要承担一定的预算控制责任；从受托责任来看，应当根据分权化原则，建立专业化制衡的管理架构和分工系统。另外，组织分工系统的设置应当层次简洁、职责分明，以提高预算执行效率。

（三）指挥协调系统

在预算控制中，如果实际水平同预算控制标准发生差异，要及时进行调节。由于预算是在事前对实际收支水平进行预测的结果，它是建立在一些基础性假设基础上的，如果现实情况与基础性假设不符，则应当及时调整预算控制标准。有些问题控制部门自身可以调节，有些问题应当及时报告上级预算主管部门协调解决。特别是有些问题涉及几个部门，一个部门的工作往往会影响到其他部门对于预算控制标准的执行，对于这类问题，就需要明确由哪个部门来进行协调。这就需要建立指挥协调系统。

（四）信息资料系统

预算的信息资料包括经济统计资料、财务会计资料、业务经营预算资料、部门预算资料、预算执行报告、预算分析资料、绩效考核报告以及其他统计资料和调查资料等，这些都是预算控制的重要依据。首先，确定预算控制标准需要有足够的历史财务会计资料，以及宏观经济形势等经济统计资料，否则，预算标准的制定就会脱离实际，起不到指导预算控制的作用。另外，在预算控制和考核中则需要更多的信息，有了信息反馈，才能及时了解预算差异，以便采取有效措施，保证预算控制指标的实现，并对预算执行工作进行考核。

（五）考核评价系统

预算控制要贯彻责、权、利相结合的原则，就要对预算执行工作进行检查和考核，并形成一个系统。对预算执行情况进行考核，应当在适时监控的基础上，建立定期或不定期报告制度，及时反映预算执行工作的情况；并深入细致地调查预算差异产生的原因，分析预算标准对市场经济环境的敏感度，以利于后续预算期间预算标准的确定。另外，还要制定合理的奖惩制度，做到赏罚分明，以提高预算执行工作的积极性和主动性。

四、优化预算控制职能，提高预算管理效率

预算控制职能主要包括计划职能、控制评价职能、协调职能等，而

各个职能有着不同的方法与程序。优化发挥预算控制职能是提高预算管理效率的重要途径。

（一）计划职能

绩效预算控制的计划职能体现在：通过滚动预算、弹性预算、零基预算和作业基础预算等预算方法与程序，将预算标准具体化为预算期内的控制界限，以对预算期内的财政收支和绩效考评活动进行计划，并据以对预算的实际执行情况进行考核与评价。

1. 滚动预算。这是为了使预算期始终保持一定的时间跨度而连续进行预算编制的方法。具体做法是：将固定预算期划分为不同的期限，对较近的期限制定较细致的预算，对较远的期限则只制定一个大致的预算额，每过一周期，立即根据前一个周期的预算执行情况，对以后进行修订，并增加一个周期的预算。以这种逐期向后滚动、连续不断的预算形式规划未来的经营活动。

与传统的定期预算相比较，滚动预算具有以下优点：首先，预算的编制实现了与日常管理的紧密衔接，而不再仅仅是预算年度开始前几个月的工作，可以使管理人员始终从动态的角度把握住近期的规划目标和远期的战略布局；其次，滚动预算根据前期预算的执行情况及时调整和修订近期预算，使预算能够及时适应不断变化的情况，提高了预算的灵活性；最后，预算期始终保持一个固定的时间跨度，不再受日历预算年度的限制，能够连续不断地规划未来的经营活动。

2. 弹性预算。这是在成本按其性态分类的基础上，根据可预见的业务量规模，以业务量、成本、成果、产出之间的依存关系为依据，在编制预算时使预算具有一定的伸缩范围，能够适用于不同业务量的一种预算方法。同固定预算相比较，弹性预算的优越性主要体现在以下几个方面：首先，弹性预算按预算期内一定相关范围内多种业务量水平编制，任何实际业务量都可以找到相同或近似的控制依据和评价标准，从而扩大了预算的适用范围；其次，弹性预算是按一系列的业务量水平编制的，只要费用、成本水平不变，弹性预算的结果在不同的部门都具有较强的适用性；最后，弹性预算编制的成本是随着业务量变动的弹性成本，它反映了不同成本与业务量之间的关系，便于控制和考核成本，挖掘降低政府成本的潜力。

3. 零基预算。零基预算是指在编制成本费用预算时，不考虑以往预算期间所发生的费用项目或费用数额，以所有的预算支出均为零作为出发点，一切从实际需要与可能出发，进而规划预算期内的各项费用的内容及开支标准的方法。它要求对各个业务项目所需要的人力、财力、物力逐个进行估算，说明其经济效益，在此基础上，按项目的轻重缓急性质分配预算经费。同增量预算相比较，零基预算的优越性主要在于：首先，对所有的资源需求都进行评估，可以合理有效的进行资源分配，提高资金的使用效率；其次，预算需要重新进行评估和分析，各预算部门均参加预算的编制，可以充分发挥各预算部门人员的积极性和创造性，促进各预算部门精打细算，合理使用资金，提高资金的利用效果。

4. 作业（弹性）基础预算。作业管理（ABM）是一种全系统范围的、一体化的管理方法，将管理重心放在作业上，并以提高顾客价值和利润为目标。作业管理包括产品成本计算和过程价值分析。与其他的预算方法相比较，作业（弹性）基础预算的优越性主要在于：首先，作业（弹性）基础预算可以预计出作业用量改变时作业成本的变化情况；其次，作业框架下的差异分析容许经理人员将作业成本区分为增值部分和非增值部分，并区分价格影响和用量影响；最后，因为作业基础预算把财务数据与消耗相关资源的活动联系起来，预算部门就能够以那些削减后不会影响整体效果的特殊业务活动为目标降低成本，而不是简单的划定一个成本降低的百分比。

（二）控制评价职能

预算的控制评价职能体现在：通过预算执行情况跟踪调查，及时对预算标准和实际执行情况进行调节：在对预算标准进行调整的基础上，结合整体绩效评估对预算的实际执行情况进行控制与评价。

1. 及时跟踪调查。这要求对预算执行结果及时进行跟踪调查，一方面可以发现实际执行情况脱离预算标准的趋势，及时采取措施避免不利差异的产生或扩大；另一方面可以根据客观经济环境的变动情况，对原来的预算标准进行调节。另外，跟踪调查的频率也影响着预算执行效果的高低，跟踪调查的频率越高，对原预算标准调整的幅度就越小。实施微调使调整结果更容易被接受，而且频繁的跟踪调查和业绩反馈使脱离预算标准的不利差异刚刚出现苗头，就能够被及时发现并纠正。

2. 调整预算标准。由于宏观经济环境以及市场竞争条件的复杂多变性，许多不可控的客观因素对预算执行结果产生影响。继续依据事先确定的预算标准对预算实际执行情况进行诊断将无法体现预算执行的真实效果，这时就要对预算标准进行调整，以反映预算期间财政活动的实际经济背景；对于实际作业水平超出弹性预算相关范围的差异，应当扩大预算的弹性空间，并对作业量加以相应调整；对于预算单位现有行政与经营效率的差异问题，在诊断评价中要慎重考虑，因为有些预算单位经营效率很高，如果采用“一刀切”的做法，以增量的方式要求不同效率的预算单位按相同的增减比例控制其业务量及费用水平，势必增加高效率预算单位的负担，而又无法充分挖掘低效率预算单位的潜能。

3. 整体绩效评估。预算执行效果评价涵盖了绝大多数的重要财务性指标，但是并不能反映整体绩效，这主要体现在一些非财务性指标上，如公共产品质量、客户满意度、创新及组织变革等。如果将预算标准的执行情况作为绩效评价的唯一标准，忽视影响预算单位竞争能力的重要非财务性指标，将会导致短期行为，阻碍长期战略的实现。因此，绩效管理应在预算业绩评价的基础上，充分考虑预算执行结果对产品质量、客户满意度等指标的影响。

（三）协调职能

预算控制的协调职能体现在：通过各种沟通方式，包括上下行沟通、横向沟通、初始下行沟通、斜向沟通、内外部沟通、参与决策等方式，促进组织内各层次的管理者及预算执行者协调一致。这里我们主要讨论上下行沟通的应用。

上下行沟通是一个互动的过程，这种互动沟通具有三个关键特征：动态性、独特性和互动性。沟通的一方总是随着另一方的反应而作出反应，随时变化。双方相互交换情感、思想和反应，并引起态度和行为的改变。信息的发送者和信息的接收者的角色区分不再如此容易与断然，同时，沟通中因互动而致的快速角色转换使静态的标的（主客体）不再具有重要意义。上下行沟通对于预算控制具有重要的意义：一是上下行沟通有利于管理者与具体预算执行者的信息交流，降低信息的不对称程度；二是上下行沟通的频率和过程影响预算执行者预期目标形成的时间和水平，进而影响预算执行效果的高低；三是上下行沟通也是促进执行者预期目标与组织目标协同一致的重要手段。

第二节 优化预算管理程序提高科技投入绩效

预算制度引导、记录和规范着政府的运行轨迹，是加强政府管理、提高政府效能的重要抓手。财政科技预算从资金运转的角度对政府在科技领域的活动作出了规定。按照系统论的观点，提高财政科技投入的绩效，需要优化预算管理的全过程，架构起高效的预算编制、执行、监督评价、审计与反馈的机制，从整体上改善预算管理过程，提高政府运行绩效。

一、创新预算编制，确保科技财政的可持续性发展

从理想模式来看，预算绩效编制应该是绩效和预算分配挂钩的模式，这种模式对应的是责任和控制的绩效管理模式。而预算分配不直接和绩效相挂钩的预算绩效编制模式一般对应的是管理和改善的绩效管理模式

或者节约型的绩效管理模式。由于各国的管理实践以及预算发展历程及政治体制差异等因素限制，从理论上说，并没有适用所有国家的预算绩效编制模式和绩效管理模式。

财政科技预算绩效编制的流程如图6－1所示，从中可以看出，以绩效管理为基础的预算编制谋求更客观地评价部门支出取得的成效，更有约束力地管理公共部门，更高效率地配置资源。

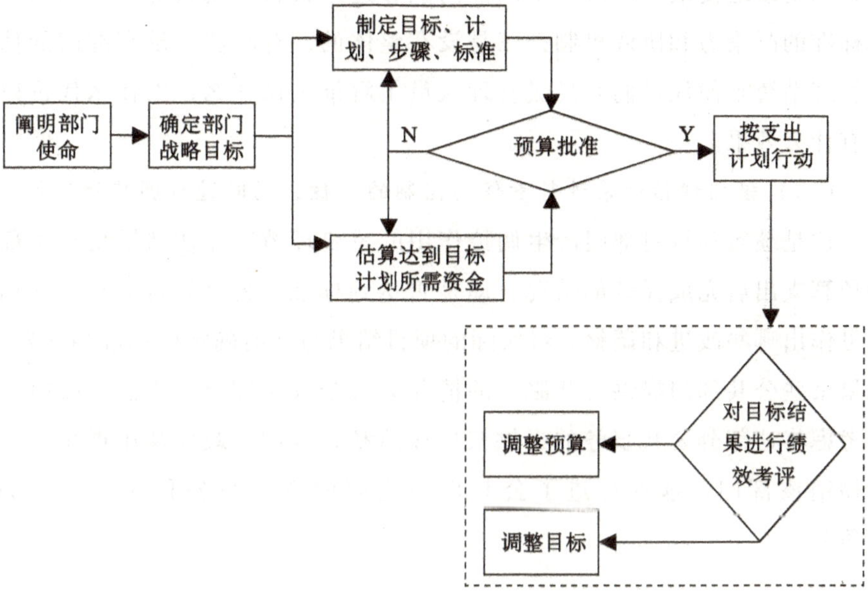

图6－1 科技财政绩效预算编制流程

在这个过程中，最关键的是以下几个环节：

（一）明确任务、目标，制定支出项目

一个清晰的任务声明是理想的开端。美国在《1993年政府绩效结果法案》中将绩效评估制度在联邦政府级别上制度化。该项法案要求联邦机构建立最高级别机构的目的和目标，包括年度项目目的；表明它们打算如何达到这些目的；展示为实现这些目的它们如何衡量机构和项目业绩。部门在每一个预算年度开始时都要知道在这一年中要做什么事情，着重强调政府干什么而不是买什么。

（二）按支出计划行动

根据标准跟踪评估，这是绩效预算的中心内容。支出内容与其所服务的规划紧密相联。根据总的工作规划，着重考核预算支出，使绩效评估渗透到政府的每一个部门。这些绩效考核措施既考核公共资金使用的最终效果，同时又考核为取得上述效果所开展的工作活动情况。这主要是基于传统政府管理方式中的三个具体弱点：一是缺乏宏观的方向和目标；二是缺乏使地方政府的不同部门能够选定其自己的目标、预想和工作标准的凝聚力和协调机制；三是没有整体的，有时甚至没有部门的信息管理系统来使议员们和高级管理人员了解谁去做什么，以什么代价以及有什么效果。

（三）根据评估结果进行责任和控制的考核，同时进行调整和改善

这是绩效预算对部门产生调控作用的重要环节。评估结果反映了部门预算支出后完成任务的情况，即是否达到标准、公众是否满意，并据此可作出哪些改进和调整。将实际的项目结果与之前确定的标准相比较：如果某些公共部门提供公共服务的情况无法令政府和公众满意，政府则会考虑将这部分公共服务的提供权出让给私人部门，政府从中退出，或者撤销该部门，这便促进了公共部门之间的竞争与公私部门之间的竞争①。

二、优化预算执行，保障科技财政的微观激励

支出控制是预算的基本职能。预算控制经历了三个阶段：通过中央机构对支出项目进行外部控制；通过支出部门对投入进行内部控制；以及对产出的管理决策自由和责任②。传统的预算控制制度（外部和内部控制制度）着重点是遵照执行，即通过详细的投入控制保证不透支和不改变执行中的预算内容。这种方法的目的是确保财政纪律，但存在两个

① 周志忍："英国公共服务中的竞争机制"，《中国行政管理》，1999 年第 5 期。

② 艾伦·希克：《当代公共支出管理方法》，经济管理出版社 2000 年版，第 76 页。

问题：一方面是过细的控制耗费大量的时间和资源，使得预算僵硬，没有给予预算管理者应有的灵活性；另一方面是传统的预算控制方法关注对公共物品的资金支付，但问题往往发生在其他地方（如人员过多、权力集中、公共服务资金支付拖欠）。

在预算发展的各个阶段，所有的国家都建立了外部控制，某些国家甚至在其预算体制已经高度发展的情况下仍然坚持外部控制；很多国家则已经转向了内部控制。也有一些国家开始强调管理责任和产出及结果控制。OECD 国家经验表明，预算绩效控制改革的顺序是政府在对支出具有强有力的外部控制之后，才转向内部控制，同样在内部控制成熟以后再强调产出和结果控制。如果不遵从这样的顺序，在内部控制高度发展之前就将广泛的决策自由下放给管理者可能会造成很大的风险①。

普雷姆詹德又将支出控制按职能类别分为政策控制、过程控制和效率控制②。其中，政策控制指负责制定宏观经济战略和制定有关的综合指标，并且进行机构的改革重组；过程控制指履行法定职责，进行人事管理、政府采购、工程承包、项目招标及资金支付；效率控制指对最后获得的结果，参照一定标准，进行评价。同时按支出控制类型分为指令控制、激励控制和激励控制。指令控制指强大的中央机构负责国民经济的管理，权力高度集中。指令控制的顺利进行，需要各级机构与中央机构保持一致。此外，指令控制的正确决策，需要大量信息并且必须具有可靠性；激励控制是指令控制的一种补充形式，并不适用所有的政府任务。

由于政府任务的成功，取决于社会满足程度以及各级工作人员的反应，因此任务本身应包含激励机制，对于私人部门的任务，政府应辅之以合适的税收优惠和财政补贴，以激励私人部门完成任务。而对于公共部门的任务，政府应规定相应的标准，对没有超支的机构给予奖励，对

① Jack Diamond, *From Program to Performance Budgeting: The Challenge for Emerging Market Economics*, IMF Working Paper, 2003 (169), pp: 3.

② 普雷姆詹德著：《公共支出管理》，中国金融出版社 1995 年版，第 55 页。

超支机构予以惩罚；协同控制也是指令控制的一种补充形式，只适用于一些情况。协同控制强调中央机构与各级机构相互协商谈判，以此作为制定政策计划的基础，这往往导致了上下级机构之间的讨价还价。

政策控制在中央机构规定资金上限的情况下，支出机构不得修改，这属于指令控制。如果中央机构与支出机构相互协商，共同决定计划，这属于协同控制。中央机构也可制定相应标准，对支出机构进行奖惩，这属于激励控制。过程控制必须遵守法律和相关实施细则，因此不属于协同控制。效率控制不是单方面进行的，而是中央机构和地方机构共同确定标准，共同参与控制，因此不属于指令控制。

三、加强预算监督与评价，提高科技财政的公信力

政府清晰的绩效解释依赖于不同国家不同的理解。OECD 国家逐渐达成的共识是产出方法是有局限性的，它可能导致政府不再关注项目影响，而恰恰这才是政府应该重点关注的范围①。现在越来越多的 OECD 国家开始使用面向结果的预算管理办法，在使用结果衡量的方法之前，先是广泛地采用产出衡量办法②。在预算准备阶段，必须决定每项产出的绩效目标，并达成一致意见。目标应该给予清晰的说明，并就优先级给予排序，这样它们可以在任一时段就产出度进行评价。这种办法一般使用“率”和“频率”来作为衡量指标，除此之外，还经常设置绩效衡量的基准指标，基准指标可能是根据以前信息估计的，假如实际产出和预期产出目标之间差异很大时，还必须确定产出的成本差异。

诸如，英国在设计公共部门绩效协议时，强调设计有意义的目标，

---

① Kristensen, O. K, W. Groszkk, and B. Buhler: *Outcom - focused Management and Budgeting*, OECD, Journal on Budgeting, 2001 (4).

② 澳大利亚、新西兰和荷兰开始关注于产出，现在正在向面向结果的办法转移。澳大利亚和新西兰正在变革账户和预算编制强调结果。法国通过一项法律，要求提供预算中的绝大多数产出和结果。应该注意的是当澳大利亚州政府开始关注产出时，联邦政府已经使用面向结果的产出。

并同机构的预算保持一致。这不仅有助于管理者改善机构绩效，而且在增加部门责任方面，可以选择那些有效运作的政策和程序。随着技术水平的增加，产出衡量一直被结果衡量所取代，必须承认的是设置某些结果指标确实是十分困难的。如相对于健康部门的截至2010年心脏病的死亡率至少降低40%、癌症死亡率至少降低20%这些指标，“改善英国防止冲突和管理冲突的有效性，减少人们在暴力冲突中死亡和在潜在冲突中死亡的数量”是比较难以衡量的[①]。实际上，没有任何一个OECD国家仅仅采用结果或者产出绩效评价的办法，而往往是根据绩效管理水平和目标侧重，重点关注某一指标。因此，总的来说，绩效预算评价是一个综合性的评价体系。

在传统行政模式下，效率的评价活动属于管理过程中的控制环节。评价主要是上级对下级单位的反馈活动。但是，随着分权化管理、结果管理、顾客导向、工作团队、组织与雇员发展等新管理主义理念和实践活动的大量出现，这种自上而下的单向评价活动已转换为全方位的绩效评价方式。

在组织绩效评价方面，同样也存在评价主体多元化的趋势。因为，随着各种类型的公共组织日益获得更加广泛的管理自由权和资源控制权，它们已不再单一而机械地执行上级的指令，它们还必须考虑立法部门、利益集团、政治领导人、专业人士、公众以及其他相关部门对它们提出的各种要求，并作出及时的回应。公众组织的责任机制，开始从自上而下的单一链条形式转变为面向多元利益群体的网络形式；公共组织的责任机制已体现在政治、法律、专业技术、管理等各个方面。这种责任机制的实现，很大程度上依赖于相关利益群体对它们所作出的评价。因此，公共组织绩效评价主体同样也呈现出多元化的趋势，这种趋势要求在进行公共部门的绩效评价时，必须权衡顾客的不同需求，提供不同的绩效信息，并开发不同的绩效评价工具。

---

① Handerson, s., The Challenges of Measuring Performance, paper presentedat the OECD Senior Budget Office Meeting, *Performance and Informationin the Budget Process*, Paris, 2004 (4).

在建立绩效预算的评价体系中不同的专家具有不同的观点，有的认为四个步骤是必需的，有的则认为7个步骤比较合适。不论步骤数量是多少，以下几个方面是至关重要的：编制结果和目标、选择结果评价和监控目标、在目前制约条件下设置基准、设置实现的目标和日期、收集数据评价、分析和报告结果。

综上所述，在构建面向结果的绩效评价体系中，以上各个方面都是不可缺少的，但是世界银行认为只有这些还是远远不够的，因为政府部门本身存在一定的特殊性和复杂性，最终使用者对绩效评价也是认识模糊，因此一般在设计绩效评价中往往忽视政治、组织和文化因素。基于此，世界银行设计了一套面向结果评价的十步骤模型来评价绩效①。

四、重视绩效预算审计，保障科技财政的审慎性

对于绩效审计而言，首先，独认性是审计主体的本质特征，无论从实质上还是形式上政府审计都应完全表现其独认性。但是，由于受各方面的限制，审计执行过程中不可能对每一项目不同类型的审计均安排特定的专职审计人员，因此对审计人员的业务水平提出了更高的要求，熟悉更多的业务。其次，绩效审计要审查公共部门是否存在低效率的工作现象，评价政府官员的工作成绩，其着力点在于被审计单位的绩效标准，如公共资源投入和产出的量化指标；工作质量、业绩的考核标准；各部门单位的任务目标等。而公共财政绩效认定的相关指标不健全，加上绩效审计的审计目标、审计程序以及评价体系尚无明确规定，没有统一、固定的方法和技术，没有严格的审计标准可以遵循。最后，绩效审计的基础是大量非财务指标与数据，但由于被审计部门可能利用所处的垄断地位等条件封锁有关信息，造成政府审计监督信息不完备，使政府审计部门无法对政府财政资金的管理及使用效率与效果进行审计。

---

① Jody Zall Kusek，Ray C. Rist：Ten Stepstoa Results - Based Monitoring and Evaluation System，The Worldban Washington》，*D. C. A Handbook for Development Practitioners*，2004：pp23.

从本质上来说，绩效预算审计是在评价和分析审计风险的基础上，对所审计的项目保持合理的职业警觉，该模式审计财务信息并关注审计环境，将绩效评估贯穿于财政资金绩效审计的全过程中。这样不仅可以有效地揭露、阻止由于决策失误、管理不善造成的国家财政资金的重大经济损失、浪费，而且可以促使公共部门提供真实可靠的信息，增强政府工作的透明度，提高公共部门管理的质量，降低审计风险。

当然，值得注意的是，在审计证据的收集和评价过程中要保持职业怀疑，在审计测试程序的实施中增加未预料因素，将风险评估贯穿于审计工作的全过程。同时，不仅要评价与审计项目有直接关系的财务信息，还要更多地关注被审计单位的宏观经济环境、法律环境、所在的行业环境，同时对被审计单位自身的基本情况作详细、系统的调查、分析。在风险导向模式下进行公共财政绩效审计，确定识别可能存在的重大错报事项、降低审计总体风险的目标、设计公共财政绩效审计风险评估测试程序，对于进一步降低审计风险，提高审计效率有重要作用。

特别是，随着政府开支的大幅度增长，经济资源的供给与需求的矛盾日益尖锐，社会公众对明确公共资源管理的责任和提高公共财政资金使用效益的要求也越来越高。政府会计体系也将相应发生变化，因此政府审计的程序、方法、重点也同时要改变。并且，审计目前的社会影响在逐渐增大，社会公众对审计的期望值越来越高，审计期望差随之加大。社会公众关心的不仅仅是税负的多少，更关心政府这一受托人如何履行受托责任；公共资源的使用效益如何，并且要求公共财政资金使用过程透明化。而且，社会公众若想获得政府使用和管理公共资源的效率和效果方面真实的信息，就必须依靠审计部门对公共财政政策的制定履行和资金的来源运用进行绩效审计，出据审计报告，说明政府履行受托责任的结果。并且，对于对公众承担受托责任的政府而言，其活动的真正目标是如何综合运用预算、税收、投资、国债等财政政策和手段实现社会效益和宏观经济效益的最大化，如何有效使用公共财政资金，也是政府及公共机构面临的难题之一。而公共资源的使用或政府活动取得的结果如何，绩效报告披露的信息是否充分、真实，如何帮助公共财政资金管理者改善管理，提高公共财政资金使用效率是公共财政绩效审计工作的重点。特别是，公共财政绩效审计的总目标是对公共财政收支项目和公共资源管理的经济性、效率性、效果性的评价，以便帮助被审计单位采取必要的措施加强管理，最终提高公共财政资金的使用效率，如表 6－1 及表 6－2 所示。

表 6－1　　　　公共财政绩效审计的总目标

绩效审计要素	审计总目标
经济性	资金使用是否在预算范围内
效率性	资金支出是否合理
效果性	资金预期目标是否达到

表 6－2　　　　公共财政绩效审计的具体目标

公共财政收支绩效审计具体目标				
总项目	具体项目	经济性	效率性	效果性
公共财政支出	消费性支出	支出规模科学	完全遵循等价交换原则	是否确保政府基本职能的履行
	投资性支出	投资布局合理	社会成本和社会效益最优	有无发挥政府投资导向功能
	转移性支出	资金规模适当	资金拨付严格按规定	是否实现公平效益目标
公共财政收入	税收收入	筹集分摊方式合适	征税的管理成本最低	有利于资源配置市场机制运行
	公债收入	规模和结构合理	发行成本低	是否达到预期目标
	公共收费	按政策要求收费	收费标准合理	有利于体现公平原则

在以上基础上，风险导向审计模式下公共财政绩效审计就是将审计风险的评估贯穿于审计的整个过程中，包括对接受审计任务之前的风险评估、制定审计计划阶段的审计风险评估、具体测试阶段的审计风险评估以及审计终结阶段的审计风险评估，对环境风险、管理风险和财务风

险进行整体评价。接受审计任务之前的风险评估主要是针对审计环境风险的评价，即项目的审计可能会有什么风险（通过大量审阅相关政策、制度文件，采用问卷调查方式）；审计计划阶段的审计风险评估主要是针对计划中有关防范风险措施是否可以降低审计风险（通过防范措施的可行性分析）；测试阶段的审计风险评估是针对测试程序结果的进一步风险评估（通过账户层次和报表层次实质性测试），同时还可以通过内部审计工作的内容、遵循的审计规范以及审计成果的可信程度的评价确定是否依据内部审计结果提高审计效率，降低审计风险；审计终结阶段的审计风险评估主要是评价总体审计结果是否控制在可以接受的水平之内（通过评价审计项目结果与审计目标之间的差异）[①]。

五、反馈预算绩效结果，保证科技财政的严密性

反馈控制是最常用的管理控制方式，图 6－2 向我们展示了反馈控制系统的控制回路循环。这个反馈系统把管理控制不单单看成确定标准、衡量业绩和纠正偏差的工作，还包括更为复杂并切合实际的见解。管理者要衡量实际业绩，把业绩与标准相比较，还要辨析偏差，为了作出必要的纠正，他们必须制定一个纠偏方案并加以执行，以便达到预期业绩。与实时控制和前馈控制相比，反馈控制系统的优越性体现在：一是反馈控制为管理者提供了计划执行效果的真实信息，如果反馈显示现实与标准偏差很小，就说明计划目标已经达到，如果偏差很大，管理者应该利用这一信息制定更有效的新计划；二是反馈控制可以增强员工的积极性，因为人们希望获得评价他们绩效的信息，而反馈正是提供了这样的信息。但是应当注意到，反馈控制系统的缺陷也是很明显的，即管理者获取信息的滞后性。在管理者得到实际执行情况的信息反馈时，损失可能已经发生了，只能采取“亡羊补牢”式的纠正措施。

① 李海东、瞿启发：“风险导向模式下的公共财政绩效审计”，《华东经济管理》，2005 年第 12 期。

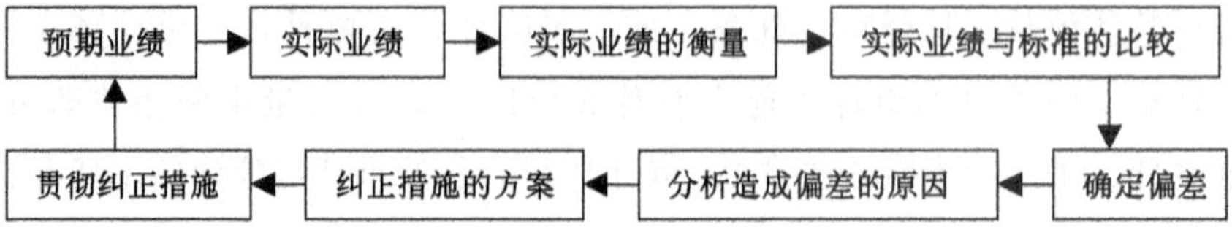

图 6－2　反馈控制系统

（一）绩效报告

绩效报告作为有效的沟通工具，为各级管理层提供各种有用的信息，这些信息有助于各级管理层进行有效的沟通、控制、决策和业绩评价。也就是说，绩效报告的目标是为满足各级管理者进行有效的沟通、控制、决策和业绩评价需要，而提供各种有用的信息。这些信息完整地反映了受托经济责任的履行情况，同时也满足了内部各级管理者进行内部沟通、控制、决策和业绩评价的需要。

1. 绩效目标分析。从绩效报告目标来看，绩效报告的对象是指绩效报告核算和控制的客体，总的来说是政府提供公共产品与服务过程中资源的耗费、占用和成果。另外，依据受托责任论，也可以说，这是各责任单位的经济活动或经济责任。同时，绩效报告的目标决定了有用性应作为最重要的质量特征，这里的有用性是指沟通有用性、控制有用性、决策有用性和业绩评价有用性。如果没有有用性，就谈不上从信息中获得足以抵偿该项信息所费成本的利益。在这最基本的质量信息特征的前提下，绩效报告信息还应具备一系列其他质量特征，它们可以看成是信息质量的分层次的要求，如图 6－3 所示。

第一，可理解性。可理解性要求绩效报告所报告的信息要清晰、简明、易懂，消除不必要的复杂性和技术细节，这样有助于更好的控制。这是对绩效报告信息的最基本的要求。

第二，相关性。要想达到有用性，所提供的信息必须具有相关性。相关性是绩效报告信息的主要质量特征。因为公司的各个管理层所需的信息资料是不同的，因此要求绩效报告所提供的信息与各个管理层的管理人员的需要相关。绩效报告是提供给管理者供其进行沟通、控制、决

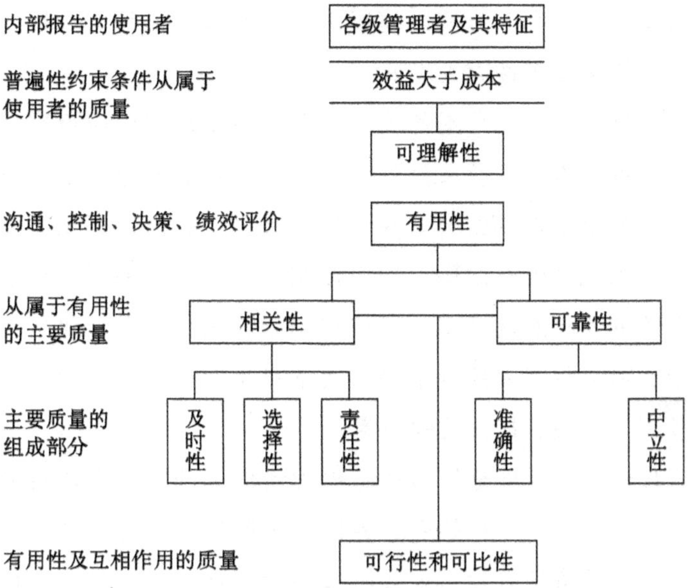

图 6－3　绩效报告信息质量的层次

策和业绩评价的，因此必须提供有效的管理信息。凡具有相关性的信息，必然具有预测价值和反馈价值。所谓预测价值是指信息具有估计未来期望值的效用。“能使使用者预测将来事项的结局，帮助其提高决策能力和准确性”。所谓反馈价值是指信息具有证实期望值和改变期望值的效用，相关的信息应能使使用者对以前的期望或目标进行调整，帮助使用者进行控制和业绩评价。相关性原则要求报告者必须具备足够的专业知识和出色的分析、预见能力，他必须能够预测到哪些信息是管理层所需要的，而且能够让管理者认识到报告信息对于管理的价值，这样的要求对于报告者来说是很高的，但却是财政管理控制所必须的。相关性决定了所要报告的信息必须具有及时性、选择性和责任性。

一是及时性。及时性是指信息流通应当及时，以在事件完全成为历史以前，采取一切必要的控制行动。信息报告的频率的一个准则是：在管理部门能够进行有效的调节和业绩的重要改变似乎要发生的那一段时间内，用短讯的形式进行报告。当然，由于所面临的情况不同，信息报告的频率也将有所不同。如果控制信息延迟提供，则很可能使较高层次的管理陷入困境，不利于对实际情况进行及时有效的控制和矫正，同时也会使报告的决策相关性大为降低。

二是选择性。选择性是指各级管理者在控制过程中应识别与本部门业绩有关的关键因素。这些关键因素对实现预定的业绩水平具有最重要的影响。因为如果管理者的努力导致控制过多，就会使真正需要控制的因素淹没在一团无关因素之中，失去控制，或者控制的主动权被过分热忱的控制系统的要求所逐渐削弱。依据帕累托定律：在任何可控制的一系列因素中，形成相当大部分结果的通常只是其中的一小部分。因此信息系统必须努力重视、抓住关键因素。

三是责任性。责任性是指信息必须为责任人即对正在取得的具体结果负有责任的人，提供一把钥匙，弄清以下问题：一是责任者知道期望他达到什么；二是责任者知道他实际正在达到什么；三是在责任者管辖的范围内，正在发生什么。责任性是伴随着相关性而产生的，要想使控制取得成功，责任者必须清楚上述相关信息。

第三，可靠性。可靠性是指确保绩效报告信息免于错误和偏差，并能忠实于它意欲反映的现象或状况的质量。如果绩效报告所反映的信息不可靠，不仅无助于决策而且还可能导致错误的决策，所以可靠性是绩效报告信息的另一个主要质量特征。可靠性要求所报告的实际业绩信息要具有准确性、中立性。

一是准确性。准确性要求绩效报告的信息应当与所要表达的现象或状况保持一致或稳合，绩效报告信息若不能真实反映所计量的经济事项，就不具有可靠性。例如，若要确认实际执行结果是否符合控制标准，关于实际业绩的信息就必须准确。所以在一个报告系统中，计量什么、如何计量需要十分清楚。

二是中立性。中立性是指数据对不同的信息使用者的影响都是没有偏见的（公平的）。在数据中如果掺杂着计量人员的个人兴趣，就不可能有中立性的计量。中立性是一个理想的目标，特别是当数据用来进行业绩评价或作为分配资源、解决争端的根据时，就更应如此。

三是可行性和可比性。可行性是指报告具有很强的针对性，而且随着决策层的提高，要求信息越概要越总和，即以全面反映为前提提供尽可能少量的信息。同时要求信息是可比的，可比性与相关性、可靠性不同，它是表明两个或几个信息之间关系的质量，可比性要求应能揭示出重要的趋势和数据之间的关系。

2. 绩效报告的形式通常有报表、图表、数据分析和文字说明等。将控制目标、实际履行情况及产生的差异用报表予以列式是绩效报告的基本形式。但由于绩效报告是对各责任中心履行情况所作出的专门报告，因此在揭示差异的同时，必须对重大差异予以分析，这时可以用图表的形式来反映，包括统计曲线、象形图以及传统的表格。通过图表的形式，各种经济关系、经济趋势和经济比较就能够形象化、清晰化、一目了然，从而更易于把握。分析查找原因时，到底是内部原因还是外部原因，是主观原因还是客观原因，这时需以数据分析和文字形式作出说明，同时提出改进建议，以便管理部门进一步予以控制。所以报告的形式除报表外，必须动用图表、数据分析和文字说明等形式。

3. 绩效报告内容。绩效报告主要是报告其控制标准及其实际执行情况（实际业绩）和产生的差异（计量差异），以便予以控制。除此之外，应根据重要性原则对重大差异作进一步的定量和定性分析（差异原因分析）。定量分析主要确定差异的发生程度，定性分析主要分析其产生的原因。确定其正常与否，并确定责任，以便对责任中心管理者进行业绩评价。在绩效报告的内容中，最具建设性的内容是有关缩小差异的建议，这些建议包括两方面，一方面是在履行职责中如何控制差异的建议；另一方面是根据客观环境的变化，如何及时适当地调整责任衡量标准的建议。

（二）绩效报告功能与作用

绩效报告的目标决定了绩效报告信息的质量特征，绩效报告的信息质量决定了绩效报告能否发挥它所具有的功能。绩效报告的功能具体表现在以下几个方面：

首先，沟通功能。所谓沟通是借助一定的信息符号系统，进行信息发布、信息接收的一种信息交换行为，是人们彼此交换信息，获取信息的主要方式。良好的沟通是进行管理活动的一个基础平台，也是管理活动成功的根本和关键。绩效报告本身就是一种沟通工具，它定期或不定期的将各责任中心对预算执行的结果反馈给上级管理者，以便上层管理者及时了解预算的执行情况。为了更好地发挥绩效报告的沟通功能，要求绩效报告必须报告及时、报告的信息准确、完整以及可理解。

其次，控制功能。所谓“控制”则是监督各项活动，以保证它们按计划进行并纠正各种重要偏差的过程。绩效报告作为管理控制系统的反馈系统，它的控制功能主要体现在以下几个方面：一是发现正在走向歧途的事件，在其尚未遭致严重损失以前，采取挽救措施。这是绩效报告所提供的控制信息中最富有成效、最具建设性的作用；二是弄清已经走向歧途的事件，指导管理部门从中挑选有用的东西，努力中止所造成的损失；三是准确地判断过失是怎样产生的，为什么产生的，提出可以采用的防止这类过失重犯的方法。这也是具有高度建设性的。即使起初并总是采取避免过失的措施，但重蹈覆辙总是不必要的；四是找出谁应该对错误负责。

再次，决策功能。所谓决策是为实现一定目标，在两个以上备选方案中，选择一个方案的分析判断过程。决策不是决定采取哪个方案的一刹那的行动，而是从诊断活动到设计活动到选择活动到执行活动的整个过程。而在这个过程中管理者必须掌握充分的信息，进行逻辑分析才能在多个备选方案中选择一个较理想的方案，而绩效报告正是其所需信息的一部分。绩效报告作为管理控制系统的反馈系统，是进行下一轮决策不可缺少的组成部分。

最后，业绩评价功能。所谓业绩评价是管理者运用一定的指标体系对组织的整体运营效果作出的概括性评价以及对相关责任人的工作效果的评价。例如，在预算控制系统中，预算编制为业绩评价提供一套指标体系或者说是评价标准，而绩效报告正是预算执行过程和结果的反馈，它的业绩评价功能体现在：整体的预算目标是否实现；各预算单位在预算目标实现过程中贡献的大小；各相关责任人在预算目标实现过程中贡献的多少。业绩评价也伴随着责任辨析：一方面对照预算目标通过业绩评价，掌握预算的运行状况、成绩、存在的问题及环节，并借助责任辨析查找产生问题的根源，从而为协调矛盾、堵塞漏洞、纠正偏差提供思路；另一方面，通过业绩评价与责任辨析活动，确定各责任单位、责任人对集团整体预算目标的贡献差异，进而为兑现奖罚提供依据。

这里需要注意的是，绩效报告与预算控制系统关系甚密：一方面预算是绩效报告最有效的控制标准，而控制标准是绩效报告必不可少的组成部分；另一方面，绩效报告运行过程是预算控制的逆过程，是预算控制系统的一个不可缺少的环节，或者说是预算控制系统中一个必不可少的分系统。

第三节　构建投入评估指标
提升预算管理技术

预算管理技术，特别是预算分析管理工具是为预算制度服务的，而预算制度是经济社会演化的产物。预算制度和其他的制度规则一起构成了可以有效促进经济发展的制度体系，也在反向推动着经济和社会不断向前发展。随着市场经济的不断完善，信息技术和高科技迅猛发展，预算分析管理工具也在不断变革和创新。构建财政科技投入评估指标体系，优化财政科技投入评估程序，创新绩效预算管理工具，推动工具与预算绩效管理互动发展，对于提高科技投入评估效率、促进科技事业发展十分必要。

一、设定科技投入绩效目标，构筑绩效评估指标体系

一套合理完善的绩效评估指标体系是开展财政科技投入绩效评估的重要前提。构建绩效评估指标体系需要在确定绩效目标的基础上，合理选取绩效评估的主要指标，从而明确从哪些方面对绩效进行衡量或评估。更为重要的是如何确定指标体系中各个指标的权重，以准确衡量每一个指标对评估结果的影响程度。

（一）财政科技投入绩效目标的确定

对财政科技投入的绩效进行评估，是一项实实在在的行为活动，应当以既定的绩效目标为指导方向。绩效目标的准确定位是绩效评估系统的前提和核心，绩效目标的构成直接决定整个评估内容及评估指标体系的设计。财政科技投入的绩效目标，必然要顺应公共财政改革的趋向，同时着眼于提升国家的科技竞争实力。具体来看，就是要力图达到兼顾经济效益与社会公平的总体性平衡状态，既能够提高年度财政科技投入对科技进步的贡献，又能够最大限度地将投入效果与投入能力惠及更为广泛的社会公众。

（二）财政科技投入绩效评估指标的选取

关键绩效指标（Key Performance Indicator，KPI）法认为，在选取关键绩效指标时有五个重要的原则，即 SMART 原则。S 代表 Specific（具体的），是指绩效指标要切中特定的工作目标，不是笼统的，而是应该适度细化，并随情境的变化而变化；M 代表 Measurable（可度量的），指绩效指标或者是数量化的，或者是行为化的，验证这些绩效指标的数据或信息是可以获得的；A 代表 Attainable（可实现的），即绩效指标在付出努力的情况下可以实现，避免设立过高或过低的目标；R 代表 Realistic（现实的），指绩效指标是实实在在的，可以证明和观察得到的，而并非假设的；T 代表 Time－bound（有时限的），指的是在绩效指标中要使用一定的时间单位，即设定完成这些绩效指标的期限，这也是关注效率的

一种表现。

（三）财政科技投入绩效评估指标权重的确定

通过绩效指标体系中指标权重的设计，使得各项指标以定量的方式展现出其在综合绩效评估中所起的作用大小，从而可以使绩效评估工作实现层次性，准确掌握评估重点。此外，这也可以解决不同类型指标之间无统一量纲、不可度量与相互比较的问题。在绩效评估的指标体系中，各指标对绩效目标的重要程度是不同的，要衡量并表示出各指标对目标的贡献，就应赋予不同指标以不同权重，重要者赋予较大权重。因此，权重的确定往往是绩效评估体系构筑中难度最大的一项工作，需要从整体上多次调整、反复归纳综合才能够完成。

确定权重的方法很多，常用的有专家直观判断法、德尔菲（Delphi）法、两两比较法、环比评分法、层（级）次分析法（AHP）、熵权法、因子分析法等等。

1. 专家直观判断法。该方法是请专家根据自己的经验和知识，对绩效考评指标体系的各级次指标按其重要性程度直接给出权重分值，再采用数学平均法对专家分值进行归一化处理，得到指标的权重。

2. 德尔菲（Delphi）法。该方法本质上是一种反馈匿名函询法。其做法是：在对所要预测的问题征得专家的意见之后，进行整理、归纳、统计，再匿名反馈给各专家，再次征求意见，再集中，再反馈，直至得到稳定的意见。

3. 两两比较法。这是一种经验评分法，它将方案两两进行比较后打分，再对每一方案的得分求和，并进行百分化等处理，得分较高的方案就是最优方案。打分时可以采用0~1分打分法、0~4分打分法或多比例打分法等，原理基本相同。

4. 环比评分法又称Dare法。这是一种通过确定各因素的重要性系数来评估和选择创新方案的方法。环比评分法适用于各个评估对象之间有明显的可比关系，能直接对比，并能准确地评定功能重要度比值的情况。

5. 层（级）次分析法（AHP）。它又称指标排序法，该方法要先确定衡量指标重要程度差别的定量标度，再按设计的评估指标体系的级次，分级确定进行指标重要性两两对比判断的矩阵，请专家在矩阵中填写指标对比判断后的标度值，经过归一化处理和统计计算，最终得出指标的权重。

6. 熵权法。该方法的主要依据是信息论基本原理的解释，即信息是系统有序程度的一个度量，而熵是系统无序程度的一个度量。指标的信息熵越小，该指标提供的信息量越大，在综合评估中所起作用理当越大，权重就应该越高。

7. 因子分析法。该方法是从一组原始分析测试数据出发，通过研究其相关矩阵（或协方差矩阵）的内部结构，找出对变量起支配作用的几个互不相关的主因子；在尽量减少原始数据信息损失的前提下，用少数几个主因子去代替数量较多且有一定联系的原始变量，从而达到揭示原始变量之间的内在联系、合理解释环境现象与主因子关系的目的。

由于不同方法的出发点不同，因而采用不同方法所确定的指标权重可能会有一定的差异。例如，用熵权法确定权重时，其出发点是根据各指标数据的差异程度来反映重要程度，如果某项指标下各评估者的数据差异不大，则反映该指标对综合评估的作用不大，用熵权法计算出来的权重就不大；而用层次分析法确定权重时，其出发点是把各种因素划分成相互联系的有序层，根据对一定客观现实的主观判断，就每层次的相对重要性给予定量表示，然后利用数学方法确定每一层次指标的权重，最后综合各层次指标的权重等等。正是由于不同方法确定的指标权重存在一定的差异，同时不同的方法又有各自的合理性，因而近年来人们开始使用“组合权重法”，将不同方法确定的权重通过一定的数学方法和统计方法进行综合得到指标的权重。

在不明确各类、各级指标的重要性差别时，尽量采取指标权重平均化的办法，以避免人为拉大各指标分值之间的差距，造成综合得分的偏差。对于能够明确判断出重要程度差别的指标，可以根据其重要程度的不同赋予不同的权重。确定指标权重的过程中，通常的步骤是根据指标选择的不同，分别采用专家直观判断法、德尔菲（Delphi）法、两两比较法、层（级）次分析法（AHP）和熵权法中的一种或几种，并在最后环节对由不同方法所确定的权重进行数学和统计上的综合，即运用“组合权重法”进行最终处理。

在此仅以中国科学院下属某研究所为研究对象，将前文所提炼之绩效评估关键指标加以应用，随着运行对指标选取的准确性、科学性予以完善，并按照该所实际确定各指标的适当权重，形成完整的绩效评估指标体系。这里对部分指标所赋予的不同权重值只是在基本原则指导下作出的粗略判断，主要目的是以权重从大到小的顺序体现该指标在同类或同级指标中的重要程度。每一级、每一类指标均以100%为权重总和，因此，将该指标得分计入上一级、上一类指标计分系统时，需要根据上一级或上一类指标的权重进行换算。同时，综合考虑指标的重要程度和实际评估时指标值的差异程度，并结合中科院开展知识创新工程试点工作中对所属研究所进行绩效评估的已有经验，在征求30多名有关专家和决策者的意见后，我们确定了财政科技投入绩效评估指标体系中各主要评估指标的权重，详见表6－3所示。

表6－3　　　　财政科技投入绩效评估指标及其权重

一级指标	二级指标	三级指标	权重		
预算质量指标	预算目标明确程度	是否符合国家科技发展阶段目标	5.0%	10%	25%
		是否满足单位发展需要	5.0%		
	预算收支的整体平衡性	资源配置平衡性	2.5%	10%	
		预算收支平衡性	2.5%		
		单位日常支出平衡性	2.5%		
		单位高科技项目支出平衡性	2.5%		
	预算调整弹性		5.0%	5%	
资金到位指标	直接指标	资金到位率	5.0%	10%	20%
		资金到位时限	5.0%		
	间接指标	支付程序的科学性与规范化程度	5.0%	10%	
		支付手段的先进性与信息化程度	5.0%		

续表

一级指标	二级指标		三级指标	权重			
资金运用指标	产出指标	基础研究类	研究报告（论文）、论著数等	2.0%	2.0%	12%	35%
		科技应用类	知识产权数	2.0%	8.0%		
			科技产品数量与质量	2.0%			
			技术合同成交金额	2.0%			
			科技服务水平	2.0%			
		一般科普类	科技活动的受众范围与人员构成	2.0%	2.0%		
	成果指标	单位内部成果	出售科技产出收益	2.5%	7.0%	13%	
			组织效率提升程度	2.5%			
			工作人员能力增强程度	2.0%			
		社会外溢成果	科技产出的激励效应	2.0%	6.0%		
			科技产出的推广与应用程度	2.0%			
			科技活动的社会关注效应	2.0%			
	成本指标	成本统计	物资消耗、设备折旧等成本	2.0%	8.0%	10%	
			人员成本	2.0%			
			管理成本	2.0%			
			环境成本	2.0%			
		成本收益比较		2.0%	2.0%		
综合测评指标	成果评估结果		成果专业鉴定状况	2.0%		7%	20%
			现实成果与预期目标的匹配程度	2.0%			
			成果的创新程度	2.0%			
			市场的风险性衡量	1.0%			
	财务状况		决算报告项目	2.0%		6%	
			会计账目项目	2.0%			
			审计报告项目	2.0%			
	综合管理指标		资金使用管理	2.0%		7%	
			资产管理	2.0%			
			人员配备管理	1.0%			
			决策效果与效率	1.0%			
			执行状况	1.0%			

二、预算分析工具变革发展，推动预算管理互动演化

人类社会是由种种制度构成的，但这些制度的功用却是不同的，有些有利于维持社会的稳定，有些可以推动社会向前发展。而制度的变迁是人类社会行为的结果，变化着的制度也同时影响着身处其中的人们的行为。在这些促进社会发展的制度中，预算制度居于关键地位，原因在于预算制度的出现可以导致更多的促进社会发展的制度演化出来，从而加速社会的发展。特别是，新技术和新工具引致的发展并不是孤立的，而是和人类社会的其他方面紧密地结合在一起的，新技术的出现导致绩效预算衍生分析工具的发展，从而推动预算制度的变革，而预算制度的发展又进一步加快了经济社会的秩序演进。

绩效预算制度就是随着社会发展而不断变革，在绩效预算制度变革过程中绩效预算的分析工具也衍生出一些分析工具，这些衍生分析工具又促进绩效预算制度的变革和发展。衍生的本意是实际上或理论上从母体物质得到的物质；第二个含义是演变而产生。然而，绩效预算衍生分析工具之所以要发生变革，主要是由几个方面引起的：

首先，高科技和信息技术是通往衍生分析工具市场的跳板。政府预算部门利用电脑进行复杂的计算，分析投入成本、产出效益等。

其次，各国政府的财政压力导致体制改革，促使绩效预算制度变革，要求新的绩效预算分析工具来服务绩效预算制度。主要表现在20世纪80年代以来，世界各国财政赤字的压力导致财政改革，其中预算制度改革是变革的核心部分。虽然各国存在理解上的差异，但是各国政府逐步认识到预算程序和预算制度的结构影响预算结果。而预算程序和预算制度的调整势必要求有新的预算分析工具出现，让这些新的工具更好解决预算问题，提高财政预算的效率。

专栏6-1　项目绩效评估等级方法（PART）

美国联邦政府的管理与预算局于2002年7月12日公布了“项目绩效评估等级确认方法”（Program Assessment Rating Tool，PART），并于2004财政年度开始用于联邦政府所有项目的绩效评估和绩效等级确认活动。OMB在其PART文件中的“总指导原则”一节里指出，PART是一个对与众多绩效影响因素有关的项目进行评估、评级，并依赖客观数据披露有事实依据的判断的诊断工具。可以说，PART是一种重点按照每个项目执行结果，试图衡量联邦政府开支项目绩效优劣的会计责任工具，利用PART有助于达到这样的目的，即促使政府部门加强基于事实进行决策的工作方法且以追求积极的经济效果为目标。

PART是由精心设计的一系列“提问”组成，设计这些“提问”的目的在于为联邦政府内部确认项目绩效等级提供一种一致性方法。PART的实用性、适用性在很大程度上取决于“提问”设计的合理性，一般情况下，要求所有的“提问”既能反映人们所熟知的概念，也要和现行的业务管理者或项目监察者所使用的项目绩效评估方法不发生矛盾。这些“提问”要求使用者通过“是/否”格式予以标注，并在答案里（对包括任何支持答案成立的有关事实）作简明的评述性解释。对“提问”的回应强调实事求是，它既不能基于印象作出，也不能过于笼统。在何种情况下才能对“提问”回答“是”，即“是”的标准是什么？对此有明确解释，PART对项目的绩效评估采取高度事实依据和高期望值方式，不能仅仅满足于考察项目是否具有合法性这种低标准。对项目考察必须反映该项目正在取得它的预期效果，并且在管理上是有效率的（Efficient）和令人满意的（Effective）。

具体来说，对每个受评项目而言，PART都包括四个组成部分，每个部分又包括若干有针对性的“提问”，用来揭示可以用于进行评估工作的特殊信息。PART的四个组成部分分别是：一是项目目标与设计，主要评估项目的设计与目标是否明确，是否经得起推敲。作为一个“问题组”，这部分的权重为20%；二是战略性规划，主要评估项目执行机构是否对项目的实施制定了合理的年度目标与长期目标。作为一个“问题组”，这部分的权重为10%；三是项目管理，主要是对项目的机构管理水平作出评级，其考核对象包括是否存在着财务疏漏和对项目管理的改善作出何等努力。作为一个“问题组”，这部分的权重为20%；四是项目效果/会计责任，根据战略性规划和通过其他评估，结合项目目标对项目实施绩效进行评级。作为一个“问题组”，这部分的权重最高，达到50%。

虽然PART得到了良好的应用，但是仍然有不足之处并且引起了争议。一是在项目成果部分，“是”或者“否”都不能很好地区别各项目的绩效，也不够客观，并不总是适用于成果评价；二是PART过于主观，根据不同的哲学观和政治观有不同的答案。

特别是，随着PART的不断应用，人们发现PART存在着较多的缺陷，因此需要进一步修正。例如，PART的答案反映的是个人意见，而测评人员的判断标准不一，评价也会有所区别，如果绩效目标被认为不合适，大多数评价者对项目的评分可能是很低或者是零，而另一部分评价者可能给出一定的分数，这也说明测评人员缺乏训练。

资料来源：武国、翟艳敏：“美国项目分级评价工具（PART）及其对中国开展绩效审计的启示”，《中国审计》，2010年第17期。

最后，基于结果导向的受托责任体制要求对绩效预算的结果进行评价，就造成新的衡量工具出现来更准确地衡量结果效率。数量方法与管理工具的结合衍生出了新的绩效预算分析工具。

绩效预算衍生分析工具的产生和应用也推动了绩效预算的进一步变革。这表明，预算制度的出现并不仅仅是一些规定和法律的提出和实施，或政府权力在政府和议会之间的不同分配，而是反映了社会发展的趋势，顺应了经济发展的需求。并且，预算制度对社会经济演化的促进是通过扩展了经济个体的选择范围，扩展后的选择集包括优于当前社会均衡的行为策略，这些策略被某些个体发现并加以证实，然后引起其他个体的模仿并最终成为社会的范式。预算制度是用来规范政府行为的，通过限制政府随机行为的范围而尽量减少对经济的副作用。政府行为的明晰化，使得经济行为者对政府行为有一个相当稳定的预期，从而可以在一个更长的时间段内作出规划，更加合理地分配自己的收入以使财富最大化。

绩效预算分析工具与预算制度共同演化，对经济发展和社会秩序演进起着重要作用。这种演化是现代民主的开端，使得自由、民主和发展能够相互促进，推动人类社会向共同繁荣的方向演进。

三、创新发展管理工具，支撑绩效预算改革

激烈竞争的市场环境和日益严重的财政赤字使得政府的公共预算制度不断变革和发展。管理工具的创新推动了公共预算制度的发展，绩效预算分析工具的创新成为提高绩效预算效率、减少财政赤字、保持市场竞争的核心。

（一）管理工具创新原理

管理工具创新研究要依据一定的原理进行，依据一定的模型，按照系统集成的观点，引入管理科学方法，建立如下模型，如图6－4所示。

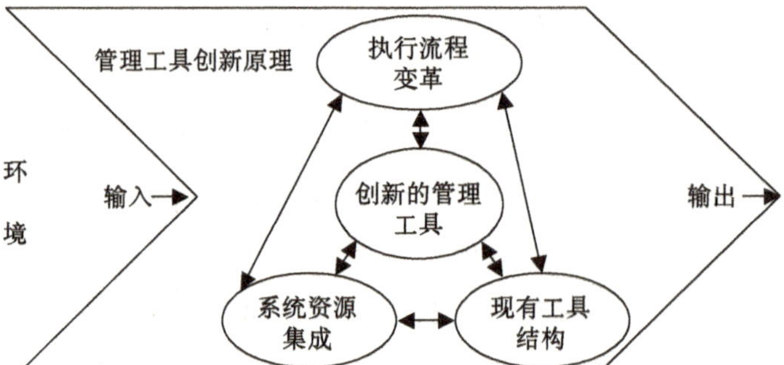

图6－4　管理工具创新原理模型

管理工具创新过程中将各种管理方法、手段、工具集成地运用，以实现系统资源、现有工具结构和执行流程的集成与融合，达到创新目的，而且还要求在环境变化时，进行相应的管理变革去应对这种变化。管理工具创新过程通过输入和输出达到一种通向环境的交换关系：输入是进入创新过程中的工作量对象和这些工作量对象的提供者，体现了“组织内集成”“全球化虚拟研发”等创新前沿思想；输出描述的是通过过程实现和完成其功能的工作量对象的输出。管理工具创新必须时刻关注创新系统运行态势，及时调整和引入相关的创新要素和管理参量，保证系统的正常运行，并适应外界的变化要求。

管理工具创新依靠资源、过程、结构的融合。一是多种系统资源集成的过程。创新资源分为物质资源、组织、经营和技术三种资源，工具创新就是借助信息技术的应用实现将这三种资源有效集成的过程；二是过程或者执行流程的变革。现代管理工具的创新是建立在整体概念基础上的以市场和顾客为导向的系统工程，贯穿于一个企业或政府组织的管理全过程，并且包含流程再造的理念在内；三是现有工具结构与资源之间的集成优化。这个方面有两层含义，即管理工具本身结构优化和管理工具为资源和执行流程的耦合提供了桥梁。

管理工具创新就是要将创新的各个基本活动融合成一个不可分割的整体，通过管理方法、手段、工具的协同作用，既能使各创新要素的优势聚合放大，又能使创新组织作为新的集成体，实现功能倍增。对管理工具集成创新系统来说，其结构优化应该从三个层次上分析。

（二）绩效预算分析工具创新

对绩效预算分析工具创新的研究主要集中在工具创新的理论源泉、时代背景和机理与企业管理工具、技术、组织、信息、管理科学方法等结合展开研究。绩效预算分析工具创新模型如图 6－5 所示。

根据绩效预算分析工具创新模型和现实的财政背景，绩效预算分析工具的创新是将现代企业管理工具、管理科学的方法融合到财政预算制度中去。主要讨论现代企业管理工具平衡计分卡、绩效棱柱、全面标杆

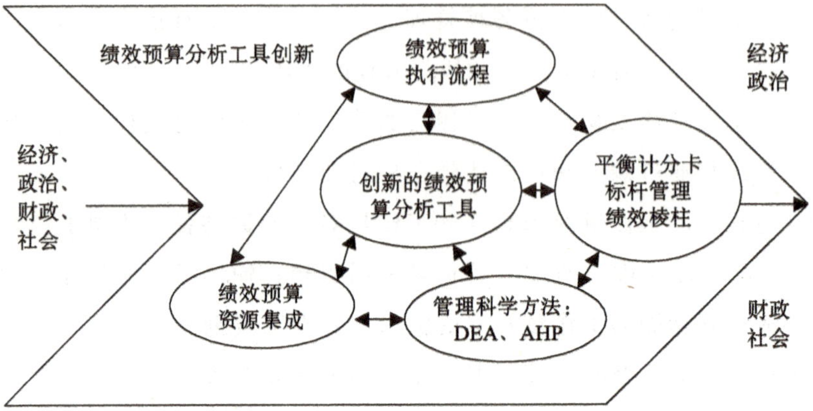

图 6－5　绩效预算分析工具创新模型

管理与数据包络分析（DEA）等的融合。

首先，平衡计分卡。平衡计分卡是一种战略管理工具，提供一个将宏观、抽象的战略如何转换成运作方案或工作计划的思维模式，同时平衡计分卡已经逐渐发展成一项战略执行与监控的管理工具。这种战略的工具在绩效预算的战略资源分配中得以应用。平衡计分卡在绩效预算中主要是把战略资源管理与评价指标联系起来，借助于 DEA 可以在运行效率测算上使平衡计分卡的不足得到弥补。

其次，绩效棱柱展示的是全面的绩效衡量结构，它是建立在那些已经存在，并且在一直寻求弥补其不足的结构的基础之上，考虑利益相关者的贡献和满足，为公共部门绩效预算面向顾客和以结果为导向提供一个较好的解决框架。

再次，全面标杆管理是一种应用于企业的工具，是一种系统化的管理方式，通过管理不同类型的标杆管理流程来确定最佳实践方式，并将这些方式结合以制定出一个能显著提高业绩的流程。将全面标杆管理法引入政府绩效预算中去，进而加以应用。同时，对标杆管理进行改进，使得改进的标杆管理对绩效预算系统进行改进，最终使标杆管理成为绩效预算的一个分析工具。在绩效预算中应用标杆管理，主要是把绩效预算按部门分项目进行，也就是把标杆管理与公共预算中的相关项目结合起来。

最后，DEA 算法主要用在多输入、多输出的系统模型中，是用来评价相同（相似）类型部门间相对有效性问题。标杆管理在政府的部门绩效预算中，也是要将考核的对象与具有相同或相似情况的优秀部门（单位）进行比较，分析差距，制定目标，提高部门绩效预算的绩效水平。因此，一个是评价绩效相对有效性的，一个是对相对有效性的弥补（相对中的绝对），二者相辅相成，在实际运作过程中，它的运行结果相对于单一的 DEA 算法更有效。这样，DEA 算法与标杆管理可以有效地结合起来，在绩效预算中得以应用，弥补了二者各自的弊端。

第四节 依托管理工具创新 革新预算运行机制

管理工具的不断演化创新是预算管理改革发展的重要推动力。随着平衡计分卡、绩效棱柱和全面标杆管理等战略管理工具的出现并被广泛应用，为预算管理提供了新鲜血液。依托管理工具创新，重构预算管理架构，革新预算运行机制成为推动预算绩效改革的现实路径。

一、导入平衡计分卡技术，推动绩效预算制度创新

作为一种新颖的战略管理工具，平衡计分卡最初应用于企业，将企业的使命和战略转化为一套全方位的运作目标和绩效指标，进而作为执行战略和监控的工具，同时也是一种管理方法和有效的沟通工具。

（一）平衡计分卡在绩效预算中的应用前景

平衡计分卡是一种战略的管理工具，提供一个将宏观、抽象的战略转换成运作方案或工作计划的思维模式，同时平衡计分卡已经逐渐发展成一项战略执行与监控的管理工具。这种战略的工具为什么在绩效预算

中能够应用，是由平衡计分卡自身的特点决定的：

首先，平衡计分卡基于平衡理念，强调组织绩效的高低和优势并不直接取决于"财务状况"，而更应注重组织自身的可持续发展能力和潜在价值的创造能力。对于公共部门的绩效预算而言，其战略目标亦强调"平衡"、"统筹"理念，要考虑短期目标与长远战略、竞争与协作、公平与效率、发展与稳定之间的平衡。

其次，平衡计分卡将发展置于中心地位，将组织战略目标转化为绩效评价指标，然后通过具体的制度设计将组织及其成员的行为与这些目标联系起来。因此，对于公共部门而言，平衡计分卡既是一种绩效评价指标设计框架，更是一种战略工具。

再次，平衡计分卡对于战略的反馈和学习提供了定量分析和定性分析两种不同的路径。它从具体的技术层面彰显它在绩效预算战略管理中定性分析与定量分析相结合的优势，有助于实现客观的、容易量化的成果指标与主观的、难以量化的成果指标之间的平衡。

最后，平衡计分卡在绩效预算的战略管理中的转化作用。平衡计分卡要求管理者从四个角度选择数量有限的战略目标，将注意力集中到战略愿景上来。公共预算或者说绩效预算的战略管理，同样可以从财务、顾客、内部业务流程、员工学习与成长来入手。在绩效预算的战略规划、实施、评价以及变革的过程中必须统筹兼顾，实现这些管理因素和战略资源的相互协调，以保证整个绩效预算项目的战略管理系统的稳定与平衡。

（二）平衡计分卡在绩效预算中的流程设计

在绩效预算中应用平衡计分卡的主要流程和步骤如图 6－6 所示。

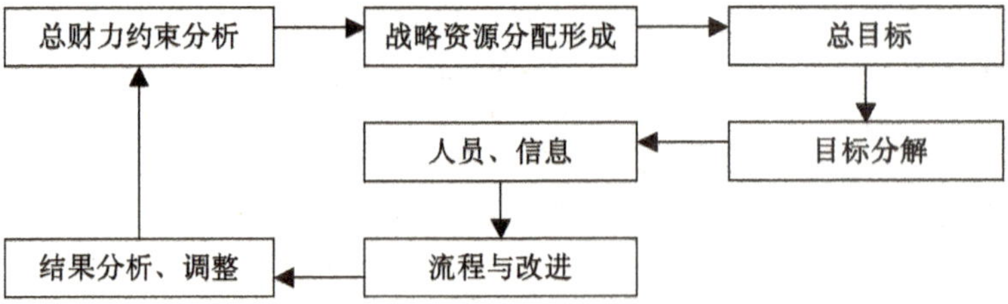

图 6－6　在绩效预算中应用平衡计分卡的流程图

根据总财力约束确定公共预算部门的使命愿景。以平衡计分卡为导向，确定公共预算部门的战略愿景，也就是从平衡计分卡的四个方面来考虑组织的战略愿景。即通过财务、顾客、组织内部流程、员工学习与成长四个方面确定所需要达成的下一级战略目标。

首先，财务视角。政府部门在平等地给予社会公众提供高质量的公共产品和公共服务的前提下，同样应考虑预算资金的合理运用，尽量提高资金运用的效率与效益。因此，从这个维度上来衡量政府的子目标，应当是制定合理的财务目标，尽量减少各种成本。运用绩效预算指标，可以考察公共部门战略管理实施过程中的财务运行状况，并量化为收入与支出，从而可以有效核算出公共资源的使用效率和节约程度。

其次，顾客视角。现代市场经济条件下，政府管理是顾客驱动管理，这里的顾客是指公共部门提供公共服务的对象，即社会公众。社会公众对公共部门的看法和要求从一定程度上可以理解为外部环境的变化对于公共部门提出的调整要求。政府公共部门必须学会通过“顾客”来了解外部环境的动态因素和发展状况，并据此来反馈、调整自身战略。通过了解社会公众对于公共部门行为的态度，可以衡量公共部门战略实施的社会效益。

再次，内部业务流程视角。政府公共预算部门内部业务流程按照法律制度和市场经济的运行规律进行科学、合理的调整，以促进绩效预算的执行效率，减少绩效预算的成本，满足社会公众的需求，赢得赞誉。绩效预算部门可以通过组织自身行为的调整、学习和创新，通过提高自身的办事效率，精简机构人员，通过市场调研制定出符合市场规律的制度。

最后，员工学习和成长视角。从绩效预算部门员工的角度看，只有充分发挥公共部门员工的积极性和创造性才能使绩效预算部门良好运转。因此，必须将公共绩效预算部门人力资源的管理与开发提升到重要的战略地位。相应的可以采取员工满意度、员工延续率、员工适任率来衡量公共预算部门在其战略实施过程中的人力资源状况和水平。

公共部门的战略确定后，要对战略进行宣传和解释，使各级组织及全体工作人员（公务员和其他人）明确部门战略，这样有利于每一级组织和每一位工作人员的行动与部门的战略保持一致，发挥战略协同作用。平衡计分卡是一个层级的概念，需要制定的是整个公共的平衡计分卡，并在此基础上，进一步分解制定各层级组织的平衡计分卡和个人的平衡计分卡。具体来说有以下几个步骤：

首先，制定实施计划。找出战略实施的关键因素，然后再找出关键的绩效指标（KPI），据此，可进一步制定本部门的年度计划。公共部门的年度目标是按照平衡计分卡的思想从公共部门的战略分解下来的。

其次，链接人力资源和信息系统。绩效预算项目组织要考虑把平衡计分卡绩效管理系统和能力发展联系起来，员工不仅重视自己的平衡计分卡目标，而且还关注战略执行能力。平衡计分卡的结果与员工的绩效或者薪酬结合，以激励工作人员共同实现组织的战略目标。实施平衡计分卡时要充分运用信息系统的成果。

再次，战略的评估与控制。每一年行政部门都要根据管理运行的结果，从平衡计分卡的四个方面评估公共部门战略的效果，对战略执行效果进行反馈，进而衡量出每个部门、工作人员的工作得失并在执行中对战略进行调整。

最后，结果分析和调整。公共预算部门要定期分析和汇报绩效预算的成果，再调整战略，形成循环。平衡计分卡可以为公共预算部门的管理者提供良好的工具，跟踪和分析实施过程中的绩效，并且可以结合使用软件。平衡计分卡的一个特点是根据环境变化作出相应的调整，以确保战略执行的成功。

在此，需要注意的是，为了确保平衡计分卡的成功实施，要明确以下几个关键要素：公共预算部门高层管理者的保证与支持；要有克服困难的决心；解决技术上的壁垒；运用信息技术进行沟通、跟踪和调整；提升人力资源到执行战略的高度等。

（三）在绩效预算中应用平衡计分卡

这主要是从技术角度对绩效预算中如何运用平衡计分卡进行分析。

绩效预算的思路从宏观上要依据一定的框架，要分层次进行。绩效预算的三个层次是：总财力约束、从战略上进行资源配置和利用、高效管理项目运作，如图6－7所示。

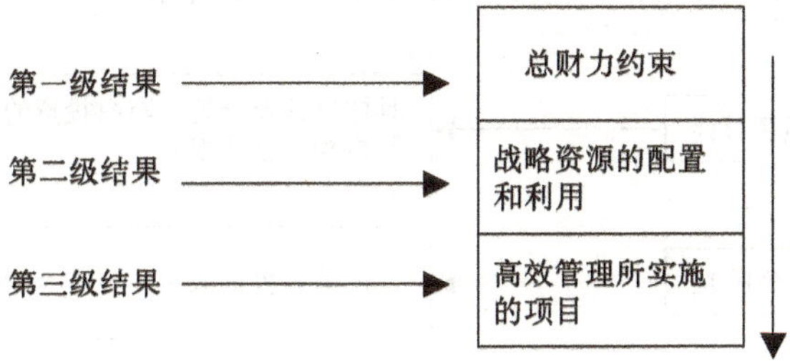

图6－7　绩效预算的三个层次

首先，绩效预算战略分析。绩效预算战略指的是从战略上进行资源分配，在制定了总的财力约束之后，政府部门面临的是如何将有限的资源按照战略的重点来配置资源。绩效预算战略性计划必须包括一个任务综合性说明、一般目的和目标的描述及其实现手段、对影响一般目的和目标实现的主要因素的解释、使用的项目评估的描述和未来评估的计划。战略性计划为后续计划提供了框架基础。在制定战略计划的过程中，要求各个实施绩效预算的部门与财政部门商量，或者与议会商量，取得并慎重考虑那些可能影响该计划的相关者和公民的意见和建议。

其次，绩效预算目标设定。从上面的阐述可以看出，平衡计分卡可以用于绩效预算的战略资源分配，这里重点阐述如何将绩效预算战略转化成绩效预算的目标和评价指标，并且讨论其中存在的一些问题和存在的机会。绩效预算的绩效目标是平衡计分卡运用的关键。运用平衡计分卡的关键是选择让绩效预算良好运行的评价指标。

总的来说，绩效预算中平衡计分卡系统的建立需要系统地把绩效预算的战略、具体目标以及评价指标连接起来。绩效预算的决策层参照预算申请部门的要求，根据绩效预算的战略资源分配、具体绩效目标和评价指标进行讨论而制定出部门的绩效预算的平衡计分卡评价指标体系。评价指标的确定是根据绩效预算战略和目标确立，而不能根据已经存在的绩效预算评价指标来建立绩效预算的战略和目标。在选择评价指标时应该选择那些影响力强的关键指标。而在选择关键绩效指标时，“因果关系分析”是平衡计分卡的一个有用工具，可以帮助绩效预算决策部门确定合适的绩效预算战略的绩效目标，如图6-8所示。

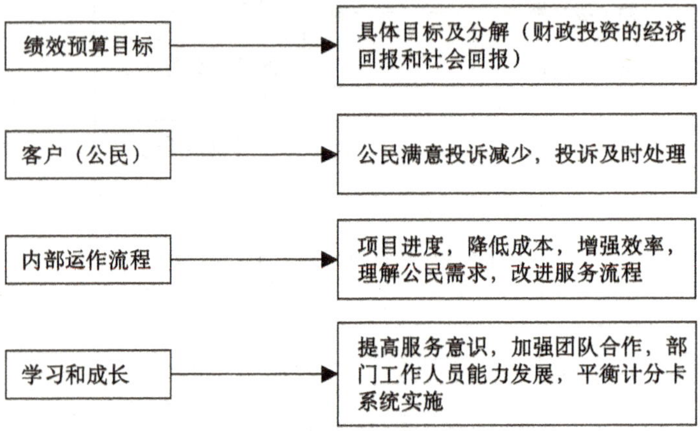

图6-8　绩效预算决策部门确定的绩效预算战略的绩效目标

（四）基于平衡计分卡的绩效预算业务流程再造

绩效预算业务流程再造是指从预算决策开始，从资源分配、执行、评价，最后到顾客（公民）的满意度反馈的整个增值过程，如图6-9所示。

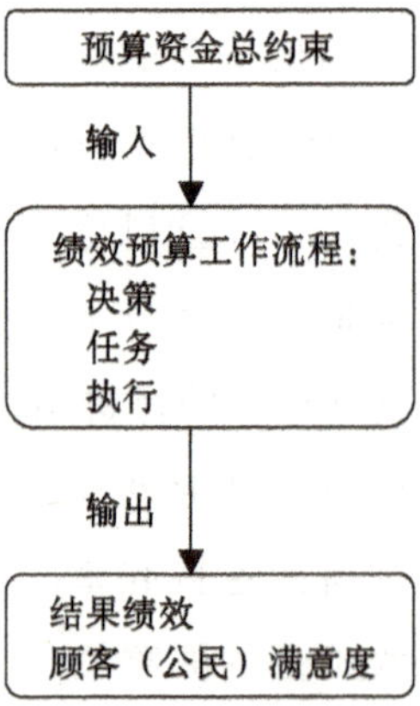

图6-9　绩效预算业务流程要素

分解预算部门的战略绩效目标到执行部门和工作人员个人时，应该对绩效预算的流程进行再造，实现部门组织目标增值。

首先，绩效预算流程再造管理分五个步骤：将部门绩效目标与急需解决的问题（分项目标）结合起来；了解绩效预算部门内部工作人员与顾客（公民）的期望；在分项目标和绩效评估上达成一致；流程改进设计，再设计——直至满足内外部客户的期望；培训、沟通和持续的流程改进。

其次，按照绩效预算流程再造的步骤分阶段进行。第一阶段，绩效预算决策者倡导组成跨部门项目组，并对项目绩效目标和衡量指标达成一致意见；第二阶段，绩效预算项目组使用流程改进工具，顺序流程图和流程绘图等理解并规划出他们目前的流程；第三阶段，绩效预算项目组对目前流程进行分析，想象理想的流程状态并找出两者间的差距，然后按照描述问题、诊断原因、增值评估、头脑风暴改进方法、制定行动计划等步骤改进和再造目前流程。在绩效预算的流程改进过程中，绩效预算项目组应该把重点放在关键的流程要素上，如图 6－10 所示；第四阶段的实施过程中，注重沟通问题，确保流程涉及的所有人都理解发生的变化，为什么需要这样的变化，并保证他们的工作方式都要与以往有所不同，要符合新流程的要求；第五阶段，进行流程的持续改进。

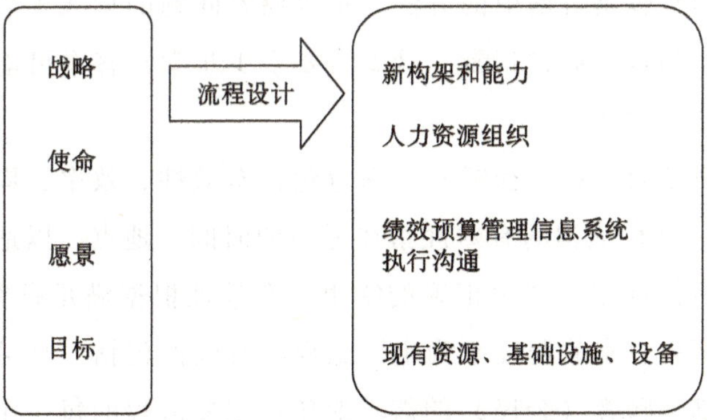

图 6－10　绩效预算的流程改进过程

再次，对绩效预算流程改进和再造时使用的工具主要有：（1）沟通和集体解决问题的技能。在作流程改进项目时，如果项目组以前没有接受过类似的培训，就有必要在项目一开始就进行培训，体验开放式和探究式的问题，积极倾听，系统化地解决问题，这些技能的提高可以帮助项目小组更有效地完成他们的变革任务。（2）心智图。心智图是一种促进创造性思考的技巧。它像一张蜘蛛网一样展开，不受拘束地包含很多互相联系的思考和想法。在分析某个问题或目标时，使用心智图可以把各种复杂的想法形象地表示出来。它的价值在于把思考化为图形和文字。人们在一张心智图上可以看到所有的想法以及它们之间千丝万缕的联系。（3）头脑风暴。这是一种激发团队创造性解决问题的技巧。经过培训后，整个团队会运用一些简单的规则积极主动地、创造性地思考和解决问题。（4）绘制流程图。就是使用标准的流程图符号，运用一系列符号表现各项活动、人物、行动、决策和信息流成的动向。（5）流程分布图。利用流程图符号，并与职能部门柱形图结合，显示出各个部门负责的流程步骤，提供更全面的信息。（6）价值评估图。价值评估图流程步骤分成两类，为流程增加价值的步骤和不增值的步骤。“增值”步骤的标准在于能否满足客户的要求。不增值则意味着对满足客户的需求不起任何积极作用，取出这些步骤不会影响流程的质量或产品的功能。另外一个判断流程步骤是否增值的方法，是以回答问题的形式来表现：如果需要流程和产品首次运转正常，最少需要多少步骤？答案可能是不出现返工或机器停工时间。

最后，对绩效预算流程绩效的衡量包括有效性、效率、周期和适应性四个方面。（1）流程的有效性指在适当的时间、地点，以适当的资源分配方式和执行计划，产生正确的结果。有效性根据满足顾客（公民）的需求、期望和要求的程度来确定。流程的有效性包括三部分：主要流程的输出要满足顾客（公民）的需求愿望；主要流程的每一个子流程的输出要满足预算部门公务员的输入需求、要求和期望；外部的输入要满足主要流程的全面要求。（2）流程效率是指占用资源最小化和杜绝浪费，以实现有效性的程度。效率指标说明组织如何利用其资源，包括资金、时间和配备人员数量等。效率总是和绩效预算的执行成本相关。(3) 周期是指完成某个流程所需要的总时间。缩短周期意味着降低成本，成本包括管理费用、单位成本、批量成本、产品成本和设备成本。(4) 适应性是指流程处理未来多变的客户期望的灵活性，包括管理流程以满足客户当前和以后的要求。指标如下：处理特殊客户订单或要求需要的平均时间；没有满足的客户要求所占的比例；必须更好地加以处理的客户要求所占的比例。

（五）平衡计分卡与其他方法结合在绩效预算中运用

首先，基于 DEA 的平衡计分卡在绩效预算中应用。从本质上来说，平衡计分卡在绩效预算中主要是把战略资源管理与评价指标联系起来，借助于 DEA 可以在运行效率测算上使平衡计分卡的不足得到弥补。

DEA（数据包络分析）是美国著名的运筹学家查尼斯（Charnes）和库伯（Cooper）等人提出的，是一种线性规划的方法。这种方法的优点是可以对多投入和多产出的指标进行分析，是一种对同类型单位的相对有效性进行评价的方法。DEA 方法的数据结构是由 N 个同类评价单元的投入指标 X 和产出指标 Y 组成，如图 6－11 所示。

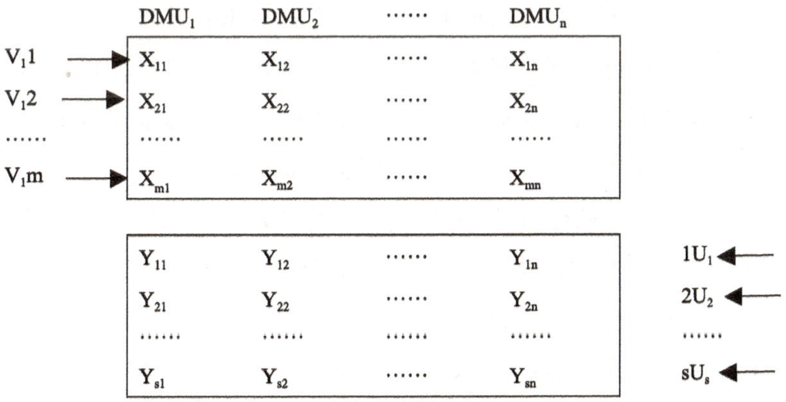

图 6－11　DEA 方法的数据结构

DEA 的主要特点是：DEA 是一种效率评价方法；DEA 具有相对有效性，主要针对一定的评价系统而言；DEA 根据投入产出数据，使用数学规划模型计算每一评价单元的有效值。

每个决策单元都有相应的效率评价指数：$h_j = \frac{u^T Y_j}{v^T X_j}$，$j = 1, 2, \cdots, n$

DEA 的一般工作过程是：问题描述与系统定义→选择评价模型→收集和整理数据资料→求解 DEA 规划模型→结果分析。

同时，绩效预算中绩效指标的评价作为战略管理体系的重要组成部分，应该受到绩效预算部门的管理者重视。平衡计分卡恰好能解决这些问题。平衡计分卡在绩效预算中的编制和绩效预算评价指标如图 6－12 所示。

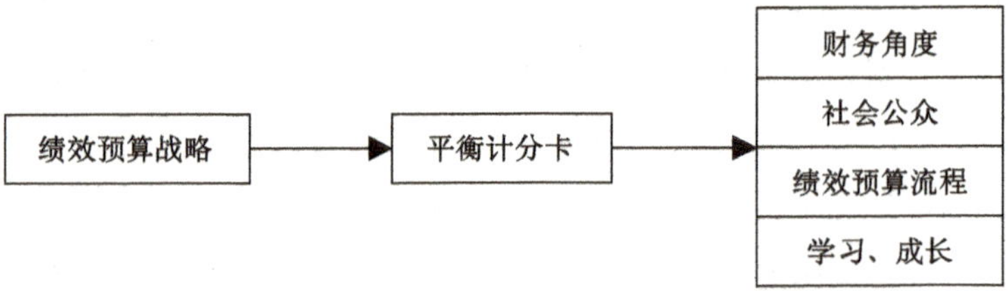

图 6－12　平衡计分卡在绩效预算中的编制和绩效预算评价指标

因此，在绩效预算中可以把 DEA 和平衡计分卡进行结合，进一步对绩效预算的一些评价指标进行测算，为绩效预算管理部门提供决策和评价的依据。具体的应用方法如下：一是用平衡计分卡确定绩效预算的战略和目标：以最低成本完成公共服务项目，向顾客（公民）提供良好服务，成本不断降低，社会价值和经济价值达到最优；二是确定战略目标之后，在平衡计分卡的评价变量中运用 DEA 方法选择投入与产出的指标，产出指标主要包括：项目投入成本、工作人员数量、设备价值，投入指标主要包括：公众的满意度（量化指标）、经济价值、项目社会价值（量化指标）；三是选择 DEA 评价模型，进行求解；四是分析结果，提供决策和评价的依据。

总的来说，DEA 和平衡计分卡的结合是把平衡计分卡的绩效指标评价与 DEA 的效率评价结合运用，充分发挥二者的优势，弥补它们的不足，更好地为绩效预算的项目评价提供服务。

在平衡计分卡的运用过程中，主要的目标是在四个方面保持平衡：长期目标与短期目标的平衡；外部和内部的平衡；结果和过程之间的平衡；客观性测量和主观性测量之间的平衡。虽然平衡计分卡在这四个方面得到了较好的运用，但是运用到绩效预算中时，会因为绩效预算的评价指标过多，某些项目不能同时在各个方面保持最佳。在测定总资金分配、时间进程等方面，还有公众的满意度、部门内工作人员的满意和工作效率等时，这些指标的测定难以进行不同项目的比较。而且，平衡计分卡的编制实际上是一个专家和被测评者共同参与的过程。专家可以是财政预算方面的官员或者学者以及财政咨询顾问，他们必须对绩效预算的宏观层次和微观层次都要有很好的把握。这样制定出的指标才能够很好地体现出绩效预算的战略性和指导战略资源的合理分配和使用。确定平衡计分卡的指标体系是计分卡编制过程的重点，而确定各个指标的权重则是编制计分卡的难点。它涉及将专家定性的群决策转变为定量决策。但是，平衡计分卡的指标体系权重基本由专家打分法确定，受主观因素影响较大。当指标个数超过一定数目时，专家往往会出现循环判断的情况，此时采用层次分析法来改进权重的确定可以避免这一缺陷。

其次，基于 AHP（层次分析法）的平衡计分卡。层次分析法（Analytic Hierarchy Process，简称 AHP）是美国运筹学家萨蒂（T. LSaaty）在 20 世纪 70 年代提出的一种定性与定量相结合的决策分析方法。AHP 进行决策分析的最终目的是定量地确定其决策方案中各个指标对于总目标的重要程度。其原理是：将所研究的问题按其性质进行分类，并划分为若干层次，使问题转化为各指标方案相对重要的排序问题。通过构造判断矩阵，计算出某一层次因子相对于上一层次各个因素的单排序结构和相对于上一层次的总排序权重。

应用 AHP 方法计算指标权重，实际上是在建立有序递阶的指标系统的基础上，通过指标之间的两两比较，对系统中各指标予以优劣判定，并利用判定结果来综合计算各指标的权重系数。

利用 AHP 求解多目标决策问题，一般分为四步：

第一步，建立递阶层次结构。这需要对问题所涉及的因素进行分类，构造一个各因素之间相互联结的递阶层次结构模型。处于最上面的层次一般是问题的预定目标，通常只有一个元素；中间层的元素一般是准则、子准则；最下面一层一般是决策方案，一个典型的层次结构如图 6 - 13 所示。

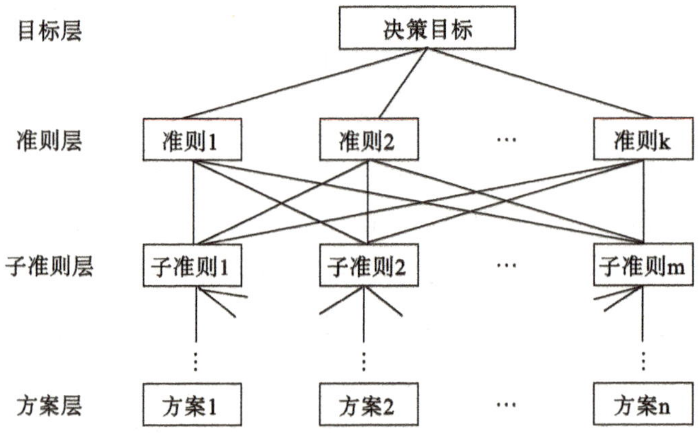

图 6 - 13　递阶层次结构示意图

第二步，计算单一准则下元素的相对重要性（单层次模型）。这一步是计算各层中元素相对于上层各目标元素的相对重要性，即首先建立相对于上层各目标元素的各判断矩阵 A，把其视为单层次子模型，按上述单层次模型中的方法去求解特征根问题：$AW = \lambda_{max} W$

所得特征向量 W 经归一化后作为本层次元素 A_1，A_2，…，A_n 对于上一层次元素的排序权值。λ_{max} 和 W 的计算方法前面已述及，在此不再重复。

在得到 λ_{max} 和所对应的特征向量 $W = (w_1, w_2, \cdots, w_n)^T$ 后，还需要检验各判断矩阵的一致性，进行一致性检验的步骤和单层次模型完全相同。

第三步，计算各层次上元素的组合权重（层次总排序）。层次总排序需要从上到下逐层进行，对于最高层，它的层次单排序即为总排序。

如果上一层所有元素 A_1，A_2，…，A_m 的组合权重已知，其权值分别为 a_1，a_2，…，a_m，与 A_i 相应的本层元素 B_1，B_2，…，B_n 的单排序结果为 b_1^i，b_2^i，…，b_n^i（$i=1$，2，…，m），若 B_j 与 A_i 无联系时，$b_j^i=0$，则本层次元素的组合权重可据下表进行计算。显然有 $\sum_{j=1}^{n} b_j=1$。如表 6－4 所示。

表 6－4　　　　各层次上的权重计算

层次 A / 权重 / 层次 B	A_1	A_2	……	A_m	B 层次元素组合权重
	a_1	a_2	……	a_m	
B_1	b_1^1	b_1^2	……	b_1^m	$b_1=\sum_{i=1}^{m} a_i b_1^i$
B_2	b_2^1	b_2^2	……	b_2^m	$b_2=\sum_{i=1}^{m} a_i b_2^i$
⋮	⋮	⋮	⋮	⋮	⋮
B_n	b_n^1	b_n^2	……	b_n^m	$b_n=\sum_{i=1}^{m} a_i b_n^i$

第四步，评价层次总排序计算结果的一致性。为评价层次总排序计算结果的一致性，也需计算与层次单排序相类似的检验量。

设：CI 为层次总排序一致性指标；RI 为层次总排序随机一致性指标。其计算公式为：

$$CI=\sum_{I=1}^{m} a_i CI_i$$

CI_i 为 A_i 相应的 B 层次中判断矩阵的一致性指标。

$$RI=\sum_{I=1}^{m} a_i RI_i$$

RI_i 为 A_i 相对应的 B 层次中判断矩阵的随机一致性指标。

并取 $CR=\dfrac{CI}{RI}$

当 $CR \leqslant 0.10$，认为层次总排序的结果具有满意的一致性。若不满足一致性条件，需对判断矩阵进行调整。

AHP 的最终结果是得到相对于总的目标各决策方案的优先顺序权重，据此作出决策。

单层次判断矩阵 A 的一致性检验的方法和公式：$a_{ij} = \frac{a_{ik}}{a_{jk}}$

在单层次判断矩阵 A 中，当时，称判断矩阵为一致性矩阵。进行一致性检验的步骤如下：

$$C.I. = \frac{\lambda_{max} - n}{n - 1}$$

一是计算一致性指标 C. I.，式中 n 为判断矩阵阶数；二是计算平均随机一致性指标 R. I.。R. I. 是多次重复进行随机判断矩阵特征值的计算后取算术平均数得到的，如表 6－5 所给出 1－15 维矩阵重复计算 1000 次的平均随机一致性指标；三是计算一致性比例 C. R.，C. R. ＝C. I. /R. I.。当 C. R. <0.1 时，一般认为判断矩阵的一致性是可以接受的。

表 6－5　1－15 维矩阵重复计算 1000 次的平均随机一致性指标

维数	1	2	3	4	5	6	7	8	9	10	11	12	13	14	15
R. I.	0	0	0.52	0.89	1.12	1.26	1.36	1.41	1.46	1.49	1.52	1.54	1.56	1.58	1.59

平衡计分卡与层次分析法结合，使得绩效预算指标的权重确定变得容易，减少了专家打分的主观因素影响，保证了指标之间重要性判断的一致性，使得评价更加客观。说明了用层次分析法改进的平衡计分卡，更加适合于企业的绩效测评。

再次，系统动力学与平衡计分卡的结合。平衡计分卡强调管理的注意力从短期目标实现转移到兼顾战略的目标实现，从对结果的反馈思考转向到对问题的实时分析。因此，若在绩效预算中应用平衡计分卡时可以利用系统动力学来弥补平衡计分卡的不足。系统动力学具有理清复杂系统因果关系的优点，提出系统动力学与平衡计分卡相结合的方法，增强平衡计分卡的动态性，提高平衡计分卡的实施效果。

平衡计分卡现有方法和工具的不足主要包括过度简化的单向因果链

结关系、忽略因和果在时间上可能不是紧密相连等。无法深入了解平衡计分卡的各项战略主题、目标、指标、行动及其后续影响等之间的复杂因果关系，隐含着短期与长期冲突、资源限制、时间滞延等现象，因而造成决策者关注短期而忽略长期、错误地判断信息的反馈，并进而造成错误的战略和资源分配，使平衡计分卡战略图表面上达到战略静态搭配，却忽略了战略动态搭配，进而使得平衡计分卡的实施陷入困境。

一是因果关系的完整性（反馈性）。某个结果可能是由很多原因造成的，因果关系中很可能只包含了部分原因而将其真正原因或主要原因遗漏。平衡计分卡中单向因果关系反映的只是动态性复杂现象的其中一面，容易造成对经济现象片面、短视的理解。如因果关系“提高服务质量可以吸引更多顾客”，并不能传递这样一个反向的重要信息：顾客多了反过来也会造成人手不足或为每位顾客服务时间减少从而降低服务质量。

二是因果关系中因与果之间的“时间延滞”问题。因为时间延滞的存在使得行动的结果只能以渐进的方式产生，如果未被察觉或充分了解，就容易造成企业改善结果的行动矫枉过正或者不及。

三是因果关系的非线性关系。平衡计分卡将策略目标展开至执行目标时，缺乏考虑组织的动态复杂因果关系，以简单的线性方式展开目标，最终导致组织中部门利益冲突。平衡计分卡若要有效地将战略展开成各维度，甚至每个员工的目标与指标，关键在于必须理清这些指标间的因果关系。在实际工作中，平衡计分卡只提供了架构，没有建立因果关系的方法。另外，平衡计分卡也未考虑因果关系中的时间延迟，而这些缺陷正是系统动力学的长处所在。事实上，平衡计分卡的创始人卡普兰（Kaplan）和诺顿（Norton）也早已认识到平衡计分卡这方面的不足，尤其在有因果反馈的动态复杂情况时，他们也建议采用系统动力学的方法来弥补这些不足。

在绩效预算中将平衡计分卡和系统动力学结合。由于系统动力学有助于理清复杂系统的因果关系，因此将它与平衡计分卡结合，可辅助平衡计分卡各指标之间因果关系的建立，从而促进平衡计分卡的有效使用。

一是因果反馈。变量间的因果关系并非是单向的而是双向的，变量本身既是因又是果，当观察企业运作的情景时，会发现变量间的因果关系多是复杂的因果回路。例如，任取三个变量：士气、服务质量与绩效结果，若仔细分析，会发现这三者通过许多中间变量彼此形成互为因果的复杂关系。系统动力学擅长处理复杂因果反馈回路的问题，它将因果反馈回路分成正反馈回路和负反馈回路，进而能够由因果回路关系定性且定量的解释系统行为。

二是非线性因果关系。两变量间的函数关系非直线，而是一条曲线。系统中若具非线性因果关系，通常产生令人惊讶的系统行为，混沌现象即是一种。非线性的存在常使问题变得难以处理。若用数学方式来描述非线性动态系统，将得到非线性微分方程，此类方程通常难以求解。过去的做法是将非线性线性化，结果虽然可得解，但不得不忽略非线性效应，因此借助电脑模拟以求得特殊解是目前最实用的做法。而系统动力学向来借助电脑模拟解决问题，对于非线性的问题从不回避。

三是时间延迟。平衡计分卡确实注意到指标间具有时间延迟的关系，因此会有领先指标与滞后指标的区别，或称为绩效驱动因素与成果衡量指标。系统动力学将变量区分为状态变量与速率变量以处理时间因素。状态变量指某一时点累积的量，速率变量指某一段时间的变化量。因此当绩效预算系统用状态变量与速率变量来建立模型时，即可处理时间延迟。

因此，在绩效预算中将系统动力学和平衡计分卡结合的步骤如下：第一步，详细地了解绩效预算需要进行绩效评价的实体，分析其各职能部门和运作流程；第二步，在第一步的基础上，把其战略层层分解为具体目标，针对具体目标设立相应的绩效评价指标；第三步，立足于平衡计分卡的四个维度，利用系统动力学方法建立各个维度的系统动力学模型；第四步，针对建立的模型向绩效预算部门的专家或者有关人员咨询，以检查其是否符合实际情况，然后利用系统动力学方法对系统动力学模型的有效性进行检验，若通过可进行下一步，若不能通过，则返回上一步重新建立模型或对该模型进行修改；第五步，对有效的模型进行仿真模拟，改变其中的参数查看不同策略对仿真模拟结果的影响。

综上所述，系统动力学和平衡计分卡的结合不仅可弥补平衡计分卡的不足，还可增强平衡计分卡的动态性，通过在计算机上进行模拟，可得到不同的策略下战略绩效改进效果的对比，可为绩效预算决策者作最合理的资源分配战略决策提供支持，使平衡计分卡真正成为绩效预算中的重要战略绩效改进工具。

二、基于绩效棱柱分析方法，完善绩效预算运作流程

绩效棱柱展示的是全面的绩效衡量结构，它是建立在那些已经存在，并且在一直寻求弥补其不足的结构的基础之上，为公司绩效管理面对现实的挑战提供了一个有效的、全面的框架。

在构建绩效预算的绩效计量模型体系时，首先要回答五个问题：一是绩效预算有哪些重要的利益相关方，其各自重要程度有多大，侧重哪方面的需求；二是预算部门应采取何种战略（长期的和短期的）来满足利益相关方的需求；三是在执行绩效预算战略时，需要哪些关键的过程；四是执行绩效预算时需要何种能力来保证过程的顺畅和改进；五是利益相关方应对实施绩效预算作出何种贡献以维持和发展这种能力。在此，结合绩效预算实际，每一个层面都可以进一步细化和分解为许多具体问题，而每一个问题都必须用计量指标来表示。根据绩效棱柱模型五个层面的内在依赖性，由模型衍生的计量指标之间自然也就具有沟通和反馈的性质。

绩效三棱柱模型不是用来使个人和公共预算部门服务于一个事先制定好的计划，而是用来交流、通知和学习的开放系统。其中，计量指标既包括财务指标，又包括非财务指标；既有历史指标，又有前瞻性指标；有核心指标和辅助指标；有内部指标和外部指标；有数量指标和描述性指标，还有背景指标等。将这些看似纷乱复杂，实则由因果关系有机地

串成决策价值链的众多指标置于绩效棱柱模型中，就可以将这些指标关系明确，并相互依存，相互强化，从而对经济决策和责任认定更为有效。

对此，市场经济条件下的公共预算部门是服务性部门，是以市场和顾客（公民）为导向的公共组织，所以必须考虑到所有利益相关者的愿望和要求。一是如果组织不能满足其利益相关者的特殊需求，那么政府公共部门将面临着内部公务员的低效率工作和公民的反对。这也就意味着资源配置效率越来越低，顾客（公民）对公共服务不满，公务员士气下降，导致更高的公共服务成本以及更多的调查；二是在政治上、法律上、道德伦理上，政府公共组织对其利益相关者负有责任；三是重新认识了公共预算部门绩效预算的起点。绩效战略并不是最终的目的，只是你所选择的战略——如何达到所期望的目标的路线、执行战略，将使公共预算部门能更好地将价值传递给其利益相关方：决策者、顾客（公民）、公务员、审计部门、社会中介、社会团体。因此，绩效预算的起点应是谁是组织的利益相关者以及他们的愿望和要求是什么，即为利益相关者创造价值，而非战略。

（一）绩效棱柱在绩效预算中的应用前景

绩效预算是政府首先制定各部门有关的事业计划和工程项目，并在进行成本—收益分析与绩效评估的基础上确定实施方案所需要的支出费用，然后再来编制预算。绩效预算是以结果为导向，对结果负责，是注重分权与放权，并且预算透明的预算制度。并且，从前面的论述我们知道，绩效预算对于公共部门的运作在三个层面上进行要求：一是总财力约束；二是战略资源配置和利用，三是项目和服务提供的效率和效果。而且我们也知道绩效预算的特点：首先以结果为导向；其次是充分放权；第三是目标和总额集中控制；第四是实行多年期的预算；第五是预算透明和沟通改进。

绩效棱柱恰好是这样一种包括战略、能力、流程、利益相关者的贡献和满意的绩效评价管理工具，提供一个全方位、系统的将宏观、抽象的战略转换成运作方案或者工作计划的思维模式。这是由绩效棱柱自身的五个方面决定的：

一是利益相关者的满意。在绩效预算中谁是我们的主要利益相关者？他们的愿望和要求是什么？绩效预算中的利益相关者包括公共部门决策人员、公务员、顾客（公民）、审计部门、第三方中介、社会团体等。绩效预算的结果导向应该提供良好的结果，使公众享受到应有的公共服务；充分放权的绩效预算使得公共预算部门的决策和执行人员有充分的权利进行工作，并且得到激励和支持；绩效预算的预算透明和沟通改进要求预算向各利益相关团体公开和透明，使各利益团体能得到充分的信息。

二是利益相关者的贡献。绩效预算中利益相关者应该贡献什么？绩效预算的目标和总额集中控制特点要求决策部门进行合理的资源分配，从而对绩效预算作出贡献；公共预算的公务员要有能力、忠诚地工作；社会团体等利益相关者应该提供评判意见，进行监督；公民应对其享受到的服务结果进行反馈，以促进绩效预算下一轮的高效率和有效果的执行。

三是战略。绩效预算决策者应该采用什么战略在满足利益相关者的需求同时也满足我们自己的要求呢？绩效预算的第二个层面上的要求是战略资源配置和利用，要求对绩效预算的战略进行衡量；同时施行自上而下的预算编制模式也要求绩效预算从战略上来把握，进行预算和评价以满足利益相关者的利益和提高绩效预算的运行效率。

四是流程。我们需要什么样的流程才能执行我们的战略？绩效预算的执行流程包括流程的设计和流程再造。在流程层面要考虑绩效预算需要什么样的流程，必须做到既有效果又有效率。在绩效预算组织内部，如果公共部门拥有适当的能力、适当的人力、良好的实践、有效的技术分析工具和丰富的物质资源进行综合，那么流程才能得到执行。绩效预算的执行流程应该是一个不断改进的过程，流程再造能促进绩效预算效率和效果的提高。

五是能力。我们需要什么样的能力来运行这些流程？绩效预算的能力可定义为由人力、技术工具、预算制度建设、组织文化等共同体现的。公共预算部门为其利益相关方创造价值的能力，能力参与价值创造是通过特定的流程来实现的。竞争的标杆管理制度有助于发现公共预算部门间的能力差距。

除此之外，借鉴绩效棱柱模型，重构适合公共部门绩效预算的绩效管理体系，还要着眼于以下几个方面：应从只关心一个或两个利益相关者的观念中转变过来，逐步关心绩效预算的所有利益相关者，在从利益相关者那里得到的同时，也注意利益相关者的满意；注意绩效预算战略、执行流程、执行能力的匹配；要设计合理的绩效预算的测量指标体系；注意管理和协调绩效预算框架本身，让其能随着实践不断得到提高。

（二）绩效棱柱在绩效预算战略管理中的实践价值

在政府的绩效预算项目中，财务角度不同于企业的财务以盈利为目的；顾客主要是应该受到政府提供服务的公民；内部经营流程主要是进行绩效预算的政府政策和管理公共财政的流程；学习和成长是指从事绩效预算的官员或者公务员之间的交流和团队学习。将绩效棱柱引入绩效预算的战略管理和绩效评价可以促使政府的绩效预算以各利益相关者为中心，从利益相关者的满意、利益相关者的贡献、战略、流程以及能力五个方面展开，每个方面包含若干期望达到总体目标、由各总体目标引出的若干具体目标、各具体目标执行情况的若干衡量指标三个层次，因而能够将公共部门的宏观战略目标转化成阶段性、可操作的、具体的目标。

从政府的绩效预算意义上来说，绩效棱柱的评价模式是一个自上而下的政府部门的绩效预算战略目标和任务的分解和管理过程。将绩效棱柱引入绩效预算的战略管理有着一定的实践价值：

一是将绩效棱柱系统引入公共部门绩效预算的战略管理，有利于贯彻科学发展观和树立正确的政绩观，以全面、协调发展为基础，以促进人的全面发展为目的，是全面、协调、可持续的发展观。当前中国公共部门提供公共服务与公共产品时仍然存在着与贯彻科学发展观不和谐的现象。一些公共部门重“显绩”轻“潜绩”，重近期效果，轻长远发展，急于在短期内出成绩，片面追求 GDP（财务指标）的增长。平衡计分卡正好是一种将长远目标与短期目标、外部环境与内部管理有效结合起来的战略管理工具，它能使科学的发展观真正贯穿到公共部门的管理实践中去，并促使员工通过对宏观战略的理解和学习树立正确的政绩观。

二是将绩效棱柱引入政府部门绩效预算的战略管理中，为帮助克服官僚作风、深化行政管理改革提供了一个有力的工具。以平衡计分卡为导向，公共部门的战略制定必须要考虑“顾客”意见，要受到社会公众的监督，各级指标的建立都要从战略出发，围绕战略目标而制定，这样可以引导公共部门把工作重心由预算收入最大化转移到提高社会公众满意度上来。另外，平衡计分卡通过一系列的指标分解，将绩效预算的战略目标与每个工作人员的工作紧密结合在一起，使每个成员都明确了解自己的作用、责任和工作范围，从而为公共部门的绩效评价提供了更好的激励机制。

三是将绩效棱柱引入绩效预算的战略管理亦是一种有效的防止制度性腐败的手段，基于平衡计分卡的绩效预算战略管理能够明确公共部门中每个组织和个人的权利、责任和义务，既有利于自我控制，更有利于他人的监督，从而堵塞了组织腐败与个人腐败的道路，将会很好地起到防止体制内腐败的作用。

（三）绩效棱柱在绩效预算中的应用设计

绩效棱柱模型在绩效预算中的应用离不开一个整体的框架设计。当绩效棱柱应用到绩效预算中时，五个相关的主题，即利益相关主体的满意、利益相关主题的贡献、绩效预算的组织战略、业务流程和组织能力等各方面具体内容，要围绕绩效预算的特点和层次进行确定。特别是在当今的市场经济条件下，致力于获得长期社会效益与经济利益结合的政府公共部门必须非常清楚地了解谁是他们的主要利益相关者以及他们的愿望和要求是什么。但是，仅有一个清楚的认识是不够的。为了满足他们自己的要求，组织还必须从他们的利益相关者那里获得一些东西，通常包括来自政府部门的财政资金和政府部门的信用度、来自顾客（公民）的反馈和愿望、来自公共部门员工的工作积极性和技术以及来自第三方的监督和服务等。另外，还需要明确所要采取的战略以保证实现分配给利益相关者的价值。为了实施这些战略，它们还要考虑企业需要什么样的流程，必须做到既有效果又有效率。在其内部，如果组织拥有适当的能力、适当的人力、良好的实践、技术分析工具和物质基础结构的综合，那么流程才能得到执行。从本质上讲，绩效棱柱为以一种理性的方式通盘考虑公司的这些关键问题提供了一个工具，使执行者们能基于可用信息作出决策。这五个层面循环构成了绩效预算的绩效棱柱框架，如图 6－14 所示。

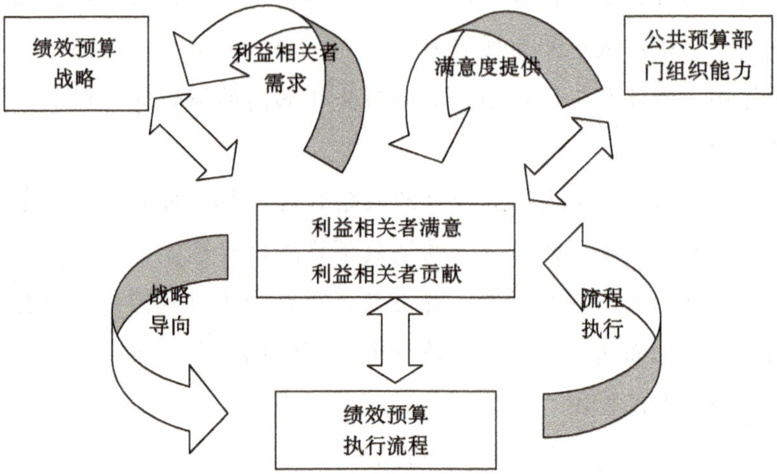

图 6－14　绩效棱柱在绩效预算中的应用框架图

具体来说，绩效棱柱在绩效预算中的应用可以分为八个步骤。

第一步，检查绩效预算现有的绩效测量和管理过程，列出四个关键问题，如图 6－15 所示。

第二步，对绩效预算利益相关主体关系进行分析，如表 6－6 所示。并且，列出绩效预算利益相关者的关系，如图 6－16 所示，考虑绩效预算系统如何满足利益相关者的基本愿望和要求。

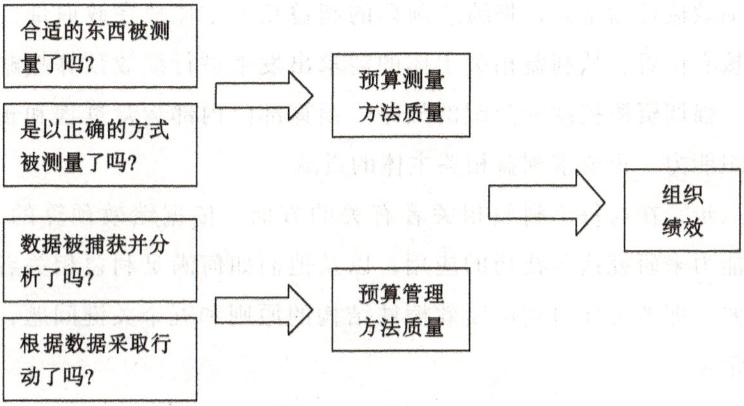

图 6－15　检查绩效预算现有的绩效测量和管理过程所列关键问题

表 6－6　绩效预算利益相关主体需求和贡献对比

利益相关主体满意（需要得到什么）	利益相关主体	利益相关主体贡献（组织需要）
高效良好的服务结果，公众满意	决策者	正确决策、合理资源配置
得到相应的公共服务，物质文化生活水平提高	顾客（公民）	文明素质、社会公德、科学文化素质等
人文关怀、收入、激励、自我成长	公务员	敬业、忠诚、能力
合法、公正、真实、安全	社会团体、社会中介	建议、监督
合法合理的分配战略和执行流程	审计部门	提供反馈、监督

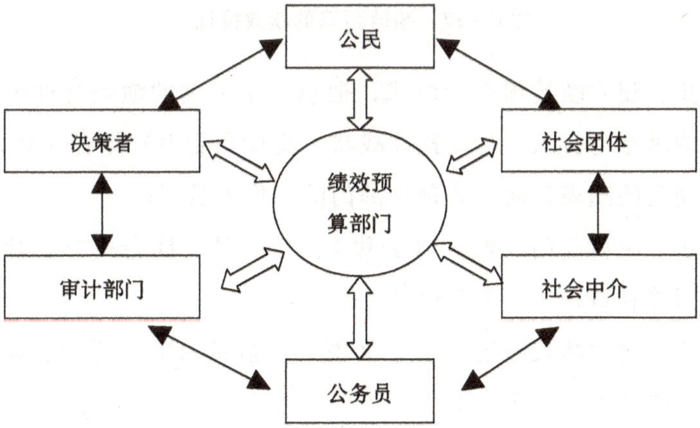

图 6－16　绩效预算利益相关者关系图

以绩效棱柱为基础，将绩效预算的利益相关主体放在政府部门组织绩效的核心位置，从利益相关主体的需求出发来进行绩效预算战略决策和执行，强调资源控制和分配的战略、预算部门内部运营过程和预算部门的组织能力，也要求利益相关主体的贡献。

第三步，在与每个利益相关者有关的方面，依据绩效预算的战略、流程和能力来研究这些技巧的应用，以及他们如何满足利益相关者的愿望和需要，即考虑如何利用绩效棱柱结构的原则和五个关键问题，如图6－17所示。

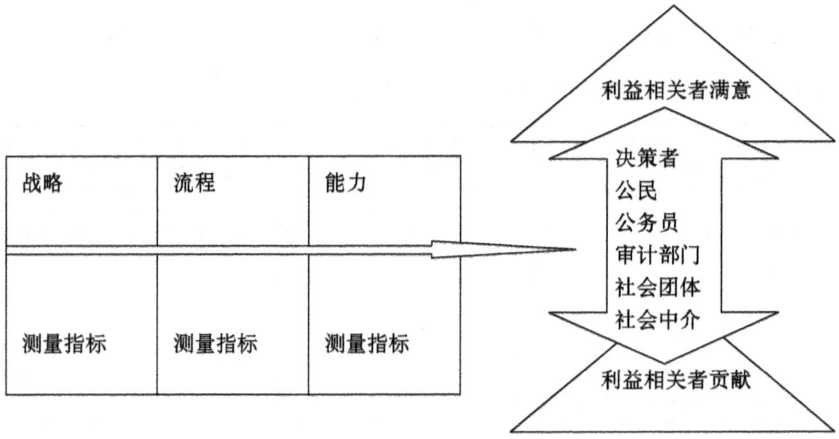

图6－17　绩效预算的绩效棱柱

第四步，建立绩效预算的模式，把每一个关键的绩效管理因素（利益相关者的满意与贡献、绩效预算战略、流程和能力）结合和联系起来，提供一个完整的图表，使绩效预算部门的工作人员了解。

第五步，决策部门、顾客（公民）、公务员、社会中介、社会团体和审计部门等利益相关者关系设计。

第六步，运用绩效测量方法定义模板，包括目的、规则、频率和数据来源，并验证方法是否合适。

第七步，定义绩效预算测量系统四个基本流程，如图6－18所示：第一个流程是测量指标的设计；第二个流程是为实施测量系统做准备；

第三个流程是使用测量指标进行管理；第四个流程是管理测量系统本身。特别是，在实践新的测量方法和测量系统中，要注意利用“四个基本流程”模式的第二个和第三个过程。

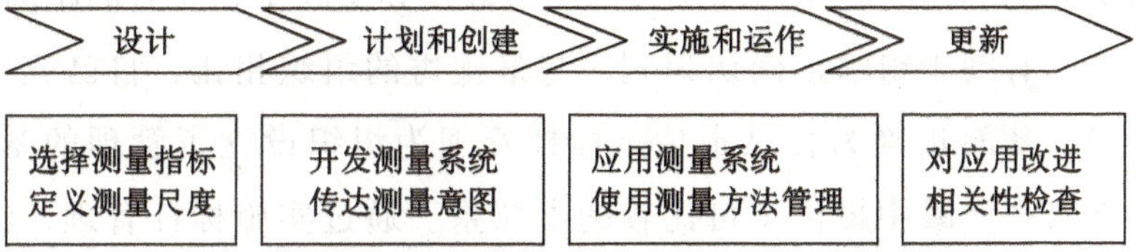

图 6－18　绩效预算测量系统四个基本流程

第八步，应用“四个基本流程”模型的第四个过程，定期评估和更新测量方法和测量系统。回到第一步和第二步，开始实现连续的提高。

三、借鉴全面标杆管理思路，提高财政科技投入绩效

标杆管理作为一种学习先进经验的系统，科学、高效的方法，最初在企业管理中得到了广泛的应用。标杆管理是国外 20 世纪 80 年代发展起来的一种新型经营管理理念和方法，它是一个持续的调查研究和对过程的学习，以确保发现、分析、采纳、执行行为中最好的经营管理实践活动，与企业再造、战略一起并称为 20 世纪 90 年代三大管理方法，也是国内外开展竞争研究常用的方法和工具之一。在绩效预算中应用标杆管理，主要是把绩效预算按部门分项目进行，也就是把标杆管理与公共预算中的相关项目结合起来。

全面标杆管理主要分五个阶段进行：

第一阶段，标杆管理的流程

第二阶段，内部数据收集与分析

第三阶段，外部数据收集与分析

第四阶段，对项目的绩效进行改进

第五阶段，持续不断的改进与实践

1. 全面标杆管理在绩效预算应用中的优点。在绩效预算中使用全面标杆管理方法可以促进绩效预算流程的改变和增强效果质量。标杆管理最大的作用是为绩效预算部门提供了一个清楚的认识自我的工具，便于发现解决问题的途径，从而缩小自己与绩效预算实践中领先者的距离。

首先，有助于组织正确认识到，与最优秀的组织相比，自己究竟做得怎么样，从而正确为自己定位。标杆管理为组织设立了管理的基准，为组织在管理实践中提供了可比较的参照系。通过实施标杆管理，组织可以确实地知道组织的绩效应当达到而且可以达到什么水平，同时也明确了组织目前的绩效水平与应该并且可以达到的最佳结果之间，为什么会存在如此之大的差距。

其次，有助于组织看清自己的优势与劣势。在与基准标杆进行比较时，可以帮助组织发现自身的缺点和不足，有助于组织扬长避短。

再次，为组织提供了各种已经被实践所证明的、正确的行动计划和方案，有助于组织博采他人之长为自己所用，缩短摸索经验的时间。随着经济全球化的发展以及科学技术的进步，谁也没有足够的时间和资源，谁也没有必要亲身经受各种失败和错误。于是，通过标杆管理，借鉴他人的优点来弥补自身的不足，学习他人的长处来求得生存便成为一种十分有效的生存之道。

最后，有助于组织明智排定各种改进活动的先后顺序与轻重缓急。在与标杆进行比较的过程中，能够帮助组织发现影响战略目标实现的关键因素及其在组织战略实现中所占权重，并通过行动计划反映组织中哪个实践活动是应最先进行的，哪个实践活动最适合组织的发展。

2. 在绩效预算项目中使用标杆管理的可行性。第一，政府绩效所面临的一个共同困境就是：政府公共性本质与具体管理方法之间的矛盾与冲突。处理好彼此之间的关系是我们在评估上必须解决的问题，否则将无法达到预期目标。目前随着中国政府改革进一步深化，企业化政府的呼声已经越来越高，标杆管理自身的特点和国外应用的成功经验都表明，源于企业战略管理的标杆管理法适用于市场经济条件下企业化政府的绩效评估。一句话，将标杆管理法引入到政府公共预算的绩效评估中是与时俱进的。

第二，可以在前人研究的基础上进行研究。在前人研究的基础上进行探索或者应用可以提高效率，加快进度，节省资金和时间。当一个组织或者个人学习别人的经验时，会显著地减少拉升学习曲线所需的时间和作出改进的花费。最优绩效是一个组织采用本行业最佳的产品或服务特长的能力，提供良好的服务的能力。当前，许多政府在政府活动领域内处于垄断地位，因此公共管理部门几乎没有改进的动力。绩效预算部门的情况亦是如此。当前公民对政府公共预算的透明度以及成果要求越来越高，这就对公共预算部门的根本性变化提出了要求，利用最佳组织的实践，政府部门的公共预算也能够类似于企业组织，以互相竞争的模式进入公共组织的视野。

第三，标杆管理可以促进公共预算部门的合作。最佳实践和标杆管理促使不同的公共部门结合在一起进行工作，服务社会。尤其是促进公共财政和预算部门进行紧密合作，为公民和政府负责，提供更好的预算决策。

第四，可以提高绩效预算工作的效率。从实践上看，标杆管理的效果是非常显著的。一些行政机构在学习和引进了其他机构或私营部门的一些较好的做法后，自觉主动地找出自己与之相比较显现出来的不足，从而缩短差距。

一是对行政效率而言，首要的是要保证政府活动方向的正确，而在现实生活中，人们往往不问方向正确与否，只顾数量多，速度快，导致“南辕北辙”，效益越高，损失则越大。采用标杆管理，借鉴其他机关如何进行行政决策、如何配备组织人员等方面的先进经验，尽可能做到最优决策，这事关重大，因为“决策的失误是最大的浪费”，决策出了问题，政府的活动方向是否正确也就值得怀疑了。

二是在保证政府活动方向正确的前提下，推行杠杆管理可使政府以较少的行政投入获得较大的行政产出。在行政投入方面，如经济、时间的投入等，都可借鉴其他较为成功的组织的做法避免一些不必要的浪费，并以较快的速度完成其工作任务，而这也是行政效率的一个重要方面。

三是采用标杆管理可使政府对因行政效率方面的提高而进行的改革的恶性循环得以打破。“日本的官僚机关及官僚制擅长于维护现存秩序。同时，当现存秩序由于外界的重要原因而受到扰乱产生混乱时，恢复秩序和平衡也是得心应手。”这说的虽然是日本行政改革的情况，同样也适用于中国。标杆管理极为重要的一个方面就是引进并严格但非僵化地遵循一系列的程序。程序是工作不断反复的一种机制。行政人员能“通过对业务中存在的显在或潜在的程序的认识，来作出预测、保护程序，有效地处理业务，通过对程序的认知，可以把直接或间接从事该项工作的当事人的主观偏向减少到最低限度”。

第五，把全体公民看作顾客。“顾客为服务对象”是公共部门应该遵守的原则之一。这是由于公共部门的财政资金来源于公民，因此应该是为全体公民服务，并要以全体公民的偏好为服务目标。

第六，全面标杆管理提供了一套可以用于任何评估标准的方法，既可以用于政府经济绩效标准又可以用于非经济绩效标准，但以非经济绩效标准为主。而且，它转变了政府部门管理的思维模式，与绩效最佳的政府部门相比较，这种从外部入手的方法可以使人们了解一些从前认为不可能的重大改进，较之传统的将政府部门本期绩效与前期绩效和本期预算相比较，或是比较政府部门内部业绩标准的评估方法，更加令人耳目一新。除此之外，它还使得政府部门将主要精力由过去的内部竞争吸引到外部竞争和长远发展上来。

把全面标杆管理与绩效预算的特点进行对应，可以清楚地知道绩效预算的特点：一是目标和总额上的集中控制，这就要求运用战略计划来引导资金配置和进行总额控制；二是充分放权，绩效预算放弃了传统预算模式下对各个支出部门的严格控制，采取了管理责任的模式，将支出控制的重点从投入转到了产出和结果，要求支出机构承担对于产出和结果的管理决策责任，绩效预算也允许支出部门及其管理者将预算结余的全部或者一部分转到下一预算年度去使用，甚至可以将预算结余的一定比例用于奖励组织成员，这也体现了对公共部门的组织成员的关怀，而不仅仅是控制；三是对结果负责，各个部门需要对实现他们承诺的结果负责。这样就要求绩效审计是一种事后审计，预算机构只关心支出部门最后是否实现了绩效合同中明确定义的结果；四是预算透明和持续的沟通改进。预算透明指的是政府应该尽可能对选举官员、公民、利益集团等利益相关者公开和透明；持续的沟通改进要求政府公共部门提供关于项目、结果和成本方面的信息。

从绩效预算的特点可以看出，绩效预算的编制应该遵循一定的思路，而这个思路就要在绩效预算特点的指导下进行。因此，绩效预算的编制应该以市场为基础，以顾客（企业与公民）为导向，以管理为动力，以最终绩效为目标。可以说，绩效预算是对传统预算的彻底革新：以前的预算组织形式主要关注投入功能，以投入为导向（input - oriented），以过程为导向（process - oriented），往往忽视产出，强调对财政收支实施控制，力求节省开支，达到预算收支平衡。然而，绩效预算则重视对预算支出的绩效进行考察，并以预期收益作为编制预算支出的依据，强调管理的责任和义务，关心预算的产出和效率，是以结果为导向（results - oriented），以绩效为导向（performance - oriented）的。

然而，标杆管理实际上是一个组织充分挖掘内部潜力、积极开发外部优势、合理进行组织变革和追求发展的有效管理方法。它是一个持续的调查研究和对过程的学习，以确保发现、分析、采纳、执行行为中最好的经营管理实践活动。因此，在绩效预算中应用标杆管理，我们可以对标杆管理的方法进行改进，使之更符合绩效预算的思路，我们的目的是：用标杆管理工具规范和引导绩效预算；同时绩效预算可以促进标杆管理这个工具更完善，从而更好地为绩效预算服务。

3. 绩效预算中标杆管理的流程设计。一是明确绩效预算标杆管理的对象，获得预算决策部门支持。绩效预算标杆管理小组应该从六个方面进行分析决定是否在绩效预算组织的内部、外部或者同时在整个组织采用标杆管理。对此，可以采取以下步骤：第一步，对六个方面进行考察，即绩效预算的目标与总额控制和战略资源规划、年度预算计划、标杆组织的业绩情况、顾客（公民）的需求、本部门的核心能力、所进行的标杆问题的确定性；第二步，选择需要进行标杆管理的类别；第三步，选择要进行标杆管理的项目。最终，标杆管理项目小组向高层管理者提供一分项目评估和建议清单，以便得到高层决策者的支持，最终得到获得批准并有资金支持的标杆管理流程执行战略。二是制定测评方案。建立一套测评方案，从而使标杆项目小组在标杆项目和相似项目之间进行比较。测评时确定一个项目业绩的重要方法。通过测评可以了解部门运作良好的方面和需要改进的方面。测评主要包括流程测评服务质量和产品质量。三是制定数据收集计划，与相关专家一起审查计划，评定标杆管理项目。这部分是一个综合的过程，应该完全描述标杆管理项目，制定一个实施计划的进度表，并对内外部数据进行收集。四是进行内外部数据收集，分析数据，引进先进做法缩小差距。对内外部数据进行收集，先选择合适的标杆伙伴，然后将收集的数据和标杆合作伙伴的数据进行对比分析，发现差距并采取缩小差距的办法。五是评定标杆管理项目，对结果进行监督。对标杆管理项目的整个过程进行评定，对结果进行监督和反馈，以保证持续不断的提高。

4. 基于 DEA 的标杆管理在绩效预算中应用。DEA 算法主要用在多输入、多输出的系统模型中，是用来评价相同（相似）类型部门间相对有效性问题。而标杆管理在政府的部门绩效预算中，也是要将考核的对象与具有相同或相似情况的优秀部门（单位）进行比较，分析差距，制定目标，提高部门绩效预算的绩效水平。

由此可以看出，一个是评价绩效相对有效性的，一个是对相对有效性的弥补（相对中的绝对），二者相辅相成，在实际运作过程中，它的运行结果相对于单一的 DEA 算法更有效。这样，DEA 算法与标杆管理是可以有效地结合起来，在绩效预算中得以应用，并且弥补了二者各自的弊端。具体来说，DEA 与标杆管理结合使用的流程如下：第一步，问题描述与系统定义；第二步，收集和整理数据资料；第三步，选择 DEA 评价模型；第四步，求解 DEA 规划模型，引入标杆管理程序；第五步，进行比较和改进处理。

具体来说，这种方法首要是通过调查、专家访问、网上查阅等方法，收集同类或相似部门的最佳工作绩效与指标数据，建立所要考核的标杆单元 DMU。但是，需要注意的是，这个标杆不一定是某一个部门的数据，一般来说，应该是从众多相同或类似部门中提取出来的各个最佳绩效的综合。当然，要找出相同部门的最佳数据并不容易，可以从具有类似功能的企业、事业及机关中收集，再消除相异因素。将有效决策单元与标杆再用 DEA 算法进行比较，选出有效决策单元，其流程框图如图 6－19 所示。

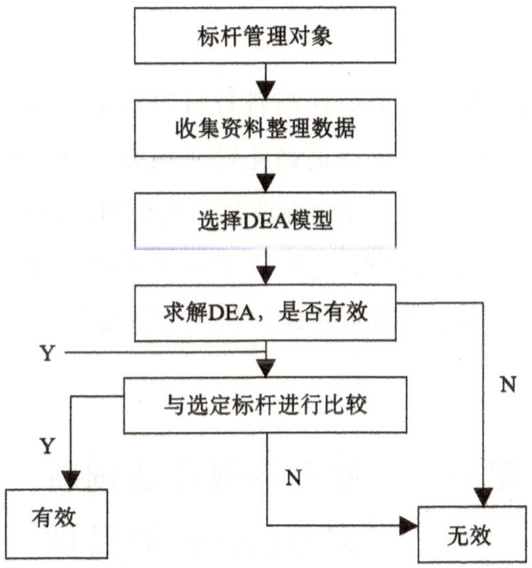

图 6－19　基于 DEA 的标杆管理流程

第七章
优化科技预算管理
推动政府管理创新

财政科技投入的绩效改革在提高科技财政资金使用效率，推动科技事业发展的同时，也为在政府层面强化财政预算管理，培育和打造政府能力开辟出一条可行的道路。建立专业化制衡机制，降低优化政府成本，推进电子政务和透明政府建设，进而重塑社会秩序文化，推动制度变迁正向演进，为中国的未来改革道路谋划大战略路线图。

第一节 推动预算模式创新 完善科技财政管理

不同的预算管理模式决定了不同的预算编制方法和执行程序。从条目预算、项目预算、产出预算再到结果预算，预算管理的绩效导向不断加强。这也从侧面反映了政府管理改革的绩效导向。同样的，提高科技财政投入绩效，完善财政科技预算管理，将倒逼科技发展绩效。

一、强化条目预算编制，完善预算执行外部控制

这个阶段是绩效预算改革的初步阶段，也是新型市场经济国家和转型国家实施预算改革不可逾越的阶段。世界银行预算专家希克和国际货币基金组织预算专家戴梦德都警告，后发国家在追求绩效预算的过程中，切不可盲目的超越预算改革规律的实施阶段赶超①。这是由于该阶段预算改革的任务在于严肃财经纪律，加强财政收支总控制，为以后几个阶段预算改革的推进夯实基础，主要包括以下几个方面：

（一）加强财政收支控制

传统预算是对资源投入进行控制的预算，强调对财经纪律的遵守，这个阶段的绩效收益主要来源于部门和单位的遵从。为达到上述目的，一是要求财政资源基本都在预算部门控制管理之下，对中国当前预算改革而言，尽快建立综合性预算体系实为当务之急，逐渐将预算外和制度外收入纳入预算内管理，为遵从式条目预算管理奠定资源基础；二是预算范围应尽可能全面，对政府财政具有影响的决策与直接支出计划（主要是税式支出、或有支出等）应包括在内；三是强化部门预算，增强部门责任，按照部门中期框架制定流程，明确支出限额，并要求部门坚决执行；四是制定相关法律，可以考虑在预算法或者财政基本法中制定相应条款，对财政总额和部门支出总额实施限制，在现有阶段还应该科学处理法定支出和或有负债问题，实现财政规模绩效，此外，加快制度建设步伐，配合条目预算阶段的编制、执行、监督、评价等财政管理工作，建立完善相关制度；五是在设定财政目标、对财政支出总额进行制约的基础上，考虑限制的结构性因素，实现财政支出结构调整的分配效率；六是细化预算编制，实施条目控制。

（二）编制中期财政框架，实施预算和政策连结

中期支出框架的建立提供了一个更好的联系政策制定与预算编制执

① 艾伦·希克，《当代公共支出管理方法》，经济管理出版社2000年版，第59页。

行的有效机制。OECD 国家在过去几年中采用不同形式的方法，包括一系列相互联系的程序：确定跨度为两到三年的可用于公共支出的总资源；在总资源限额内确定部门或组织的分配限额，并把其下达给各部门；提出和确定时间跨度内未来支出成本的预计；通过建立支出先后顺序调整未来的预期和部门的分配额度；在年度预算编制程序之前确定部门支出限额以建立中期支出框架的第一年计划与年度预算的关系。

中期支出框架的预计是每年滚动的。当第一年计划同年度预算完全一致时，对其余年度（第二年和第三年）支出的预测只是指示性的。未来支出预测是典型的主要功能或战略领域的汇总，描述了现行或延续政策和政策变化的总成本。为了评估计划期间内能调动的财政资源，中期支出框架通常尽力削减能在以后安排的事项、建设中的计划、可能被安排到年度预算的（中期支出框架第一年的）计划和那些资金已明确了的新计划。

为避免后发国家在实施中期支出框架时出现的教训，中国中期支出框架的制定一定要简单易行。为达到此目标，必须采取以下措施：确立整体财政政策目标并明确阐述国家将如何在中期实现；对现有政策的中期成本提供更好的信息；在更大范围内实施预算政策创新（将需一年以上的时间完成）。实际上，预算要求被提出时，从某种意义上来说，预算年度的大多数支出已经被承诺支付了（公务员工资、退休金和偿债成本在短期是不变的）。这意味着，任何支出优先顺序的真正调整，如果成功的话，都必须在几年内完成。

除了需要加强政策与预算的联系之外，一个中期支出框架的完成相对中国目前的预算编制程序而言必须解决以下问题：资本性和经常性预算之间的不协调（中期支出框架的资本性和经常性预算是同时估计的）；支出单位大量的超出可利用资源的支出要求（中期支出框架要求建立滚动的多年预算限额并将其下达给各行政事业单位）；年度预算的编制不参照中期或三年期计划（目前的五年期时间框架太长了以致于不能与年度预算编制程序紧密联系）。

（三）强化预算执行中外部控制的作用

中国正在实施部门预算、财政收支分类、国库集中收付等各项改革，目的在于增强财政部门对资源投入和使用的控制。作为后发国家和转型国家，中国财政制度建设需要很长一段时期，这个时期应该是政府对财政资源控制的强化时期。如果没有完善有力的外部控制，那么财政资源的使用很难达到有效率和有效性，并会对财政改革的继续推进造成阻碍。财政改革从来都是触一发而动全身，预算执行作为预算职能履行的重要环节和预算编制职能的延续，在预算管理中起着举足轻重的作用。由于外部控制是政策控制①和过程控制，因此，这个阶段的制度建设就相当重要，让支出部门做到"有法可依"，而且"有法必依"。因此，在这个阶段，从政策要素上讲应该注意以下两个方面：继续强化财政在外部控制中的作用，同时发挥人大监督、审计部门监督和社会舆论监督的作用。

（四）推行涵盖强调节约与支出技术效率的基本支出的项目绩效考评

从 OECD 国家的实践来看，绩效评价最初引入公共部门时，是以财政节约和行政效率为核心课题，重视节约成本、提高效率，但随着行政改革继续以经济和效率为重点，其必然受到牺牲质量和公共服务来追求开支节省的指责。因此，OECD 国家绩效评价的发展基本都是从重视节约、效率到侧重有效性和货币价值。但侧重有效性和货币价值并不等于完全依赖有效性衡量，OECD 国家没有任何一个国家实施完全的有效性

① 普雷姆詹德将支出控制按职能类别分为政策控制、过程控制和效率控制，其中政策控制指负责制定宏观经济战略和制定有关的综合指标，并且进行机构的改革重组；过程控制指履行法定职责，进行人事管理、政府采购、工程承包、项目招标及资金支付；效率控制指对最后获得的结果，参照一定标准，进行评价。同时按支出控制类型分为指令控制、激励控制和协同控制。指令控制指强大的中央机构负责国民经济的管理，权力高度集中。指令控制的顺利进行，需要各级机构与中央机构保持一致。此外，指令控制的正确决策，需要大量信息并且必须具有可靠性；激励控制是指令控制的一种补充形式，并不适用所有的政府任务。政府任务的成功，取决于社会满足程度以及各级工作人员的反应，因此，任务本身应包含激励机制，对于私人部门的任务，政府应辅之以合适的税收优惠和财政补贴，以激励私人部门完成任务。对于公共部门的任务，政府应规定相应的标准，对没有超支的机构给予奖励，对超支机构予以惩罚；协同控制也是指令控制的一种补充形式，只适用于一些情况。协同控制强调中央机构与各级机构相互协商谈判，以此作为制定政策计划的基础，这往往导致了上下级机构之间的讨价还价。

评价，都是以某类绩效为重点，包括综合性的绩效评价体系。中国目前还处于绩效评价的起步阶段，仅仅在某些项目支出上进行试点，基本目标还是强调节约和支出效率。随着绩效评价逐步涵盖所有的财政支出和部门，绩效评价必然向有效性和货币价值的方向改革。如果考虑改革路径，第一步是继续推行项目绩效考评，然后涵盖基本支出，但基本目标在于节约财政资金和提高支出效率。评价重点在于资源控制，而评价主体应以政府部门为主。

二、实施项目预算编制，强化预算执行内部控制

预算编制在达到财政资源的有效控制后，应进入项目预算阶段。项目预算阶段的典型特征是预算支出项目必须反映政府战略政策和部门核心政策，改革的重点在于设计有效政策并确保政策与预算之间有效联系的机制。同时与项目预算相对应的预算执行必须强调内部控制为主，外部控制为辅，为产出预算的管理责任要求的管理分权打好基础。为对项目预算的执行绩效进行评价，这个阶段的绩效评价应以节约和效率为评价目标，同时构筑修正收付实现制的会计基础。具体包括以下几个方面：

（一）编制项目预算，制定科学的国家、部门和机构战略和政策，并建立政策和预算紧密联系机制

政策与预算的联系主要从以下几个方面着手：确定国家战略目标、部门的核心目标并明确单位各自使命；强调预算部门权威，调整职能与目标相一致；建立预算分配机制、政策与项目的协调机制、部门协调机制、公众参与机制等；增强预算项目对政策的回应性；建立政策成本的核算体系，明确政策变动对资源的影响；按职能和广义的经济类型进行总支出估测，审查主要项目和计划的远期成本，并建立滚动支出预测制度；同时应关注主要支出项目，如法定支出或主要部门的支出；预算编制采取自上而下与自下而上相结合的方法，传统预算方法使用自上而下的预算编制方法，虽然严格控制了预算支出总规模，但与项目预算编制

阶段要求各个单位追求项目预算与政策的一致性并赋予项目管理者适当权限不相适应。

（二）从外部控制逐渐过渡到内部控制，建立完善部门各项内控制度

内部控制是外部控制与管理责任之间的桥梁。由于它减少了遵循成本，而且不必让财政部门和其他的外部监管机构对它们每一个行动都进行审查（有可能还会遭到否决），从而提高了支出部门的执行效率和有效性。一旦建立起了内部控制制度，财政部门的角色就从事先审计各项具体业务转向对制度进行审查。每个部门都可以依据政府范围内的标准制定自己的制度（行政事务制度、支出制度、采购制度、信息管理制度等）。从部门管理者来说，从外部控制转向内部控制变化不大，因为控制工作与先前基本一样，服从制度也像以前一样以一种僵化的方式强制实施。造成这种状况的原因是：在转向内部控制的过程中，以前由中央机构来实施的控制通常都会转移到部门的总部。对于那些受到行政命令和公共管理控制的管理者来说，具体的规则是由政府核心还是由自己部门的核心实施几乎没有多少区别。无论是哪一种情况，服从都是主题，而对业绩问题的考虑则被忽视了①。

这个阶段，应该关注的政策要素是：财政部门对支出部门的授权应该逐渐增加，并逐步放松外部控制；支出部门在政府规定的基础上逐渐建立自己完善的支出制度、采购制度、信息管理制度、人事管理制度和内部制衡机制；财政部门对支出部门的效率控制和协同控制，应该逐渐替代政策控制和过程控制；支出部门对下属单位也应该从外部控制逐渐过渡到内部控制；对政府进行改组，内部引进市场和市场机制；改革管理实践，强化市场信号，例如推进政府采购、公私合作、建立风险共享机制并合理使用政府收费等方法推进公共品生产、供给和消费的市场化。

（三）明确绩效评价目的，全面推进绩效评价

评判功能是指通过对组织绩效的分析来指出促进或妨碍组织取得绩

① 艾伦·希克，《当代公共支出管理方法》，经济管理出版社2000年版，第167页。

优的因素。例如，著名的雷纳评审的目的是通过对政府部门活动的经济性和效率的评审来发现部门内存在的问题，并提出具体的改进措施。控制功能是指上级部门依据绩效协议或绩效合同评估下级部门，并运用评估结果对下级部门实施有效控制。例如，下一步行动方案要求核心部门与执行机构间签订框架文件。实际上，框架文件就是一种准契约性质的协议或工作合同。核心部门就是依据绩效协议来监控下级部门 OECD 国家实施绩效评价的初期，评价目的一般都在于评判和控制。

然而，随着绩效管理的推进，绩效评价的功能不再局限于评判、控制。比如说，新西兰、英国、澳大利亚等政府开始积极运用绩效评价来推进政府绩效的持续改进，实现组织的发展。此时，绩效不仅仅是一个指导和控制的程序，更是一种学习程序。组织通过各部门、单位间的横向或纵向比较、现有的绩效水平与标准水平或理想水平的比较，来寻求进一步提高组织绩效，实现本部门的发展的目的。

三、从项目预算到产出预算，从内部控制到管理责任

在特定的预算发展阶段，绩效预算执行必须关注相应的工作重点，从而实现特定限制条件下的次优，也就是某种程度上的绩效。中国预算执行在遵循一般规律的情况下，必须考虑特有的政治、经济和制度约束因素，逐步推进预算编制和执行的改革，从项目预算编制过渡到产出预算阶段，从外部控制过渡到管理责任阶段，从政策过程控制转变为产出和结果控制。在会计基础方面逐渐开始实行修正的权责发生制，为全面推行权责发生制作好准备。

（一）预算编制从项目预算阶段到产出预算阶段

本阶段预算编制在有效控制财政资源、优先体现政府和部门的政策优先级之后，预算编制改革的重点应转移到注重资源的分配效率和使用效率以及有效性上。为达到上述目标，这个阶段在完善项目预算的基础上，扩展到整个政府范围，重点是建立综合性的绩效管理体系。绩效管

理的程序包括制定绩效协议、制定绩效计划、持续性的绩效管理、组织改进绩效成就的阶段性评估。为了更好地使用产出绩效预算，必须开发绩效管理体系，将绩效预算改革放在绩效管理的环境中。

（二）从内部控制到管理责任阶段

管理责任将管理者从制度和程序的束缚中解脱出来，但作为交换，管理者必须面对更明晰的业绩要求。预期业绩目标提前确定，将实际结果与目标进行比较，并给予相应的奖惩。同时，需要对政府进行重组，利用契约强化责任关系。这个阶段最为紧迫和重要的工作就是重塑责任关系。具体包括：改革政府机构，将政策计划职能与执行职能相分离，并将公共物品的生产和提供分开，强化用户选择；在政府公共物品的提供上尽可能实施消费者自由选择，完善市场在政府内部的作用机制，避免市场对社会的负面影响；强化各个部门的契约关系，建立新型的责任关系，强调对产出和结果的责任；在预算部门和支出部门，在支出部门的上级机构和下级机构，在政府层级之间建立明晰的契约关系①。

（三）绩效评价从基于项目基础上的经济效率和有效性，推广到整个政府部门，同时实现绩效评价主体从政府到社会的转换

借鉴 OECD 国家经验，考虑中国实际，短期内，财政部门应具体负责绩效评价的整体规划，并组织和指导各部门的绩效评价工作。这是由于中国财政部门作为负责政府支出的职能部门，不仅具体负责编制和执行预算，而且在政府宏观调控和政府管理中都处于重要的地位，具有其他部门不可替代的作用。有鉴于此，财政部门理应在规划、指导和推动预算绩效评价中发挥关键性作用。但是，政府预算绩效评价工作覆盖面广，涉及预算的编制、执行、监督等多个环节，涉及的利益也极为广泛，因此必须逐步建立起包括人大、审计、民间中介组织和社会公众在内的多层次的预算绩效评价体系。人大是中国的最高权力机关，有权对各政府部门定期向财政部门提供的预算绩效报告进行审查监督。审计部门作

① Jack Diamond：Establishinga Performance Management Framework for Government，IMF Working Paper，2005（50）：pp6.

为中国的重要执法部门，有权代表各级人代会对各部门支出配置和使用情况进行年度绩效评价。在必要时，审计部门还可以选择重大预算项目进行绩效评价[①]。同时，应发展和鼓励民间中介评价组织，由于中介组织独立于公共项目的利益关系，因而有助于保证评价的公正和客观。中国绩效评价主体在短期内以强化政府组织为主，但随着绩效评价逐步过渡到有效性评价和货币价值阶段，评价主体也应该从政府组织扩展到社会公众。

（四）建立政府财务报告和审计制度，引入更多的权责发生制因素

在这个阶段将引入权责发生制会计的更多内容，包括：雇员权利支付：诸如养老金（与工作年限和离职年限有关），这样的权利都是政府潜在的成本，在将来的若干年之后都将导致政府财政资源的巨大支付。使用正确的会计处理方法，对于确认政府现在和将来的财政支付意义重大，并促使政府选择正确的方法来纠正某些行为的扭曲；政府预收款项：这些收入包括从资产销售收入的储蓄到政府服务和商品消费的分期支付。这样的收益高估了政府当期的收入，低估了政府将来的收入。因为它们被看作政府收入的条件没有满足，不能被当作政府的收入，但可以看作影响政府资产负债的财政性交易；利息支付：利息支付对财政资源影响巨大，简单地记录利息不能反映将来利息支付对财政资源的影响。这些信息是控制财政支出的有用信息和商业银行选择资金水平的重要信息。

这个阶段预算的事后报告将包括选择部分资产负债项目的资产负债表，修正的收付实现制运营陈述包括使用权责发生制来说明一些条目。建立与国际接轨的政府财务报告制度，需要设计规范的政府财务报告编制准则，并正确设定政府会计的核算范围，比较完整的政府财务报告应当包括现金流量、资产负债等方面的信息，就其内容来看，不仅应包括预决算情况的信息，还应包括国有资产方面的信息、社保基金方面的信息等，以保证政府财务报告信息的全面性、真实性和可比性。

---

① 彭健："OECD成员国的预算评价实践及其借鉴"，《山东财政学院学报（双月刊）》，2005年第2期。

四、从产出预算到结果预算，强化绩效预算责任管理

这个阶段改革的重点在于从强调预算的产出转移到关注预算的结果，既包括节约、效率和有效性在内的资金价值，同时也包括实现完全的权责发生制会计。

（一）预算编制从产出预算到结果预算

绩效预算评价主要是应该关注产出还是结果，还是应该关注更多的方面，戴梦德对此进行分析的结论是：在条件许可的情况下，应该实施结果预算①。OECD 国家在应该关注产出还是结果之间也一直存在分歧，原因在于两个方面：一是评价方面的问题。结果经常难以直接测度（例如国家安全）或者它们过于复杂，它们在许多项目和子项目之间互相交叉（例如更低的发病率）。二是责任问题。管理者应该对什么负责？实际操作中，机构经常可以对产出进行控制，最终的结果经常是受外部因素影响的，并且这些因素是不可预测的。另外，观察到的结果还可以用不同的方法来解释。结果可以看作项目所造成影响的结果，而不是机构本身获得的，因此结果被看作包括双面影响的，想要的和不想要的。政府清晰的绩效解释依赖于不同的国家不同的理解，OECD 国家逐渐达成的共识是产出方法是有局限性的，它可能导致政府不再关注项目影响，而恰恰这才是政府应该重点关注的范围②。现在越来越多的 OECD 国家开始使用面向结果的预算管理办法，在使用结果衡量的方法之前，必须广泛采用产出衡量办法③。

---

① Jack Diamond：Establishinga Performance Management Framework for Government，IMF Working Paper，2005（50）：pp3.

② Kristensen，O. K，W. Groszkk，and B. Buhler：Outcom – focused Management and Budgeting，OECD，Journal on Budgeting，（4），2001。

③ 澳大利亚、新西兰和荷兰开始关注产出，现在正在向面向结果的办法转移。澳大利亚和新西兰正在变革账户和预算编制强调结果。法国通过一项法律，要求提供预算中绝大多数的产出和结果。应该注意的是当澳大利亚州政府开始关注产出时，联邦政府已经使用面向结果的产出。

发展到结果预算阶段，应该解决产出预算到结果预算会出现的上述问题。一是目标和政策的制定要更加清晰，并且政府流程的再造要与之匹配，以便对结果进行评价，并对部门责任进行管理；二是预算分配与结果要挂钩，虽然结果是许多因素造成的，但应尽可能地将预算分配与结果评价相挂钩，对部门进行相应的奖惩；三是继续完善和推广绩效管理体系，提升整个政府部门绩效，绩效预算仅仅是绩效管理工具之一，除此之外，应积极引入新型市场化管理理念和方法，扩大绩效管理成果，为绩效预算的实施创造条件和提供空间。

（二）预算评价发展到财政资金的货币价值阶段，就是从成本到结果的管理

条目预算阶段追求节约和技术效率，使用工具是预算的条目控制，并辅之以完善的制度和外部控制，因此评价重点也是部门对财经纪律的遵从性。项目预算阶段讲究政策与预算之间的联系，通过支出项目追求预算的经济效率和技术效率，因此预算评价关注更多的是效率性。产出预算阶段通过适度放权、切块预算、政府重组以及绩效合同等，激励部门管理者管理才能，更好地体现政府政策，并提高财政支出的有效性和效率。而结果预算阶段开始关注预算支出的效果和影响，并发展更为全面的绩效管理体系，在绩效评价中也将重点从有效性、效率过渡到有效性和资金价值，从而实现从成本到结果的全程管理。

这个阶段的政策有三大重点，首先，设计科学的评价指标体系，对支出绩效结果进行评估；其次，契约关系针对结果进行明晰，排除其他因素对结果的影响，正确界定管理者责任；最后，开展综合性的绩效评价体系，为各个方面需求提供信息。

（三）从修正的权责发生制会计到权责发生制会计和预算，并扩展到权责发生制政府会计

权责发生制预算有别于权责发生制会计。仅新西兰、冰岛、澳大利亚在预算资产负债表中使用权责发生制来进行衡量，其他国家仅仅在预算报告中使用权责发生制，但预算（或者事后报告）还是基于收付实现

制。然而，在理论上绩效管理还是需要权责发生制的[1]。权责发生制预算将表明预期现金流、预期收入、费用和运营预算中的运营结果；预期资产、负债和财政预算里的资产。权责发生制将为财政分析提供重要的指标，同时，假如政府能够实施权责发生制预算，就能够对整个政府进行权责发生的监管等等。

由预算会计向政府会计的转变，不仅是名称的变化，更是对预算会计模式的根本性改革。政府会计应以政府活动为核算范围，凡是政府活动引起的资金运动，就应该纳入政府预算会计的核算范围；相反，不在政府活动范围内的资金运动则不属于政府会计的范畴。结果预算阶段要求实行权责发生制会计和预算，同时在条件许可的情况下，应将权责发生制扩展到整个政府活动范围，从而完整反映政府受托责任。

总之，绩效预算改革路径和顺序必须按照预算发展规律，一方面采纳绩效预算管理技术和工具，另一方面建立完善各项财政管理制度，而这必将是一个长时间的进程。

专栏 7－1　以监督结果作为预算安排的重要依据

为管好国家“钱袋子”，财政部今日发布的《财政部门监督办法》明确，各级财政部门将依法对税收收入、政府非税收入等政府性资金的征收和管理情况实施监督。办法自 2012 年 5 月 1 日起施行。

各级财政部门实施监督的范围还包括：财税法规、政策的执行情况；预算编制、执行、调整和决算情况；国库集中收付、预算单位银行账户的管理使用情况；政府采购法规、政策的执行情况；行政、事业单位国有资产，金融类、文化企业等国有资产的管理情况；财务会计制度的执行情况，以及外国政府、国际金融组织贷款和赠

① Jack Diamond：Establishinga Performance Management Framework for Government，IMF Working Paper，2005（50）：pp18.

款的管理情况等。

依照办法的规定，监督具体由财政部门内部的专职监督机构和业务管理机构共同履行，由专职监督机构实行统一归口管理、统一组织实施、统一规范程序、统一行政处罚。财政部门将把监督结果作为预算安排的重要参考依据。

据财政部有关负责人解释，办法突出强调了财政监督贯穿于财政管理始终，强调对财政资金运行的事前、事中、事后全过程的监督，有利于及时发现问题，同时坚持事前、事中、事后监督相结合，建立覆盖所有政府性资金和财政运行全过程的监督机制。健全预算编制、执行和监督相互制约、相互协调的机制，更有利于保障人民群众合法权益，发挥财政职能作用。

资料来源：周芬棉："监督结果作为预算安排重要依据"，《法制日报》，2012年3月20日。

第二节　建立专业制衡机制架构绩效预算框架

构建专业化制衡管理架构，有利于建设高效、廉洁和服务型政府；有助于深化行政管理体制改革，进一步转变政府职能，形成行为规范、运转协调、公正透明和廉洁高效的行政管理体制，同时有利于绩效预算改革的全面推进，因此要积极实行专业化制衡，创新财政科技预算绩效管理运行机制。

一、构建专业化制衡管理架构，促进政府高效运行

不受制约的权力易导致腐败，而绝对的权力也会导致绝对的腐败。

对此，行政决策、执行和监督权力协调理论接纳了“权力必须分立并且互相制衡”的基本原则，有利于提高腐败成本，建立廉洁政府。特别是，三权制约合乎民心之处，在于遏制腐败、防止公共权力被侵蚀。用行政三权制再造政府的亮点之一，就是监督机构的独立。

传统体制下行政权力过于集中，缺乏权力之间的制衡和对权力的监督，这是导致权力寻租、权大于法、卖官鬻爵、权钱交易、暗箱操作等腐败行为得以滋生的土壤。只有实现对权力的有效制约，使执行更透明、公正，监督更充分、有力，才能从源头上、制度上遏制腐败。原有的三权合一的部门权力格局，事实上形成“权力部门化，部门利益化，利益合法化（法律、法规化）”的权力怪圈，公共权力往往沦为部门谋取私利的工具，而且部门的权力和利益扩张几乎不受任何限制。社会的自由、公民的权利就在这样的部门权力和利益扩张中一点一滴地丧失。这种情况必然还造成政府部门的管理权被异化成“所有权”，各权力部门几乎可以随心所欲地将其手中的国家和社会公共资源当成自己的部门私产一样处置。

面对权力被部门侵蚀的状况，政府必须从制度上让权力与利益脱钩，彻底根除部门利益。因此，政府要把现行部门的集权剥离，做到均衡制约就显得很有必要。让各职能部门各司其责，形成整体合力和制衡效应，成为相互协调的互动体制，从而达到防止公职人员滥用权力的目的。即使一时难以杜绝贪污腐败，也会大大增加其难度和代价。

行政权力协调理论强化了政府权力的公共服务性质，重新定位了政府职能。当前政治体制改革的一个重要方面是转变政府职能，使政府从“全知全能”转变为“有限责任”，从权威命令转变为科学决策，从人治管理转变为依法行政，从“传统部门利益型政府”转变为“现代公共服务型政府”。只有从制度上保证权力与利益脱钩，尽可能消除行政机关谋取部门私利的可能和积极性，才能进一步降低行政成本，大力推进公共财政改革，规范公务员队伍的待遇和收入分配，防止公共权力利益化、政府资产部门化、部门收益个人化的现象。服务型政府是在新公共管理理念下的全新的政府管理机制，政府不必把所有事情都包下来，而是把服务委托给社会，政府权力中心将逐步让位于社会中心、居民中心。要通过下放权力，由社区组织、社区中介、民营机构完成部分政府职能。

二、建立专业化财政制衡机制，保证财政公共性

现代政府预算制度起源于英国。在英国向资本主义社会转化的过程中，封建君主在课税上的随心所欲和财政支出上的挥霍浪费，严重损害了新兴资产阶级的利益，并从根本上对市场和资本的扩张构成了致命的威胁，这使得新兴资产阶级和封建贵族之间不可避免地要展开一场财政权的争夺，政府预算制度就是这一斗争的产物。早在14世纪，英国的新兴资产阶级就开始了与国王的斗争，到1640年资产阶级革命完成时，英国的财政权基本上就已处于国会的控制之下。国会掌握政府的财政收支后，进而又寻求控制王室的支出。1787年总基金法案通过后，英国开始把全部的财政收支统一在一个文件中，从此有了正式的预算报告，预算制度的发展向前迈进了一步。自1802年起，英国开始公布详细的政府收支报告，1822年财政大臣将该报告提请国会审议，从而确立了按年度编制和批准政府预算的制度。此后，国会还取得了对预算执行进行审核的权力。经过几百年的时间，英国的政府预算制度日臻完备①。现代政府预算制度的产生、发展和完善在相当大程度上折射出了现代政府预算制度的实质。

政府预算制度的产生为市场对政府经济行为进行约束提供了一个基本手段。政府预算制度的形成最终在代议机关与政府间建立起了一种财政分权格局，使得市场可以对政府及其活动进行规范和约束，从而成为真正的“公共财政”。具体表现为，政府只能根据代议机关通过的税收法令征税，使得政府的收入活动不能超越市场的根本约束与限制；政府

---

① 庞香萍：“浅议政府预算改革与公共财政”，《市场论坛》，2005年第4期。

必须按照经过代议机关批准的预算安排支出，同时代议机关以法律的形式确立政府的支出预算，实际上就是市场通过代议机关并借助法律手段直接而具体地规定和约束着政府的行为；政府在预算执行过程中如要调整业经批准的政府预算，则需经过代议机关同意才可以变更；政府预算执行过程中代议机关可对预算执行情况进行检查和监督；公众、立法机构和审计部门要检查和监督的是，预算部门是不是执行了预算作出的公共决策，是不是履行了预算明确的责任，核心是监督财政部门履行职责的状况；代议机关还可对政府决算进行审议。由此可见，政府预算制度的确立使得市场通过代议机关掌握了政府及其财政行为的根本决定权和监督权，进而将政府财政的根本权限转移到了社会大众手中，这就是现代政府预算制度的根本点之所在。

三、重塑预算管理流程，建立财政分权制衡机制

中国预算管理中，预算编制不是一个独立的系统，而且编制、执行、监督三个环节也没有明晰的职责界定和划分，特别是在财政内部，各个业务部门同时兼有这三项职能，造成了工作的交叉与扯皮，管理混乱而低效。体现在预算编制运作上，就是职责过度分散，没有权威的部门负全部的责任。

首先，尽管中国的预算部门名义上是预算编制的专职部门，但事实上对预算编制介入程度不深不细，只能是在业务部门编制好的预算基础上进行局部调整和汇总，很多预算编制工作由业务部门承担。而业务部门由于既管资金分配又管执行、监督，客观上不能集中过多精力去深编细编预算，以致预算较粗，质量较低。在西方市场经济国家，在财政内部预算编制、执行和监督三个环节是相互分离的，特别是在预算编制上有专门的机构，专职负责此项工作，其他部门、单位只是配合，不具有编制预算的职责。如法国的预算编制统一由预算局负责，而预算执行主要由公共会计局负责。预算局和公共会计局在预算管理中的职责分工非

常清楚。这种制度的好处：一是使预算编制具有统一性，预算局能全面掌握预算编制的政策与标准，政出一门、一个声音，对各部门的预算管理具有很强的约束力；二是能够有效防止财政内部业务司（处、科）为所管部门争预算、争指标问题的发生，使财政部内部比较协调一致，有利于加强管理，提高工作效率；三是有利于实现财政内部权力的相互制衡[①]。由此可见，实行编制、执行适当分开，可以加强相互监督与制衡，从而提高工作效率。

其次，对于预算的编制——审议批准——执行——决算过程中的各个环节也要进行多层次的预算监督。对预算的监督最集中体现于对预算的审议和批准上，执行中的自身监督和审计部门的事后监督也十分重要。如美国，财政部门的监督是通过财政总监制度来体现的。财政部内设一名由总统任命的财政总监，负责监督预算的执行和财政政策的执行，处理财税违法问题，他同时对总统和国会负责，发现问题可以直接向国会报告。在联邦政府各部委内部也都驻有一名由总统任命的财政总监，他对总统和财政部负责，所在部门的每一笔款项支出均需经过他签字才能拨付。审计部门监督是由总会计署（Government Accountability Office，GAO）来实施的。总会计署直接向国会负责，对联邦预算执行情况逐一进行审核，确认每一笔支出是否按国会通过的预算法案来分配使用。总会计署将其审计结果连同行政当局的决算一起送交国会审议批准[②]。

最后，在预算管理过程中，对预算编制的准确性、科学性、及时性要进行审计，并对预算执行中的预算批复、调整、预备费动用等情况进行即时监督，通过事前、事中与事后的预算执行审计的有效结合，实现对预算的全程监控。在这一过程中，行政机关与立法机关的权力制衡至关重要。其法治化与规范化的程度使预算作为一种工具与手段真正起到了控制与制约行政权力的作用。

---

① 财政部预算编制课题组："关于预算编制模式及运行机制的研究"，《经济研究参考》，2000年第27期。

② 唐皇凤："美国预算管理：过程与制度的分析"，《上海行政学院学报》，2002年第4期。

四、建立专业化制衡的绩效审计，推动绩效预算实施

预算三权分立中，监督权的独立实施是非常重要的环节，也是建立财政权力专业制衡机制的重要内容。20 世纪 40 年代，绩效审计就开始登上了政府审计的历史舞台，进一步扩展和深化了权利分立和制衡作用。20 世纪 70 年代后，政府绩效审计得到迅速发展。当今，绩效审计已成为许多国家政府审计关注的焦点和主要的工作内容。早在 1972 年，美国政府审计师用于绩效审计的工作量就已占其总工作量的 86%[①]。绩效审计的出现和发展一方面加重了政府审计部门的责任；另一方面也强化了政府分权制衡机制。目前，中国虽然还没有全面实行绩效预算，但不少审计部门已经先行一步，开始在审计工作中不仅进行合规审计，同时还审计政府的支出是否取得了应有的效益。因此，中国在绩效预算的改革中，可以通过绩效审计推动绩效预算的实施。

（一）绩效审计的本质是一种权力制衡机制

国际最高审计机构组织（The International Organisation of Supreme Audit Institutions，INTOSAI）出版的《利马审计规定指导方针宣言》指出："审计的概念及其建立是公共财务管理所固有的，因为公共资金管理代表了一种信托。"从本质的角度而言，审计本身是一种经济控制[②]，审计本身并不是终点，是控制系统中不可或缺的成员之一。这种控制的目的是通过一定的手段和程序，尽可能早地发现并采取措施防止那些违背法令制度和资源管理的经济性、效率性、效果性（"3E"）的行为，或者至少使上述行为更为困难。从审计的起源至 20 世纪 40 年代，审计关系基本上是一种财务责任关系，第二次世界大战后，随着经济和社会发展的需要，政府在受托资源稀缺的情况下所承担的责任却日益扩大，社会公众强烈要求政府加强经济责任，提高公营部门支出的效果，于是，审计职

① 张继勋："国外政府绩效审计及其启示"，《审计研究》，2000 年第 1 期。

② 周媚："关于绩效审计的几点思考"，《经济师》，2004 年第 5 期。

能作用的范围扩大了，传统的合规性财务审计开始向绩效性审计延伸，从而使绩效审计成为国家审计发展的趋势，其在政府预算管理中发挥着关键性作用。公众作为委托人通过授权审计部门实施绩效审计，对政府履行受托责任的过程进行控制，从而保证受托责任得以全面履行，缓解政府与公众间的矛盾。由此可以看出，绩效审计本身是一种经济控制，它的产生是基于对政府经济活动控制的需要。

这里需要注意的是，外部审计和内部审计相似，但它们由独立的机构执行。前者是针对较为广泛的合法性、有效性和效率事项，典型的外部审计审查账户、监察有记录的科技和存货的准确性、对股票进行实地检查、证明设备的实物存在性、审查操作程序的规范[①]。除此之外，作为一种经济控制，绩效审计的控制对象不仅包括具体的管理活动，还包括公共当局的组织机构和管理系统的全部活动。特别是，控制过程的独立性是绩效审计的前提条件。独立性是审计的灵魂，是审计行为的本质要求，对于确保审计组织不会因与被审计实体之间的任何关系而有所偏私至关重要。任何形式的审计都不可能牺牲独立性，尤其是绩效审计。为了避免审计工作受到不恰当影响的任何可能性，审计组织和审计人员的独立性必须真实可信。

（二）构建专业化分权制衡的绩效审计

中国在今后完善绩效审计的工作中，我们还需要从以下几个方面出发，构建专业化制衡的绩效审计。

首先，中国绩效审计应该包括财政支出的经济效益审计、重大计划项目的可行性审计和国有企业的经济效益审计等方面。同时，中国要逐步放宽绩效审计的范围，对经济活动中与利用受托资源有关的一切重要方面都要评价，对总体经济效益有重大影响的一切基本要素都要进行审查，尤其应重视对关系国计民生的公用事业领域的绩效审计。

其次，改革财政预算管理体制。实施制度创新与管理创新，提高审计独立性、权威性和审计的效率、效果。借鉴先发国家的经验，将财政

① 托马斯·D. 林奇：《美国公共预算》，中国财政经济出版社2002年版，第117页。

预算的编制与执行分离，并且由预算编制机构拨付审计经费，为开展绩效审计创造制度条件，也是提高财政资金使用效益的重要保证。中国政府绩效审计中，对财政资金使用效益的审计占有绝对重要的地位。如果财政预算管理体制不科学、不合理，必然影响到财政资金的使用效益，也影响到审计的效率和效果。

再次，加强绩效审计组织的专业化与独立化。与被审计单位及其他部门的合作，有利于获取审计资料，利于绩效审计顺利开展。有效借用并整合外部资源，鼓励绩效审计业务专业化经营，积极引导中介组织的发展，在发挥审计检查控制功能的同时，进一步发挥其他服务咨询功能。积极开发理论研究，积极组织培训，提高认识，促进被审计单位重视和利用审计结果，真正把绩效审计工作落到实处。

最后，制定科学的政府绩效审计和评价标准。政府绩效审计指标体系是衡量被审计单位绩效高低的尺度，结合中国现阶段的审计工作水平，应尽快建立一套完整的、可操作性的审计指标体系。该指标体系的建立应考虑绩效评价的特殊性，将定性评价与定量评价相结合，一方面将可以量化的影响绩效的因素通过设置指标的方式进行量化，以便于分析、比较；另一方面对无法量化的影响绩效的因素，可借鉴美国的做法，建立“优先实践”原则作为衡量标准①。

第三节　预算集成制度核心
顶层设计改革路径

财政制度是现代政府治理的基石，而预算制度则是现代政府治理的核心之核，也是整个社会制度规则的重要节点。以科技财政投入的预算

① 张艳：“中国政府绩效审计实施中的制约因素及对策”，《审计与经济研究》，2004年第3期。

制度改革为契机，建立起新型的预算管理体制机制，提高财政预算绩效，进而以此推动社会秩序文化的变革，为制度正向演进变迁营造环境并设定路径，从而使得通过预算这一枢纽制度的变革撬动社会变革得以实现。

一、厘清未来改革路线图，确立社会变革大战略

预算绩效改革涉及专业化制衡的政府管理制度建设、公共行政管理体制框架、绩效预算改革等多方面内容，是个复杂的系统工程。可以考虑以绩效预算为突破口，逐步建立信息化平台支持下的专业化制衡的绩效预算制度，实现绩效预算机构从全职能型向权力制衡型转变。通过绩效预算改革的成功，改进预算绩效，提高政府财政管理效能。

预算绩效改革从宏观上要依据一定的框架，分层次进行。预算绩效改革是依据五个不同层次诸层演进的。第一层在追求社会发展绩效的要求下，政府职能应从适应经济体制改革的层次提升到适应建设理想社会的层次上来，实现科学发展和社会和谐，建设服务型政府，强化公共服务和社会管理职能，政府管理的结果反映在政府绩效上，如果政府管理得好，国家和社会就可以认可政府的执政，而如果管理得差，就会招致不满，那么政府就需要改变现状，从而赢得社会的认可。政府在管理运行过程中的表现和最终的结果称为政府绩效，人们对政府绩效的关注，实际上是对政府职能的一种任务分解。政府管理的结果不仅体现在效率上，还体现在办事的效果等方面。不管是效率还是效果，归根结底都是政府管理运行的表现与结果。而我们实施绩效预算的主要目的就在于降低政府成本，提升政府绩效，推动社会发展。要针对公众服务评价，去满足公众的公共服务需求，从而增加公众对于政府的满意度，提升政府公信力，要从战略上进行资源配置和利用，提升社会发展绩效；第二层，为了实现上述战略目标，政府应该通过提供相应的公共服务，从而将政府战略分解为具体的执行目标，通过公共资金使用绩效评价提高公共服务质量，建立职能部门的公共服务目标，实行标杆管理、高效管理的项

目运作模式；第三层，针对职能部门的公共服务目标，设计反馈机制。可以利用预算流程优化、绩效目标完成情况和下年度绩效目标计划，将各公共部门要求达到的绩效目标和奖惩机制写进绩效合同。立法机构在执行预算编制和预算审查时将财政资金使用数额和奖惩合同下达给政府财政部门。财政资金根据财政资金可使用数额和激励合同，在各公共职能部门之间进行合理分配，同时将使用公共资金的绩效目标和奖惩机制写进激励合同。财政部门将预算控制数和激励合同经审查通过后下达给公共职能部门，公共职能部门根据当初的预算安排和激励合同合理地使用公共资金，以最大化自身的预期效用；第四层，通过构建客观的预算资金使用绩效评价体系，利用信息化手段实现第三层的业务流程整合，实现绩效信息的高效收集和绩效信息数据库的动态更新和不断完善；第五层，通过绩效预算管理者的学习和自我提升，通过政府绩效管理专业资格认证机制，构建先进的政府绩效评估职业认证制度，不断完善绩效预算管理水平。以上五个层次如图 7－1 所示。

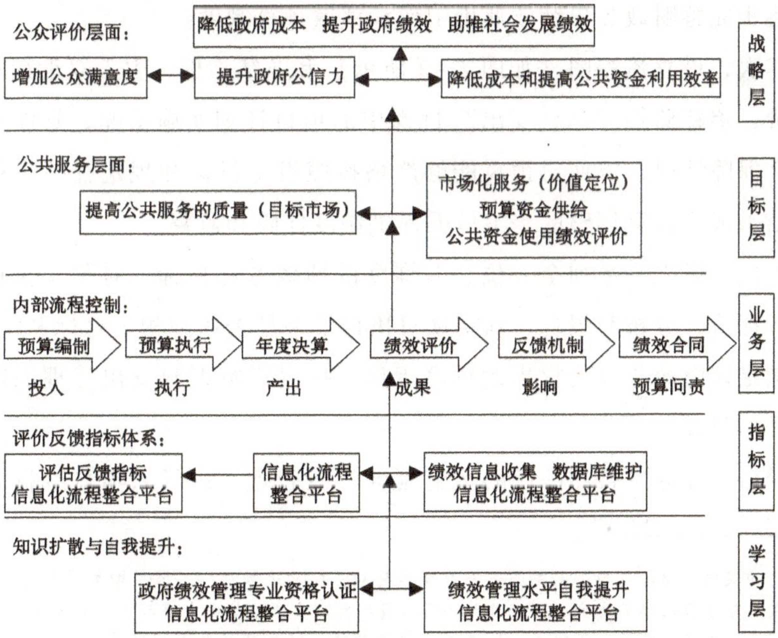

图 7－1 预算绩效改革层次图

在地方推行过程中，地方政府或者地方财政部门，可以自行选取科技系统中某一个具体化的科技支出项目，进而建立结果导向型绩效评价指标（初期指标可以比较简化），同时与科技部门分批次签订“绩效预算合同”，将各个部门所属的年度或者跨年度预算结果，以及具体所需要的预算资金的数额确定下来，明确预算的预期和责任。与此同时这一部分资金的监管适度放松，将更多权力转移至该科技部门，使其领导拥有一定额度的预算自由处置权，对某些具体项目的进度、质量不再直接查账，而是通过对相应资金的使用情况采用结果导向审核。年度终了，根据年初建立的指标体系考核科技部门①，逐步在财政科技支出过程中建立绩效评价的理念，积累绩效评价管理的经验。

在此基础上，逐步完善绩效评价工作机构设置，搭建绩效评价工作平台，配备绩效评价工作人员，培训绩效评价业务知识，制定专项资金绩效评价规章制度和绩效评价目标、指标及标准，建立财政资金绩效评价数据库、指标库、行业标准库、第三方中介库、专家库和绩效管理系统，逐步完善财政支出绩效评价工作和绩效预算制度。

其次，设立流程图（如图 7－2 所示）和业绩指标，引入双重相对效益评价，追踪监控“基建支出”过程中的项目计划实施情况、具体业务的资金保障情况，以使得预算能够严格按照设定目标和规定程序运行为评价结果成为预算调整的基本依据提供制度保障和监督。

再次，设立一系列全方位、多维度的绩效考评指标，对预算执行结果进行评价、分析和报告，确定项目执行结果是否达到相关目标和标准，是否满足该财政年度所提出的预算承诺，探寻影响财政支出管理的因素和改进的目标。

最后，建立项目结项后的运营延伸绩效管理，即导入项目运行后评

---

① 具体的奖惩可以考虑为：完成任务给予预算奖励，包括追加部门预算、增加预算自由处置额度、分享节约预算资金（可以作为部门人员经费、公用经费或者滚入下一年度项目资金）等；完不成任务给予预算削减，包括减少部门预算、增加预算自由处置额度等；在试行初期对完成指标的给予奖励，对完不成指标的给予通报，没有实质性惩罚。

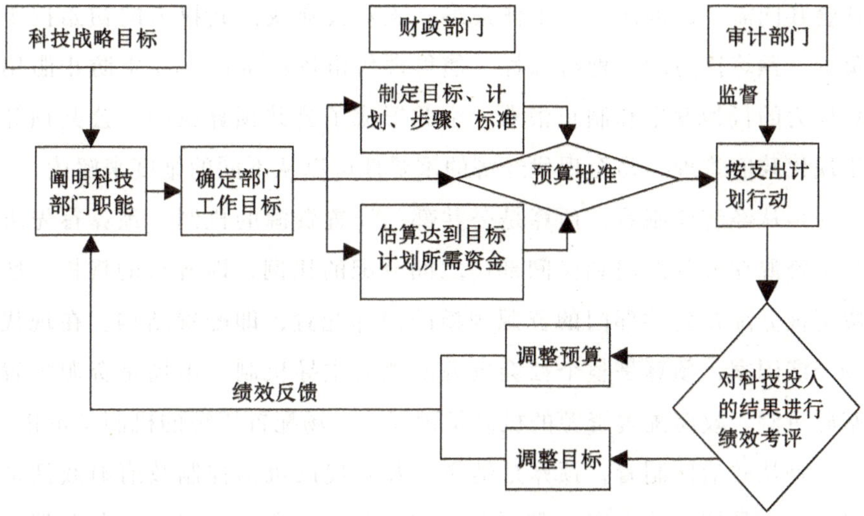

图 7-2 科技预算绩效管理流程

估制度，将项目结项后运营的效果与项目立项规划目标对比，检验项目结项后对各方的影响以及经济社会效果，形成具有提升财政支出绩效意义的政府财务报告，披露政府受托分配、管理公共事务和公共资源能力与效果，以帮助其改进和优化科技决策与项目运营。

二、预算制度汇聚各方诉求，打造政府治理核心之核

随着市场经济的不断发展，市场在资源配置中的基础性作用日益凸显。公共部门的资源配置也不再以传统的行政计划为主要手段，预算制度成为公共部门资源配置的主导机制。不同于传统公共管理中政治学所扮演的中心地位，预算是现代公共管理，特别是政府治理的核心之核。

由于政府的公共性逻辑，公共预算也成为现代预算的代名词。在市场经济条件下，表面上看公共预算是公共收支一览表，但从本质上讲，公共预算是最复杂的公共决策，它是公共收支优先顺序最明确的体现，是社会各个利益集团相互妥协的结果。公共预算权力是一个国家公共权力的核心部分，这种权力配置的目的不是盈利，而是实现公共目标，满

足社会共同需要，因而权力主体最终必须对公众或公共权力的初始授予者负责。预算权力的这种特殊性，使得现代市场经济国家注重防止滥用预算权力的行为发生和制止浪费，由此形成了公共预算机制。公共预算对于现代政府管理，乃至现代经济的重要性可以从不同的维度来解读。

一是从经济体制看，预算是公共部门配置资源的机制。预算首先决定整个资源在公共部门和民间部门之间分配的比例，即各自的规模，然后决定被分配在公共部门的资源规模的内部配置，即配置结构。在现代市场经济国家，预算是整个社会资源配置的主导机制，市场是资源配置的基础机制。政府配置资源的机制是预算，市场配置资源的机制是价格。

二是从政治体制看，预算是纳税人及其代议机构控制政府财政活动的机制。它是把政治决定“翻译”、“转换”成经济决定的特别的装置或系统，因为具有独立财产权利的纳税人，担负着政府的财政供应，就必然要求控制政府的财政，以政治、法律程序保证政府收支不偏离纳税人利益，保障个人的财产权利不受政府权力扩张的侵犯。政府作为主体的经济活动即财政是政府花别人即纳税人的钱为别人办事，成本和效用都是外在的。

三是从法律体制看，预算不仅仅是计划，预算的本质是法律。市场经济体制下的公共预算，其整个活动过程要受到立法及立法机构的严格制约。各国宪法一般规定，国家预算经立法机关批准公布后便成为法律，政府必须不折不扣地贯彻执行，不允许任何逃脱预算约束的财政行为。在执行中由于客观情况的变化需修改预算，法律也规定了必要的法律程序。行政部门对立法机构及其代表的广大民众负有法律责任。预算不被立法部门批准通过，政府就得关门。因预算不能通过而导致政府下台在先发国家是经常的。如果没有这种强制性，预算的法律作用就是一句空话。

四是从预算与财政的关系看，预算是公共财政的运行机制或基本制度框架。公共财政是与近现代的民主政治和市场经济相适应的财政制度。预算是公共财政的“道路规则”，有了这个规则，财政就由专制驶进了民主与法治的轨道。建立公共财政的基本框架，就是要构造公共财政的运行机制——现代公共预算。对于公共财政而言，是先有预算，后有财政活动。预算规范到哪里，财政才能活动到哪里，不允许有任何超出预算边界的财政收支。

五是从决策体制看，预算是公共选择机制。预算由编制、审议通过、执行实施、决算审计、向社会公布等一系列环节组成，通过这些环节保证财政活动用于满足公共需要。这个过程的实质是公共选择机制。预算编制的过程就是公共利益的发现过程，而预算在代议机构讨论和批准的过程则是对公共利益的继续发现和确认，预算的实施和完成是公共利益的实现过程。整个过程应有广泛的社会参与。专家、技术官员、政治家以及社会舆论参与的程度越高，预算中社会意愿的反映程度就越高；预算在议会内讨论和辩论的越充分、透彻，预算的安排就越合理。

特别需要强调的是，以上预算诸功能特性中，法治性至为关键。正如马克思所言，法治性才是政府预算的灵魂与实质，是政府预算赖以产生和存在的基本标志。在政府预算制度的规范与约束下，国家财政的根本权限转移到了社会大众手中，市场通过议会掌握了政府及政府财政行为的决定权和监督权。这样，市场就能够以政府预算为手段贯彻自身的意志，使得政府活动既服务于市场，又不违背和侵犯市场的根本利益。

三、绩效预算重塑秩序文化，优化制度变迁大环境

预算是一个复杂的范畴和领域，它是政治、经济、社会、文化和技术等多个领域的交汇点，是公共资源配置和公共秩序形成的关键环节。从人类社会发展历史来看，预算制度的不断改进，可以推动社会秩序的不断完善。“政府的干预在一种文化下可能极其成功，在另一种文化下却可能因遇到重重阻力而丧失效率。①” 没有文化上的变革，预算绩效改革

① 张中祥：“从有限政府到有效政府：价值·过程·结果”，《南京社会科学》，2001 第 3 期。

也很难带来政府生产力的提升。通过预算改革可以推动政治、经济、文化和社会等多领域的改革，进而推动良好社会秩序的形成。以科技财政投入的预算绩效改革为契机，推动全社会秩序、文化全面改革，为制度变迁，特别是多方参与的需求诱致型制度变迁营造大环境。从这个意义上讲，预算绩效改革也是一场社会文化的革命。

首先，预算制度的完善促进了民主政治秩序的形成。防止独裁和对公共权力的滥用，一直是民主秩序的基本要求。而预算的一个基本功能就是由公民通过代议制机构——议会规定政府和政府官员的活动范围，防止其滥用手中的公共权力，促进民主秩序的形成。卡恩在对美国市级政府预算改革历史的研究中曾指出，公共预算不仅仅是政府资源配置的简单技术工具，更是作为现代大众社会中维持一个负责的民主政府之关键所在。从预算演进的历史看，预算形式和制度的不断演进，推动着社会民主秩序的不断深化。

如果缺乏某种程度上的公众参与，绩效管理和预算编制就会面临退化成为政府内部官僚活动的风险，而变得与公民眼中的重要议题毫无干系。公民的参与也能确保树立改革的可信度，并强化这一过程中所采集、评估和汇报的数据的意义。同时，如果缺乏各种不同形式的支持和协助，管理者们和政府雇员就不可能了解成果导向型方式的潜在价值，或者如何有效实施和使用这种方式。

其次，预算制度的合理安排可以形成良好的经济秩序。在市场经济中，政府的支出是重要的经济变量，同时也决定了政府活动的范围和边界，对整个市场经济的运行秩序有着重要的影响。因此，通过预算的合理安排，合理界定政府活动的范围和边界，是形成良好经济秩序的前提。通过完善预算制度，划分财政和金融的边界，可以切断财政向金融机构透支的通道，保证货币政策的独立性，建立起良好的金融秩序。英国的经验表明，公共预算制度的建立是英国从 17 世纪 90 年代开始到 18 世纪 60 年代产生“金融革命”的重要前提。通过确立公共预算制度，限制了国王的权力，建立了民众对政府的信任，导入了长期国债制度，建立了英伦银行，使英国在公共和长期信用上、在银行和证券市场制度建设上，走在了世界各国的前列。

再次，通过完善预算制度，可以形成公平、正义的社会秩序。美国学者普雷姆詹德认为，预算是减少不公平的工具。王绍光对美国进步时代的研究充分表明，美国在进步时代对预算制度的完善对于其减少腐败、缓解社会矛盾起着基础性的作用。他甚至认为，如果没有预算改革作铺垫，罗斯福即使有实行“新政”的愿望，分散而低效的体制也完全可能让他的计划无疾而终。“参与式预算”，正是拉美地区的左翼政党为了扩大公民权、追求社会公正而进行的预算改革。参与式预算能够使公民直接参与决策，赋予公民在分配资源、确定社会政策优先性，以及监督公共支出方面以机会。随着低收入、弱势以及边缘等传统上受排斥的群体获得参与决策的机会的增多，社会与政治排斥将会被逐渐消除。

由于迄今为止的社会进步主要是由政府推动的，因而上述特点也反映出政府能力的有限性。造成政府能力不足的原因，一般认为一是社会总体资源的不足以及改革中由政府权力的被削弱而导致的政府汲取资源的能力被削弱；二是政治和权力的弊端削弱了政府的作用。中国政府的权力存在着随意性、约束性差、缺乏公开性、有主观随意性及缺乏稳定性等弊端。当然，政府能力受到特定时期的社会条件的制约，在现有的社会条件下，它只能达到某种程度。当我们站在已变化了的社会环境下去审视以往的政府能力时，例如站在今天的高度去看改革初期的政府能力，我们便会觉得当时的政府缺乏能力。这也是人们对政府能力的理想预期造成的。因此，客观地评价政府能力，必须把它放到当时特定的社会条件中去。

但是，当社会发展到相当程度时，如果我们仍把政府推动当作社会进步的唯一或最主要的推动力，那么，社会很可能会产生潜在的巨大危险。目前，改革已深入到市场经济建设的新阶段。这样便要求对政府的价值进行重新定位。在完善的市场条件下，社会各个领域的运行和发展都以市场为中轴而展开，也就是说都需要有一个完善的市场机制来推动。

政治机制或政府推动力已不再是主要的推动力，社会进步必须由众多因素综合推动，诸如市场、体制、社会团体等非政府组织以及各个具有独立意识的个人等等。因此，可以预算绩效改革为契机，搭建多方参与的预算平台，从而推动建立激励型制度框架，设计制度非均衡，诱导相关方利用制度性机会套利，从而激发利益相关方的创新意识，实现从供给主导型制度变迁向需求诱导型制度变迁过渡，以多方参与、协同治理构建形成新的制度变迁推动机制，不断提升制度绩效。

第四节 建设透明电子政府提高财政的透明度

在现代行政管理活动中，信息公开，特别是财政信息公开是一项重要的原则。随着人类社会步入一个崭新的信息化时代，政府日渐成为整个国家乃至世界各种信息流的交汇点和最大的信息处理站，“电子政务”的概念得到了广泛认可，传统的政务治理范式正在被电子政务治理范式所改变或替代。建立起电子化的政府管理体系，通过发展电子政务推进政府改革和管理创新，建设透明政府，推进财政信息公开，有利于提高科技财政管理透明度，打造透明科技创新体系，提高科技财政投入绩效。

一、推进电子政务发展，打造透明科技创新体系

随着信息技术在世界范围内的迅猛发展，特别是互联网技术的普及与应用，推进政府部门办公自动化、网络化、电子化以及全面信息共享已是大势所趋，电子政务正日益成为信息化最重要的领域之一。信息化是当今世界经济和社会发展的大趋势。而推进电子政务建设，对于提高国民经济总体素质、提高现代化管理水平、加强政府监管、提高行政效

率、开展反腐倡廉等都具有重要意义。

首先，提高行政管理的透明度。发展电子政务，公开科技部门的机构、职能、办事程序等，能够提高工作的透明度，便于公众行使对科技工作的监督权利，有利于廉正和勤政建设，并以此为契机进一步深化政府职能转变，建立高效、透明、公开与法制化的科技行政体系。电子政务的实行将使更多的信息向社会公众公开，科技部门在制定科技政策、作出重大决策过程中，可以通过网络让公众参与，让公众发表意见，让公众提出建议。公众也可以通过信息网络监督科技部门的运作，了解其工作进程和工作业绩，从而对科技工作作出比较准确的评价，达到改进政府工作的目的。这可以归结为建立“可视”政府，实现政府管理和服务的四个“可视”，即流程可视、过程可视、状态可视和对象可视，大众与科技部门将从以往的“迂回沟通”转为“直接沟通”，形成真正的“鱼水关系”。

专栏 7－2 湖北省推行的财政与编制公开改革措施

开展财政与编制政务公开工作是近年来湖北省省委、省政府所抓的一件大事。这项工作 2005 年先在麻城、京山等 14 个县（市）试点，2006 年开始在全省全面推行。其主要任务是通过互联网络，将方便群众知情、便于群众办事的财政与编制政务信息向社会公开，接受群众监督，让人民群众可以方便地进行网上查询、网上咨询、网上建议、网上举报和投诉。财政政务公开的主要内容有三个方面：一是便于群众知情和方便群众办事的财政政务信息。具体包括财政部门的主要职责、内设机构和办事程序，财政工作方面的法律法规、政策规定，财政管理制度，经各级人民代表大会通过的财政预算、决算报告，政府采购管理信息，行政许可和审批事项，行政事业单位国有资产管理等八个方面的内容。二是涉及群众切身利益的财政专项资金的分配管理。包括涉及人民群众切身利益的财政专项资金、部门预算、涉及社会主义新农村建设的财政专项资金和转移支付资金。应公开的财政专项资金包括农村中小学贫困生“两免一补”资金、中小学危房改造资金、农村改水资金、农机购机补贴资金等47项专项资金和农村税费改革转移支付、取消农业税及除烟叶外特产税转移支付、农村义务科技政策性转移支付、公检法司政策性转移支付、革命老区专项转移支付等五项转移支付资金。三是部门预算编制和执行情况。湖北省财政厅通过建立“湖北省财政与编制政务公开网”，以互联网络为平台，充分发挥人民群众对政府行为的监督作用，使其能直接与政府进行沟通、反馈。

湖北省从2005年8月开展财政与编制政务公开试点以来，1年的时间内，得到了人民群众的热情关注与真心拥护，“湖北省财政与编制政务公开网”的点击次数已累计近10万人次，政务公开的成效初步显现。财政与编制问题一个关系到“钱”，一个关系到“人”，一直以来都是人民群众关注的焦点，是社会议论的热点，是政府管理的难点。因此，湖北省财政厅通过网络将人民群众普遍关心的财政与编制政务信息向社会公开，具有重大意义。首先，对财政与编制政务实行“阳光操作”，通过网络向社会公开，可以畅通人民群众反映意见、参政议政的渠道。这项工作着眼于解决人民群众最现实、最关心的问题，有利于制止各种侵害人民群众利益的行为，杜绝财政资金被挪用、挤占，减少损失和浪费；通过将财政与编制政务的办事政策、办事程序、办事依据、办事结果进行公开，把党委和政府的工作置于人民群众的直接监督之下，有利于不断改进工作，完善各项管理制度，真正做到坚持立党为公、执政为民。其次，推行财政与编制政务公开，把财政资金的分配政策、分配结果以及行政事业单位的主要职责、规章制度、办事程序和人员编制等内容向社会公开，接受群众的监督，有利于进一步转变政府职能，

> 促进各级各部门依法行政、依法理财，建立行为规范、运转协调、公正透明、廉洁高效的行政管理体制。第三，推进财政与编制政务公开，是从源头上预防和治理腐败的重要措施。通过财政与编制政务公开，切实加强对人员编制和财政资金使用等重点部位、重点领域的管理和控制，有利于增强财政收支和人员编制管理的透明度，防范各种违纪违规行为的发生，防止权力滥用，规范权力运行。
>
> 资料来源：陆先行、傅光明："湖北强力推进财政与编制政务公开"，《中国纪检监察报》，2006 年 9 月 30 日。

其次，促进行政改革。政府管理的模式目前仍然是内部管理型的，按区域、级别、行业划分，各部门独成一体，相互之间信息共享较为困难，更谈不上信息传递畅通。电子政务将打破原有的政府办公管理方式，从传统的金字塔式结构改变成平面化、无中心式的网络结构。电子政务使政府信息在应用上有一个新的服务平台，可以满足、服务政府部门宏观调控的需求，增强和改善政府与民众的联系，加强政府信息服务于民众的意识。由于网络没有权威，机关所固有的领导权威性受到严重挑战，其工作机制、工作方法、工作思路都将发生很大的改变。这将促使政府行政管理转型，促进政府行政管理改革。

从美国的实践来看，将体制创新与技术创新结合起来，用电子政务促使管理的重组和体制的革新，才能真正推动电子政务建设健康有序地发展。2002 年，美国副总统戈尔在亚太地区城市信息化论坛的讲演中提到，"如果仅仅把新技术改头换面一下，塞进旧的机构中，如果这个机构还是由一个人来负责，还是自上而下的金字塔结构，那么电脑网络的潜在利益和生产力就永远无法实现"。事实上，美国电子政务与行政改革紧密联系在一起，将改造联邦政府机构体系结构作为实现电子政务目标的关键。而在实施中，着力克服了政府组织中普遍存在的拒绝变化、过分强调保密的传统和腐败等障碍。

最后，促进政府廉政建设。从现代政治学和行政管理学的角度看，政务公开的首要目的是约束行政权力的作用界线，最终减少政治腐败事件的出现机率。腐败是指公共权力的非公共运作，在不该行使权力的场合行使了权力就形成腐败，必须予以约束的权力一旦被视为可供独揽的绝对权力就意味着绝对的腐败。当我们采取政府上网的高科技手段推行政务公开以后，公仆与主人的位置一下子真的明朗起来了。招生、招工、录干、办理证照、税费收缴和减免、收费管理和使用、职称评定、固定资产投资项目审批、罚没款收缴和管理使用、乡镇财务等等以前感觉“神秘莫测”的事项均被赤裸裸地挂到了网上晾晒、风干、缩水，人们开始实实在在地感到公仆的本职乃是服务，其手中的权力更多的是责任和义务，感到许多部门和各级公职人员已不再扮演高高在上的管理者角度，而是转向了愿意进行换位思考，替办事者着想的服务者角色。

政府管理流程越是缺乏透明度，就越少有人会遵循它。在政府管理工作中特殊化的处理越多，对于能够建立清廉政府的信心就越少。信心越少，按照管理规则去执行的意愿就会越弱化。特殊化处理和不透明的政府管理会在政府管理工作的有效性上产生一个向下的螺旋。通过电子政务的建设，将加强政府信息的收集和管理，促进公共信息的流通和平等共享，促进信息资源在全社会中的增值利用，提高政府管理的透明度，逐步提升政府的信息化治理能力。

专栏7-3　美国在公共财政透明度上的经验

1. 立法机关提高决策透明度

在美国，通过建立一个由国会控制的公开透明的公共财政和预算审查监督制度，将行政政府的财政权力置于纳税人的有效监督之下。1974年，国会通过了《1974年国会预算和截流控制法》，建立国会预算程序，独立于总统以外建立一般性的预算政策。同时法案批准创建新的预算立法机构，就是现在的国会预算办公室，为预算委员会和国会提供独立的预算和经济信息来源。美国法律规定，任何一个政府机构要花钱的话，首先必须获得国会的拨款授权通知书。在一个国家，如果立法机关在预算活动中能够发挥重大作用，就能够提高决策的透明度，从而减少腐败发生的可能。同时，由于立法者代表不同的利益功能和利益团体，意味着能够代表和容纳更广大的公众利益。更重要的是，它能够确保预算在实施过程中不会走样，实现立法机构原本设定的目的，使钱能够花在实处。

2. 审查监督机构保持中立

美国法律规定，国会预算办公室不能有所谓的党派之争，既要给民主党国会议员工作，也要给共和党议员工作，在参议院和众议院都是如此。每年国会预算办会编制一系列的报告，对议员也对社会公众公开。国会预算办公室每年会编制第二份报告，是用自己的经济和技术层面的一些假设和理论，对总统提出来的预算提案进行全盘独立的分析和比较。对于预算办公室来讲，强调在整个工作过程中的透明度，让大家知道预算办公室如何作出分析，以及这些分析的假设是什么样的。

国会对行政部门进行监督分为直接监督方式和间接监督方式。在直接监督方式方面，包括举行监督听证会、审查拨款等。其中，拨款能够很好地让国会发挥作用，审查监督各个行政部门之间的绩效。所谓间接方式，包括以法律的形式要求美国的行政部门，必须定期就他们的财务状况和绩效状况发表报告，向公众透露有关的信息。

国会在发挥监督作用的时候，依赖国会的三个机构，包括政府问责办公室（GAO）、国会预算办公室（CBO）以及国会研究机构，它们从不同角度和领域向议员们献计献策，提供客观信息。首先，政府问责办公室主动走出去，衡量和评估联邦政府开展的有关活动和项目的绩效。国会预算办公室就预算问题进行分析、预测，以及监督、跟踪。国会的研究机构主要从事科研工作，为国会议员们提供参考资料，让他们懂得问题的根本和基础。

3. 加强对公共财政改革的技术支持

美国政府行政分支是一个庞大的权力体系，对这样一个涉及众多部门和项目的预算进行控制，涉及非常专业的工作。美国财政部在预算编制和执行过程中，建立财政管理信息系统，信息处理能力可以涵盖全部财政业务，通过财政信息化实现对公共财政改革的有力技术支持。

资料来源：郭国松："公共财政：如何让政府透明起来"，《21世纪经济报道》，2006年5月20日。

二、依托"金财工程"建设，提高公共财政透明度

提高公共财政透明度，一要实现收支过程的透明。政府的收支都要让纳税人了解，并且有关收支的规模、内容以及方式都应主动、及时、如实地向社会公布。目前，国家推行部门预算改革，细化预算编制，实行国库集中支付和政府采购制度，应当说这些措施为提高财政的透明度打下一个坚实的基础。二要实现各种财税政策信息的透明。在大的制度框架确定之后，其健全完善的过程往往是靠各种以文件形式发布的政策来实现的。财税政策涉及各个方面，文件往往也就特别多，及时发布也就显得特别重要。今后不仅要及时发布，而且还要广为宣传，通过各种各样的媒体让全社会都知晓、了解，还要有适当的途径供人查阅和咨询。要提高公共财政透明度，建立一个政府职责明晰且能保证财政信息真实性、全面性、公开透明的公共财政，就需要加强"金财工程"建设。

"金财工程"（即政府财政管理信息系统，简称GFMIS）是利用先进的信息技术，支撑以预算编制、国库集中收付和宏观经济预测为核心应用的政府财政管理综合信息系统。GFMIS系统以大型信息网络为支撑，以细化的部门预算为基础，以所有财政收支全部进入国库单一账户为基本模式，以预算指标、用款计划和采购订单为预算执行的主要控制机制，

以出纳环节高度集中实现国库现金的有效调度为特征，详细记录每个用款单位每一笔财政资金收支的来龙去脉，覆盖了财政收支管理的全过程，大大减少预算执行的随意性，可监控任一时间点的财政资金收支状况，从根本上防止财政资金的体外运行和沉淀。GFMIS 系统的建立将有利于预算管理的规范化，提高国库资金的使用效率，提高政府财政管理决策的科学性，增大财政管理的透明度，有利于加强廉政建设。GFMIS 系统的建立将从根本上改变财政系统多年来“粗放”的管理模式，有利于逐步走向依法理财。

GFMIS 系统不是传统意义上只能做“事后”记账处理的一般财务系统，它是带有“事前”控制机制的政府财政“资源型”管理系统，也是自动化程度较高，依“法”理财的系统。GFMIS 系统的建立将覆盖 GDP 20% 的资金流动，对国家经济的运转也将产生重大影响，是国家经济运行和管理的核心。美国财政部的联邦政府国库支付系统以大型计算机网络为支撑，2000 年度除国防外的全部政府开支（包括社会保障基金和退税）总值 12 万亿美元都是由计算机系统通过单一账户支付，其中 70% 是以电子方式支付，美国财政部的非税收入也是依托计算机网络征收。GFMIS 系统能够为包括公共财政管理者、决策者、立法机关、审计机关、财政分析人员、政府债券的投资者、信用评级机构以及一般公众在内的各类信息使用者，随时方便地提供所需要的各种财政预算信息。大至政府财政总量（财政收入、支出、赤字/盈余、债务、资产等），小至某个具体的公共规划（例如防治森林病虫害规划）的种种信息。

“金财工程”通过各个业务部门和各个环节的互联互通，以及详细记录每个用款单位每一笔财政资金收支的运行状态，可以对预算编制、预算执行、资产管理等财政资金运行事前、事中、事后的全过程，进行全面实时监测，让财政资金置于监督之下，实现阳光下的财政监管。同时通过为财政监督提供全面、准确、及时的信息，便于有重点、有针对性地对资金运行中出现的异常情况，进行实地调查和风险控制。既能保证监督质量，降低监督成本，提高监督效率，促进财政资金的规范和安全使用，又能防止暗箱操作和人为干扰，维护财经纪律，保护财政干部。可以说，“金财工程”将促进财政监督方式的改革和创新，是防止财政资金使用出现违法违规问题的“杀手锏”，“金财工程”的建设将持续提高财政透明度。

中国从2002年开始全面启动“金财工程”建设，通过现代信息技术与财政管理的结合，为提高财政透明度提供了极为广阔的前景。如广东省江门市财政局，在国库集中支付改革的过程中，在进行了大量的调查与研究后，最后形成了以先进信息技术为保障的前提下，财政、预算单位、代理银行、国库实时联网，各责任部门通过网络协同办公，提供优质服务的国库集中支付改革实施方案。通过国库集中支付信息系统的实施，达到了以下效果：加强了各部门间信息的沟通，打破了长期以来各部门信息沟通不畅，业务管理脱节的局面；规范了业务流程，实现各部门之间信息共享、相互制约的关系，改变原来的以拨列支，没有计划的散漫的财政支出管理局面；分清了各部门权利与责任，实现了以原有的资金流向指标流的管理模式的转变，规范的流程确定了各环节各部门的管理权限，也明确了相应的责任，保证了支付的畅通。方便了预算用款单位，通过网络向支付中心提交用款计划、支付申请等等；上级主管单位、财政业务部门根据网络传输的信息，直接审批办理相关事宜，并通过网络直接向银行签发支付指令，迅速完成支付过程，节约了大量的人力物力，大大提高工作效率，同时支出信息的公开也加强了政务透明度。

随着国家“金财工程”建设力度的逐步加大，预算绩效在财政信息化建设方面的投资也越来越大，很多财政管理工作实现了预算编制、预算执行、财政监督的信息化管理，这为提高财政透明度奠定了坚实基础。

三、加强财政信息公开　提高科技财政公信力

现代行政管理理论认为，知情权、参与权和救济权是当事人在行政管理中所享有的十分重要的权利。知情权意味着公民有了解政府活动情

况和获得相关信息的权利，也就是说行政机关负有公开其活动和所掌握的信息的义务。它通常构成了当事人行使民主权利和参与权的基础和前提，公民不了解政府活动情况，就无法有效地参与政府活动，政府也就难以受到有效的监督。为保证当事人的此项权利，行政机关应通过有效的方式公开其信息，向当事人说明作出决定的根据和理由。随着政治民主和法制建设的进展以及经济全球化的迅速发展，如何强化政府的受托责任、改进决策制定与实施，以及让公众充分获取和利用政府信息，已成为政府依法行政的一个重要标志。

为此，各国政府纷纷建立起适应社会发展的信息公开的法律制度。信息公开制度以公民对政府拥有的公共信息享有知情权为基础，将保障公众的知情权作为政府的基本义务。目前国际上已经建立信息公开法律制度的国家有十余个。1993 年克林顿就美国《信息自由法》发布的备忘录中指出：信息公开制度在强化民主政府的制度方面扮演着独特的角色，是政府达到公开性所不可缺少的。不论在哪个国家财政部门都是政府重要的组成部门，也是保障公众知情权和参与权的关键部门，因为现代预算的产生就源于君主与议会的斗争，后来演变为政治权力制衡的制度安排。随着中国民主法制建设的推进，人民当家作主和法制观念的逐渐增强，公众和当事人行使知情权与参与权往往较为重视对财政信息的了解。

财政信息公开也是保持宏观经济稳定和推动财政改革发展的重要力量[①]。20 世纪的 70 到 80 年代，许多先发国家和后发国家陷入了持续而严重的财政困境：政府过多干预导致公共开支膨胀，财政赤字和公共债务居高不下，财政状况恶化使财政可持续性面临着前所未有的威胁，随之而来的是严重的宏观经济失衡：低增长、高失业和高通货膨胀。为应对财政与宏观经济绩效的恶化，不少国家尝试削减公共支出、赤字和债务，同时将注意力转向优化支出结构以促进公共资源的配置效率，但鲜有成功的案例，后发国家尤其如此。对财政绩效持久恶化的反思，促使

① 王雍君："全球视野中的中国财政透明度——中国的差距与努力方向"，《国际经济评论》，2003 年第 4 期。

人们把注意力转向了公共治理方面，国际货币基金组织（IMF）在2001年发布的《财政透明度手册》导言部分中开宗明义地指出：良好的治理对于实现宏观经济稳定和高质量增长至关紧要，而财政透明度是良好治理的关键性方面。除财政绩效的持续恶化外，迅速发展的经济全球化和以资本流动为核心的金融全球化，也对改革包括信息公开在内的公共治理系统产生了新的压力。在全球化的经济中，各国中心目标是在国际市场上显得有吸引力，这迫使各国政府为施行可以给市场带来信心、吸引贸易和资本流入的政策而积极地相互竞争，结果是旨在维持市场信心的“资本流动目标”成为政策目标体系中最为紧要的核心目标，无论一个国家是否承认这一点，维持市场信心和吸引资本流入需要有良好的公共治理，而政府信息公开程度无疑是维系市场信心的重要方面。20世纪90年代以来发生的一系列全球性金融危机表明，公共部门的质量以及经济当事人对它们的信任会对市场行为产生显著的效应：导致失去市场信任的公共部门治理系统（public sector governance system）不仅会真正对国内经济施加很高的经济成本，而且也会使全球经济增长达不到潜在水平。在亚洲金融危机中可以清楚地看到市场与公共治理间的关联。正是那些公共治理脆弱、信息相对封闭的国家在金融危机中受到的冲击最大，损失最为惨重。

目前，中国在财政信息公开方面与国际规范相比有着一定差距，主要表现为：

首先，财政法律制度建设滞后。建设公共财政体制，法治财政是重要内容之一，没有良好的财政法律制度框架，难说有科学的公共财政制度，世界各国经验已充分说明了这一点。财政信息公开作为公共财政体制建设的重要环节，需要以制度建设作为保证。国际货币基金组织明确提出在财政信息公开中法律建设是根本性的、基础性的工作。

其次，预算外活动财政透明度低。作为经济体制改革“放权让利”战略的副产品，财政双轨制渗透到财政的各个领域。在预算内财政收支之外，存在规模庞大的预算外收支，并由此引出了各部门、各单位的

“小金库”。从预算内资金到政府性基金、收费、乱收费、乱罚款，体现了财政性资金来源的不同层次，其法律监督力度逐步下降，透明度呈现出由高到低、逐渐下降的趋势。

再次，财政信息公开重程序，轻内容。和“良好准则”相比，中国信息公开程序设计方面的差距明显小于内容方面的差距。例如，《中华人民共和国预算法》明确规定预算报告必须提前一定时间提交给人大机关审议，调整预算需要经过人大审议批准，决算需要完成后一定时间内交给人大机关予以审议。审计机关就预算执行情况和决算进行审查，并向人民代表大会进行报告。这些规定都已经得到落实。中国已经加入通用数据发布系统（GDDS），基本能够按照最低时限要求发布数据。在内容发布方面，突出的缺陷就是内容过于简单①。

最后，现实透明性大大落后于现实可能性。对大众而言，财政管理仍然充满神秘。大量的统计数据、报告和分析以内部文件形式出现而没有公开发布，缺乏财政透明度。造成这种现象的原因之一是由于没有明确公开制度规定，掌握信息的机构不能确定哪些信息可以公开且应当公开，怕因此触犯有关保密规定。当事人因怕违反保密规定而受到处罚，致使一些本应公开的信息被随意加密。

为加强财政信息公开，提高财政透明度，我们认为近期和中期的工作应关注以下几个方面：

第一，构建财政信息公开的法律基础。财政信息公开必须有良好的法律制度作为基础，不论是西方先发国家的通行做法还是IMF的财政透明度准则都要求财政当局在推进财政信息公开，提高财政透明度的过程中必须将构建良好的法律基础作为日程安排的重点。由于法律的原则性要求与财政政策的灵活性之间存在一定的冲突，在财政信息公开的相关规定中必须给予规定。

第二，扩展政府财务报告系统。主要先发国家的政府会计与报告系

① 张俊伟：“中国财政透明度现状与完善对策”，《中国经济时报》，2004年11月8日。

统在常规的预算文件（年度/中长期预算报告）之外，还提供合并的（或部分合并的）政府资产负债表、政府（预算）营运表以及现金流量表。在最近10年中，不少先发国家甚至能够提供关于政府或有负债和各种准财政活动的报告，有些国家在其财政报告中还披露政府承诺信息，后者是一个涉及比政府负债和或有负债更加宽泛的支出义务方面的信息。中国应结合自己的实际情况，开发更好的、覆盖面更广的政府财务报告系统。

第三，发展更为全面的政府会计。首先，需要将预算会计的范围扩展到支出周期的每个阶段，尤其是需要有能力追踪对财政管理至关重要的承诺信息。其次，现行的预算会计系统必须进行大的整合，其核心是总预算会计必须有能力实时追踪发生于各支出机构的财政交易信息。再次，预算会计必须有能力提供预算数据，而不仅仅是实际数据方面的信息，这是对预算过程进行集中性监控的前提条件。最后，鉴于应计基础会计比现金基础会计能够提供更为全面、更有价值的公共财政信息，目前需要认真考虑将政府会计基础由传统的现金基础（cashbasis）转向应计基础（accrualbasis）的可能性，并努力创造条件，使之至少能够率先在政府财务报告中得到应用。

第四，开发更好的分类系统。良好的分类是确保财政信息公开的基础，也是一个十分复杂的问题。从宏观层面看，分类系统覆盖三个相互关联的领域：基于预算目的的预算分类，基于会计核算目的的会计分类，以及基于财政分析目的的政府财务统计分类。所有这些分类都涉及政府收入、支出、政府资产、负债和净值方面，而且每个类别下还需要有更为详细的次级分类。目前国际上分类层级最多的已达十层，一般也需要有4~5个分类层次。如果没有一个良好的分类系统，要想满足各类政府财政信息使用者的信息需求实际上是不可能的。

第五，建立以GFMIS为核心的信息技术平台。现代信息与通讯技术的迅速发展和应用为增进财政透明度提供了极为广阔的前景，目前在先发国家已经得到广泛应用的GFMIS最能体现这一成果。在这些国家中，

GFMIS 能够为包括公共财政管理者、决策者、立法机关、审计机关、财政分析人员、政府债券的投资者、信用评级机构以及一般公众在内的各类信息使用者，随时方便地提供所需要的各种财政预算信息。大至政府财政总量（财政收入、支出、赤字/盈余、债务、资产等），小至某个具体的公共规划（例如防治森林病虫害规划）的种种信息，均可从该系统中得到。由此亦可知该系统在财政透明度领域所扮演的关键性角色。从纯粹技术层面讲，加快 GFMIS 建设与整合对于财政信息公开，增进财政透明度实为当务之急。

参考文献

[1] 习近平:《之江新语》,浙江人民出版社 2013 年版。

[2] 国家科学技术委员会:《中国科学技术政策指南(科学技术白皮书第 1 号)》,科学技术文献出版社 1986 年版。

[3] 周寄中:《科学技术创新管理》,经济科学出版社 2002 年版。

[4] 宋健:《现代科学技术基础知识》,科学出版社 1994 年版。

[5] 亚当·斯密:《国民财富的性质和原因的研究(中译本)》,商务印书馆 1997 年版。

[6] 李正风、曾国屏:《中国创新系统研究——技术、制度与知识》,山东教育出版社 1999 年版。

[7] 仲伟俊:《民营科技企业的技术创新战略和政策选择》,科学出版社 2005 年版。

[8] 野中郁次郎:《知识创新型企业知识管理》,中国人民大学出版社 1999 年版。

[9] 詹姆斯·科塔达:《知识工作者的兴起》,新华出版社 2001 年版。

[10] 雅各布·范·杜因:《经济长波和创新》,上海译文出版社 1993 年版。

[11] 齐建国:《技术创新——国家系统的改革与重组》,社会科学文献出版社 2007 年版。

[12] 赵玉林:《创新经济学》,中国经济出版社 2006 年版。

[13] 黄恒学:《市场创新》,清华大学出版社 1998 年版。

[14] 理查德·N. 福斯特：《创新——进攻者的优势》，经济管理出版社1991年版。

[15] 艾伦·希克：《当代公共支出管理方法》，经济管理出版社2000年版。

[16] 普雷姆詹德：《公共支出管理》，中国金融出版社1995年版。

[17] 刘旭涛：《政府绩效管理制度、战略与方法》，机械工业出版社2005年版。

[18] 袁曙宏：《全面推进依法行政实施纲要读本》，法律出版社2003年版。

[19] 中华人民共和国财政部国际司：《财政与金融管理的国际探讨》，中国财政经济出版社2004年版。

[20] 托马斯·D. 林奇：《美国公共预算》，中国财政经济出版社2002年版。

[21] 项怀诚：《领导干部财政知识读本》，经济科学出版社1999年版。

[22] 蒋洪：《财政学》，上海财经大学出版社2000年版。

[23] 郭代模等：《论结构性财政政策》，中国财政经济出版社2004年版。

[24] 许正中：《高新技术产业财政政策与发展战略》，社会科学文献出版社2002年版。

[25] 刘明等：《税收优惠政策总览》，中国税务出版社2004年版。

[26] 朱承斌：《税收优惠的经济分析》，经济科学出版社2005年版。

[27] 吴敬琏：《发展中国高新技术产业制度重于技术》，中国发展出版社2002年版。

[28] 夏杰长：《经济发展与财税政策》，中国城市出版社2002年版。

[29] 郭庆旺等：《科教兴国的财政政策选择》，中国财政经济出版社2003年。

[30] 尚长风：《制度约束下的财政政策绩效研究》，人民出版社

2004 年版。

[31] 马拴友：《财政政策与经济增长》，经济科学出版社 2003 年版。

[32] 中国科学院文献情报中心：《中外科技政策评论第一卷》，北京理工大学出版社 2004 年版。

[33] 罗伯特·索罗：《增长理论——一种解析》，中国财政经济出版社 2004 年版。

[34] 德鲁克：《创新与企业家精神》，企业管理出版社 1989 年版。

[35] 保罗·萨缪尔森、威廉·诺德豪斯：《经济学》，华夏出版社 1999 年版。

[36] 段万春、李耀平：《科技创新的桥梁：科技中介发展研究》，云南科技出版社 2006 年版。

[37] 本·斯泰尔等：《技术创新与经济绩效》，上海人民出版社 2006 年版。

[38] 财政部：《美国政府绩效与成果法》，经济管理出版社 2004 年版。

[39] 陈立等：《中国国家战略问题报告》，中国社会科学出版社 2002 年版。

[40] 傅家骥：《技术创新学》，清华大学出版社 1998 年版。

[41] 傅家骥等：《技术经济学前沿问题》，经济科学出版社 2003 年版。

[42] 哈维·罗森：《财政学》，中国人民大学出版社 2000 年版。

[43] 胡鞍钢：《中国战略构想》，浙江人民出版社 2002 年版。

[44] 靳中华、周国林：《欧盟科学技术概况》，科学出版社 2005 年版。

[45] 科学技术部专题研究组：《国外支持农业科技创新的典型做法与经验借鉴》，科学技术文献出版社 2006 年版。

[46] 科学技术部专题研究组：《我国产业自主创新能力调研报告》，科学出版社 2006 年版。

[47] 李健民：《科学学与科技创新管理》，上海科技教育出版社

2006 年版。

[48] 厉无畏、王振：《科学发展观与新一轮经济增长》，学林出版社 2005 年版。

[49] 厉无畏、王振：《中国产业发展前沿问题》，上海人民出版社 2003 年版。

[50] 厉无畏、王振：《转变经济增长方式研究》，学林出版社 2006 年版。

[51] 林毅夫：《发展战略与经济发展》，北京大学出版社 2004 年版。

[52] 林毅夫：《自生能力、经济发展与转型：理论与实证》，北京大学出版社 2004 年版。

[53] 刘常勇：《科技创新与竞争力：建构自主创新能力》，科学出版社 2006 年版。

[54] 刘念才、赵文华：《面向创新型国家的高校科技创新能力建设研究》，中国人民大学出版社 2006 年版。

[55] 刘溶沧、赵志耘：《中国财政理论前沿》，社会科学文献出版社 2001 年版。

[56] 柳卸林：《21 世纪中国技术创新系统》，北京大学出版社 2001 年版。

[57] 柳卸林：《技术创新经济学》，中国经济出版社 1993 年版。

[58] 诺斯：《经济史中的结构与变迁》，上海三联书店 1994 年版。

[59] 乔治·泰奇：《研究与开发政策的经济学》，清华大学出版社 2002 年版。

[60] 王昌林：《高技术产业发展战略与政策研究》，北京理工大学出版社 2007 年版。

[61] 吴敬琏：《中国增长模式抉择》，上海远东出版社 2006 年版。

[62] 小宫隆太郎等：《日本的产业政策》，国际文化出版公司 1988 年版。

[63] 许庆瑞：《研究、发展与技术创新》，高等教育出版社 2000

年版。

［64］约瑟夫·熊彼特：《经济发展理论——对于利润、资本、信贷、利息和经济周期的考察》，商务印书馆1991年版。

［65］张凤、何传启：《国家创新系统——第二次现代化的发动机》，高等教育出版社1999年版。

［66］张馨：《公共财政论纲》，经济科学出版社1999年版。

［67］赵玉林：《创新经济学》，中国经济出版社2006年版。

［68］鲍国明：《国外绩效审计方法与案例》，中国时代经济出版社2004年版。

［69］财政部财政科学研究所《绩效预算》课题组：《美国政府绩效评价体系》，经济管理出版社2004年版。

［70］财政部预算司：《政府收支分类改革问题解答》，中国财政经济出版社2006年版。

［71］陈宋生：《政府绩效审计研究》，经济管理出版社2006年版。

［72］贾康、赵全厚：《中国财税体制改革年回顾与展望》，人民出版社2008年版。

［73］吕炜：《我们离公共财政有多远》，北京经济科学出版社2005年版。

［74］孟建民：《企业经营业绩评价问题研究》，中国财政经济出版社2002年版。

［75］申书海：《财政支出效益评价》，中国财政经济出版社2002年版。

［76］王凭慧：《科技项目评价方法》，科学出版社2003年版。

［77］张先恩：《科学技术评价理论与实践》，科学出版社2008年版。

［78］张少春：《政府公共支出绩效考评理论与实践》，中国财政经济出版社2005年版。

［79］张涛：《企业绩效评价研究》，经济科学出版社2003年版。

［80］朱志刚：《财政支出绩效评价研究》，中国财政经济出版社

2003 年版。

[81] Arrow K. J. : *Social Choice and Individual Values.* New York: Wiley, 1951.

[82] Buchanan J. M. , Tullock G. : *The Calculus of consent: Logical Foundations of Constitutional Democracy.* Ann Arbor: University of Michigan Press, 1966.

[83] Acemoglu Daron: *Introduction to Modern Economic Growth.* Cambridge, MA: MIT Press, 2007.

[84] Acemoglu Daron, James Robinson: *Economic orgins of Dictatorship and Democracy.* Cambridge University Press, 2006.

[85] Aghion Philippe, Peter Howitt: *Endogenous Grouth Theory.* Cambridge, MA: MIT Press, 1998.

[86] Bolton Patrick, Mathisas Dewatripont: *Contract Theory.* Cambridge, MA: MIT Press, 2005.

[87] Buchanan James: *The Demand and Supply of Public Goods.* Rand. Mcanally & Company, 1968.

[88] Fudenberg Drew, Elhanan Helpman: *Game Theory.* Cambridge, MA: MIT Press, 1991.

[89] Elhanan Helpman: *General Purpose Technology and Economic Growth.* Cambridge, MA: MIT Press, 1998.

[90] Laffont Jean - Jaques, Jean Tirole: *A Theory of Incentives in Procurement and Regulation.* Cambridge, MA: MIT Press, 1992.

[91] E. L. Mansfield: " How Rapidly does New Industrial Technology Leak Out", The Journal of Industrial Economics, 1985 (2).

[92] Kirzner, I. M. : "Entrepreneurial discovery and the competitive marketprocess: An Austrian approach", Journal of Economic Literature, 1997 (01).

[93] Knight, F. H. : *Risk*, *uncertainty*, *and profit*, Boston: Hough-

ton Mifflin Company, 1921.

[94] Lucas, R. E.: "On the mechanism of economic development", Journal of Monetary Economics, 1988 (07).

[95] Jack Diamond: "From Program to Performance Budgeting: The Challenge for Emerging Market Economics", IMF Working Paper, 2003 (169).

[96] Kristensen, O. K, W. Groszkk, and B. Buhler: "Outcom - focused Management and Budgeting", OECD, Journal on Budgeting, 2001 (4).

[97] Handerson, s., "The Challenges of Measuring Performance", Performance and Informationin the Budget Process, Paris, 2004 (4).

[98] Iaaac - Henry, Kester, ChrisPainter and ChrisBarrnes: *Managementin the Public Sector: Challenge and Change (secondedition)*, London, Thomson Business Press, 1997.

[99] Richard Allen and Daniel Tommasi, *Managing Public Expenditure - A Reference Book for Transition Countries*, OECD, 2001.

[100] Jody Zall Kusek, Ray C. Rist: "Ten Stepstoa Results - Based Monitoring and Evaluation System", The Worldbank Washington, D. C. A Handbook for Development Practitioners, 2004.

[101] Jack Diamond: "Establishinga Performance Management Framework for Government", IMF Working Paper, 2005 (50).

后 记

科学技术是人类进步的原始动力，不断改变着人类的思考方式，不断冲击着传统的宗教、道德、艺术、法律乃至审美观念等，从而推动社会经济的飞跃和人类物质生活条件的改善。可以说，科学技术革命就是整个社会革命的原动力，而它往往又会带来经济、政治和意识形态上的革命。当今世界国家之间的竞争归根到底是综合国力的竞争，是经济实力和制度创新的竞争，更是科技创新能力和产业竞争优势的竞争。

本书在剖析科技创新在国家竞争力所占据重要地位的基础上，结合中国国情，以治理的思想为引领，重构财政治理模式，原创性地提出财政、科技、产业“多螺旋”激励，以科技财政绩效预算改革为抓手，勾勒出一条通过构筑产业创新多元开放平台，培育创新创业复合资本，提高财政科技投入绩效，从而跃升科技创新力、政府生产力和国家竞争力的战略路线图。

本书的框架和总纂由许正中教授和王德花高级工程师共同担纲。在本书成稿过程中，天津大学的潘海生副教授，南开大学的邢天添副教授，郑州大学的李尽法副教授，海南大学的樊燕博士，国家行政学院的张淑翠博士后、王锦坤博士生，长江三峡技术经济发展有限公司的张德力经济师等参与了部分章节的撰写。其中，张德力经济师负责完成本书第四章的内容，共计 3 万余字。樊燕博士负责完成本书第六、七章的内容，共计约 8 万字。需要指出的是，中国水电的刘尧博士参与全书的统稿和修改工作，为此倾注了大量心血。

在本书的撰写过程中，作者得到了国家行政学院领导和同仁的理论指导。科研部、研究室和决策咨询部、经济学教研部等部门的领导和同仁也给予了许多智力支持。

笔者曾就本书中的部分观点与一些专家、知名学者进行过交流，获取了许多宝贵意见。特别需要感谢的是，财政部有关领导对本书的写作给予了大力支持，为本书的出版提出了许多宝贵意见。在此也深表感谢。

在全书的撰写过程中，我们曾参阅了许多文献，吸取了许多国内外学者的研究成果，书中都一一做了标注；许多同志还提供了相关资料，同时提出了宝贵的意见，并给予了大力的支持和帮助。在本书的出版过程中，中国财政经济出版社的贾杰社长、李乃君副总编辑、陈迈利主任、张冬梅主任以及涂蕙等编辑做了大量的工作，在此，表示衷心的感谢！

本书初步构建了科技财政绩效与创新驱动战略理论体系，希望能够得到财政系统同仁的指正和批评。由于作者水平有限，再加上时间紧、任务重，书中难免有偏颇甚至是错误之处，还望有关专家学者和广大读者批评指正，多提宝贵意见。

作　者

2014 年 6 月于北京